Power
Engineering

알기 쉬운 전력공학

공학박사 김수용 저

웅보출판사
www.woongbo.co.kr

p · r · e · f · a · c · e

머 리 말

전력공학(電力工學, power engineering)은 전기의 발생, 송전, 배전 등에 관한 기술에 관련된 내용을 연구하는 전기공학(電氣工學, electrical engineering)의 한 분야이다.

오늘날 우리가 문명생활을 유지해 나가기 위해서는 많은 에너지를 필요로 하게 된다. 이와 같은 에너지 수요에 대하여 공급원은 시대에 따라 변화해 왔다. 고대에는 나무를 태우는 화력에너지와 인력이나 가축을 이용한 동력에너지를 사용했으며, 산업혁명 이후에는 석탄을 연소하여 나오는 화력에너지를 이용한 증기기관을 동력에너지로 사용하게 되었다. 그러나 이러한 에너지는 먼 거리로 떨어진 지역에 전달할 수 있는 이동성이 떨어진다. 전기는 발전소에서 발생하여 먼 거리에 있는 수용가에 전달되어 다시 수용가에서 전기에너지를 열에너지 또는 동력에너지 형태로 변환하여 사용할 수 있는 장점이 있다.

전력공학은 전기의 발생에 관한 발전공학(發電工學, power generation engineering), 전력의 수송에 관한 송배전공학(送配電工學, transmission and distribution engineering) 그리고 전력계통망에 관한 기술을 다루는 전력계통공학(電力系統工學, electric power system engineering)으로 세분화된다.

본서는 이와 같은 에너지 전반의 상황을 염두에 두고, 광범위하게 에너지의 일반적인 사항으로부터, 전력에너지의 생산을 주로 하는 발전 부문과 발생한 전력운용의 중심이 되는 변전 부문 등에 관하여 그의 이론, 시설 등을 설명하였다. 발전공학에서는 전기를 발생시키는 발전방식에 관한 기술들을 다룬다. 전기의 발전방식은 수력발전, 화력발전, 원자력발전으로 나누어진다. 또한, 송배전공학은 전기공학만이 아니라 기계공학, 토목공학, 원자력공학, 정보공학, 에너지관리 등을 기반으로 하여 성립하는 것이므로 이러한 것을 적절하게 조합하여 다음에 열거하는 요령으로 정리하였다.

(1) 전력공학에 대한 전력에너지 전반에 대하여 알아 본다.

(2) 수식 등은 기본적인 것으로 한정하고, 가급적 알기 쉽게 표현한다.

(3) 기초에서 응용까지 다룰수 있도록 구성을 하였다.

(4) 연습문제에 대한 내용을 풀이를 하여 학습정리를 할 수 있도록 하였다.

(5) 실전문제 및 풀이를 수록하여 완벽하게 학습정리를 할 수 있도록 하였다.

따라서 이 책은 교수자에게는 체계적으로 잘 조직되어 있는 구성으로 교수 · 학습의 효과를 극대화시킬 수 있게 하고, 대학생, 일반인들에게는 쉽고 흥미로우며 창조적인 생각을 불러일으킬 수 있도록 하여 공업 분야의 생산적 실무를 효율적으로 수행하는 데 필요한 기술을 습득하고 산업현장에 취업해 자아를 실현하며, 국가 산업발전에 기여할 수 있는 유능한 기술인을 양성하는 것을 목적으로 한다.

전기공학, 에너지관리는 여러 분야로 분리할 수 있는데 이중 전력공학을 공부하는 학생들을 대상으로 하여 다음 순서에 따라 역점을 두고 기술하였다.

제1장 송전선로
제2장 선로정수와 코로나
제3장 송전 특성 및 전력 원선도
제4장 중성점 접지방식과 유도 장해
제5장 고장해석
제6장 안정도
제7장 이상전압
제8장 배전선로
제9장 배전선로의 전기적 특성
제10장 배전선로의 관리와 보호
제11장 수력발전
제12장 화력발전
제13장 원자력발전

한편, 응용력을 기를 수 있게 함과 동시에 전력공학에 관한 산업기사 · 기사이론시험의 준비에도 도움이 되도록 노력하였다. 따라서 본서는 대학교 · 산업체에서 전력공학교재로 적합할 것으로 사료되며, 전력관계기술자에게도 좋은 참고자료가 될 수 있을 것이다.

끝으로 내용상의 미비점이 있을 것으로 사료되나 이것은 독자 여러분의 성원으로 수정 보완하고자 한다. 어려운 여건 속에서도 본서의 출간에 전력하여 주신 웅보출판사 임직원 여러분의 노고에 감사를 드린다.

2017년 8월

저 자

c·o·n·t·e·n·t·s

차 례

PART 04 중성점 접지방식과 유도 장해

PART 05 고장해석

PART 06 안정도

PART 07 이상전압

PART 08 배전선로

PART 09 배전선로의 전기적 특성

PART 13 원자력발전

부록

PART 01

송전선로

PART 01

송전선로

1 송전계통의 구성

(1) 송전계통의 개요

발전소에서 생산된 전기는 우선 발전소 구내변압기에서 345[kV] / 765[kV]로 승압하여 1차 변전소로 공급되며, 이것을 2차 변전소에서 받아서 25[kV]로 낮춘 다음 각 수용가, 예를 들면 아파트 · 건물 · 공장 등에서 380[V]/220[V]로 변압하여 각 가정에 공급하게 된다.

① 계통도

발전소(26kV) → 구내변압기(345/765kV) → 송전선로(345/765kV) → 1차 변전소(345/765kV) → 2차 변전소(25kV) → 수용가변압기(380/220V) → 각 가정

(2) 송전선로의 구성

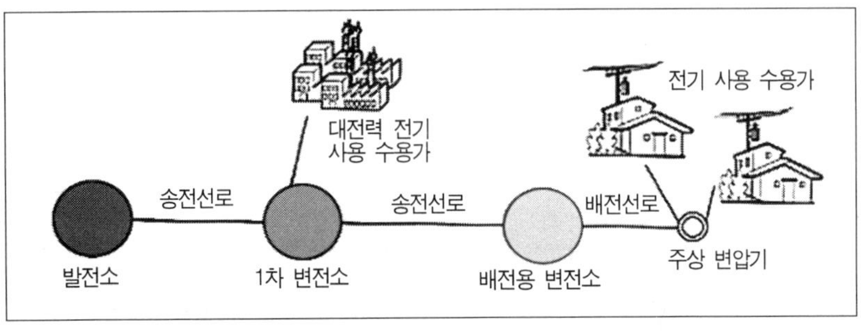

【그림 1-1. 송전선로의 구성】

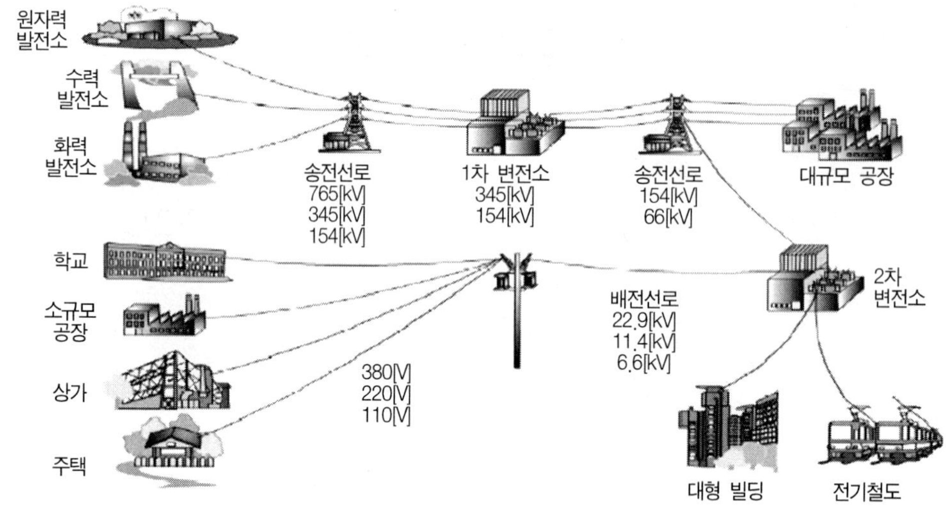

【그림 1-2. 전력계통의 구성】

(3) 송전방식과 송전전압

① 전력송전방식

㉮ 교류 송전방식 : 구조가 간단하고 효율이 높아 교류 송전방식을 사용하며, 상용주파수 60[Hz]를 채용한다.

- 단점 : 송전선로 중심으로 쓸데없는 자장의 발생으로 와류손이라는 손실이 발생한다. 또한 전압강하 발생, 송전손실 = 전압강하 × $\sqrt{3}$ 선로전류, 송전의 거리가 멀어질수록 손실이 커진다.

㉯ 직류 송전방식 : 교류 송전계통 → 교류 · 직류 변환소 → 직류 송전선 → 교류 · 직류 변환소 → 교류 송전계통, 장거리 케이블 선로에서는 유전체 손실이 나타나지 않기 때문에 직류 송전방식을 사용하며, 우리나라는 1997년 11월 제주 · 해남 간 직류 송전방식을 완공하였다.

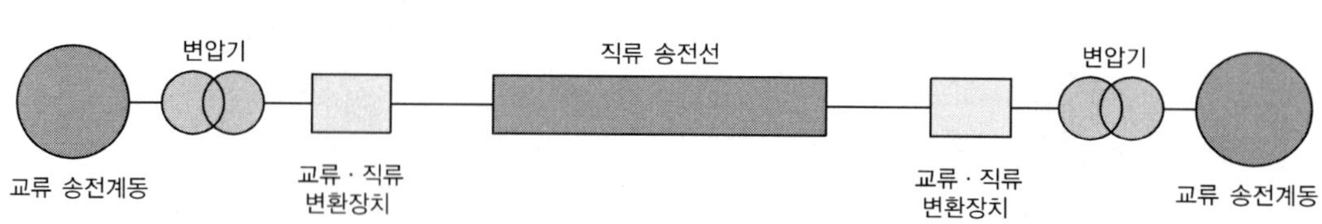

【그림 1-3. 직류 송전방식】

② 송전전압

송전전압이란 송전선에 걸리는 전압으로, 송전선은 발전소에서 변전소까지 이어진 전선이다. 전기는 일정한 거리에 일정한 전력을 보낼 경우 전선로의 저항에 의해 발생하는 전력손실(전선로에서 열이 되어 잃는 전력, Joule손실)은 전압의 2제곱에 반비례하므로 전압이 높을수록 전력손실은 적어지며, 송전효율이 좋아진다. 그리고 전력은 전압과 전류의 곱으로 결정되므로 전압을 높이면 그만큼 송전선에 흐르는 전류는 적어지므로 가늘어도 되며, 전선비가 적어지는 장점이 있다. 그 때문에 송전전압은 높게 설정된다.

㉮ 송전전압 : 66[kV], 154[kV], 345[kV], 765[kV]

㉯ 전압등급 : 765[kV] − 345[kV] − 154[kV] − 22.9[kV] − 380[V]/220[V]

2 가공송전선로의 구성

(1) 가공송전선로의 개요

전기를 발전하는 발전소와 그 전기의 전압을 바꾸는 곳을 변전소, 변전소와 변전소 등을 연결하여 전기를 보내는 역할을 하는 전선을 송전선이라하고, 지상 위의 전선과 애자는 철탑 등의 지지물을 사용한다.

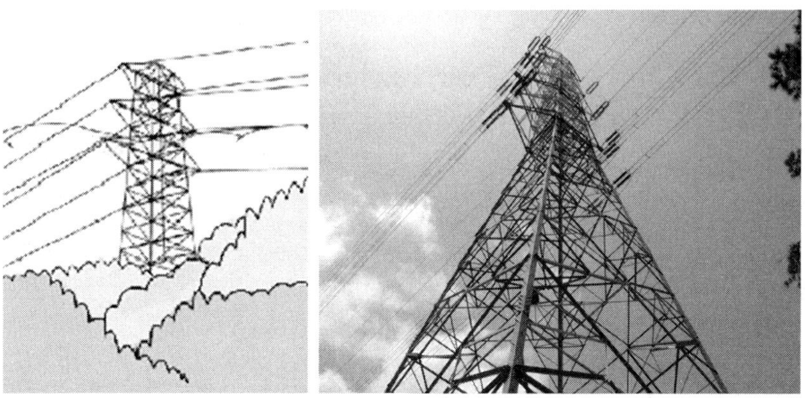

【그림 1-4. 가공송전선로】

(2) 지지물의 종류와 사용법

① **철탑** : 아연 도금한 형강, 평강 등을 볼트를 이용하여 조립한 탑으로서 전압, 회선 수, 전선 굵기, 경간, 경간 지지의 형태에 따라 여러 가지 형태의 철탑이 있다.

㉮ 형태에 의한 분류

ⓐ 4각 철탑 : 4면이 동일 모양과 강도를 가지며, 주로 2회선용으로 사용(단면을 정방형으로 설계)하며, 가장 많이 사용되는 형태이다.

ⓑ 장방형 철탑 : 서로 마주보는 2면이 동일 모양과 강도를 가지며, 주로 다회선용으로 사용(단면을 직사각형으로 설계)한다.

ⓒ 문형 철탑 : H형 철탑으로 전철선로 또는 도로나 하천 등을 횡단하는 선로에 사용하며, 송전선로 인출개소에 사용되고 gantry tower라고도 한다.

【그림 1-5. 4각 철탑】

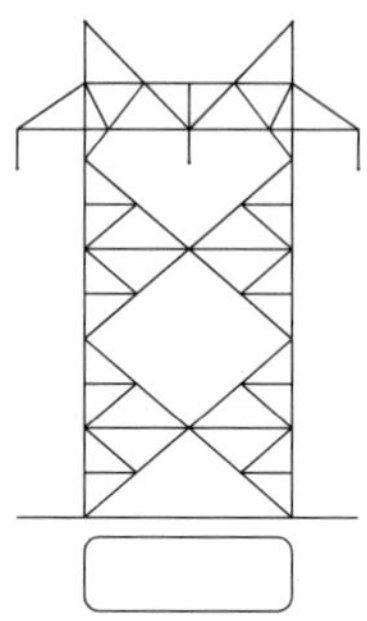

【그림 1-6. 장방형 철탑】

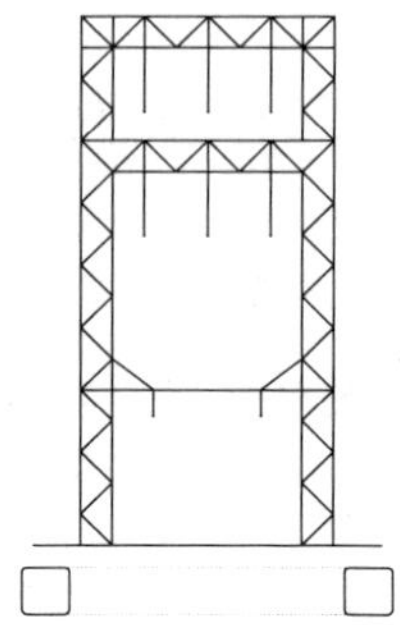

【그림 1-7. 문형 철탑】

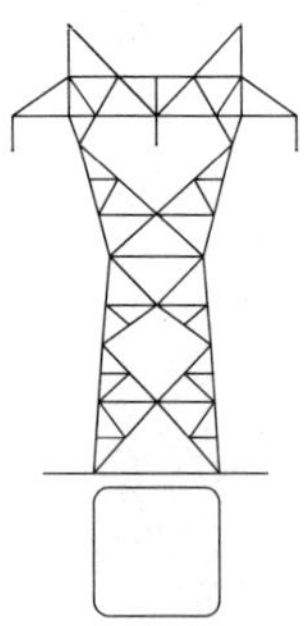

【그림 1-8. 우두형 철탑】

ⓓ 우두형 철탑 : 소머리처럼 중간부 이상이 넓은 형의 철탑으로, 초고압 송전선이나 눈이 많은 산악지대에서 사용하며, 주로 1회선용으로 사용한다.

ⓔ 회전형 철탑 : 철탑 중간부 이상과 이하가 서로 45° 회전된 것과 같은 형태의 철탑으로, 철탑 부재 강도를 가장 유효하게 사용하는 형태이다.

ⓕ MC(Motor Columbus) 철탑 : 콘크리트 충진 강관 철탑으로서, 철탑을 구성하는 부재에 형강을 사용하는 대신에 콘크리트를 채운 강관을 사용하는 철탑이다.

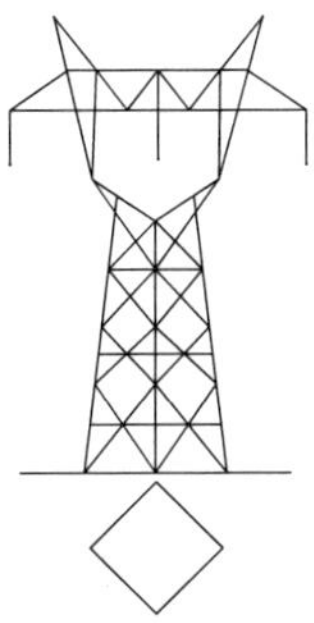

【그림 1-9. 회전형 철탑】

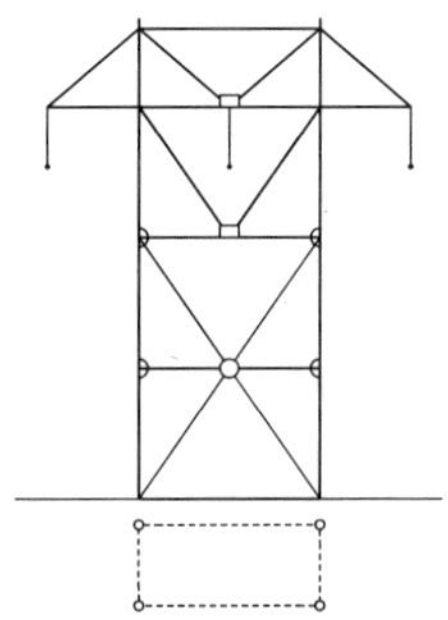

【그림 1-10. MC 철탑】

㉯ 사용목적에 의한 분류

ⓐ 직선 철탑(straight tower) : 선로의 직선 부분 또는 수평각도 3° 이내의 장소에 사용하는 철탑(A형 철탑)

ⓑ 각도 철탑(angle tower) : 수평각도에 따라 3° ~ 20° 이하의 경각도에 사용하는 철탑(B형 철탑), 30° 이하의 경각도에 사용하는 철탑(C형 철탑)

ⓒ 억류 철탑(anchor tower) : D형 철탑이라고 하며, 전부의 전선을 억류(deadend)에 견디도록 설계

ⓓ 내장 철탑(strain tower) : 선로 보강용으로 설치되는 철탑으로서, 직선철탑이 연속될 경우 10기마다 1기의 비율로 내장 철탑(E형 철탑)을 설치하게 됨.

㉰ 장 경간(long span)

표준 경간에 250[m]를 더한 경간, 즉 표준 경간이 300[m]일 때 550[m] 이상의 경간을 장 경간이라 한다.

- 전압 66[kV] — 사용전선 95 ~ 240[mm^2] ACSR, 표준 경간 250[m]
- 전압 154[kV] — 사용전선 160 ~ 520[mm^2] ACSR, 표준 경간 300[m]
- 전압 345[kV] — 사용전선 480×2 ~ 480×4[mm^2] ACSR, 표준 경간 400[m]

② **철주** : 66[kV] 이하의 송전선로에 주로 사용

㉮ 철근콘크리트 전주 : 철주와 마찬가지로 66[kV] 이하에 주로 사용

㉯ 강관 전주 : 철근콘크리트 전주와 비슷하나 재질이 철판이고 토막구조로 되어 있어 운반이 용이하며, 철근콘크리트 주에 비해 인장강도가 크다.

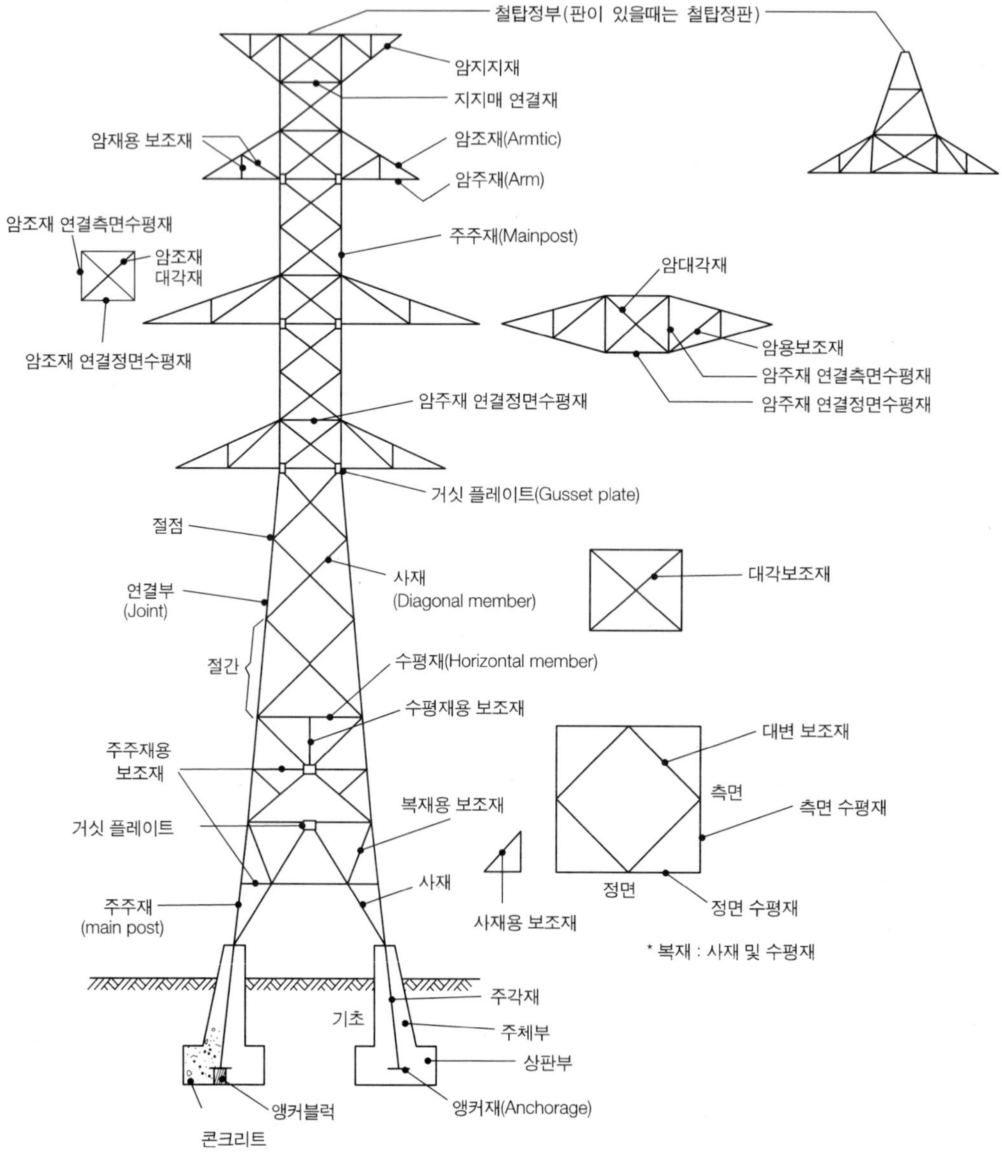

【그림 1-11. 철탑의 각 부 명칭】

(3) 전선

① 강심 알루미늄 연선(ACSR)

강연선(鋼撚線)을 심선(心線)으로 하고, 그 둘레를 경(硬)알루미늄선(線)으로 감은 전선으로서 경동선에 비해 도전율은 낮지만 기계적 강도가 크고 중량이 가벼운 장점이 있으며, 장 경간용으로 적합하다. 전선의 규격은 330[mm^2], 410[mm^2], 480[mm^2], 520[mm^2] 등이 있다.

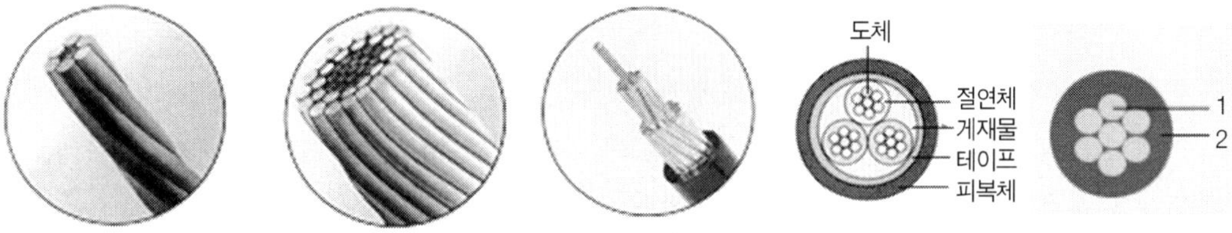

【그림 1-12. 강심 알루미늄 연선】

② 경동선[硬銅線] (hard-drown copper wire)

상온에서 선인(線引)한대로의 동선 도전을 96 ~ 98% 인장의 세기 항장력 35 ~ 48 [kg/mm^2]로 140[kV]급 이하인 송전선로에 널리 쓰이고 있다.

경동선의 종류에는 100[mm^2], 150[mm^2], 200[mm^2], 250[mm^2]의 송전선로에서는 중량이 무겁고 코로나 발생 측면에서 강심 알루미늄 전선보다 불리해서 거의 사용 안 한다.

③ 단선

전선 한 가닥을 도체로 사용 한 것으로서, 단선의 굵기(지름)는 [mm]로 나타낸다.

④ 연선

수 가닥에서 수십 가닥의 가는 전선을 꼬아 하나의 전선으로 만든 전선이다.

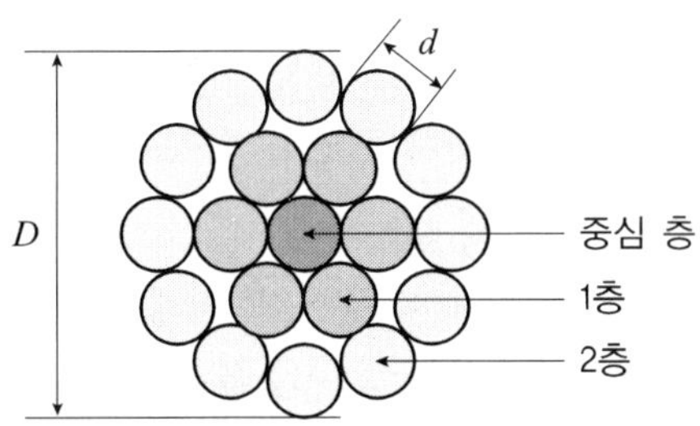

내용	단위	수식
소선의 총수(N)	가닥	$N=3n(n+1)+1$
연선의 바깥지름(D)	[mm]	$D=(2n+1)d$
단면적(A)	[mm^2]	$A=aN$

n : 소선의 총수
d : 소선의 지름
a : 소선의 단면적

【그림 1-13. 연선】

(4) 단도체 및 복도체

① **단도체 방식** : 낮은 송전선로에서는 각각의 상에 한 가닥을 사용한다.

② **복도체 방식** : 송전전압이 높을 경우 한 상당 두 가닥 이상의 전선을 사용한다.

③ **스페이서** : 복도체 방식의 경우 전선 상호 간의 간격을 일정하게 유지하도록 한다.

우리나라의 경우 154[kV] 송전선에는 ACSR 410[mm^2] 2도체 방식, 345[kV] 송전선에는 ACSR 480[mm^2] 2도체 또는 4도체 방식, 765[kV] 초고압 송전선에는 ACSR 480[mm^2] 6도체방식을 사용하고 있다.

【그림 1-14. 단도체 및 복도체】

(5) 전선의 굵기 선정

① 경제성과 전선의 굵기

선로 건설 후 연간 손실전력량의 금액과 건설 시 구입한 전선비에 대한 이자 감가 상각비를 가산한 연경비가 같게 한다(켈빈의 법칙, Kelvin's law).

② 허용전류(안전전류)

전선 사용이 허용되는 전류크기(허용온도에 의해 제한)이다.

㉮ 단시간 허용전류 : 최고 허용온도를 100℃로 하여 전류크기를 제한

㉯ 장시간(연속) 허용전류 : 연속사용 최고 허용온도를 90℃로 하여 전류크기를 제한

㉰ 허용전류 계산 시 조건 : 주위온도 40℃, 일사량 0.1[W/cm^2], 풍속 0.5[m/s]

③ 전압강하

전하들이 저항 R인 도선을 통과하면 전위가 낮아진다. 이것을 저항에 의한 전압강하라고 한다.

㉮ 옴의 법칙 : 도선을 흐르는 전류의 세기는 도선 양끝에 걸리는 전압 V에 비례하고, 도선의 전기 저항 R에 반비례한다.

$$\text{전압강하율}(\%) = [(E_s - E_r)/E_r] \times 100$$

여기서, E_s =송전단 전압(인입 전압) [V]
E_r =수전단 전압(부하 측 전압) [V]
$E_s - E_r$ =전압강하[V] 계산법

㉯ 부하에 이르는 전선의 길이(L)에 따른 허용전압강하율을 정한다(60[m] 초과 : 5[%] 이하, 60[m] 이하 : 3[%] 이하).

㉰ 허용전압강하율과 알고 있는 송전단 전압을 이용하여 수전단 전압을 구한다.

㉱ 송전단 전압과 ㉯에서 구해진 수전단 전압과의 차에서 전압강하(e)를 구한다.

㉲ 전압강하(e)와 부하기기의 정격전류(I), 전선의 길이(L)을 전선단면적 산출식에 적용하여 허용전선단면적을 산출하고, 산출된 전선단면적 이상의 전선을 선정한다.

㉳ 간선의 전선 굵기는 수용률, 동력부하의 특성, 고조파 발생 여부 등을 추가로 검토하여 적합한 전선의 굵기를 선택한다.

④ 기계적 강도

지지물 간의 경간이 멀어 전선에 대한 장력을 고려한다(인장 하중).

⑤ 코로나 방전

코로나 현상을 억제하기 위해서는 도체의 단면적이 넓으면 유리하다.

⑥ 부하 수용의 예측

부하 증가에 대한 전력 수요를 예측하여 산정한다.

(6) 애자

송전선이나 전기기기의 나선(裸線) 부분을 절연하고 동시에 기계적으로 유지 또는 지지하기 위하여 사용되는 자기(磁器)로 만든 것으로서 다음과 같은 종류로 나눌 수 있다. 종류에는

① 송전선용 : 현수애자(懸垂碍子) · 장간(長幹)애자 · 내무(耐霧)애자(태풍 때의 오손에 견딜 목적으로 사용)

② 배전선용 : 핀애자

③ 옥내배선용 : 놉애자 · 애관(碍管) · 클리트 애자

④ 차단기 · 피뢰기용 : 지지애자 등이 있다.

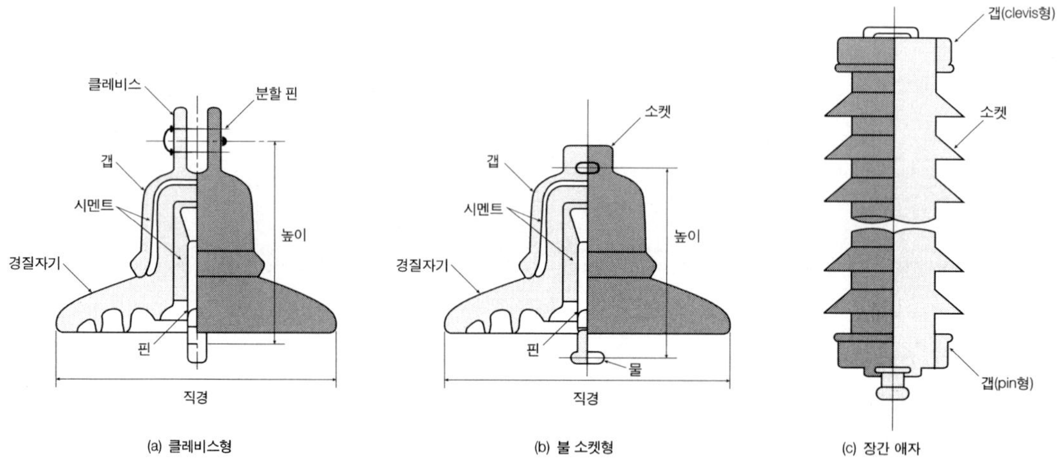

【그림 1-15. 현수애자】

PART 01

연 습 문 제

Exercise

01 그림과 같이 지선을 가설하여 전주에 가해진 수평 장력 800[kg]을 지지하고자 한다. 지선으로써 4[mm] 철선을 사용한다고 하면 몇 가닥 사용해야 하는가? (단, 4[mm] 철선 1가닥의 인장하중은 440[kg]으로 하고 안전율은 2.5이다.)

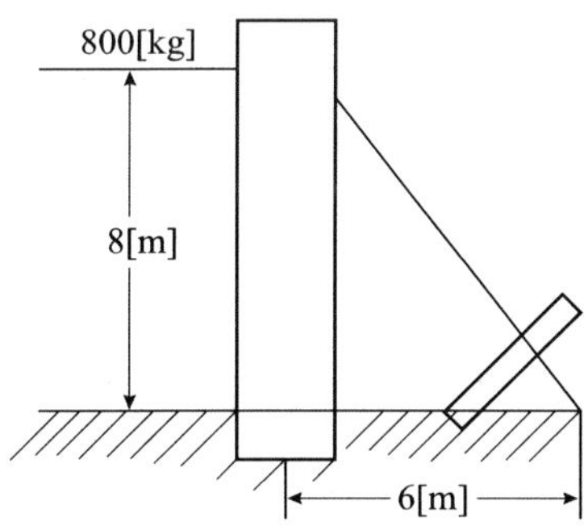

㉮ 7　　㉯ 8
㉰ 9　　㉱ 10

02 그림과 같이 변압기 2대를 사용하여 정전용량 1[μF]인 케이블의 내압 시험을 행하였다. 60[Hz]인 시험 전압으로 5,000[V]를 가할 때 저압 측의 전류계 A 및 전압계 V의 지시값은? (단, 여기서 변압기의 탭전압은 저압 측 105[V], 고압 측은 3,300[V]로 하고 내부 임피던스 및 여자 전류는 무시한다.)

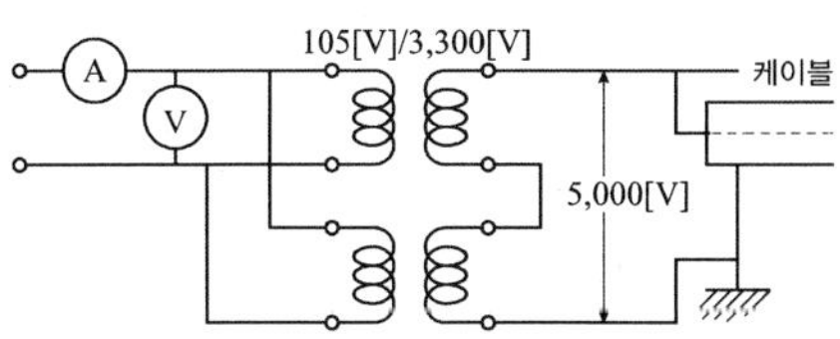

㉮ 159, 118.4　　㉯ 79.5, 118.4
㉰ 118.4, 79.5　　㉱ 159, 59.2

03 선로를 개로한 후에도 잔류 전하에 의한 안전상 위험성이 있어 방전을 요하는 것은?

㉮ 개로한 전로가 전력케이블인 것
㉯ 나선의 가공송전선로
㉰ 전동기에 연결된 전로
㉱ 전철 회로

04 선택 배류기는 다음 어느 공작물에 설치하는가?

㉮ 급전선
㉯ 가공통신케이블
㉰ 가공전화선
㉱ 지하전력케이블

05 케이블 부설 후 현장에서 절연내력 시험을 할 때 직류로 하는 이유는?

㉮ 절연파괴 시까지의 피해가 작다.
㉯ 절연내력은 직류가 크다.
㉰ 시험용 전원의 용량이 적다.
㉱ 케이블의 유전체손이 없다.

06 유전체손이 가장 많은 전선은?

㉮ 석도금 절연전선
㉯ 고무 절연전선
㉰ 케이블
㉱ 나전선

07 케이블의 전력손실과 관계가 없는 것은?

㉮ 도체의 저항손　㉯ 유전체손
㉰ 연피손　㉱ 철손

08 그림과 같이 각 도체와 연피 간의 정전 용량이 C_o, 각 도체 간의 정전 용량이 C_m인 3심 케이블의 도체 1조당의 작용 정전용량은?

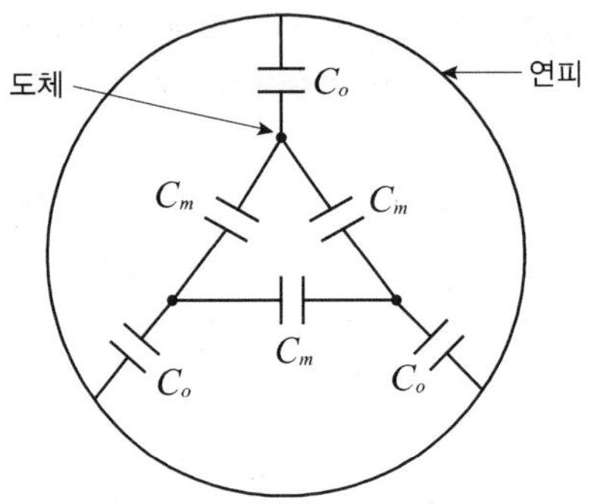

㉮ $C_o + C_m$　㉯ $3(C_o + C_m)$
㉰ $3C_o + C_m$　㉱ $C_o + 3C_m$

09 주파수 f, 전압 E일 때 유전체 손실은 다음 어느 것에 비례하는가?

㉮ E/f　㉯ fE
㉰ f/E_2　㉱ fE_2

10 단심 케이블의 파동 임피던스[Ω]는? (단, γ는 도체의 반지름[m], R는 케이블의 중심에서 연피까지의 반지름[m], ε은 절연체의 유전율이다.)

㉮ $\dfrac{\sqrt{\varepsilon}}{138}\log_{10}\dfrac{R}{\gamma}$

㉯ $\dfrac{138}{\sqrt{\varepsilon}}\log_{10}\dfrac{R}{\gamma}$

㉰ $\dfrac{138}{\varepsilon}\log_{10}\dfrac{R}{\gamma}$

㉱ $\dfrac{\varepsilon}{138}\log_{10}\dfrac{R}{\gamma}$

11 154[kV] 송전선의 최소 절연간격[mm]은?

㉮ 900　㉯ 1,150
㉰ 1,250　㉱ 1,400

12 66,000[V] 가공선로에 대하여 설명한 것이다. 다음 중 옳지 않은 것은?

㉮ 선간 수직 거리는 약 2[m] 유지하고 250[mm] 지름의 현수애자 4개를 직렬 연결하여 가선한다.
㉯ 표준 탑간 거리는 500[m] 이하이고 철탑 1기의 중량은 4.5[t] 정도이다.
㉰ 경동선 100[mm^2] 2회선 가선 시 약 30,000[kVA]의 부하를 연결하였다.
㉱ 2회선 가선 시 각 회선 상호간의 최단 거리는 약 3.8[m], 최장 거리는 4.8[m]로 하였다.

13 가공전선로에 사용하는 전선의 구비조건으로 바람직하지 못한것은?

㉮ 비중(밀도)이 클 것
㉯ 도전율이 높을 것
㉰ 기계적인 강도가 클 것
㉱ 내구성이 있을 것

14 전선의 지지물 양쪽의 경간차가 큰 장소에 사용되며, 일명 E형 철탑이라고도 하는 표준 철탑의 일종은?

㉮ 직선형 철탑　㉯ 내장형 철탑
㉰ 각도형 철탑　㉱ 인류형 철탑

15 교류 송전방식에 대한 직류 송전방식의 장점에 해당하지 않는 것은?

㉮ 기기 및 선로의 절연에 요하는 비용이 절감된다.
㉯ 전압변동률이 양호하고 무효전력에 기인하는 전력손실이 생기지 않는다.

㉰ 안정도의 한계가 없으므로 송전용량을 높일 수 있다.
㉱ 고전압, 대전류의 차단이 용이하다.

16 250[mm] 현수애자 10개를 직렬로 접속한 애자련의 건조섬락전압이 590[kV]이고 연효율(string efficiency) 0.74이다. 현수애자 1개의 건조섬락전압은 약 몇 [kV]인가?

㉮ 80　　㉯ 90
㉰ 100　　㉱ 120

17 4개를 한 줄로 이어 단 표준 현수애자를 사용하는 송전선전압[kV]은?

㉮ 22　　㉯ 66
㉰ 154　　㉱ 345

18 소호각(arcing horn)의 역할은?

㉮ 애자가 파손되는 것을 방지하는 효과가 있다.
㉯ 풍압을 조절한다.
㉰ 송전 효율을 높인다.
㉱ 고주파수의 섬락전압을 높이는 효과가 있다.

19 가공송전선에 사용하는 애자련 중 전압부담이 최대인 것은?

㉮ 전선에 가장 가까운 것
㉯ 중앙에 있는 것
㉰ 철탑에 가까운 것
㉱ 모두 같다.

20 애자가 갖추어야 할 구비 조건으로 옳은 것은?

㉮ 온도의 급변에 잘 견디고 습기도 잘 흡수하여야 한다.
㉯ 지지물에 전선을 지지할 수 있는 충분한 기계적 강도를 갖추어야 한다.
㉰ 비, 눈, 안개 등에 대해서도 충분한 절연 저항을 가지며 누설전류가 많아야 한다.
㉱ 선로전압에는 충분한 절연내력을 가지며 이상전압에는 절연내력이 매우 작아야 한다.

21 풍압이 P[kg/m]이고 빙설이 많지 않은 지방에서 직경이 d[mm] 인 전선 1[m]가 받은 풍압[kg/m]은 표면계수를 k라고 할 때 얼마가 되겠는가?

㉮ $\dfrac{Pk(d+12)}{1,000}$　　㉯ $\dfrac{Pk(d+6)}{1,000}$
㉰ $\dfrac{Pkd}{1,000}$　　㉱ $\dfrac{Pkd_2}{1,000}$

22 전선의 자중과 빙설하중을 W_1, 풍압하중을 W_2라 할 때 그 합성 하중은?

㉮ $\sqrt{W_1^2+W_2^2}$　　㉯ W_1+W_2
㉰ W_1-W_2　　㉱ W_2-W_1

23 전선에 가해지는 하중으로 전선의 자중을 W_c, 풍압을 W_w, 빙설하중을 W_i라 할 때 고온계 하중 시의 전선의 부하계수는?

㉮ $\dfrac{\sqrt{W_c^2+W_w^2}}{W_c}$　　㉯ $\dfrac{W_c}{\sqrt{W_c^2+W_w^2}}$
㉰ $\dfrac{\sqrt{W_c^2+W_w^2}}{W_i}$　　㉱ $\dfrac{W_i}{\sqrt{W_c^2+W_w^2}}$

24 가공송전선로를 가선할 때에는 하중조건과 온도조건을 고려해서 적당한 이도(dip)를 주도록 해야 한다. 다음 중 이두에 대한 설명으로 옳은 것은?

PART 01

㉮ 이도가 작으면 전선이 좌우로 크게 흔들려서 다른 상의 접촉해서 위험하게 된다.
㉯ 전선을 가선할 때 전선을 팽팽하게 가선하는 것을 이도를 크게 준다고 한다.
㉰ 이도를 작게 하면 이에 비례하며, 전선의 장력이 증가되며 심할 때는 전선 상호간이 꼬이게 된다.
㉱ 이도의 대소는 지지물의 높이를 좌우한다.

25 경간이 200[m]인 가공선로가 있다. 사용 전선의 길이[m]는 경간보다 얼마나 크면 되는가? (단, 전선의 1[m]당 하중 2.0[kg], 인장 하중은 4,000[kg]이며 풍압 하중은 무시하고 전선의 안전율은 2라 한다.)

㉮ $\frac{1}{3}$　　㉯ $\frac{1}{2}$
㉰ $\sqrt{2}$　　㉱ $\sqrt{3}$

26 그림과 같은 전선로의 이도와 전선의 길이[m]는 얼마인가? (단, 장력 $T=$ 3,500]이고, 하중 $W=$3[kg/m]이다.)

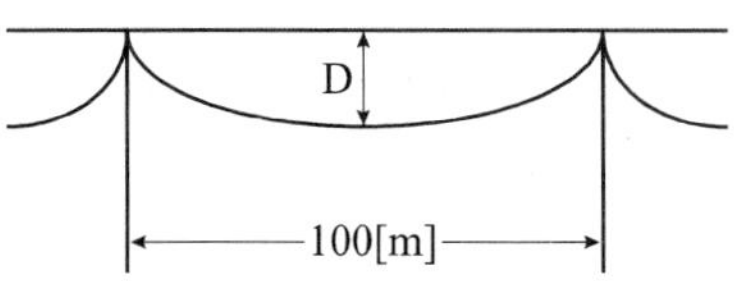

㉮ $D=1.07$, $L=101.07$
㉯ $D=1.70$, $L=100.03$
㉰ $D=1.07$, $L=100.03$
㉱ $D=1.70$, $L=101.70$

27 그림과 같이 지지점 A, B, C에는 고저차가 없으며, 경간 AB와 BC 사이에 전선이 가설되어 그 이도가 12[cm]이었다고 한다. 지금 지지점 B에서 전선이 떨어져 전선의 이도가 D로 되었다면 D는 몇 [cm]가 되겠는가?

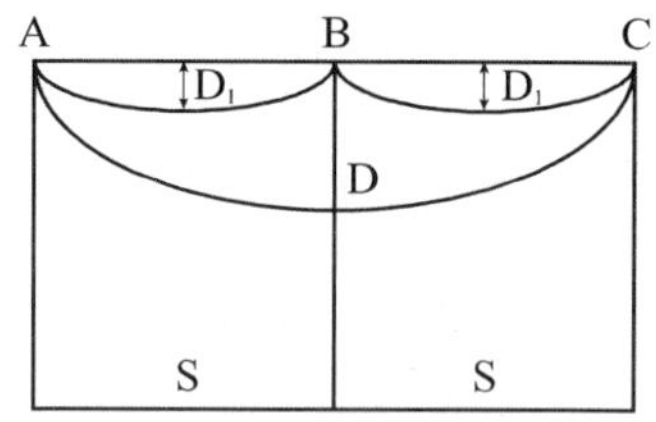

㉮ 18　　㉯ 24
㉰ 30　　㉱ 36

28 온도가 t[℃] 상승했을 때의 이도는 몇 [m]인가? (단, 온도 변화 전의 이도를 D_1[m], 경간을 S[m], 전선의 온도계수를 α라 한다.)

㉮ $\sqrt{D_1+\frac{3}{8}\alpha tS}$
㉯ $\sqrt{D_1^2-\frac{3}{8}\alpha^2 tS}$
㉰ $\sqrt{D_1^2+\frac{3}{8}\alpha tS^2}$
㉱ $\sqrt{D_1^2+\frac{3}{8}\alpha t^2 S}$

29 경간거리 200[m], 전선장력 1,000[kg], 전선의 중량이 2[kg/m]인 전선로의 이도(dip)는 몇 [m]인가? (단, 전선지지점에 고저차가 없다고 한다.)

㉮ 7　　㉯ 8
㉰ 9　　㉱ 10

30 가공전선로에서 전선의 단위 길이당 중량과 경간이 일정할 때 이도(弛度, dip)는 어떻게 되는가?

㉮ 전선의 장력에 비례한다.
㉯ 전선의 장력에 반비례한다.

㉰ 전선의 장력의 제곱에 비례한다.
㉱ 전선의 장력의 제곱에 반비례한다.

31 3상 수직 배치인 선로에서 오프셋(off-set)을 주는 이유는?

㉮ 전선의 진동 억제
㉯ 단락 방지
㉰ 철탑중량 감소
㉱ 전선의 풍압감소

32 전선의 표피효과에 관한 기술 중 옳은 것은?

㉮ 전선이 굵을수록, 또 주파수가 낮을수록 커진다.
㉯ 전선이 굵을수록, 또 주파수가 높을수록 커진다.
㉰ 전선이 가늘수록, 또 주파수가 낮을수록 커진다.
㉱ 전선이 가늘수록, 또 주파수가 높을수록 커진다.

33 전선의 고유 진동의 주파수[Hz]는, 전선 진동의 루프의 길이를 l [m], 전선 장력을 T[kg], 전선의 중량을 W[kg/m], 중력 가속도를 g [m/s^2]라 할 때 옳은 식은?

㉮ $\frac{1}{2l}\sqrt{\frac{Tg}{W}}$ ㉯ $\frac{1}{2T}\sqrt{\frac{gl}{W}}$
㉰ $\frac{1}{2g}\sqrt{\frac{Tl}{W}}$ ㉱ $\frac{1}{2W}\sqrt{\frac{Tg}{l}}$

34 송전선에 댐퍼(damper)를 설치하는 이유는?

㉮ 전선의 진동방지
㉯ 전선의 이탈방지
㉰ 코로나의 방지
㉱ 현수애자의 경사 방지

35 다음 중 켈빈(Kelvin)의 법칙이 적용되는 것은?

㉮ 경제적인 송전전압을 결정하고자 할 때
㉯ 일정한 부하에 대한 계통손실을 최소화 하고자 할 때
㉰ 경제적 송전선의 전선의 굵기를 결정하고자 할 때
㉱ 화력발전소군의 총 연료비가 최소가 되도록 각 발전기의 경제부하 배분을 하고자 할 때

36 강심 알루미늄 연선의 알루미늄부와 강심부의 단면적을 각각 A_a, A_s [mm], 탄성계수를 각각 E_a, E_s[kg/mm^2]라고 하고 단면적 비를 $A_a/A_s = m$ 라 하면 강심 알루미늄 선의 탄성계수 E[kg/mm^2]는?

㉮ $E=\frac{mE_a+E_s}{m+1}$
㉯ $E=\frac{E_a+mE_s}{m+1}$
㉰ $E=\frac{(m+1)E_a+E_s}{m}$
㉱ $E=\frac{E_a+(m+1)E_s}{m}$

37 해안 지방의 송전용 나선에 가장 적당한 전선은 어느것인가?

㉮ 동선
㉯ 강선
㉰ 알루미늄 합금선
㉱ 강심 알루미늄선

38 저압 가공배전선로용으로 적당한 전선은 어느 것인가?

㉮ DV전선 ㉯ IV전선
㉰ OW전선 ㉱ RB전선

39 ACSR은?

㉮ 경동 연선
㉯ 강심 알루미늄 연선
㉰ 중공동선
㉱ 경알루미늄선

40 19/1.8[mm] 경동 연선의 바깥지름은 몇 [mm]인가?

㉮ 34.2　　㉯ 10.8
㉰ 9　　㉱ 5

41 소선의 총수 n, 소선의 지름 d인 연선의 바깥지름(D)을 구하는 식은?

㉮ $2nd$　　㉯ $(2n-1)d$
㉰ $(1+n)d$　　㉱ $(1+2n)d$

PART 02

선로정수와 코로나

PART 02

선로정수와 코로나

1 선로정수의 개요

송배전선로는 저항 R, 인덕턴스 L, 정전용량 C, 누설컨덕턴스 g라는 여러 개의 정수로 이루어진 연속적인 전기회로이다.

$R+j\omega L,\ R+j\omega L,\ R+j\omega L,\ R+j\omega L$

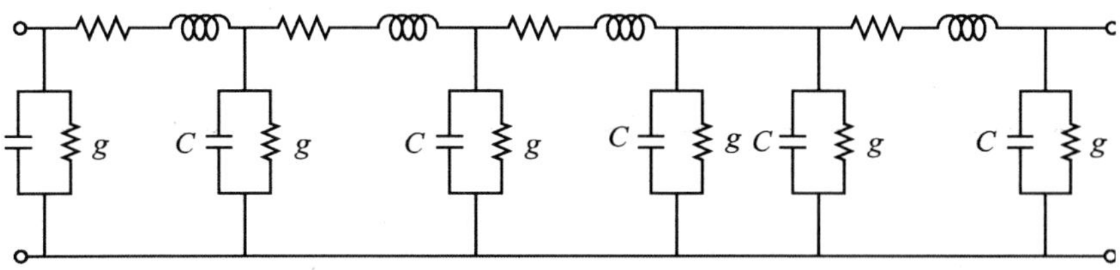

【그림 2-1. 송배전선로정수】

(1) 저항

① 전선의 길이가 l[m], 단면적 A[mm^2]일 때의 전선의 저항

$$R=\rho\frac{l}{A}=\frac{1}{58}\times\frac{100}{C}\times\frac{l}{A}[\Omega]$$

단, ρ : 고유저항율(비저항)

20[℃]에서의 표준연동의 고유저항($\frac{1}{58}\times\frac{100}{C}$) [$\Omega/\mathrm{m}-\mathrm{mm}^2$]

C : 퍼센트 도전율[%]

② 기준온도 t_0[℃]에서 t[℃]로 상승할 때의 저항

$$R_1 = Rt_0(1+\alpha t_0(t-t_0))[\Omega]$$

단, Rt : 온도가 t[℃] 상승하였을 경우에 있어서 전선의 저항[Ω]
Rt_0 : 기준온도 t_0[℃](20[℃])의 전선의 저항[Ω]
αt_0 : 기준온도 t_0[℃]에 있어서의 저항의 온도계수

> **Q Tip 표피효과**
> 전선을 흐르는 전류는 직류의 경우에는 그 단면을 균일한 전류밀도로 흐르나, 교류의 경우에는 단면의 중심부보다 표면에 가까울수록 전류밀도가 증가하여 직류보다 실효저항이 커진다. 주파수(f), 도전율(σ), 반경(단면적), 비투자율(μ)이 클수록 표피효과는 커진다.

(2) 인덕턴스

임의의 회로에 전류를 흘리면 도체 주위에 자계가 형성되어 그 회로는 발생된 자속과 쇄교한다.
전기회로의 인덕턴스는 자속 쇄교수를 도체의 전류로 나눈 값이다.

$$L = \frac{d\phi}{di}[\mathrm{H}](n=1\text{일 때})$$

① 작용 인덕턴스(자기 인덕턴스 + 상호 인덕턴스)

㉮ 단도체

$$L = 0.05 + 0.4605\log_{10}\frac{D}{r}[\mathrm{mH/km}] \fallingdotseq 1.0 1.5[\mathrm{mH/km}]$$

$$= (0.05 + 0.2\ln\frac{D}{r}) \times 10^{-6}[\mathrm{H/m}]$$

단, r : 도체의 반지름, D : 도체 간의 선간거리

> **Q Tip 연가(transposition)**
> 정삼각형 배열인 경우에는 각 상의 선로정수가 같아 각 상의 전압강하와 수전전압이 같다. 그러나 비대칭 삼각배열인 경우에는 선로정수가 달라지게 되어 전압강하와 수전전압이 다르게 되므로, 각 상의 선로정수를 같게하기 위해 전체 선로구간을 3배수로 나누어 각 상의 위치를 바꾸는 대책

㉯ 다도체

$$L = \frac{0.05}{n} + 0.4605\log_{10}\frac{D'}{r'}[\text{mH/km}]$$

단, r' : 등가반지름, D' : 등가 선간거리, n : 소선수

② 대지 귀로 인덕턴스

㉮ 1선과 대지 귀로의 경우

ⓐ 왕로의 전선 인덕턴스

$$L_a = 0.05 + 0.4605\log_{10}\frac{h+H}{r} = 0.05 + 0.4605\ \log_{10}\frac{2H_e}{r}[\text{mH/km}] \fallingdotseq 2.4[\text{mH/km}]$$

ⓑ 대지 귀로의 인덕턴스

$$L_a' = 0.05 + 0.4605\log_{10}\frac{h+H}{H} \fallingdotseq 0.05[\text{mH/km}]$$

$h \ll H \rightarrow h+H \cong H$

ⓒ 왕복 회로를 가산한 총 인덕턴스

$$L_e = L_a + L_a' = 0.1 + 0.4605\log_{10}\frac{2H_e}{r}[\text{mH/km}]$$

여기서, H_e는 값을 정확히 계산식으로 파악 불가능

단, $H_e = \frac{h+H}{2}$, 평지 : 300[m], 산지 : 600[m], 산악 : 900[m]

ⓓ 일괄 대지 귀로 인덕턴스

㉠ 단상 2선식(2선을 병렬로 일괄하고 대지를 공통 귀로로 해서 단상 전류를 흘릴 경우 1선당의 인덕턴스)

$$L_{e2} = L_e + L_e'' = (0.1 + 0.4605\ \log_{10}\frac{2H_e}{r}) + (0.05 + 0.4605\ \log_{10}\frac{2H_e}{D})$$

$$= 0.15 + 0.4605\log_{10}\frac{(2H_e)^2}{rD}[\text{mH/km}]$$

㉡ 3상 3선식 송전선에서 3선을 일괄하여 대지로 공통 귀로로 해서 단상 전류를 흘릴 경우 1선당의 인덕턴스 L_{e3}는

$$L_{e3} = L_e + 2L_e'' = (0.1 + 0.4605\ \log_{10}\frac{2H_e}{r}) + 2\times(0.05 + 0.4605\ \log_{10}\frac{2H_e}{D})$$

$$= 0.2 + 0.4605\log_{10}\frac{(2H_e)^3}{rD^2}[\text{mH/km}]$$

㉢ 3상 3선식 2회선에서 6선을 일괄해서 대지로 공통 귀로로 할 경우 L_{e6}는

$$L_{e6} = L_e + 5L_e'' = 0.35 + 0.4605\log_{10}\frac{(2H_e)^6}{rD^5}[\mathrm{mH/km}]$$

(3) 정전용량

다수의 도체에서 1개의 도체의 정전용량은 나머지 모든 도체를 영 전위로 접지하고 그 1개의 도체에 Q라는 전하를 줄 경우 나타나는 전위를 V라고 하면 이때의 정전용량 C는 전하량을 전위차로 나눈 값이다.

$$C = \frac{Q}{V}[\mathrm{F}]$$

① 작용 정전용량(대지 정전용량+상호 정전용량)

$$C = \frac{0.02413}{\log_{10}\frac{D}{r}}[\mu\mathrm{F/km}] = \frac{1}{18\ln\frac{D}{r}} \times 10^{-9}[\mathrm{F/m}]$$

② 전기방식 및 회선별 작용 정전용량

㉮ 단상 2선식 : $C_2 = C_s + 2C_m$

㉯ 3상 3선식 1회선 : $C_3 = C_s + 3C_m$

㉰ 3상 3선식 2회선 : $C_6 = C_s + 3(C_m + C_m)$

단, C_m : 선간 상호 정전용량, C_s : 대지 정전용량

③ 충전전류(진상 전류)

$$I_c = \frac{E}{X_c} \times 10^3 = \frac{E}{\frac{1}{\omega C}} \times 10^3 = \omega CE \times 10^{-6} \times 10^3[\mathrm{A}]$$

$$\therefore\ I_c = \frac{\omega CV}{\sqrt{3}} \times 10^{-3}[\mathrm{A}]$$

여기서, I_c : 충전전류[A], C : 정전용량[μF]
V : 선간전압[kV], E : 상전압[kV]

Tip 선간전압 : 3상=대지전압(E)× $\sqrt{3}$
단상=대지전압(E)

④ 충전용량

$Q_c = 3EI_c = 3\omega CE^2 \times 10^{-3} = \omega CV^2 \times 10^{-3}$[kVA]

단, V : 선간전압[kV]

2 코로나

(1) 정의

전선로 주변에 임계전압 이상이 가해지면 선로 주변의 공기의 절연이 부분적으로 파괴되는 현상을 말한다.

(2) 중성점에 대한 코로나 임계전압(E_0)

전선로 주변에 공기가 견딜 수 있는 전압이다.

전선 표면의 전위경도(g_o)= 21.1[kV/cm]일 때

$E_0 = 24.3\, m_0 m_1 \delta d \log_{10} \frac{D}{r}$[kV]

① m_0(표면계수)

㉮ 단선 : 1

㉯ 거칠은 단선 : 0.98 ~ 0.93

㉰ 7본 연선 : 0.87 ~ 0.83

㉱ 19 ~ 61본 연선 : 0.85 ~ 0.80

㉲ 중공 연선 : 0.9 ~ 0.94

② m_1(천후계수)

㉮ 청천 : 1

㉯ 흐리거나 비 : 0.8

③ δ(공기 상대밀도)

$\delta = \frac{b}{760} \cdot \frac{273+20}{273+t}$ (단, b : 기압[mmHg], t : 온도[℃])

④ d : 전선의 직경[cm]

⑤ D : 선간거리[cm]

(3) 종류 : 발생 지점

① 기중 코로나 : 전선로 주변

② 옆면 코로나 : 애자 주변, 애자와 전선의 접속 부분

(4) 코로나의 영향

① 코로나 손실 계산식(peek의 실험식)

$$P_1 = \frac{\delta}{241}(f+25)\sqrt{\frac{r}{D}}(E-E_0)^2 \times 10^{-5}[\text{kW/km/선}]$$

단, E : 대지전압[kV], E_0 : 코로나 임계전압[kV]
f : 주파수[Hz], δ : 공기 상대밀도
r : 전선의 반지름[cm], D : 선간거리[cm]

② 코로나 잡음

전선의 표면에서 전위경도가 30[kV/cm]를 넘을 경우 발생하므로, 선로에 따라서 전파되어 근처의 라디오, 텔레비전의 수신 혹은 송전선로의 보호, 보수용으로 사용되고 있는 반송계 전기 및 반송 통신설비에 잡음영향을 주게 된다.

③ 통신선에서의 유도 장해

코로나에 의한 제3고조파 전류 성분은 중성점에 나타나고 중성점 직접접지방식의 선로에서는 근처의 통 신선에 유도 장해를 발생시킬 가능성이 있다.

④ 소호 리액터의 소호 능력저하

1선 지락고장에 의한 건전상의 대지전압 상승에 의한 코로나 발생은 고장점의 잔류전류의 유효 성분을 증가시키므로 지락전류의 소호 능력을 저하(소호 리액터 접지방식에서 문제가 됨.)

⑤ 화학작용

코로나 방전으로 공기 중에 오존(O_3) 및 산화질소(NO)가 생기고 여기에 물이 첨가되면 질산(초산 : NHO_3)이 되어 전선을 부식시킨다. 그리고 애자도 코로나 방전으로 인하여 절연내력을 저하시킨다.

⑥ 코로나 발생의 이점

송전선에 외뢰에 의한 이상전압이 들어올 경우 코로나의 방전으로 인한 저항작용으로 진행파의 파고값을 빨리 감쇠시킬 수 있다.

(5) 코로나의 방지대책

① 전선의 직경(단면적을 굵게)을 크게 하여 임계전압을 크게 한다.
(예 : ACSR, 중공 연선, 복도체 및 다도체 방식채용)

② 가선금구를 개량한다.

③ 전선표면의 금구를 손상하지 않게 한다.

PART 02

연습문제

Exercise

01 송전선로에 코로나가 발생하였을 때 이점이 있다면 다음 중 어느 것인가?

㉮ 계전기 신호에 영향을 준다.
㉯ 라디오 수신에 영향을 준다.
㉰ 전력선 반송에 영향을 준다.
㉱ 고전압의 진행파가 발생하였을 때 뇌 서지에 영향을 준다.

02 다음 중 송전선로의 코로나 임계전압이 높아지는 경우가 아닌 것은?

㉮ 상대 공기 밀도가 작다.
㉯ 전선의 반경과 선간거리가 크다.
㉰ 날씨가 맑다.
㉱ 낡은 전선을 새전선으로 교체했다.

03 송전선에 코로나가 발생하면 전선이 부식된다. 다음의 무엇에 의하여 부식 되는가?

㉮ 산소　㉯ 질소
㉰ 수소　㉱ 오존

04 송전선로의 코로나 임계전압이 높아지는 것은?

㉮ 기압이 낮아지는 경우
㉯ 전선의 지름이 큰 경우
㉰ 온도가 높아지는 경우
㉱ 상대 공기 밀도가 작은 경우

05 복도체를 사용하면 송전용량이 증가하는 가장 주된 이유는 다음 중 어느 것인가?

㉮ 코로나가 발생하지 않는다.
㉯ 선로의 작용 인덕턴스는 감소하고, 작용 정전용량은증가한다.
㉰ 전압강하가 있다.
㉱ 무효전력이 적어진다.

06 코로나 임계전압에 직접 관계가 없는 것은?

㉮ 전선이 굵기
㉯ 기상조건
㉰ 애자의 강도
㉱ 선간거리

07 3상 3선식 복도체 방식 송전선로로 하면 3상 3선식 단도체 방식이 송전선로에 비하여 어떻게 되는가? (단, 단도체의 단면적은 복도체 방식 소선의 단면적이 합과 같은 것으로 한다.)

㉮ 인덕턴스는 증가하고 정전용량은 감소한다.
㉯ 인덕턴스와 정전용량은 증가한다.
㉰ 인덕턴스는 감소하고 정전용량은 증가한다.
㉱ 인덕턴스와 정전용량은 감소한다.

08 다음 중 복도체의 특성이 아닌 것은?

㉮ 코로나 임계전압이 낮아진다.
㉯ 송전전력이 증가한다.
㉰ 정전용량이 증가한다.
㉱ 안전전류가 증가한다.

09 초고압 송전선로에 단도체 대신 복도체를 사용할 경우에 적합하지 않은 것은?

㉮ 전선의 작용 인덕턴스를 감소시킨다.
㉯ 선로의 작용 정전용량을 증가시킨다.
㉰ 전선 표면의 전위 경도를 저감시킨다.
㉱ 전선의 코로나 임계전압을 저감시킨다.

10 송전선로에 복도체나 다도체를 사용하는 주된 목적은 다음 중 어느 것인가?

㉮ 뇌해의 방지
㉯ 건설비의절감
㉰ 진동방지
㉱ 코로나(corona)방지

11 다음 송전선로의 코로나 발생 방지대책으로 가장 효과적인 방법은?

㉮ 전선의 선간거리를 증가시킨다.
㉯ 선로의 대지 절연을 강화한다.
㉰ 철탑의 접지 저항을 낮게 한다.
㉱ 전선을 굵게 하거나 복도체를 사용한다.

12 22,000[V], 60[Hz], 1회선의 3상 지중 무부하 충전용량[kVar]은? (단, 송전선의 길이는 20[km], 1선 1[km]당의 정전용량는 0.5[μF]이다.)

㉮ 1,750　　㉯ 1,825
㉰ 1,900　　㉱ 1,925

13 3상의 같은 전원이 접속하는 경우 Δ결선일 때와 Y결선인 경우 진상 용량의 비는 (Δ/Y)?

㉮ 3　　㉯ $\sqrt{3}$
㉰ $\dfrac{1}{\sqrt{3}}$　　㉱ $\dfrac{1}{3}$

14 대지 정전용량 0.007[μF/km], 상호 정전용량 0.001[μF/km], 선로의 길이 100[km]인 3상 송전선이 있다. 여기에 154[kV] 60[Hz]를 가했을 때 1선에 흐르는 충전전류[A]는?

㉮ 33.5　　㉯ 42.6
㉰ 0.335　　㉱ 0.426

15 60[Hz], 154[kV], 길이 200[km]인 3상 송전선로에서 C_s =0.008[μF/km], C_m = 0.0018[μF/km]일 때 1선에 흐르는 충전전류[A]는?

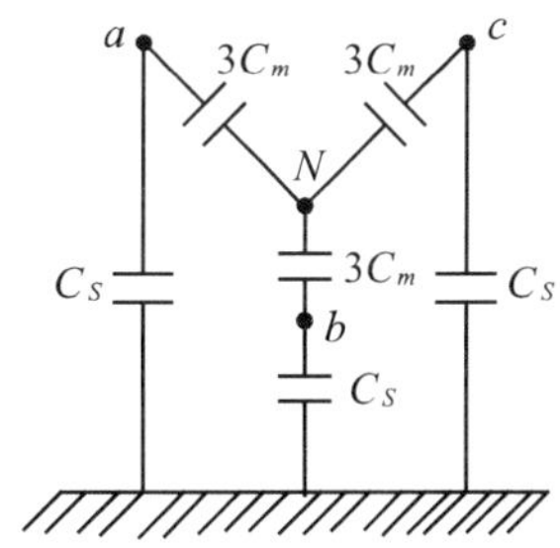

㉮ 68.9　　㉯ 78.9
㉰ 89.8　　㉱ 97.6

16 현수애자 4개를 1련으로 한 66[kV] 송전선로가 있다. 현수애자 1개의 절연 저항이 1,500[MΩ]이라면 표준 경간을 200[m]로 할 때 1[km]당의 누설 컨덕턴스[℧]는?

㉮ 0.83×10^{-9}　　㉯ 0.83×10^{-6}
㉰ 0.83×10^{-3}　　㉱ 0.83×10^{-3}

17 소도체 2개로 된 복도체 방식 3상 3선식 송전선로가 있다. 소도체의 지름 2[cm], 소도체 간격 16[cm], 등가 선간거리 200[cm]인 경우 1상당 작용 정전용량 [μF/km]은 얼마인가?

㉮ 0.014　　㉯ 0.14
㉰ 0.065　　㉱ 0.090

PART 02

18 3상 1회선 전선로의 작용 정전용량을 C, 선간 정전용량은 C_1, 대지 정전용량을 C_2라 할 때 C, C_1, C_2의 관계는?

㉮ $C=C_1+3C_2$
㉯ $C=3C_1+C_2$
㉰ $C=C_1+C_2$
㉱ $C=3(C_1+C_2)$

19 단상 2선식 배전선로에 있어서 대지 정전용량을 C_s, 선간 정전용량을 C_m이라 할 때 작용 정전용량 C_n은?

㉮ C_s+C_m ㉯ C_s+2C_m
㉰ $2C_s+C_m$ ㉱ C_s+3C_m

20 선간거리 $2D$[m]이고 선로 도선의 지름이 d[m]인 선로의 단위 길이당 정전 용량[μF/km]은?

㉮ $\dfrac{0.02413}{\log_{10}\dfrac{4D}{d}}$ ㉯ $\dfrac{0.02413}{\log_{10}\dfrac{2D}{d}}$
㉰ $\dfrac{0.02413}{\log_{10}\dfrac{D}{d}}$ ㉱ $\dfrac{0.02413}{\log_{10}\dfrac{3D}{d}}$

21 송전선로의 정전용량은 등가 선간거리 D가 증가하면 어떻게 되는가?

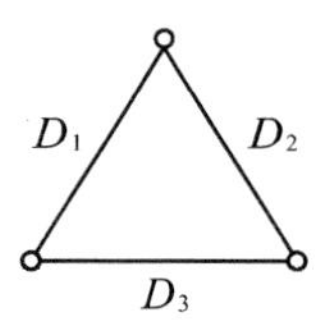

$D=(D_1D_2D_3)^{1/3}$

㉮ 증가한다.
㉯ 감소한다.
㉰ 변하지 않는다.
㉱ D_2에 반비례하여 감소한다.

22 연가가 완전한 3상 3선식 송전선의 3선을 일괄하고 대지를 귀로로 하여 단상 전류를 흘릴 때의 1선당 인덕턴스[mH/km]는? (단, r은 도체의 반지름[m], D는 등가 선간거리[m], H_e는 상당 대지면의 깊이[m]이다.)

㉮ $0.2+0.4605\log_{10}\dfrac{(2H_e)^2}{rD}$
㉯ $0.1+0.4605\log_{10}\dfrac{2H_e^2}{r^2D}$
㉰ $0.2+0.4605\log_{10}\dfrac{(2H_e)^3}{rD^2}$
㉱ $0.1+0.4605\log_{10}\dfrac{2H_e}{rD}$

23 7/3.7[mm]인 경동 연선(반지름 0.555[cm]을 그림과 같이 배치한 완전 연가의 66[kV] 1회선 송전선이 있다. 1[km]당 작용 인덕턴스[mH/km]는 얼마인가?

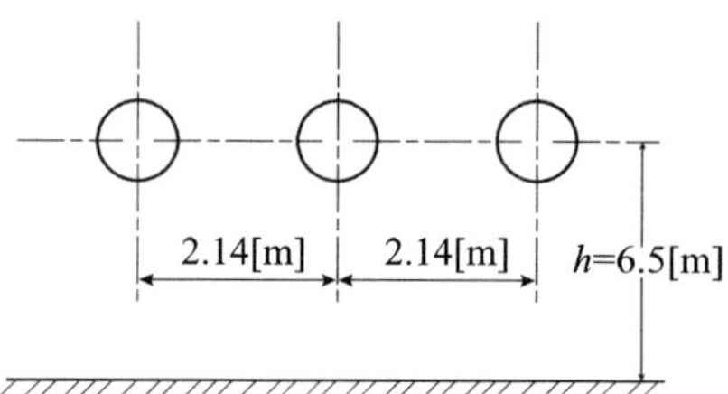

㉮ 1.237 ㉯ 1.287
㉰ 2.849 ㉱ 2.899

24 3상 3선식 송전선로의 선간거리가 D_1, D_2, D_3[m], 전선 직경이 d[m]로 연가된 경우에 전선 1[km]의 인덕턴스는 몇 [mH]인가?

㉮ $0.05+0.4605\log_{10}\dfrac{\sqrt[3]{D_1\cdot D_2\cdot D_3}}{d}$
㉯ $0.05+0.4605\log_{10}\dfrac{2^3\sqrt{D_1\cdot D_2\cdot D_3}}{d}$

㉰ $0.05+0.4605\log_{10}\frac{d\sqrt[3]{D_1 \cdot D_2 \cdot D_3}}{2}$

㉱ $0.05+0.4605\log\frac{d}{\sqrt[3]{D_1 \cdot D_2 \cdot D_3}}$

25 그림과 같이 송전선이 4도체인 경우 소선 상호간의 등가 평균거리는?

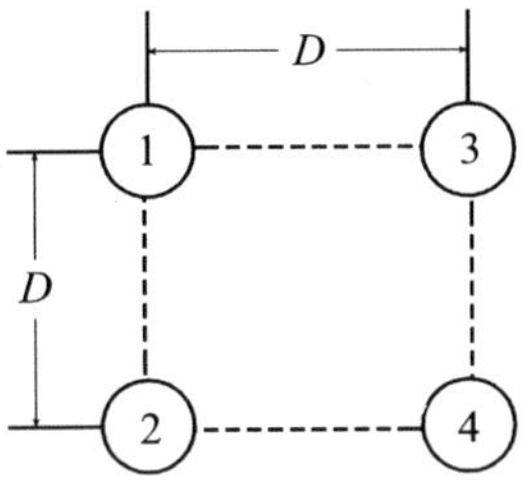

㉮ $\sqrt[3]{2}\,D$　　㉯ $\sqrt[4]{2}\,D$

㉰ $\sqrt[6]{2}\,D$　　㉱ $\sqrt[8]{2}\,D$

26 복도체에 있어서 소도체의 반지름을 γ[m], 소도체 사이의 간격을 s[m]라고 할 때 2개의 소도체를 사용한 복도체의 등가 반지름은?

㉮ $\sqrt{rs}$　　㉯ $\sqrt{r^2 s}$

㉰ $\sqrt{rs^2}$　　㉱ rs

27 3상 3선식에서 선간거리가 각각 50[cm], 60[cm], 70[cm]인 경우 기하 평균 선간 거리는 몇 [cm]인가?

㉮ 64.0　　㉯ 60.4

㉰ 62.0　　㉱ 59.4

28 3상 3선식 송전선의 선간거리가 각각 D_1, D_2 및 D_3일 때, 그 등가 선간거리는?

㉮ $\sqrt[3]{D_1^2+D_2^2+D_3^2}$

㉯ $\frac{D_1D_2+D_2D_3+D_3D_1}{D_1+D_2+D_3}$

㉰ $\sqrt{D_1^2+D_2^2+D_3^2}$

㉱ $\sqrt[3]{D_1 \cdot D_2 \cdot D_3}$

29 연가해도 효과가 없는 것은?

㉮ 통신선의 유도 장해

㉯ 직렬공진

㉰ 각상의 임피던스의 불평형

㉱ 작용 정전용량의 감소

30 3상 3선식 송전선을 연가할 경우 전 긍장의 몇 배수로 등분해서 연가하는가?

㉮ 2　　㉯ 3

㉰ 4　　㉱ 5

31 지름이 d[m], 선간거리가 D[m]인 선로 한가닥의 작용 인덕턴스[mH/km]는?

㉮ $0.5+0.4605\log_{10}\frac{D}{d}$

㉯ $0.05+0.4605\log_{10}\frac{D}{d}$

㉰ $0.5+0.4605\log_{10}\frac{2D}{d}$

㉱ $0.05+0.4605\log_{10}\frac{2D}{d}$

32 반지름 14[mm]의 ACSR로 구성된 완전 인가된 3상 1회선 송전선로가 있다. 각 상간의 등가 선간거리가 2,800[mm]라고 할 때, 이 선로의 [km]당 작용 인덕턴스는 몇[mH/km]인가?

㉮ 1.11　　㉯ 1.06

㉰ 0.83　　㉱ 0.33

33 ACSR는 동일한 길이에서 동일한 전기 저항을 갖는 경동 연선에 비하여 어떠한가?

㉮ 바깥지름은 크고 중량은 크다.

PART 02

㉯ 바깥지름은 크고 중량은 작다.
㉰ 바깥지름은 작고 중량은 크다.
㉱ 바깥지름은 작고 중량은 작다.

34 송전선로의 저항을 R, 리액턴스를 X라 하면 어느 식이 성립되는가?

㉮ $R > X$　　㉯ $R < X$
㉰ $R = X$　　㉱ $R \leq X$

35 송전선로의 선로정수가 아닌것은 다음 중 어느것인가?

㉮ 저항　　㉯ 리액턴스
㉰ 정전용량　　㉱ 누설 컨덕턴스

PART 03

송전 특성 및 전력 원선도

1. 송전선로의 특성값 계산
2. 전력 계산식

PART 03

송전 특성 및 전력 원선도

1 송전선로의 특성값 계산

(1) 개요

송전선로는 선로의 길이가 수십[km] 혹은 수백[km]에 연결되고 있다. 선로는 각 전선의 선로정수인 저항, 인덕턴스, 정전용량, 누설 콘덕턴스가 선로에 균등하게 분포되어 있는 3상 교류 송전선로이다.

(2) 단거리 송전선로(수[km] 이하)

단거리 송전선로는 저항과 인덕턴스와의 직렬회로로 나타내며 집중 정수회로로 취급한다.

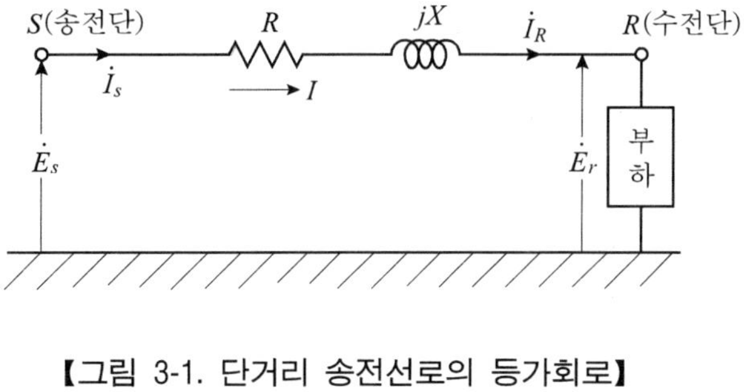

【그림 3-1. 단거리 송전선로의 등가회로】

① 송전단 상전압(E_s)

$$\dot{E}_s = (\dot{E}_r + IR\cos\theta_r + IX\sin\theta_r) + j(IX\cos\theta_r - IR\sin\theta_r)$$

$$\fallingdotseq \dot{E}_r + I(R\cos\theta_r + X\sin\theta_r)$$

② 전압강하(e)

$$e = E_s - E_r = I(R\cos\theta_r + X\sin\theta_r)$$

③ 전압강하율(ε) 및 전압변동률(δ)

$$\varepsilon = \frac{e}{E_r} \times 100 = \frac{E_s - E_r}{E_r} \times 100 = I(R\cos\theta_r + X\sin\theta_r)$$

$$\delta = \frac{V_{r0} - V_m}{V_m} \times 100[\%]$$

여기서, V_{r0} : 무부하 시 수전단 선간전압
V_m : 전부하 시 수전단 선간전압

④ 수전단 3상 전력(P_r)

$$P_r = 3E_r I\cos\theta_r = \sqrt{3}\, V_r I\cos\theta_r$$

⑤ 3상 전력손실(P_l)

$$P_l = 3I^2R$$

⑥ 송전단 3상 전력(P_s)

$$P_s = P_r + P_l = \sqrt{3}\, V_r I\cos\theta_r + 3I^2R$$

단, E_s, E_r : 송 · 수전단 상전압
V_s, V_r : 송 · 수전단 선간전압
I : 선로전류
$\cos\theta_r$: 수전단 역률

(3) 중거리 송전선로

중거리 송전선로에서는 직렬 임피던스와 병렬 어드미턴스로 구성되고 있는 T형 회로와 π형 회로의 두 종류의 등가회로로 해석하며 선로정수는 콘덕턴스를 제외한 저항, 인덕턴스, 커패시턴스로 나타낸다.

T형	π형
Z : 송 · 수전 양단에 Z/2씩 집중 Y : 선로의 중앙에 집중	Z : 선로의 중앙에 집중 Y : 송 · 수전 양단에 Y/2씩 집중

① T형 회로

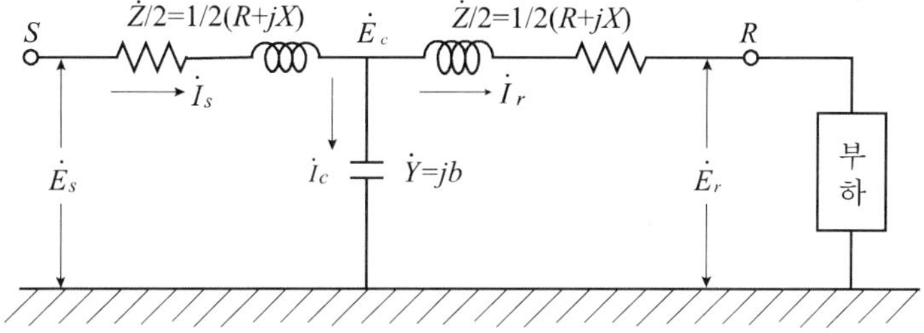

【그림 3-2. T형 회로】

$$E_s = E_c + \frac{Z}{2}I_s = (1+\frac{ZY}{2})E_r + Z(1+\frac{ZY}{4})I_r$$

$$I_s = I_r + I_c = YE_r + (1+\frac{ZY}{2})I_r$$

② π형 회로

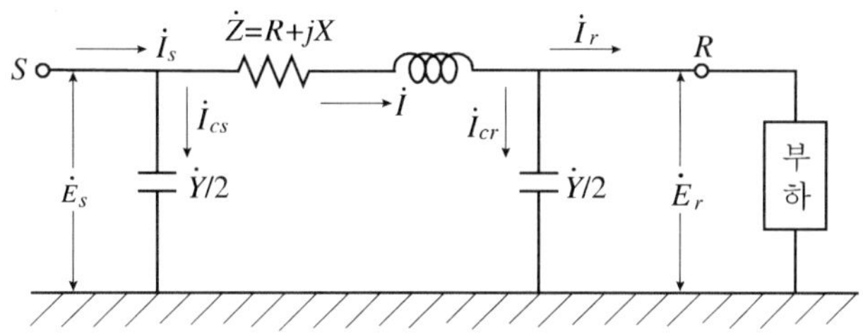

【그림 3-3. π형 회로】

$$E_s = E_r + ZI = (1+\frac{ZY}{2})E_r + ZI_r$$

$$I_s = I_{cs} + I = Y(1+\frac{ZY}{4})E_r + (1+\frac{ZY}{2})I_r$$

(4) 장거리 송전선로

송전선로 길이가 적어도 100[km] 이상인 회로로서 앞에서와 달리 선로정수가 균일하게 분포되어 있기 때문에 분포정수 회로로 취급한다.

① 전파방정식

$$E_s = \cosh\gamma l E_r + Z_0 \sinh\gamma l I_r$$

$I_s = Y_0 \sinh\gamma l E_r + \cosh\gamma l I_r$

단, Z_0 : 특성 임피던스, γ : 전파정수

② 특성 임피던스

$$Z_0 = \sqrt{\frac{Z}{Y}} = \sqrt{\frac{R+jL\omega}{G+jC\omega}} \fallingdotseq \sqrt{\frac{L}{C}}\,[\Omega]$$

③ 전파정수(전파속도 계산)

$$\gamma = \sqrt{ZY} = \sqrt{(R+j\omega L)(G+jC)} \fallingdotseq j\omega\sqrt{LC}\,[\text{rad/km}]$$

$$v = \frac{1}{\gamma} = \frac{1}{\sqrt{LC}}$$

단, v : 전파속도

> **Tip** 4단자 회로의 일반회로 정수
> 단거리, 중거리, 장거리 선로에 관계없이 회로 해석의 통일

2 전력 계산식

(1) 교류 전력의 백터 표시

$EI = E\angle\phi_1 \cdot I\angle-\phi_2 = EI\angle(\phi_1-\phi_2) = EI\cos\phi + jEI\sin\phi = P+jQ$

(지상 무효전력을 정으로 함. 단, $\phi = \phi_1 - \phi_2$)

(2) 송 · 수전 전력 계산식

$E_s = AE_r + BI_r$, $I_s = CE_r + DI_r$

- 송전단의 피상전력 $S_s = P_s + jQ_s$
- 수전단의 피상전력 $S_r = P_r + jQ_r$

(3) 전력 원선도

종 류	송전단 원선도	수전단 원선도
반 경	$\frac{V_s V_r}{B}$	$\frac{V_s V_r}{B}$

(4) 조상설비

무효전력을 공급 또는 소비하는 설비

송 전 계 통	배 전 계 통
동기조상기	전력용 콘덴서(SC) (병렬 콘덴서)
진상, 지상 양용 : 연속	진상작용 : 불연속
회전기 : Pi(철손) 大	정지기 : Pi(철손) 小
시운전 가능	시운전 불가능

PART 03

연습문제

Exercise

01 발전기의 단락비가 작아질 경우에 일어나는 현상 중 옳은 것은?

㉮ 단락전류가 커진다.
㉯ 충전용량이 증가한다.
㉰ 안정도가 높아진다.
㉱ 전압변동률이 커진다.

02 송전선로의 페란티(Ferranti)효과를 방지하는 데 효과적인 것은?

㉮ 분로 리액터　　㉯ 복도체 사용
㉰ 병렬 콘덴서　　㉱ 직렬 콘덴서

03 변압기 결선에 있어서 1차에 제3고조파가 있을 때 2차 전압에 제3고조파가 나타나는 결선은?

㉮ $\Delta-\Delta$　　㉯ $\Delta-Y$
㉰ Y−Y　　㉱ $Y-\Delta$

04 초고압 장거리 송전선로에 접속되는 1차 변전소에 병렬 리액터를 설치하는 목적은?

㉮ 송전용량의 증가
㉯ 페란티효과의 방지
㉰ 과도안정도의 증대
㉱ 전력손실의 경감

05 한류 리액터를 사용하는 가장 큰 목적은?

㉮ 충전전류의 제한
㉯ 접지전류의 제한
㉰ 누설전류의 제한
㉱ 단락전류의 제한

06 페란티현상이 생기는 원인은?

㉮ 선로의 인덕턴스
㉯ 선로의 정전용량
㉰ 선로의 누설 컨덕턴스
㉱ 선로의 저항

07 전력계통의 전압조정과 무관한 것은?

㉮ 발전기의 조속기(governor)
㉯ 발전기의 전압조정장치
㉰ 전력용 콘덴서
㉱ 전력용 분로 리액터(shunt reactor)

08 단락비가 큰 동기발전기에 대해서 옳지 않은 것은?

㉮ 기계의 치수가 커진다.
㉯ 동손, 마찰손, 철손이 많아진다.
㉰ 전압변동률이 커진다.
㉱ 안정도가 높아진다.

09 전력용 콘덴서의 방전코일의 역할은?

㉮ 잔류 전하의 방전
㉯ 고조파의 억제
㉰ 역률의 개선
㉱ 콘덴서 수명 연장

10 전력용 콘덴서 회로에 직렬 리액터를 접속시키는 목적은 무엇인가?

㉮ 콘덴서 개방 시의 방전 촉진
㉯ 콘덴서에 걸리는 전압의 저하
㉰ 제3고조파의 침입 방지
㉱ 제5고조파 이상의 고조파의 침입 방지

11 전력용 콘덴서에 직렬로 콘덴서 용량의 5[%] 정도의 유도 리액턴스를 삽입하는 목적은?

㉮ 제3고조파 전류의 억제
㉯ 제5고조파 전류의 억제
㉰ 이상전압 발생 방지
㉱ 정전용량의 조절

12 1상당의 용량 150[kVA]의 콘덴서에 제5고조파를 억제시키기 위하여 필요한 직렬 리액터의 기본파에 대한 용량[kVA]은?

㉮ 3　　㉯ 4.5
㉰ 6　　㉱ 7.5

13 안정권선(Δ권선)을 가지고 있는 대용량 고전압의 변압기가 있다. 조상기 전력용 콘덴서는 주로 어디에 접속되는가?

㉮ 주변압기의 1차
㉯ 주변압기의 2차
㉰ 주변압기의 3차(안정권선)
㉱ 주변압기의 1차와 2차

14 송배전선로의 도중에 직렬로 삽입하여 선로의 유도성 리액턴스를 보상함으로써 선로정수 그 자체를 변화시켜서 선로의 전압강하를 감소시키는 직렬 콘덴서방식의 특성에 대한 설명으로 옳은 것은?

㉮ 최대 송전전력이 감소하고 정태안정도가 감소된다.
㉯ 부하의 변동에 따른 수전단의 전압 변동률은 증대된다.
㉰ 장거리 선로의 유도 리액턴스를 보상하고 전압강하를 감소시킨다.
㉱ 송수 양단의 전달 임피던스가 증가하고 안정 극한 전력이 감소한다.

15 동기조상기에 대한 다음 설명 중 옳지 않은 것은?

㉮ 선로의 시충전(時充電)이 불가능하다.
㉯ 중부하 시에는 과여자로 운전하여 앞선 전류를 취한다.
㉰ 경부하 시에는 부족여자로 운전하여 뒤진 전류를 취한다.
㉱ 전압조정이 연속적이다.

16 동기조상기에 대한 설명 중 맞는 것은?

㉮ 무부하로 운전되는 동기발전기로 역률을 개선한다.
㉯ 무부하로 운전되는 동기전동기로 역률을 개선한다.
㉰ 전부하로 운전되는 동기발전기로 위상을 조정한다.
㉱ 전부하로 운전되는 동기전동기로 위상을 조정한다.

17 부하에 따라 전압 변동이 심한 급전선을 가진 배전 변전소의 전압조정장치는 어느것인가?

㉮ 유도전압조정기
㉯ 직렬 리액터
㉰ 계기용 변압기
㉱ 전력용 콘덴서

18 전력계통의 전압을 조정하는 가장 주요 수단은?

㉮ 발전기의 유효전력 조정
㉯ 부하의 유효전력 조정

㉰ 계통의 주파수 조정
㉱ 계통의 무효전력 조정

19 진상 전류만이 아니라 지상 전류도 잡아서 광범위로 연속적인 전압조정을 할 수 있는 것은?

㉮ 전력용 콘덴서
㉯ 동기조상기
㉰ 분로 리액터
㉱ 직렬 리액터

20 3상 송전선로의 공칭 전압이란?

㉮ 무부하 상태에서 그의 수전단의 선간 전압
㉯ 무부하 상태에서 그의 송전단의 상 전압
㉰ 전부하 상태에서 그의 송전단의 선간 전압
㉱ 전부하 상태에서 그의 수전단의 상 전압

21 중성점 접지 직류 2선식과 교류 3상 3선식에서 사용 전선량이 같고 손실률과 절연 레벨을 같게 하면 송전 전력은?

㉮ 직류 송전은 교류 송전에 비하여 41[%] 증가된다.
㉯ 직류 송전은 교류 송전에 비하여 100[%] 증가된다.
㉰ 교류 송전은 직류 송전에 비하여 41[%] 증가된다.
㉱ 교류 송전은 직류 송전에 비하여 100[%] 증가된다.

22 송전단 전압이 161[kV], 수전단 전압이 155[kV], 상차각이 40°, 리액턴스 50[Ω]일 때, 선로 손실을 무시하면 송전 전력[MW]은? (단, sin40°=0.745)

㉮ 약 107　　㉯ 약 321
㉰ 약 408　　㉱ 약 580

23 그림과 같은 송전선의 수전단 전력 원선도에 있어서 역률 $\cos\theta$의 부하가 갑자기 감소하여 조상설비를 필요로 하게 되었을 때 필요한 조상기의 용량을 나타내는 부분은?

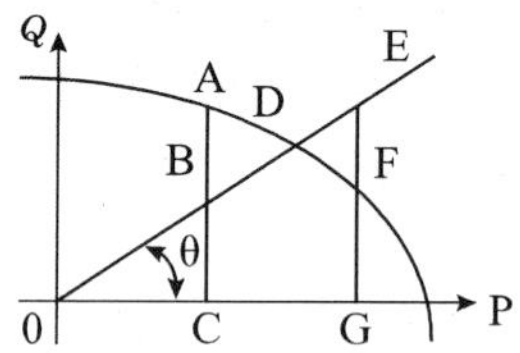

㉮ $\overline{AB}$　　㉯ $\overline{EF}$
㉰ $\overline{BD}$　　㉱ $\overline{FC}$

24 전력 원선도에서 알 수 없는 것은?

㉮ 전력
㉯ 손실
㉰ 역률
㉱ 코로나 손실

25 송수 양단의 전압을 E_s, E_r라 하고 4단자 정수를 A, B, C, D라 할 때 전력 원선도의 반지름은?

㉮ E_r, E_s/A　　㉯ E_s, E_r/B
㉰ E_s, E_r/C　　㉱ E_s, E_r/D

26 전력 원선도의 가로축과 세로축은 각각 다음 중 어느 것을 나타내는가?

㉮ 전압과 전류
㉯ 전압과 전력
㉰ 전류와 전력
㉱ 유효전력과 무효전력

27 장거리 송전선로의 특성은 무슨 회로로 다루어야 하는가?

㉮ 특성 임피던스회로
㉯ 집중 정수회로
㉰ 분포 정수회로
㉱ 분산 부하회로

28 송전선의 파동 임피던스를 Z_0, 전자파의 전파속도를 V라 할 때, 송전선의 단위길이에 대한 인덕턴스 L은?

㉮ $L=\sqrt{VZ_0}$
㉯ $L=\dfrac{V}{Z_0}$
㉰ $L=\dfrac{Z_0}{V}$
㉱ $L=\dfrac{Z_0^2}{V}$

29 파동 임피던스가 500[Ω]인 가공송전선 1[km]당의 인덕턴스 L과 정전용량 C는 얼마인가?

㉮ $L=1.67$[mH/km], $C=0.0067$[μF/km]
㉯ $L=2.12$[mH/km], $C=0.167$[μF/km]
㉰ $L=1.67$[H/km], $C=0.0067$[μF/km]
㉱ $L=0.0067$[mH/km], $C=1.67$[μF/km]

30 선로의 단위 길이의 분포 인덕턴스, 저항, 정전용량 및 누설 컨덕턴스를 각각 L, r, C 및 g로 표시할 때의 전파 정수는?

㉮ $\sqrt{(r+j\omega L)(g+j\omega C)}$
㉯ $(r+j\omega L)(g+j\omega C)$
㉰ $\sqrt{\dfrac{(r+j\omega L)}{(g+j\omega L)}}$
㉱ $\sqrt{\dfrac{(g+j\omega L)}{(r+j\omega L)}}$

31 송전선의 특성 임피던스는 저항과 누설 컨덕턴스를 무시하면 어떻게 표시 되는가? (단, L은 선로의 인덕턴스, C는 선로의 정전용량이다.)

㉮ $\sqrt{\dfrac{L}{C}}$　　㉯ $\sqrt{\dfrac{C}{L}}$
㉰ $\dfrac{L}{C}$　　㉱ $\dfrac{C}{L}$

32 전파 정수 γ, 특성 임피던스 Z_0, 길이 l인 분포 정수회로가 있다. 수전단에 이 선로의 특성 임피던스와 같은 임피던스 Z_0를 부하로 접속하였을때 송전단에서 부하측을 본 임피던스는?

㉮ Z_0　　㉯ $\dfrac{1}{Z_0}$
㉰ $Z_0\tan h\gamma l$　　㉱ $Z_0\cos h\gamma l$

33 송전선로의 수전단을 개방할 경우, 송전단 전류 I_s는 어떤 식으로 표시되는가? (단, 송전단 전압을 V_s, 선로의 임피던스를 Z, 어드미턴스를 Y라 한다.)

㉮ $I_s=\sqrt{\dfrac{Y}{Z}}\tan h\sqrt{ZY}\,V_s$
㉯ $I_s=\sqrt{\dfrac{Z}{Y}}\tan h\sqrt{ZY}\,V_s$
㉰ $I_s=\sqrt{\dfrac{Y}{Z}}\cos h\sqrt{ZY}\,V_s$
㉱ $I_s=\sqrt{\dfrac{Z}{Y}}\cos h\sqrt{ZY}\,V_s$

34 일반 회로정수가 같은 평행 2회선에서 $\dot{A}$, $\dot{B}$, $\dot{C}$, $\dot{D}$는 각각 1회선의 경우의 몇 배로 되는가?

㉮ 2, 2, $\dfrac{2}{1}$, 1　　㉯ 1, 2, $\dfrac{1}{2}$, 1
㉰ 1, $\dfrac{1}{2}$, 2, 1　　㉱ 1, $\dfrac{1}{2}$, 2, 2

35 그림 중 4단자 정수 A, B, C, D는? (여기서 E_s, I_s는 송전단 전압, 전류, E_R, I_R는 수전단 전압, 전류이고 Y는 병렬 어드미턴스이다.)

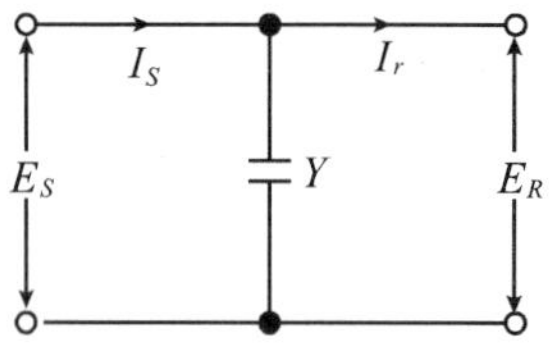

㉮ 1, 0, Y, 1　　㉯ 1, Y, 0, 1
㉰ 1, Y, 1, 0　　㉱ 1, 0, 0, 1

36 송전선로의 일반 회로정수가 A=0.7, $B=j\,190$, D=0.9라 하면 C의 값은?

㉮ $-j1.95\times10^{-3}$　　㉯ $j1.95\times10^{-3}$
㉰ $-j1.95\times10^{-4}$　　㉱ $j1.95\times10^{-4}$

37 그림과 같이 회로 정수 A, B, C, D인 송전선로에 변압기 임피던스 Z_r를 수전단에 접속했을 때 변압기 임피던스 Z_r를 포함한 새로운 정수 D_0는? (단, 그림에서 E_s, I_s는 송전단 전압, 전류이고, E_R, I_R는 수전단의 전압, 전류이다.)

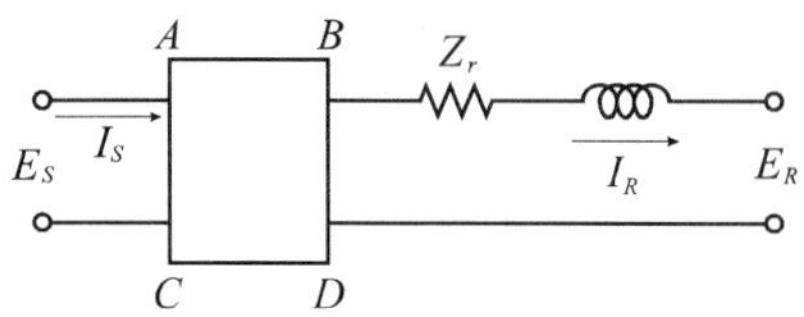

㉮ $B+AZ_r$　　㉯ $B+CZ_r$
㉰ $B+AZ_r$　　㉱ $D+CZ_r$

38 그림과 같은 회로의 일반 회로정수로서 옳지 않은 것은?

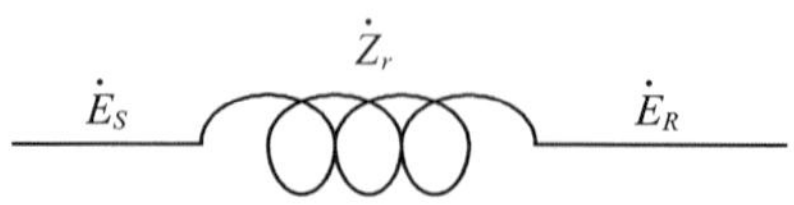

㉮ $\dot{A}=1$　　㉯ $\dot{B}=Z+1$
㉰ $\dot{C}=0$　　㉱ $\dot{D}=1$

39 중거리 송전선로의 T형 회로에서 송전단 전류 I_s는? (단, Z, Y는 선로의 직렬 임피던스와 병렬 어드미턴스이고 E_r는 수전단 전압, I_r는 수전단 전류이다)

㉮ $I_r(1+\frac{ZY}{2})+E_rY$

㉯ $E_r(1+\frac{ZY}{2})+ZI_r(1+\frac{ZY}{4})$

㉰ $E_r(1+\frac{ZY}{2})+ZI_r$

㉱ $I_r(1+\frac{ZY}{2})+E_rY(1+\frac{ZY}{4})$

40 π회로의 일반 회로정수에서 B는 무엇을 의미하는가?

㉮ 저항
㉯ 리액턴스
㉰ 임피던스
㉱ 어드미턴스

41 송전거리, 전력, 손실률 및 역률이 일정하다면 전선의 굵기는?

㉮ 전류에 비례한다.
㉯ 전압의 제곱에 비례한다.
㉰ 전류에 역비례한다.
㉱ 전압의 제곱에 역비례한다.

42 단상, 3상 3선식 모두 선간전압을 6,600[V]로 하고 1선에 흐르는 전류를 500[A] 역률이 각각 0.85로 같다고 하면 단상 2선식에 대한 3상 3선식의 1선당의 전력비는 얼마인가?

㉮ 0.7　　㉯ 1.0
㉰ 1.15　　㉱ 1.33

43 다음 중 ( ) 안에 알맞은 것은?

> 송전선로의 전압을 2배로 승압할 경우 동일조건에서 공급전력을 동일하게 취하면 선로손실을 승압 전의 (①)배로 되고 선로손실률을 동일하게 취하면 공급전력은 승압 전의 (②)배로 된다.

㉮ ① $\frac{1}{4}$, ② 4　　㉯ ① 4, ② $\frac{1}{4}$
㉰ ① $\frac{1}{4}$, ② 2　　㉱ ① 4, ② $\frac{1}{2}$

44 송전전력, 송전거리, 전선의 비중 및 전선 손실률이 일정하다고 하면 전선의 단면적 A는 다음 중 어느 것에 비례하는가? (단, V는 송전전압이다.)

㉮ V　　㉯ V^2
㉰ $\frac{1}{V^2}$　　㉱ $\frac{1}{\sqrt{V}}$

45 송전단 전압이 6,600[V], 수전단 전압은 6,100[V]였다. 수전단의 부하를 끊는 경우 수전단 전압이 6,300[V]라면 이 회로의 전압강하율과 전압변동률은 각각 몇 [%]인가?

㉮ 3.28, 8.2　　㉯ 8.2, 3.28
㉰ 4.14, 6.8　　㉱ 6.8, 4.14

46 3상 3선식에서 송전선에서 한 선의 저항이 15[Ω], 리액턴스 20[Ω]이고 수전단의 선간전압은 30[kV], 부하역률이 0.8인 경우 전압강하율을 10[%]라 하면 이 송전선로는 몇 [kW]까지 수전할 수 있는가?

㉮ 27,500　　㉯ 2,900
㉰ 3,000　　㉱ 3,400

47 부하 역률이 $\cos\theta$, 부하전류 I인 선로의 저항을 r, 리액턴스를 X라 할 때 최대 전압강하가 발생하는 조건은?

㉮ $\cos\theta = rX$　　㉯ $\sin\theta = \frac{X}{r}$
㉰ $\tan\theta = \frac{X}{r}$　　㉱ $\cos\theta = \frac{X}{r}$

48 송전전압을 높일 때 발생하는 경제적 문제 중 옳지 않은 것은?

㉮ 송전 전력과 전선의 단면적이 일정하면 선로의 전력손실이 감소한다.
㉯ 절연애자의 개수가 증가한다.
㉰ 변전소에 시설할 기기의 값이 고가로 된다.
㉱ 보수 유지에 필요한 비용이 적어진다.

49 지상 부하를 가진 3상 3선식 배전선 또는 단거리 송전선에서 선간전압강하를 나타낸 식은? (단, $I \cdot R \cdot X \cdot \theta$는 각각 수전단 전류, 선로 저항, 리액턴스 및 수전단 전류 위상각이다.)

㉮ $I(R\cos\theta + X\sin\theta)$
㉯ $2I(R\cos\theta + X\sin\theta)$
㉰ $\sqrt{3}I(R\cos\theta + X\sin\theta)$
㉱ $3I(R\cos\theta + X\sin\theta)$

50 늦은 역률의 부하를 갖는 단거리 송전선로의 전압강하의 근사식은? (단, P는 3상 부하전력[kW], E는 선간전압[kV], R은 선로 저항[Ω], X는 리액턴스[Ω], θ는 부하의 늦은 역률각이다.)

㉮ $\frac{\sqrt{3}P}{E}(R + X \cdot \tan\theta)$
㉯ $\frac{P}{\sqrt{3}E}(R + X \cdot \tan\theta)$
㉰ $\frac{P}{E}(R + X \cdot \tan\theta)$
㉱ $\frac{P}{\sqrt{3}E}(R \cdot \cos\theta + X \cdot \sin\theta)$

PART 03

51 수전단 전압이 3,300[V]이고 전압강하율이 5[%]인 송전선로의 송전단 전압은 몇 [V]인가?

㉮ 3,385 ㉯ 3,465
㉰ 3,498 ㉱ 3,581

52 다음 그림에서 송전선로의 건설비와 전압과의 관계를 옳게 나타낸 것은?

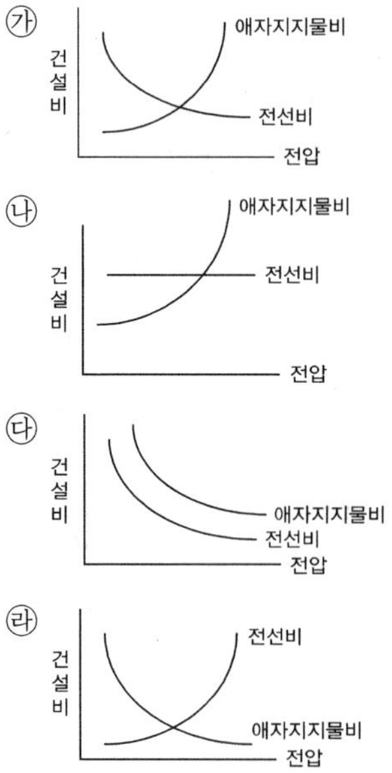

53 1선의 저항이 10[Ω], 리액턴스 15[Ω]인 3상 송전선이 있다. 수전단 전압 60[kV], 부하 역률 0.8[lag], 전류 100[A]라고 한다. 이때의 송전단 전압[V]은?

㉮ 62,940 ㉯ 63,700
㉰ 64,000 ㉱ 65,940

PART 04

중성점 접지방식과 유도 장해

1. 중성점 접지방식의 목적
2. 중성점 접지방식의 종류
3. 유도 장해

PART 04

중성점 접지방식과 유도 장해

1 중성점 접지방식의 목적

송전계통에서 중성점 접지문제는 송전선, 각 전기기기에 대한 절연설계, 통신선의 유도 장해, 고장을 검출하기 위한 보호 계전기 동작 및 송전계통의 안정도에 커다란 영향을 방지하기 위함이다.

① 1선 지락 시 전위상승을 억제하여 절연레벨 경감, 계통의 기계기구 보호

② 과도안정도 증진

③ 단절연 가능하므로 기기값의 저렴

④ 보호 계전기 이용하여 신속한 차단 가능

⑤ 소호 리액터 접지계통에서의 지락 시 아크 소멸시켜 계속송전 가능

※ 효과 : 통신선의 유도 장해 감소

2 중성점 접지방식의 종류

(1) 비접지($Z_n = \infty$)

① 저전압 단거리 선로, 33[kV] 이하 채용

② 1선 지락 시 전위상승

③ Δ결선 시 1선 지락고장이 일어나도 V결선으로 송전가능

④ 단거리 선로에 채용 시 대지 정전용량이 적어서 충전전류는 작다.

⑤ 장거리 선로에 채용 시 대지 정전용량이 증가해서 지락고장 시 충전전류에 의한 간헐아크에 의해 이상전압 발생

⑥ 1선 지락 시 전류계산

$$I_g = \frac{E}{Z} = \frac{\frac{V}{\sqrt{3}}}{R + \frac{1}{j3\omega C_s}} = j\sqrt{3}\,\omega C_s V$$

여기서, R : 지락점의 저항

(2) 직접접지(혹은 유효접지, $Z_n = 0$)

1선 지락 시 건전상의 전압이 상규 대지전압의 1.3배 혹은 선간전압의 0.75배를 넘지 않는 범위이다.

① 유효접지 조건

$$R_0 \leqq X_1 \qquad \therefore \ \frac{R_0}{X_1} \leqq 1$$

$$0 \leqq X_0 \leqq 3X_1 \qquad \therefore \ 0 \leqq \frac{X_0}{X_1} \leqq 3$$

② 장점

㉮ 1선 지락 시 건전 상의 전위상승이 가장 작다.

㉯ 단절연이 가능하므로 기기값이 저렴하다.

㉰ 1선 지락 시 1상의 단락으로 지락전류가 커지므로 보호 계전기의 동작이 신속하다(0.1초 이내 차단 가능).

㉱ 시설비가 저렴하다.

㉲ 피뢰기효과에 도움을 준다.

㉳ 단절연이 가능하므로 초고압계통 이상에서 경제적이다.

③ 단점

㉮ 지락 시 고장전류가 타 접지방식에 비해 크다.

㉯ 고장전류로 인한 통신선의 유도 장해가 크다.

㉰ 2중 고장률이 높다.

㉱ 고장전류가 저역률 대전류이므로 과도 안정극한 전력이 작다.

㉲ 계통에서는 1선 지락이 80[%] 이상을 차지하므로 차단기가 큰 전류를 차단할 경우가 많이 발생한다.

(3) 저항접지($Z_n = R$)

중성점을 저항으로 접지하는 방식으로 저저항, 고저항접지로 분류

① 저저항접지 → 직접접지 경향($R=30 \sim 40[\Omega]$ 정도)

> **특징**
> – 유도 장해가 경감되고 보호 계전기 동작이 확실하다.

② 고저항접지 → 소호 리액터 접지 경향($R=100 \sim 900[\Omega]$ 정도)

> **특징**
> – 지락전류가 적어서 유도 장해가 적고 보호 계전기 동작은 불확실

③ 중성점에 저항을 삽입하는 이유

㉮ 1선 지락 시의 고장전류를 조정이 가능

㉯ 고장전류로 인한 유도 장해 경감

㉰ 저역률 개선 및 과도안정도 향상

(4) 소호 리액터 접지(피터슨 코일(Petersen coil) 접지방식, $Z_n = L$)

중성점에 리액터를 사용하여 L, C 병렬공진을 이용, 지락전류를 최소로 하는 접지방식이다.

① 소호원리 : 소호 리액터 접지계통의 1선 지락전류가 대지 충전전류이므로 이것을 위상이 반대인 유도성 전류를 흘려서 상쇄시킨다(L−C 병렬공진 조건 이용).

$$I_L = \frac{E}{j\omega L} = -j\frac{E}{\omega L},\ I_L + I_c = 0 \text{이므로 } I_L + I_C = -j\frac{E}{\omega L} + j3\omega C_s E = 0$$

$$\omega L = \frac{1}{3\omega C_s}[\Omega] \qquad \therefore\ L = \frac{1}{3\omega^2 C_s}$$

② 합조도(P) : 소호 리액터의 탭이 공진점을 벗어나는 정도

$$P = \frac{I_L - I_C}{I_c} \times 100 \ (I_L : \text{사용 탭 전류})$$

	공진식	공진 정도	합조도
$I_L > I_C$	$\omega L < \frac{1}{3\omega C_s}$	과보상	+
$I_L = I_C$	$\omega L = \frac{1}{3\omega C_s}$	완전보상	0
$I_L < I_C$	$\omega L > \frac{1}{3\omega C_s}$	부족보상	−

※ 과보상하는 이유 : 직렬공진에 의한 이상전압 발생 방지

③ 소호 리액터 용량($Q_L = Q_C$)

$Q_L = \omega C V^2 \times 10^{-9}$[kVA]

여기서, V : 선간전압[V]
C : 대지정전용량[μF]

④ 잔류전압

송전선의 정상운전 상태에서의 중성점 전위는 0이다. 즉 중성점에 전류가 흐르지 않는다. 그러나 실제로는 각 상의 정전용량이 차이가 있어서 중성점에 약간의 전위가 나타나는 것을 말한다.

$$E_N = \frac{C_a E_a + C_b E_b + C_c E_c}{C_a + C_b + C_C}[\text{V}]$$

$$E_N = \frac{\sqrt{C_a(C_a - C_b) + C_b(C_b - C_c) + C_c(C_c - C_a)}}{C_a + C_b + C_c} \times \frac{V}{\sqrt{3}}$$

$C_a = C_b = C_c$이면 $E_N = 0$

단, E_a, E_b, E_c : 각 상의 대지전압
E_N : 중성점 전위

3 유도 장해

통신선이 전력선에 근접해 있는 경우 상호 정전용량 및 상호 인덕턴스에 의해서 통신선에 유도전압이 발생되는 것으로 정전 유도전압과 전자 유도전압으로 분류된다.

(1) 유도 장해

① 정전 유도

㉮ 단상 정전 유도전압

$$E_0 = \frac{C_m}{C_m + C_0} E_1 \text{ (단, 통신선의 절연이 완전한 경우)}$$

㉯ 3상 정전 유도전압

$$E_0 = \frac{C_a E_a + C_b E_b + C_c E_c}{C_a + C_b + C_c + C_0}$$

$$|E_0| = \frac{\sqrt{C_a(C_a - C_b) + C_b(C_b - C_c) + C_c(C_c - C_a)}}{C_a + C_b + C_c + C_0} \times \frac{V}{\sqrt{3}}$$

$C_a = C_b = C_c$이면, $E_0 = 0$(완전연가)

단, C_m : 전력선과 통신선 간의 상호 정전용량
C_0 : 통신선의 대지 정전용량
E : 전선의 대지전위
V : 송전선로의 선간전압

② 전자 유도

㉮ 3상 3선식의 전자 유도전압

$$E_m = -2\pi f Ml(I_a + I_b + I_c) = -2\pi f Ml \times 3I_0$$

$$I_a + I_b + I_c = 3I_0$$

단, I_a, I_b, I_c : 각 상의 불평형 전류
M : 전력선과 통신선과의 상호 인덕턴스
l : 전력선과 통신선의 병행길이
$3I_0$: 3×영상 전류=지락전류=기유도전류

위 식에서 알 수 있듯이 고장 시(1선 지락, 2선 지락)에는 영상 전류로 인한 전자 유도 현상이 나타나지만, 단락고장 시에는 전자 유도전압이 통신선에 유도되지 않는다.

㉯ 전자 유도전압의 실용식(실험식 : Fukao의 식)

$$V = kf\Sigma\frac{l}{b}\text{[V/A]}$$

$$\Sigma\frac{l}{b}=\Sigma\frac{l_{12}}{\frac{1}{2}(b_1+b_2)}+\Sigma\frac{l_{22}}{\frac{1}{2}(b_2+b_2)}$$

단, k : 경과지의 지질계수(평지에서 0.00025 ~ 0.0004, 산악지대에서 0.0003 ~ 0.0007)
V : 기유도전류 1[A]당 유도전압
f : 지락전류의 주파수
l, b : 거리[m]

(2) 유도 장해의 영향

① 인체에 대한 위험
② 통신설비의 손상(통신기기의 손상 및 절연파괴 등)
③ 통신업무의 장해(통신두절, 잡음, 음향충격, 오신호 등)

(3) 유도 장해 경감대책

① 전력선 측에서의 경감대책

㉮ 송전선로는 가능한 통신선로로부터 멀리 떨어져서 시공한다. ⇒ 상호 인덕턴스(M)의 저감
㉯ 중성점의 접지저항값을 가능한 한 큰 값으로 시공한다. ⇒ 지락(기유도)전류의 억제
㉰ 고속 지락 보호계전방식을 채용해서 고장을 신속 차단하도록 한다. ⇒ 고장지속시간의 단축
㉱ 송전선과 통신선 사이에 차폐선을 가설한다. ⇒ 저감계수로 인한 상호 인덕턴스(M)의 저감

② 통신선 측에서의 경감대책

㉮ 통신선의 중간에 중계코일(절연변압기)를 설치하여 구간을 분할한다. ⇒ 전력선과 통신선의 병행길이 단축
㉯ 연피 통신케이블을 사용한다. ⇒ 상호 인덕턴스(M)의 저감
㉰ 통신선 측에 피뢰기를 설치한다. ⇒ 유도전압을 강제적으로 저감
㉱ 배류코일, 중화코일로 통신선을 대지와 접지하여 저주파수의 유도전류를 대지로 흘려준다. ⇒ 통신 잡음의 저감

PART 04

연 습 문 제

Exercise

01 3상 송전선로와 통신선이 병행되어 있는 경우에 통신 유도 장해로서 통신선에 유도되는 정전 유도전압은?

㉮ 통신선의 길이에 비례한다.
㉯ 통신선의 길이의 자승에 비례한다.
㉰ 통신선의 길이에 반비례한다.
㉱ 통신선의 길이에 관계없다.

02 유도 장해를 방지하기 위한 전력선 측의 대책으로 옳지 않은 것은?

㉮ 소호 리액터를 채용한다.
㉯ 차폐선을 설치한다.
㉰ 중성점 전압을 가능한 한 높게 한다.
㉱ 중성점 접지에 고저항을 넣어서 지락 전류를 줄인다.

03 유도 장해의 방지책으로 차폐선을 사용하면 유도전압은 얼마 정도[%] 줄일 수 있는가?

㉮ 10 ~ 20　　㉯ 30 ~ 50
㉰ 70 ~ 80　　㉱ 80 ~ 90

04 통신선에 대한 유도 장해의 방지법으로 가장 적당하지 않은 것은?

㉮ 전력선과 통신선의 교차 부분을 비스듬히 한다.
㉯ 소호 리액터 접지 방법을 채용한다.
㉰ 통신선에 배류 코일을 채용한다.
㉱ 통신선에 절연변압기를 채용한다.

05 3상 송전선의 각 선의 전류가 $I_a = 220 + j50[\mathrm{A}]$, $I_b = -150 - j300[\mathrm{A}]$, $I_c = -50 + j150[\mathrm{A}]$일 때 이것과 병행으로 가설된 통신선에 유기되는 전자 유기전압의 크기는 약 몇 [V]인가? (단, 송전선과 통신선 사이의 상호 임피던스는 15[Ω]이다.)

㉮ 510　　㉯ 1,020
㉰ 1,530　　㉱ 2,040

06 전력선에 의한 통신선로의 전자 유도 장해의 발생 요인은 주로 어느 것인가?

㉮ 영상 전류가 흘러서
㉯ 전력선의 전압이 통신선로보다 높기 때문에
㉰ 전력선의 연가가 충분하여
㉱ 전력선과 통신선로 사이의 차폐효과가 충분할 때

07 송전선로에 근접한 통신선에 유도 장해가 발생하였다. 전자 유도의 원인은?

㉮ 역상 전압(V_2)
㉯ 정상 전압(V_1)
㉰ 정상 전류(I_1)
㉱ 영상 전류(I_0)

08 66[kV] 송전선에서 연가 불충분으로 각 선의 대지 용량이 $C_a = 1.1[\mu\mathrm{F}]$, $C_b = 1[\mu\mathrm{F}]$, $C_c = 0.9[\mu\mathrm{F}]$가 되었다. 이때 잔류전압 [V]은?

㉮ 1,500　　㉯ 1,800
㉰ 2,200　　㉱ 2,500

PART 04

09 그림에서 통신선 n에 유도되는 정전 유도 전압은? (단, 전력선의 대칭은 전압을 V_0, V_1, V_2라 하고 상순은 a-b-c라 한다.)

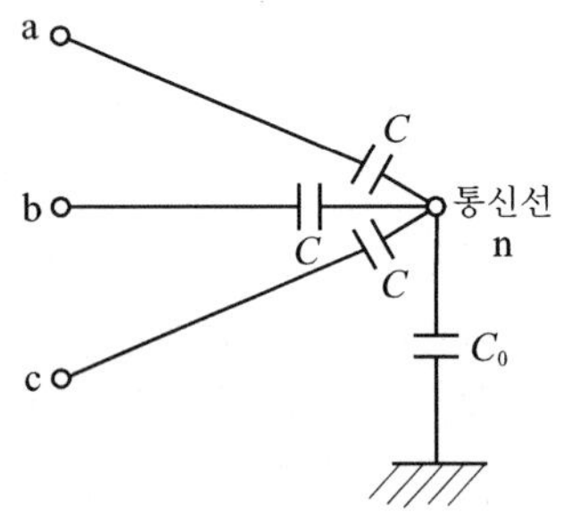

㉮ $\dfrac{3CV}{3C+C_0}$ ㉯ $\dfrac{3C_0V_1}{C+3C_0}$

㉰ $\dfrac{\sqrt{3}\,CV_2}{C+C_0}$ ㉱ $\dfrac{\sqrt{3}\,C_0V_0}{C+3C_0}$

10 전력선 a의 충전전압을 E, 통신선 b의 대지 정전용량을 C_b, ab 사이의 상호 정전용량을 C_{ab}라고 하면 통신선 b의 정전 유도전압 E_s는?

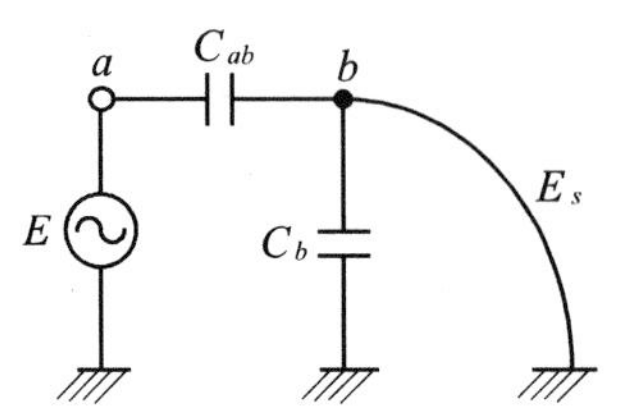

㉮ $\dfrac{C_{ab}+C_b}{C_b}E$ ㉯ $\dfrac{C_{ab}+C_a}{C_{ab}}E$

㉰ $\dfrac{C_b}{C_{ab}+C_b}E$ ㉱ $\dfrac{C_{ab}}{C_{ab}+C_b}E$

11 전력선과 통신선과의 상호 인덕턴스에 의하여 발생되는 유도 장해는?

㉮ 정전 유도 장해
㉯ 전자 유도 장해
㉰ 고조파 유도 장해
㉱ 전력 유도 장해

12 송전선로에 근접한 통신선에 유도 장해가 발생하였다. 정전 유도의 원인은?

㉮ 영상 전압(V_0)
㉯ 역상 전압(V_2)
㉰ 역상 전류(I_2)
㉱ 정상 전류(I_1)

13 ① 직접접지 3상 3선방식, ② 저항 접지 3상 3선방식, ③ 리액터접지 3상 3선 방식, ④ 다중접지 3상 4선식 중 1선 지락전류가 큰 순서대로 배열된 것은?

㉮ ④, ①, ②, ③
㉯ ④, ②, ①, ③
㉰ ①, ④, ②, ③
㉱ ②, ①, ③, ④

14 선간전압 V[V], 1선의 대지 정전용량 $C[\mu F]$의 비접지식 3상 1회선 송전선로에 1선 지락사고가 발생하였을 때의 지락전류[A]는?

㉮ $j\omega CV\times 10^{6}$
㉯ $j3\omega CV\times 10^{-6}$
㉰ $j\omega C\sqrt{3}\,V\times 10^{-6}$
㉱ $j\omega C\dfrac{V}{\sqrt{3}}\times 10^{-6}$

15 비접지식 송전선로에서 1선 지락고장이 생겼을 경우, 지락점에 흐르는 전류는?

㉮ 고장상의 전압보다 90도 늦은 전류
㉯ 직류
㉰ 고장상의 전압보다 90도 빠른 전류
㉱ 고장상의 전압과 동상의 전류

16 아크접지 시 재점호의 발생률은 아크전류와 전압의 위상차와 어떠한 관계인가?

㉮ 90°에 가까울수록 크다.
㉯ 0°에 가까울수록 크다.
㉰ 45°에 가까울수록 크다.
㉱ 관계없다.

17 Δ결선의 3상 3선식 배전선로가 있다. 1선이 지락하는 경우 건전상의 전위 상승은 지락 전의 몇 배가 되는가?

㉮ $\frac{\sqrt{3}}{2}$ ㉯ 1
㉰ $\sqrt{2}$ ㉱ $\sqrt{3}$

18 송전선로에서 단선고장 시 이상전압이 가장 큰 접지방식은?

㉮ 비접지방식
㉯ 직접접지방식
㉰ 저항접지방식
㉱ 소호 리액터 접지방식

19 선로, 기기 등의 저감절연 및 전력용 변압기의 단절연을 모두 행할 수 있는 중심점 접지방식은?

㉮ 직접접지방식
㉯ 소호 리액터 접지방식
㉰ 고저항 접지방식
㉱ 비접지방식

20 송전계통에 있어서 지락보호 계전기의 동작이 가장 확실한 접지방식은?

㉮ 직접접지방식
㉯ 저저항 접지방식
㉰ 고저항 접지방식
㉱ 비접지방식

21 송전계통의 접지에 대하여 기술하였다. 다음 중 옳은 것은?

㉮ 소호 리액터 접지방식은 선로의 정전용량과 직렬공진을 이용한 것으로 지락전류가 타 방식에 비해 좀 큰 편이다.
㉯ 고저항 접지방식은 이중 고장을 발생시킬 확률이 거의 없으며 비접지 방식보다는 많은 편이다.
㉰ 직접접지방식을 채용하는 경우 이상전압이 낮기 때문에 변압기 선정 시 단절연이 가능하다.
㉱ 비접지방식을 택하는 경우 지락전류 차단이 용이하고 장거리 송전을 할 경우 2중고장의 발생을 예방하기 좋다.

22 송전선로의 중성점을 접지하는 목적과 관계없는 것은?

㉮ 이상전압 발생의 억제
㉯ 과도안정도의 증진
㉰ 송전용량의 증가
㉱ 보호 계전기의 신속, 확실한 동작

23 소호 리액터 접지방식에 대한 설명 중 옳지 못한 것은?

㉮ 전자 유도 장해가 경감된다.
㉯ 지락 중에도 계속송전이 가능하다.
㉰ 지락전류가 작다.
㉱ 선택 지락 계전기의 동작이 용이하다.

24 평형 3상 송전선에서 보통의 운전 상태인 경우 중성점 전위는 항상 얼마인가?

㉮ 0
㉯ 1
㉰ 송전전압과 같다.
㉱ ∞[무한대]

25 3상 3선식 단일 소호 리액터 접지방식에서 1선 지락고장 시에 영상전류의 분포는?

㉮ 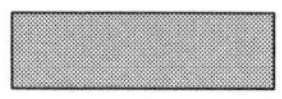
㉯ 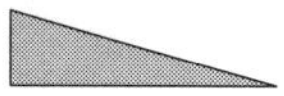
㉰ 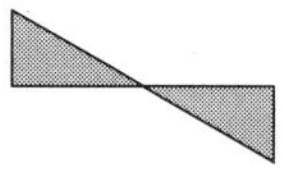
㉱ 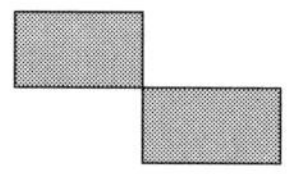

26 3상 1회선 송전선로의 소호 리액터의 용량[kVA]은?

㉮ 선로 충전용량과 같다.
㉯ 3선 일괄의 대지 충전용량과 같다.
㉰ 선간 충전용량의 1/2이다.
㉱ 1선과 중성점 사이의 충전용량과 같다.

27 3상 3선식 소호 리액터 접지방식에서 1상의 대지정전용량 $C[\mu F]$, 상전압 $E[kV]$, 주파수 $f[Hz]$라 하면 소호 리액터의 용량[kVA]은?

㉮ $6\pi f CE^2 \times 10^{-3}$
㉯ $3\pi f CE^2 \times 10^{-3}$
㉰ $2\pi f CE^2 \times 10^{-3}$
㉱ $\pi f CE^2 \times 10^{-3}$

28 소호 리액터의 인덕턴스의 값은 3상 1회선 송전선에서 1선의 대지 정전용량을 $C_0[F]$, 주파수를 $f[Hz]$라 한다면? (단, $\omega = 2\pi f$ 이다.)

㉮ $3\omega C_0$　　㉯ $\dfrac{1}{3\omega^2 C_0}$
㉰ $3\omega^2 C_0$　　㉱ $\dfrac{1}{3\omega C_0}$

29 소호 리액터를 송전계통에 쓰면 리액터의 인덕턴스와 선로의 정전용량이 다음의 어느 상태가 되어 지락전류를 소멸시키는가?

㉮ 병렬공진　　㉯ 직렬공진
㉰ 고 임피던스　　㉱ 저 임피던스

30 송전계통에서 중성점 접지방식에서 유효접지라 하는 것은?

㉮ 저항접지 및 직접접지를 말한다.
㉯ 1선 지락사고 시 건전상의 전위가 상용 전압의 1.3배 이하가 되도록 중성점 임피던스를 억제한 중성점 접지방식을 말한다.
㉰ 리액터 접지방식 이외의 접지방식을 말한다.
㉱ 저항접지를 말한다.

31 직접접지 송전방식과 어긋나는 사항은?

㉮ 1선 지락 시 지락전류는 타 접지방식에 비하여 최대로 된다.
㉯ 1선 지락고장 시 지락 계전기의 동작이 확실하고 선택 차단할 수 있다.
㉰ 통신선에의 유도 장해는 비접지방식에 비하여 크다.
㉱ 기기의 절연 레벨을 높여야 한다.

32 중성점 직접접지방식의 장점이 아닌 것은?

㉮ 1선 지락 시 건전상의 전압은 거의 상승하지 않는다.
㉯ 중성점 전압은 항상 0이므로 변압기 가격이 저렴하다.
㉰ 다른 접지방식에 비해 개폐 이상전압이 적다.
㉱ 1선 지락전류가 작아 차단기가 처리해야 할 전류가 적다.

33 중성점 직접접지방식에 대하여 다음 기술 중 옳지 않은 것은?

㉮ 지락 시의 지락전류가 크다.
㉯ 계통의 절연을 낮게 할 수 있다.
㉰ 지락고장 시 중성점 전위가 높다.
㉱ 변압기의 단절연을 할 수 있다.

34 다음 중 직접접지방식에서 변압기에 단절연을 할 수 있는 이유는?

㉮ 고장전류가 크므로
㉯ 중성점 전위가 낮으므로
㉰ 이상전압이 낮으므로
㉱ 보호 계전기의 동작이 확실하므로

35 중성점 비접지방식이 이용되는 전압은?

㉮ 20 ~ 30[kV] 정도의 단거리 송전선
㉯ 40 ~ 50[kV] 정도의 단거리 송전선
㉰ 60 ~ 70[kV] 정도의 단거리 송전선
㉱ 70 ~ 80[kV] 정도의 단거리 송전선

PART 05

고장해석

PART 05

고장해석

1 고장계산의 목적

(1) 고장에 대비한 차단기의 동작을 위한 보호 계전기의 정정
(2) 단락 고장전류를 차단하기 위한 차단기의 차단용량 산정
(3) 전력선 근처에 시설된 통신선의 전자 유도전압 계산
(4) 피뢰기의 정격전압 결정

2 송전선의 고장 종류

(1) 1, 2선 지락 : 전선 1가닥 혹은 2가닥이 대지에 지락
(2) 선간 단락 : 전선 2가닥이 서로 단락된 경우
(3) 3상 단락 : 전선 3가닥이 서로 단락된 경우
(4) 단선 : 전선이 끊어진 경우

3 고장의 해석 방법

(1) 옴[Ω]법에 의한 해석법

$$I_s = \frac{E}{Z} = \frac{E}{\sqrt{R^2+X^2}}\,[\mathrm{kA}]$$

단, I_s : 3상 단락전류[kA]

Z : 단락(고장)점에서 본 전원 측까지의 전계통 임피던스[Ω]

V : 단락(고장)점의 선간전압[kV]($=\sqrt{3}\,E\,[\mathrm{kV}]$)

E : 단락(고장)점에서의 고장 직전의 상전압[V]

(2) 백분율(퍼센트 임피던스)법

임피던스의 크기를 옴[Ω]값을 대신하여 [%]로 나타내는 것 또는 전력을 기준량의 배수로 표시하는 방법이다.

$$\%Z = \frac{I_N Z}{E_N} \times 100$$

$$\%Z = \sqrt{\%R^2 + \%X^2}$$

$$\%Z = \frac{I_N Z}{E_N} \times \frac{E_N}{E_N} \times 100 = \frac{P_1[\mathrm{VA}] \times Z[\Omega]}{E_N^2[\mathrm{V}]} \times 100 = \frac{P_3[\mathrm{kVA}] \times Z[\Omega]}{10\,V^2[\mathrm{kV}]}$$

단, P_3 : 3상 정격용량

P_1 : 단상 정격용량

(3) 단위법(P.U : Per Unit)

백분율(퍼센트 임피던스)법을 100으로 나누어 표시한 것이다.

$$Z[\mathrm{P.U}] = \frac{I_N Z}{E_N} \times 100[\%] \times \frac{1}{100} = \frac{P[\mathrm{kVA}] \times \mathrm{Z}[\Omega]}{10^3\,V^2[\mathrm{kV}]}$$

4 단락전류(차단전류)계산

$$I_s = \frac{E_N}{Z},\ \%Z = \frac{I_N Z}{E_N} \times 100$$

$$\therefore\ I_s = \frac{100}{\%Z} \times I_N$$

5 단락용량(PS : 차단용량)

$$I_s = \frac{100}{\%Z} I_N = \frac{100}{\%Z} \frac{P_N}{\sqrt{3}\, V_N}$$ (양변에 $\sqrt{3}\, V_N$을 곱하면)

$$\therefore\ P_S = \frac{100}{\%Z} P_N [\text{kVA}] \left(\because\ P_s = \sqrt{3}\, V_N I_s\right)$$

6 대칭좌표법에 의한 해석

계통에 고장(지락 혹은 단락) 시 3상 불평형을 풀이하는 해석법으로서 대칭분인 3개의 성분으로 분류하여 계산 후 결과를 중첩시켜 실제 불평형 값을 알 수 있다.

◆ 정상운전 상태 : 각 상의 모든 값이 동일하므로 → 1상만 해석

◆ 사고 시
- 3상 단락 : 각 상이 평형된 고장 → 1상 해석
- 3상 단락 외의 고장 : 각 상이 불평형 고장 → 3상 모두 해석

(1) 전류

평형된 3상 회로에 어떤 불평형 3상 교류 전류가 흐른다고 하면 이때 대칭분 및 각 상의 전류는 다음과 같다.

① 대칭분 전류

$$I_0 = \frac{1}{3}(I_a + I_b + I_c),\ I_1 = \frac{1}{3}(I_a + aI_b + a^2 I_c),\ I_2 = \frac{1}{3}(I_a + a^2 I_b + aI_c)$$

또는 $$\begin{bmatrix} I_0 \\ I_1 \\ I_2 \end{bmatrix} = \frac{1}{3}\begin{bmatrix} 1 & 1 & 1 \\ 1 & a & a^2 \\ 1 & a^2 & a \end{bmatrix}\begin{bmatrix} I_a \\ I_b \\ I_c \end{bmatrix}$$

② 각 상에 흐르는 전류

$I_a = I_0 + I_1 + I_2$, $I_b = I_0 + a^2 I_1 + a I_2$, $I_c = I_0 + a I_1 + a^2 I_2$

또는 $\begin{bmatrix} I_a \\ I_b \\ I_c \end{bmatrix} = \begin{bmatrix} 1 & 1 & 1 \\ 1 & a^2 & a \\ 1 & a & a^2 \end{bmatrix} \begin{bmatrix} I_0 \\ I_1 \\ I_2 \end{bmatrix}$

③ 백터 오퍼레이더

$a = 1\angle 120^\circ = -\dfrac{1}{2} + j\dfrac{\sqrt{3}}{2}$

$a^2 = a \cdot a = 1\angle 240^\circ = -\dfrac{1}{2} - j\dfrac{\sqrt{3}}{2}$

$a^3 = a^2 \cdot a = 1\angle 360^\circ$, $a^2 + a + 1 = 0$

단, I_0 : 영상 전류, I_1 : 정상 전류, I_2 : 역상 전류

(2) 전압

대칭분 전류와 마찬가지로 전류(I)를 전압(V)로 바꾸어 주면 된다.

① 대칭분 전압

$V_0 = \dfrac{1}{3}(V_a + V_b + V_c)$, $V_1 = \dfrac{1}{3}(V_a + a V_b + a^2 V_c)$, $V_2 = \dfrac{1}{3}(V_a + a^2 V_b + a V_c)$

또는 $\begin{bmatrix} V_0 \\ V_1 \\ V_2 \end{bmatrix} = \dfrac{1}{3} \begin{bmatrix} 1 & 1 & 1 \\ 1 & a & a^2 \\ 1 & a^2 & a \end{bmatrix} \begin{bmatrix} V_a \\ V_b \\ V_c \end{bmatrix}$

② 각 상에 걸리는 전압

$V_a = V_0 + V_1 + V_2$, $V_b = V_0 + a^2 V_1 + a V_2$, $V_c = V_0 + a V_1 + a^2 V_2$

또는 $\begin{bmatrix} V_a \\ V_b \\ V_c \end{bmatrix} = \begin{bmatrix} 1 & 1 & 1 \\ 1 & a^2 & a \\ 1 & a & a^2 \end{bmatrix} \begin{bmatrix} V_0 \\ V_1 \\ V_2 \end{bmatrix}$

단, V_0 : 영상 전압, V_1 : 정상 전압, V_2 : 역상 전압

(3) 발전기의 기본식

불평형 부하 시 전류에 의한 단자전압과 전류와의 관계를 표현하는 식으로서 단, 발전기는 대칭이며 무부하 시 3상 유도전압 및 전류가 평형이다.

$$\dot{V}_0 = -\dot{Z}_0 \dot{I}_0,\ \ \dot{V}_1 = \dot{E}_a - \dot{Z}_1 \dot{I}_1,\ \ \dot{V}_2 = -\dot{Z}_2 \dot{I}_2$$

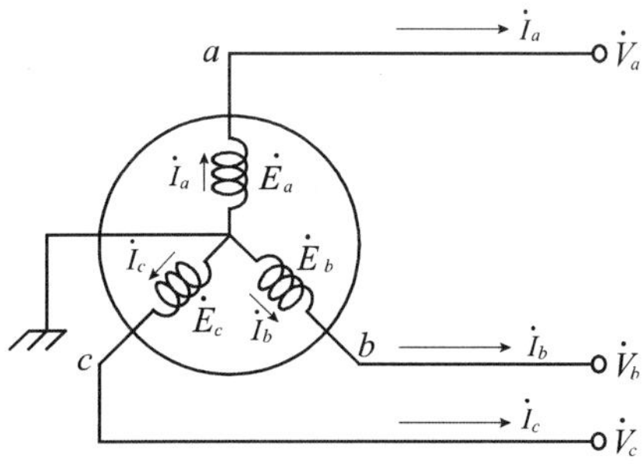

【그림 5-1. 발전기에 불평형 전류가 흘렀을 경우】

7 발전기 단자에서의 고장계산

(1) 1선 지락고장(1상의 대지 접지)

(고장 시 알 수 있는 값) 기지량 : $I_b = I_c = 0,\ V_a = 0$

(고장 시 알 수 없는 값) 미지량 : $I_a,\ V_b,\ V_c$

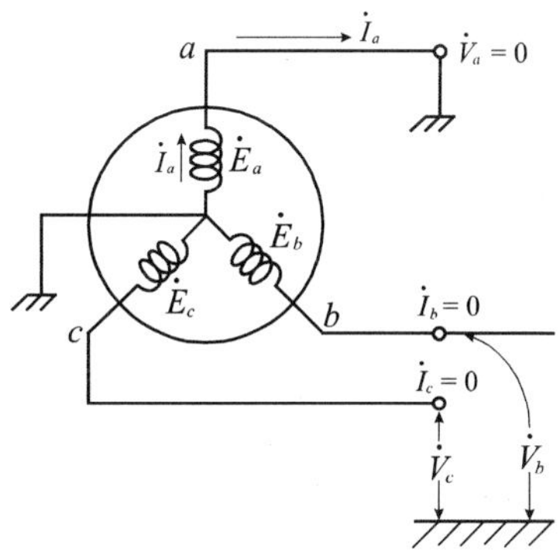

【그림 5-2. 1선 지락 시 고장】

해설 $I_0 = I_1 = I_2$

$$I_a = I_0 + I_1 + I_2 = \frac{3E_a}{Z_0 + Z_1 + Z_2}$$

$$V_b = V_0 + a^2 V_1 + a V_2 = \frac{(a^2 - 1)Z_0 + (a^2 - a)Z_2}{Z_0 + Z_1 + Z_2} E_a$$

$$V_c = V_0 + a V_1 + a^2 V_2 = \frac{(a - 1)Z_0 + (a - a^2)Z_2}{Z_0 + Z_1 + Z_2} E_a$$

(2) 2선 지락고장(2상의 대지 접지)

(고장 시 알 수 있는 값) 기지량 : $V_b = V_c = 0,\ I_a = 0$

(고장 시 알 수 없는 값) 미지량 : $V_a,\ I_b,\ I_c$

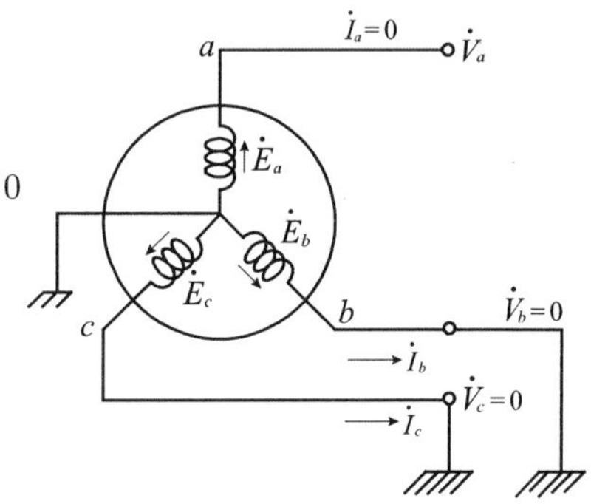

【그림 5-3. 2선 지락고장】

해설 $V_0 = V_1 = V_2$

$$V_a = V_0 + V_1 + V_2 = \frac{3Z_0 Z_2}{Z_0 Z_1 + Z_1 Z_2 + Z_2 Z_0} E_a$$

$$= 3V_0 = -3Z_0 I_0$$

$$I_b = I_0 + a^2 I_1 + aI_2 = \frac{(a^2-a)Z_0 + (a^2-1)Z_2}{Z_0Z_1 + Z_1Z_2 + Z_2Z_0}E_a$$

$$I_c = I_0 + aI_1 + a^2 I_2 = \frac{(a-a^2)Z_0 + (a-1)Z_2}{Z_0Z_1 + Z_1Z_2 + Z_2Z_0}E_a$$

(3) 선간 단락고장(2상의 단락)

(고장 시 알 수 있는 값) 기지량 : $I_a = 0$, $I_b = -I_c$, $V_b = V_c$

(고장 시 알 수 없는 값) 미지량 : I_b, V_a, V_b

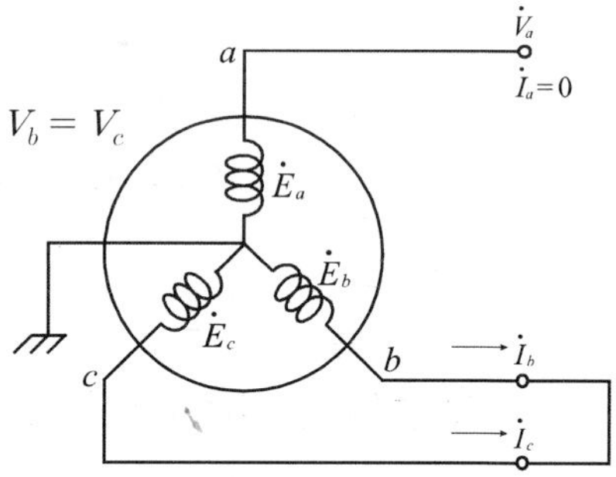

【그림 5-4. 선간 단락고장】

해설 $I_1 = -I_2$, $V_1 = V_2$

$$I_b = -I_c = \frac{a^2-a}{Z_1+Z_2}E_a$$

$$V_a = \frac{2Z_2}{Z_1+Z_2}E_a$$

$$V_b = V_c = \frac{-Z_2}{Z_1+Z_2}E_a$$

(4) 3상 단락고장(3상의 단락)

(고장 시 알 수 있는 값) 기지량 : $I_a + I_b + I_c = 0$,

$V_a = V_b = V_c = 0$

(고장 시 알 수 없는 값) 미지량 : I_a, I_b, I_c

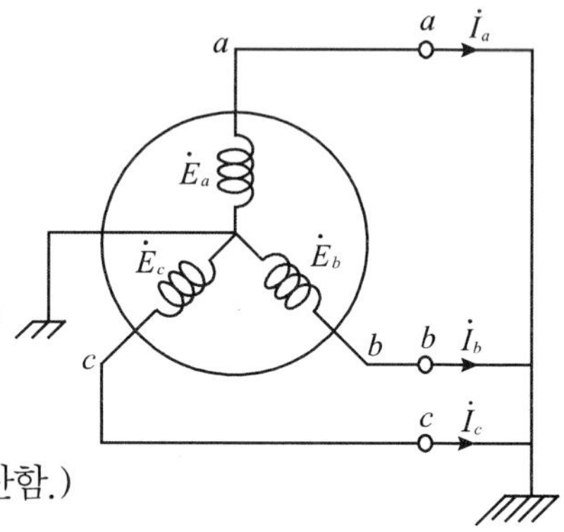

【그림 5-5. 3상 단락고장】

해설 $I_0 = I_2 = 0$(3상 평형 고장이므로 정상분만 계산함.)

$$I_a = I_0 + I_1 + I_2 = \frac{E_a}{Z_1}$$

$$I_b = I_0 + a^2 I_1 + aI_2 = a^2 I_1 = \frac{a^2 Ea}{Z_1}$$

$$I_c = I_0 + aI_1 + a^2 I_2 = aI_1 = \frac{aE_a}{Z_1}$$

(5) 단선

선로의 단선은 발생확률이 극히 적고 보통은 단선이 발생 시 동시에 지락고장으로 이어진다. 순전한 단선고장은 3상 차단기의 비동기 투입 시(3상의 동작 접점이 동시에 되지 않는 경우)에 발생할 수 있다.

(6) 각 고장별 대칭 좌표법 계산 결과

1, 2선 지락	정상분	역상분	영상분	$I_0 = I_1 = I_2 \neq 0$
선간 단락	정상분	역상분	×	$I_1 = -I_2 \neq 0,\ I_0 = 0$
3상 단락	정상분	×	×	$I_1 \neq 0,\ I_2 = I_0 = 0$

[참고] 단, 2선 지락은 정상, 역상, 영상분이 존재하되 $V_0 = V_1 = V_2 \neq 0$임.

PART 05

연습문제

Exercise

01 다음 중 옳은 말은 어느 것인가?

㉮ 송전선로의 정상 임피던스는 역상 임피던스의 반이다.
㉯ 송전선로의 정상 임피던스는 역상 임피던스의 배이다.
㉰ 송전선로의 정상 임피던스는 역상 임피던스와 같다.
㉱ 송전선로의 정상 임피던스는 역상 임피던스의 3배이다.

02 다음 중 옳은 것은?

㉮ 터빈발전기의 %임피던스는 수차의 %임피던스보다 적다.
㉯ 전기 기계의 %임피던스가 크면 차단용량이 작아진다.
㉰ %임피던스는 %리액턴스보다 작다.
㉱ 직렬 리액턴스는 %임피던스를 적게 하는 작용이 있다.

03 무부하 3상 교류 발전기의 두 선이 단락되었을 때 다음 중 옳은 것은? (단, 단자 전압의 대칭분은 V_0, V_1, V_2이고 전류의 대칭분 I_0, I_1, I_2이다.)

㉮ $I_0 = 0$ ㉯ $I_1 = I_2$
㉰ V ㉱ $V_0 = -V_1$

04 3상 송전선로에서 선간 단락이 발생하였을 때 옳은 것은?

㉮ 정상 전류와 역상 전류가 흐른다.
㉯ 정상 전류, 역상 전류 및 영상 전류가 흐른다.
㉰ 역상 전류와 영상 전류가 흐른다.
㉱ 정상 전류와 영상 전류가 흐른다.

05 송전선로의 고장전류 계산에 있어서 영상 임피던스(Zero sequence impedance)가 필요한 경우는?

㉮ 3상 단락 ㉯ 선간 단락
㉰ 1선 접지 ㉱ 3선 단선

06 송전선로에서 가장 많이 발생되는 사고는?

㉮ 단선사고
㉯ 단락사고
㉰ 지지물 전도사고
㉱ 지락사고

07 1선 접지고장을 대칭 좌표법으로 해석할 경우 필요한 것은?

㉮ 정상 임피던스도(diagram) 및 역상 임피던스도
㉯ 정상 임피던스도
㉰ 정상 임피던스도 및 영상 임피던스도
㉱ 정상 임피던스도, 역상 임피던스도 및 영상 임피던스도

08 3상 교류 발전기가 운전 중 2상이 단락되었을 경우 발생하는 현상에서 옳은 것은?

㉮ 세 대칭분 전압은 서로 같다.
㉯ 세 대칭분 전류는 서로 같다.

㉰ 단락된 상의 전압은 개방상 단자 전압의 1/2이다.
㉱ 개방상의 단자전압은 단락상 단자전압의 1/2이다.

09 그림과 같은 회로의 영상, 정상 및 역상 임피던스 Z_0, Z_1, Z_2는?

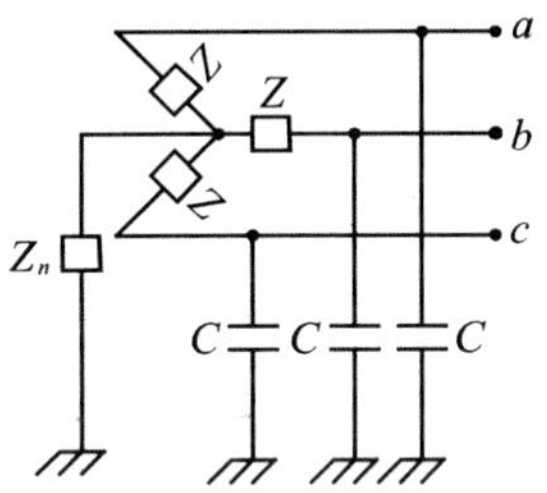

㉮ $Z_0 = \dfrac{Z+3Z_n}{1+j\omega C(Z+3Z_n)}$

$Z_1 = Z_2 = \dfrac{Z}{1+j\omega CZ}$

㉯ $Z_0 = \dfrac{3Z_n}{1+j\omega C(3Z+Z_n)}$

$Z_1 = Z_2 = \dfrac{3Z_n}{1+j\omega CZ}$

㉰ $Z_0 = \dfrac{Z+Z_n}{1+j\omega C(Z+Z_n)}$

$Z_1 = Z_2 = \dfrac{Z}{1+j3\omega CZ_n}$

㉱ $Z_0 = \dfrac{3Z}{1+j\omega C(Z+Z_n)}$

$Z_1 = Z_2 = \dfrac{3Z_n}{1+j3\omega CZ}$

10 그림과 같은 3상 선로의 각 상(phase)선의 자기 인덕턴스를 L[H], 인덕턴스를 상호 M[H], 전원 주파수를 f[Hz]라 할 때 영상 임피던스 $Z_0[\Omega]$은? (단, 선로의 저항은 $R[\Omega]$이다.)

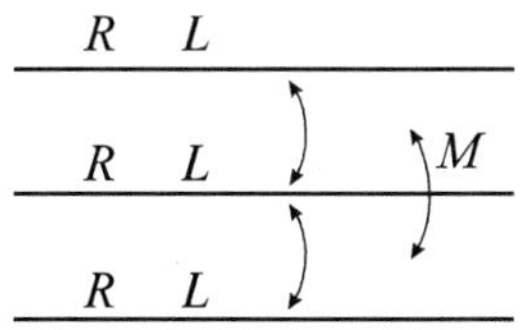

㉮ $Z_0 = R+j2\pi f(L-M)$
㉯ $Z_0 = R+j2\pi f(L+M)$
㉰ $Z_0 = R+j2\pi f(L+2M)$
㉱ $Z_0 = R+j2\pi f(L-2M)$

11 A, B 및 C상 전류를 각각 I_a, I_b 및 I_c라 할 때 $I_X = \dfrac{1}{3}(I_a+a^2I_b+aI_c)$, $a=-\dfrac{1}{2}+j\dfrac{\sqrt{3}}{2}$으로 표시되는 I_X는 어떤 전류인가?

㉮ 정상 전류
㉯ 역상 전류
㉰ 영상 전류
㉱ 역상 전류와 영상 전류의 합계

12 발전기의 정상, 역상, 영상 임피던스를 각각 Z_1, Z_2, Z_0라 하고 A상의 무부하 기전력을 E_a라 할 때 A상 단자가 접지된 경우의 전류 I_a는?

㉮ $\dfrac{E_a}{Z_0+Z_1+Z_2}$ ㉯ $\dfrac{\sqrt{3}E_a}{Z_0-Z_1+Z_2}$

㉰ $\dfrac{3E_a}{Z_0+Z_1+Z_2}$ ㉱ $\dfrac{6E_a}{Z_0-Z_1+Z_2}$

13 불평형 3상 전압을 V_a, V_b, V_c라 하고 $a=\varepsilon^{j\frac{2\pi}{3}}$라고 할 때 영상 전압 V_0는?

㉮ $V_a+V_b+V_c$
㉯ $\dfrac{1}{3}(V_a+V_b+V_c)$

㉰ $\frac{1}{3}(V_a + aV_b + a^2V_c)$

㉱ $\frac{1}{3}(V_a + a^2V_b + aV_c)$

14 송전선로의 정상, 역상 및 영상 임피던스를 각각 Z_1, Z_2 및 Z_0라 하면, 다음 어떤 관계가 성립되는가?

㉮ $Z_1 = Z_2 = Z_0$　　㉯ $Z_1 = Z_2 > Z_0$

㉰ $Z_1 > Z_2 = Z_0$　　㉱ $Z_1 = Z_2 < Z_0$

15 그림에서 A점의 차단기 용량으로 가장 적당한 것은?

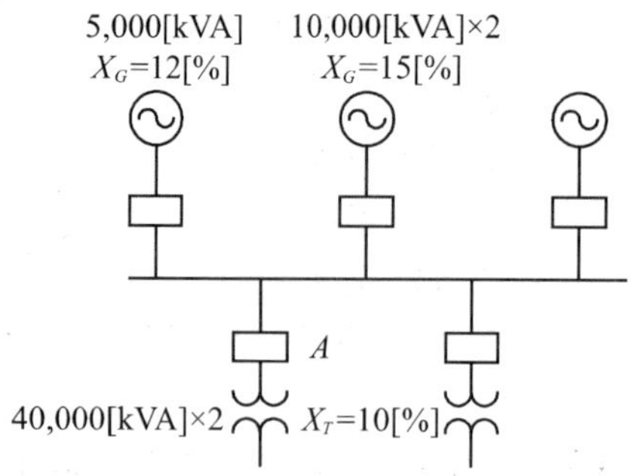

㉮ 50[MVA]　　㉯ 100[MVA]

㉰ 150[MVA]　　㉱ 200[MVA]

16 합성 임피던스가 0.4[%](10,000[kVA] 기준)인 발전소에 시설할 차단기의 필요한 차단 용량[MVA]은?

㉮ 2,500　　㉯ 2,000

㉰ 1,500　　㉱ 1,000

17 합성 %임피던스를 Z_p라 할 때, P[kVA](기준)의 위치에 설치할 차단기의 용량[MVA]은?

㉮ $\frac{100P}{Z_p}$　　㉯ $\frac{100Z_p}{P}$

㉰ $\frac{0.1P}{Z_p}$　　㉱ $10Z_pP$

18 그림과 같은 3상 송전계통에서 송전전압은 22[kV]이다. 지금 1점 P에서 3상단락하였을 때의 발전기에 흐르는 단락전류[A]는 약 얼마인가?

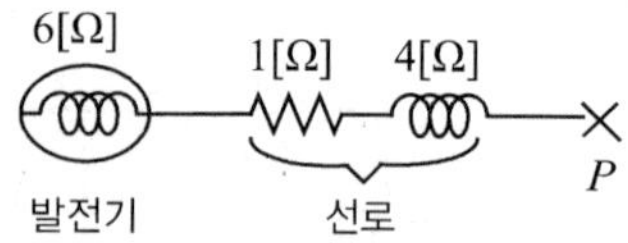

㉮ 733　　㉯ 1,270

㉰ 2,200　　㉱ 3,810

19 정격전압 7.2[kV], 정격 차단용량 250[MVA]인 3상용 차단기의 정격 차단전류[A]는?

㉮ 약 10,000　　㉯ 약 20,000

㉰ 약 30,000　　㉱ 약 35,000

20 3상 회로에서 Y전압을 E, 정격전류를 I_n, %임피던스를 Z_p라 할 때 3상 단락전류는?

㉮ E/Z_p　　㉯ EI_n/Z_p

㉰ $100I_n/Z_p$　　㉱ $100EI_n/Z_p$

21 그림과 같은 345[kV], 초고압 송전계통에서 발전기로부터 선로의 한 점 P까지의 전 %임피던스는? (단, $P_g = 360{,}000[\text{kVA}]$, $\%X_g = 95[\%]$이고, $P_t = 400{,}000[\text{kVA}]$, $\%X_t = 15[\%]$이며, $\%R = 2[\%]$(400,000[kVA] 기준), $\%X = 20[\%]$(400,000[kVA] 기준)으로 하고 기준 용량은 100,000[kVA]으로 계산한다.)

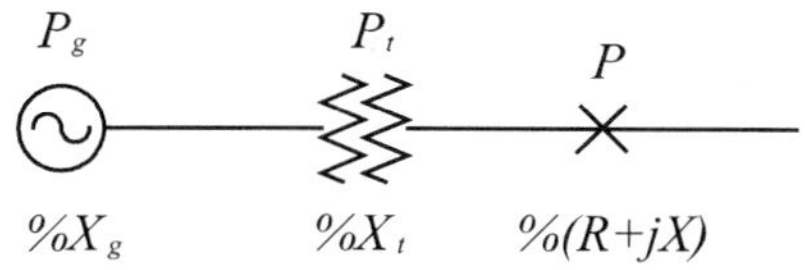

㉮ $0.5+j35.15$
㉯ $35.15+j0.5$
㉰ $5.95+j418.65$
㉱ $418.65+j5.95$

22 154[kV] 계통에 접속된 용량 80,000[kVA]의 변압기의 %임피던스가 8[%]이다. 이것을 100,000[kVA] 기준으로 고치면 임피던스 값은 몇 [Ω]이 되겠는가?

㉮ 23.7　　㉯ 29.6
㉰ 33.3　　㉱ 36.7

23 3상 송전선로의 선간 전압을 100[kV], 3상 기준용량을 10,000[kVA]로 할 때, 선로 리액턴스(1선당) 100[Ω]을 %임피던스로 환산하면 얼마인가?

㉮ 1　　㉯ 10
㉰ 0.33　　㉱ 3.33

24 선간 전압 66[kV], 1회선 송전선로의 1선 리액턴스가 30[Ω], 정격전류가 220[A]일 때 %리액턴스는 얼마나 되는가?

㉮ 10　　㉯ $10\sqrt{2}$
㉰ $10\sqrt{3}$　　㉱ $\frac{10}{\sqrt{3}}$

25 기준 선간전압 23[kV], 기준 3상 용량 5,000[kVA], 리액턴스를 15[Ω]이라 할 때 %리액턴스는 얼마인가?

㉮ 3.55　　㉯ 7.09
㉰ 14.18　　㉱ 28.36

PART 06

안정도

PART 06

안정도

1 안정도의 개요

전력계통이 임의의 조건하에서 계통운전(송 · 배전) 시 안정하게 부하에 전력공급을 할 수 있는 정도의 능력을 말한다.

2 안정도의 종류

정태안정도, 과도안정도, 동태안정도

(1) 정태안정도(steady state stability)

정태안정도는 고유 정태안정도와 동적 정태안정도로 분류할 수 있다.

전력계통이 보통 정상적인 운전에서 계통의 부하를 천천히 증가했을 경우 안정상태의 운전을 유지할 수 있는 정도의 능력을 말하며, 이때의 한계(극한)전력을 정태 안정극한 전력(steady state stability power limit)이라고 한다.

◆ 정태안정도 판별법

고유값법, Clarke법, Wagner법, ρ법, 직접법 등이 있다.

$$\tan\theta = \frac{M_G + M_M}{M_G \quad M_M} \times \tan\beta_1$$

(2) 과도안정도(transient stability)

전력계통에 급격한 부하 변동이나 계통의 사고로 인한 커다란 충격이 가해질 경우 계통에 연결된 동기발전기 및 동기전동기가 동기 상태를 유지하면서 운전할 수 있는 정도의 능력을 말한다.

이때의 한계(극한)전력을 과도 안정극한 전력이라 한다.

(3) 동태안정도(dynamic stability)

고성능의 AVR(자동전압조정기 : automatic voltage regulator)에 의해서 계통안정도를 과거의 정태안정도의 한계(극한) 이상으로 향상시킬 경우 부하가 갑자기 크게 급변한다든지 전력계통의 사고가 발생해서 계통에 큰 충격 가해질 경우에도 계통에 연결된 각 동 기기(동기발전기, 동기전동기)가 동기 상태를 유지해서 계속 운전할 수 있는 정도의 능력을, 이때의 한계(극한)전력을 동태 안정극한 전력(dynamic stability power limit)이라고 한다.

3 안정도 향상대책

계통에 사고가 발생 시 발전기의 속도가 증가하여 탈조 현상이 발생하므로 안정도의 향상을 위해서는 발전기의 가속을 방지하는 방책을 취해야 한다.

(1) 계통의 직렬 리액턴스의 감소대책

① 발전기나 변압기의 리액턴스를 감소시킨다.

② 전선로의 병행회선을 증가하거나 복도체(리액턴스 20[%] 정도 감소)를 사용한다.

③ 직렬 콘덴서를 삽입해서 선로의 리액턴스를 보상해 준다.

④ 계통의 전압을 승압한다.

(2) 전력계통 전압변동의 억제대책

① 속응 여자방식을 채용한다.

② 계통(같은 교류 전압계통)을 연계한다.

③ 계통의 중간 조상설비(리액터 및 콘덴서 조합)를 채택한다.

(3) 전력계통에 주는 충격의 경감대책

① 적당한 중성점 접지방식을 채용한다.

② 고감도 검출을 위한 보호 계전기 및 고속 차단방식을 채용한다.

③ 재폐로 방식의 채용한다.

(4) 고장 시의 전력변동의 억제대책

① 조속기(전기식 혹은 기계식) 동작을 신속하게 한다.

② 제동 저항기의 설치한다.

(5) 계통분리 방식의 채용 : 고장 시 계통을 분리한다.

(6) 전원제한 방식의 채용 : 계통사고 시 송전단 발전기군의 일부를 차단한다.

4 송전전압 및 송전용량 계산

(1) 송전전압 계산 : 가장 경제적인 사용 송전전압을 위한 still식(실험식)

$$송전전압[kV] = 5.5\sqrt{0.6 \times 송전거리[km] + \frac{송전전력[km]}{100}}$$

$$V_s = 5.5\sqrt{0.6l + \frac{P}{100}}\ [kV]$$

(2) 송전용량 계산

송전용량이란 송전선로에 어느 정도의 크기의 전력을 공급할 수 있는가의 최대 송전전력을 의미한다.

① 고유부하용량 계산법

계통의 수전단 부하가 어떤 값일 경우 가장 적합한 송전을 할 수 있는지를 알고자 하는 개략 근사식

$$송전용량 = \frac{(수전단\ 선간전압)^2[kV]}{선로의\ 특성\ 임피던스[\Omega]} = [MW]$$

$$P = \frac{V_r^2}{\sqrt{\frac{L}{C}}} \fallingdotseq 2.5\,V_r^2[kW/회선]$$

단, 특성 임피던스 : 400[Ω]

② 송전용량계수법

송전선로의 길이를 고려한 계산법

$$장거리\ 송전선로의\ 수전전력[kW] = K\frac{(수전전압[kV])^2}{총\ 길이[km]}$$

$$P_r = K\frac{V_r^2}{L}[kW]$$

단, K : 송전용량 계수

60[kV]	600
100[kV]	800
140[kV]	1,200

PART 06

연습문제

Exercise

01 62,000[kW]의 전력을 60[km] 떨어진 지점에 송전하려면 전압은 몇 [kV]로 하면 좋은가?

㉮ 66 ㉯ 110
㉰ 140 ㉱ 154

02 154[kV] 송전선로에서 송전 거리가 154[km]라 할 때, 송전용량 계수법에 의한 송전 용량[kW]은? (단, 송전 용량 계수는 1,200으로 한다.)

㉮ 61,600 ㉯ 92,400
㉰ 123,200 ㉱ 184,800

03 다음 식은 무엇을 결정할 때 쓰이는 식인가?

$$5.5\sqrt{0.6l + \frac{P}{100}}$$

(단, l은 송전거리[km], P는 송전전력[kW]이다.)

㉮ 송전전압을 결정할 때
㉯ 송전선의 굵기를 결정할 때
㉰ 역률개선 시 콘덴서의 용량을 결정할 때
㉱ 발전소의 발전전압을 결정할 때

04 전력계통 주파수가 기준값보다 증가하는 경우 어떻게 하는 것이 타당한가?

㉮ 발전출력[kW]을 증가시켜야 한다.
㉯ 발전출력[kW]을 감소시켜야 한다.
㉰ 무효전력[kVar]을 증가시켜야 한다.
㉱ 무효전력[kVar]을 감소시켜야 한다.

05 송전선로의 정상 상태 극한(최대) 송전전력은 선로 리액턴스와 대략 어떤 관계가 성립하는가?

㉮ 송・수전단 사이의 선로 리액턴스에 비례한다.
㉯ 송・수전단 사이의 선로 리액턴스에 반비례한다.
㉰ 송・수전단 사이의 선로 리액턴스에 제곱에 비례한다.
㉱ 송・수전단 사이의 선로 리액턴스에 제곱에 반비례한다.

06 송전선에서 재폐로 방식을 사용하는 목적은?

㉮ 역률 개선
㉯ 안정도 증진
㉰ 유도 장해의 경감
㉱ 코로나 발생 방지

07 다음 표는 리액터의 종류와 그 목적을 나타낸 것이다. 바르게 짝지어진 것은?

종 류	목 적
① 병렬 리액터	ⓐ 지락아크의 소멸
② 한류 리액터	ⓑ 송전손실 경감
③ 직렬 리액터	ⓒ 차단기의 용량 경감
④ 소호 리액터	ⓓ 제5고조파 제거

㉮ ①－ⓑ ㉯ ②－ⓐ
㉰ ③－ⓓ ㉱ ④－ⓒ

PART 06

08 송전선로의 고속도 재폐로 계전방식의 목적으로 옳은 것은?

㉮ 전압강하 방지
㉯ 1선지락 순간사고 시의 정전시간 단축
㉰ 전선로의 보호
㉱ 단락사고 방지

09 송전계통의 안정도 향상대책이 될 수 없는 것은?

㉮ 계통의 직렬 리액턴스를 증가시키기 위하여 직렬 콘덴서를 설비한다.
㉯ 속응 여자방식을 채용하거나 고속도 재폐로 방식을 채용한다.
㉰ 송전전압을 높이거나 송전선로에 복도체방식을 사용한다.
㉱ 발전기의 단락비를 크게 하거나 중간 조상기를 설비한다.

10 송전선로의 안정도 향상대책이 아닌 것은?

㉮ 병행 2회선이나 복도체 방식을 채용
㉯ 속응 여자방식을 채용
㉰ 계통의 직렬 리액턴스를 증가
㉱ 고속도 차단기의 이용

11 교류 발전기의 전압조정장치로서 속응 여자방식을 채택하고 있다. 그 목적에 대한 설명 중 틀린 것은?

㉮ 전력계통에 고장 발생 시, 발전기의 동기 화력을 증가시킴.
㉯ 송전계통의 안정도를 높임.
㉰ 여자기의 전압상승률을 크게 함.
㉱ 전압조정용 탭의 수동 변환을 원활히 하기 위하여

12 전계통이 연계되어 운전되는 전력계통에서 발전 전력이 일정하게 유지되는 경우 부하가 증가하면 계통 주파수는 어떻게 변하는가?

㉮ 주파수도 증가한다.
㉯ 주파수는 감소한다.
㉰ 전력의 흐름에 따라 주파수가 증가하는 곳도 있고 감소하는 곳도 있다.
㉱ 부하의 증감과 주파수는 서로 관련이 없다.

13 다음 사항 중 전력계통의 안정도 향상대책이라 볼 수 없는 것은 어느 것인가?

㉮ 직렬 콘덴서 설치
㉯ 병렬 콘덴서 설치
㉰ 중간 개폐소 설치
㉱ 고속 차단, 재폐로 방식 채용

PART 07

이상전압

PART 07

이상전압

1 이상전압

뇌방전, 염진해 등으로 인한 이상전압 발생 시 계통의 전기설비 및 선로의 절연이 위협, 외부 및 내부 이상전압으로 분류할 수 있다.

(1) 종류

구 분	원 인
외부 이상전압	유도뇌, 직격뇌, 타선과의 혼촉
내부 이상전압	1) 개폐 이상 전압 2) 사고 시의 과도 이상전압 3) 계통조작과 고장 시의 지속 이상 전압

2 내부 이상전압 및 방호대책

(1) 개폐 서지

무부하 상태의 송전선, 정전 콘덴서의 충전전류, 무부하 변압기의 여자전류를 차단하는 경우 대지전압의 최대 3 ~ 4배 이하(비접지계인 경우)

☞ 대책 : 차단기 내에 개폐 서지로 인한 이상전압 발생시 억제저항기설치(S.O.V 억제대책)

(2) 계통의 지락사고 시

전위상승 4배 이상(비접지계인 경우)

☞ 대책 : 계통의 중성점 접지(유효접지계 이용)

(3) 무부하 시 전위상승

① 페란티 현상 : 계통의 부하가 적거나 무부하인 경우 선로의 정전용량으로 인한 전압보다 위상이 앞선 충전전류 흐름

☞ 대책 : 분로 리액터 설치

② 자기여자 : 수전단의 무부하로 인한 경우 정전용량에 의한 충전전류로 인해 발전기 단자전압보다 위상이 앞서 발전기 단자전압 상승

☞ 대책 : 발전기 병렬운전 채용하여 단락비 증가

(4) 연가 불충분 시 소호 리액터 접지방식 채용의 경우 잔류전압에 의한 직렬공진 발생

☞ 대책 : 선로정수 평형을 위한 완전연가 실시

3 외부 이상전압

(1) 직격뢰에 의한 이상전압

전력계통이 뇌운에 의한 송전선, 가공지선, 애자 등이 뇌의 직격을 받아 뇌전압으로 인해 계통선로의 절연이 위협받게 되는 뇌를 말한다.

① 뇌의 파형 : 고속도 브라운관 오실로 그래프 등으로 측정함.

단, T_f : 파두길이, T_t : 파미길이

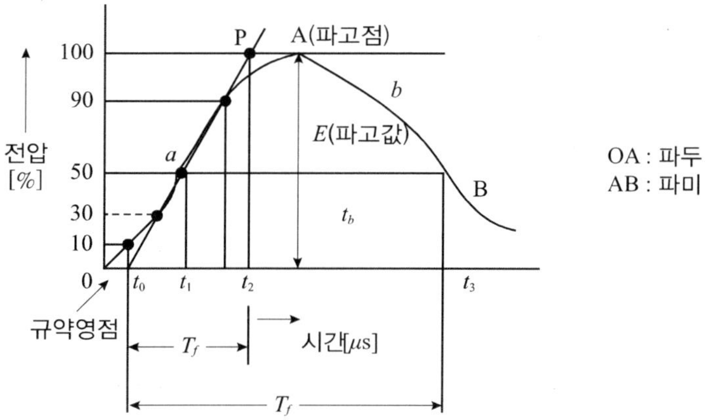

【그림 7-1. 충격파형】

② 실제의 충격파의 파두 부분은 찌그러짐이 발생하므로 전압의 충격파는 파고치의 30[%](전류충격파의 경우 10[%])와 파고치의 90[%]의 점을 잇는 직선이 시간축과 교차하는 점의 시간을 기준점(규약영점)이라 함.

③ 우리나라의 표준충격파 : 파두장(1.2[μs]), 파미장(50[μs])

(2) 유도뢰에 의한 이상전압

전력계통의 송전선로는 뇌운 아래서 뇌운으로부터 유도된 구속된 전하가 뇌운 상호 간 방전 시 혹은 뇌운이 대지를 통해 방전할 때 구속된 전하는 자유전하로 바뀌어 계통의 선로에 진행파로 되어서 이상전압을 전파시킨다.

4 진행파의 특성

(1) 진행파의 반사와 투과

① 반사파 계수(전압, 전류) $\beta = \dfrac{Z_2 - Z_1}{Z_2 + Z_1}$

반사파 전압 $e_r = \dfrac{Z_2 - Z_1}{Z_2 + Z_1} e_i$

반사파 전류 $i_r = \dfrac{Z_1 - Z_2}{Z_2 + Z_1} i_i$

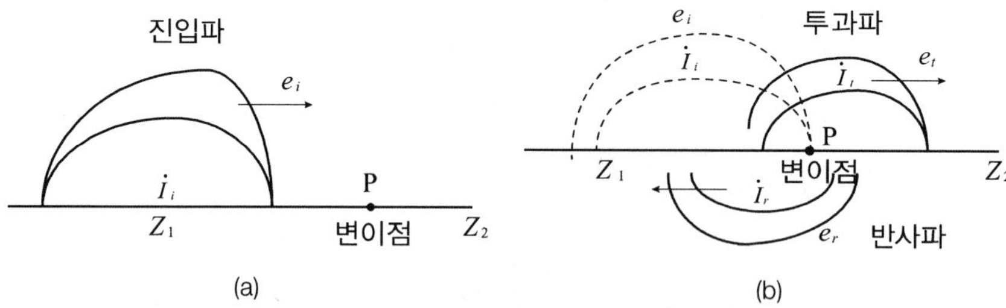

【그림 7-2. 변이점에서의 반사와 투과】

② 투과파 전압 계수 $\gamma_e = \dfrac{2Z_2}{Z_1 + Z_2}$

투과파 전류 계수 $\gamma_i = \dfrac{2Z_1}{Z_1 + Z_2}$

투과파 전압 $e_t = \dfrac{2Z_2}{Z_1 + Z_2} \times e_i$

투과파 전류 $i_t = \dfrac{2Z_1}{Z_1 + Z_2} \times e_i$

③ 무반사 조건 : 입사파 측의 파동 임피던스(Z_1)=투과파 측의 파동 임피던스(Z_2)

5 피뢰기에 의한 전기설비의 보호

(1) 피뢰기의 구성

① 직렬 갭(gap)

전력계통의 상규전압에서는 방전하지 않고 절연상태를 유지하나 이상전압이 계통에 발생 시 빠른 시간 내에 대지로 방전해서 이상전압을 흡수함과 동시에 피뢰기를 통해서 대지로 흐르는 속류를 단시간에 차단하는 작용을 하는 것으로 속류차단, 소호의 역할을 함과 동시에 충격파에 대하여는 낮은 전압에서 방전시키도록 한 것.

② 특성요소

탄화규소(SiC, 상품명 : 카본런덤임)를 주성분으로 각종 결합제와 혼합하여 성형 후 고온로 속에서 소성(燒成)한 것으로 비직선저항 특성이 있어 밸브저항체라고 하며

직렬 갭과 더불어 자기애관에 밀봉시킨 것

③ 피뢰기의 종류

㉮ 명칭별 종류 : 갭 저항형, 밸브형, 저항밸브형

㉯ 성능별 종류 : 밸브형, 밸브저항형, 방출형, 자기소호형, 전류제한형

㉰ 규격별 종류 : 교류 10,000[A], 5,000[A], 2,500[A]

④ 최근 사용되는 피뢰기 구조

산화아연(ZnO)을 주성분으로 한 피뢰기로서 직렬 갭을 부착하지 않고 피뢰기를 사용하기 때문에 갭리스(gap less) 피뢰기라고 한다.

(2) 피뢰기의 역할

① 전력계통의 선로 및 전기설비에 이상전압이 내습해서 피뢰기의 단자전압이 일정 값 이상 상승하면 빠른 시간 내에 대지로 방전전류를 흘려줌으로써 전압 상승을 억제한다.

② 이상전압이 낮아져 피뢰기의 단자전압이 일정 값 이하로 떨어지면 빠른 시간 내에 방전을 멈추고 정상 상태의 송전 상태로 되돌아가게 된다.

(3) 피뢰기의 정격전압

피뢰기의 단자전압이 낮아진 후 대지로 흐르는 속류를 끊을 수 있는 최대의 교류전압으로서, 계통의 선로전압이 같더라도 중성점 접지방식에 따라서 달라진다.

(4) 피뢰기의 제한전압

피뢰기의 대지방전으로 이상전압이 낮아져서 피뢰기의 양쪽 단자 간에 남게 되는 충격전압이다.

(5) 충격방전 개시전압

피뢰기의 단자 간에 충격전압을 인가될 때 피뢰기가 방전을 개시하는 전압이다.

$$\text{충격비} = \frac{\text{충격 방전 개시전압}}{\text{상용주파수 방전 개시전압의 최대값}}$$

PART 07

(6) 피뢰기의 구비 조건

① 전력계통의 이상전압에 대한 충격방전 개시전압이 낮을 것
② 전력계통의 상용주파수 방전 개시전압이 높을 것
③ 피뢰기의 대지 방전내량이 크면서 제한전압은 낮을 것
④ 이상전압이 대지로 방전 후 피뢰기에 흐르는 속류의 차단능력이 충분할 것

(7) 피뢰기의 설치 장소

① 발 · 변전소 인입구, 인출구
② 변전소의 특고압 및 고압 옥외용 변압기
③ 가공전선로에서 공급받는 고압 및 특고압 수용가 인입구
④ 가공전선과 지중전선이 접속되는 곳

(8) 이상전압은 변압기와 피뢰기 간을 왕복진동으로 반복하므로 변압기의 단자에 걸리는 전압의 최대치(e_t)는 커지게 된다.

$$e_t = e_a + (2S \times \frac{L}{v}) = e_a + 2St[\text{kV}]$$

여기서, e_a : 피뢰기의 제한전압
S : 파두준도[kV/μs]
l : 피보호기기(예 : 변압기 등)와 피뢰기와의 설치 이격거리[m]
v : 이상전압이 침입 시 선로를 진행하는 진행파의 속도[m/μs]
t : 진행파의 시간[μs]

6 외부 이상전압에 대한 가공지선에 의한 방지대책

(1) 가공지선에 의한 뇌차폐

전력계통의 뇌 서지에 대한 전선의 차폐 및 진행파의 파고치의 감쇠.

① 유도뢰에 대한 차폐

뇌의 직격에 대하여 전선의 위쪽으로 가까이 전위가 영(zero)인 가공지선이 설치돼 있으므로 뇌운으로부터 정전 유도에 의해 송전선로에 유도되는 구속전하는 가공지선

에서 대지로 일부 방전시키므로 50[%] 정도 이하로 줄어든다.

② 직격뢰에 대한 차폐

직격뢰로부터 송전선을 보호할 수 있는 가장 큰 효과는 가공지선을 설치하는 것이며, 차폐각(보호각)은 될 수 있는 대로 작게 하는 것이 적당하지만, 차폐각을 작게 하려면 그것에 비례해서 가공지선을 높게 설치해야 하므로 철탑의 높이가 높아지게 된다. 따라서 가공지선 1가닥의 경우 보호각(차폐각)은 35° ~ 40° 정도로 설치한다.

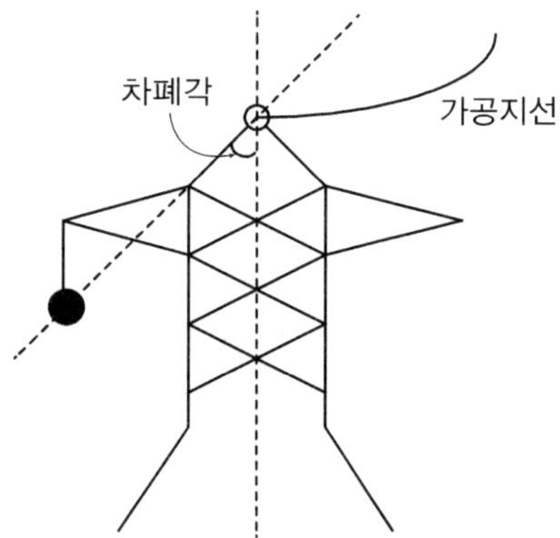

【그림 7-3. 차폐각(보호각)】

(2) 역섬락

이상전압으로 인한 뇌전류가 철탑으로부터 대지로 흐르는 경우, 대지로부터의 철탑의 전위 파고값이 가공전선과 철탑을 절연하고 있는 애자련의 절연이 파괴되는 전압이상으로 상승하는 경우 철탑으로부터 가공전선을 향해서 역으로 섬락이 발생하게 되는데, 이것을 역섬락이라 한다.

① 역섬락 방지

철탑의 탑각 접지저항 설치(최대한 저항값을 낮게 함).

② 역섬락 방지용 매설지선

아연도금 절연선을 사용하며, 철탑 지면 밑 30[cm]에 30~50[m]의 길이의 것을 방사상으로 여러 가닥 매설한다.

7 절연 협조

전력계통에서의 전기설비 및 애자 등의 상호간에 적정한 절연 레벨을 갖게 함으로써 전력계통 설계를 경제적, 합리적으로 할 수 있게 한 것이다.

① 변압기 등 중요한 기기가 있는 발·변전소에의 뇌의 직격을 피하기 위해 발·변전소 구내 및 그 부근 1~2[km] 정도의 송전선에 차폐효과가 좋은 가공지선을 설치한다.

② 발·변전소는 이상전압에 대해서는 제한전압까지 저하시키는 피뢰기를 설치하며 피뢰기는 피보호기기에 최대한 가까이 설치하며, 피뢰기의 접지저항값은 적어도 5[Ω] 이하로 한다.

③ 345[kV]의 절연 협조

사용 BIL[kV] : 변압기 1,050[kV], 차단기 1,300[kV], 변성기 1,550[kV], 선로 1,350[kV]

8 기기의 보호계전방식

(1) 보호 계전기의 구비 조건

전력계통에 고장이 발생 시 신속하게 고장 구간을 차단하고 계통의 안정도를 향상시키며, 고장전류로 인한 전기기기가 손상을 받지 않도록 파급되는 사고의 범위를 축소하는데 그 목적이 있다.

① 전력계통의 고장 상태의 정도를 파악할 수 있을 것

② 어떤 고장인지 식별할 수 있을 것

③ 고장 지점을 정확히 판단할 수 있을 것

④ 동작이 예민하고 신뢰성이 있을 것

⑤ 후비보호(back up) 능력이 있을 것(파급의 확대 방지)

⑥ 경제적일 것

⑦ 유지 보수가 편리할 것

(2) 발전기의 보호

① 내부 고장에 대한 보호 : 차동 계전방식

② 외부 고장에 대한 보호 : 반한시 과전류 계전기

③ 탈조보호

㉮ 계자상실 계전기

㉯ 부족전압 계전기

㉰ 탈조보호 계전방식

(3) 변압기의 보호계전방식

① 비율차동 계전방식 : 변압기 보호용으로 가장 많이 사용

② 부흐홀츠 계전기에 의한 보호방식 → 변압기 내부사고 시 발생가스가 수은 접점을 동작시켜 차단기를 개방

(4) 방사상 송전선로의 보호계전방식

① 과전류 계전방식 → 과전류 계전기 사용

② 방향단락 계전방식 → 방향성을 지닌 단락 계전기(역전력 계전기) 혹은 방향성 거리 계전기 사용

③ 거리 계전방식 → 거리 계전기 사용

(5) 환상 송전선로의 계전방식

① 방향단락 계전방식 → 방향단락 계전기 사용

② 방향거리 계전방식 → 방향거리 계전기 사용

(6) 표시선 보호계전방식

① 교류 표시선식 보호계전방식 → 단락 계전기(단락 보호용), 지락 계전기(지락 보호용)

② 전압대향식 표시선방식 → 비교적 거리가 먼 경우 사용

(7) 반송 보호 계전방식

① 전력방향 비교방식

② 위상 비교방식

③ 지령방식

9 보호 계전기의 분류

(1) 동작 구조상의 분류

① 유도형 계전기

② 가동철심형 계전기

③ 가동코일형 계전기

④ 전류력계형 계전기

⑤ 정지형(전자형) 계전기

(2) 동작 시간에 의한 분류

① 순한시 계전기 : 최소 동작전류 흐르면 동작

② 정한시 계전기 : 전류크기 관계 없이 일정시간 후 동작

③ 반한시 계전기 : 큰 전류는 빨리 동작, 작은 전류는 늦게 동작

④ 반한시 정한시 계전기 : ②와 ③의 특성을 조합한 것

(3) 용도(기능)상의 분류

① 단락보호용 계전기

㉮ 과전류 계전기

㉯ 과전압 계전기

㉰ 부족전압 계전기

㉱ 단락방향 계전기

㉲ 단락회로 선택 계전기

㉳ 거리 계전기

㉴ 방향거리 계전기

② 지락보호 계전기

㉮ 지락과전류 계전기

㉯ 지락방향 계전기

㉰ 지락회선 선택 계전기

③ 기타

㉮ 탈조 계전기

㉯ 한시 계전기

㉰ 주파수 계전기

㉱ 차동 계전기

10 전력 개폐장치

(1) 개폐장치의 종류

① **차단기(CB)** : 주 목적은 고장전류 차단시키기 위해 설치하며 정상적인 부하전류 혹은 무부하전류는 당연히 개폐가 가능하다.

② **단로기(DS)** : 기기의 보수, 점검 및 회로의 접속변경을 위해서 무부하 상태에서만 개폐가 가능하다.

(2) 차단기의 정격과 동작 책무

① **정격전압** : 규정된 조건하에서 그 차단기에 사용할 수 있는 회로전압의 상한값(즉, 선간전압)

② **정격차단전류** : 규정의 회로 조건하에서 규정된 표준 동작 책무와 동작 상태에 따라서 차단할 수 있는 지상 역률의 차단전류의 한도

③ **정격차단용량** : 어떤 회로전압하에서 어느 차단전류를 문제없이 끊었을 때 차단기의 차단능력 양으로만 표현하기 위한 것

$$\text{차단용량[MVA]} = \sqrt{3} \times \text{정격전압[kV]} \times \text{정격차단전류[kA]}$$

④ **차단기의 동작 책무** : 차단기가 차단 후 재투입되는 경우 사고부가 회복되지 않아서 고장전류에 의해 차단기가 다시 차단을 하게 되는데 이와 같이 1회 혹은 2회 이상의 투입(close), 차단(open)을 일정시간을 두고 반복하는 차단기의 일련의 동작을 동작 책무라 한다.

$$\text{차단기의 일련 동작 : } O - t_1 - CO - t_2 - CO$$

㉮ 일반용

- 갑호 O − (3분) − CO − (3분) − CO
- 을호 O − (15초) − CO

㉯ 고속도 재투입용 : O − (0.3초) − CO − (3분) − CO

(3) 아크의 소호원리에 따른 차단기의 종류

차단기	교류 차단기	1) 유입 차단기(OCB) 2) 공기 차단기(ABB) 3) 자기 차단기(MBB) 4) 진공 차단기(VCB) 5) 가스(SF_6) 차단기(GCB) 6) 물차단기(WCB) 7) 기중차단기(ACB) 8) 배선용 차단기(MCB) 9) 누전차단기(ELCB)
	직류 차단기	보통 0.04초 이내에 차단

PART 07 연습문제

Exercise

01 보기의 전기공작물 (1)과 보호 계전기 (2)의 결합으로 적당한 것은?

> 〈보 기〉
> (1) • 발전기의 상간 층간 단락보호 : A
> • 변압기의 내부고장 : B
> • 송전선의 단락보호 : C
> • 고압 전동기 : D
> (2) • 부흐홀츠 계전기 : BH
> • 과전류 계전기 : O.C
> • 차동 계전기 : Df
> • 지락회선 선택 계전기 : SG

㉮ A – Df, B – BH, C – SG, D – O.C
㉯ A – SG, B – BH, C – O.C, D – Df
㉰ A – Df, B – SG, C – O.C, D – BH
㉱ A – BH, B – O.C, C – Df, D – SG

02 22.9kV-Y 배전선로 보호 협조 기기가 아닌 것은?

㉮ 퓨즈 컷아웃 스위치
㉯ 인터럽터 스위치
㉰ 리클로저
㉱ 섹셔널라이저

03 전력용 퓨즈는 주로 어떤 전류의 차단을 목적으로 사용하는가?

㉮ 충전전류 ㉯ 과부하전류
㉰ 단락전류 ㉱ 과도전류

04 단로기에 대한 다음 설명 중 옳지 않은 것은?

㉮ 소호장치가 있어서 아크를 소멸시킨다.
㉯ 회로를 분리하거나 계통의 접속을 바꿀 때 사용한다.
㉰ 고장전류는 물론 부하전류의 개폐에도 사용할 수 없다.
㉱ 배전용의 단로기는 보통 디스커넥팅 바로 개폐한다.

05 주상변압기의 고압 측 및 저압 측에 설치되는 보호장치가 아닌 것은?

㉮ 피뢰기
㉯ 1차 컷아웃 스위치
㉰ 캐치 홀더
㉱ 보호 시험기

06 다음 변전소의 역할 중 옳지 않은 것은?

㉮ 유효전력과 무효전력을 제어한다.
㉯ 전력을 발생, 분배한다.
㉰ 전압을 승압 또는 강압한다.
㉱ 전력 조류를 제어한다.

07 배전반 계기의 백분율 오차는 지시값(측정값)이 M이고 그 참값이 T일 때 어떻게 표시되는가?

㉮ $\frac{M-T}{T}\times 100$ ㉯ $\frac{T-M}{M}\times 100$
㉰ $\frac{M-T}{M}\times 100$ ㉱ $\frac{T-M}{T}\times 100$

08 피뢰기가 역할을 잘하기 위하여 구비되어야 할 조건으로 옳지 않은 것은?

㉮ 시간 지연(time lag)이 적을 것

㉯ 속류를 차단할 것
㉰ 제한전압은 피뢰기의 정격전압과 같게 할 것
㉱ 내구력이 많을 것

09 변성기의 정격부담을 표시하는 기호는?

㉮ W　　㉯ s
㉰ dyne　　㉱ VA

10 차단기의 차단 용량을 표시하는 단위는?

㉮ [V]　　㉯ [A]
㉰ [kW]　　㉱ [MVA]

11 아래 그림에서 반한시 특성 곡선은? (단, t는 동작시간, I는 전기량을 표시한다.)

㉮ 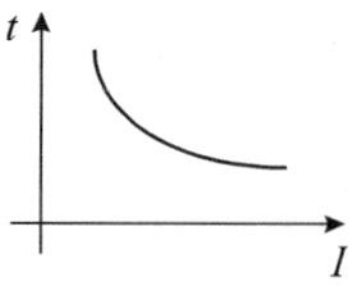

㉯ 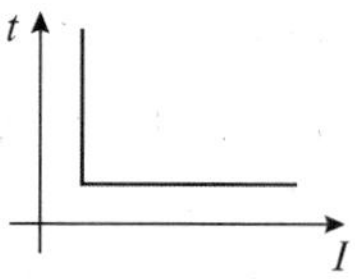

㉰ 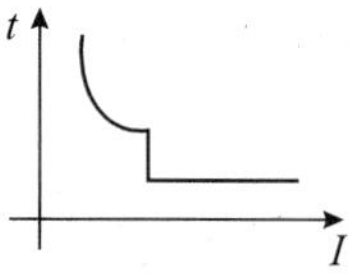

㉱ 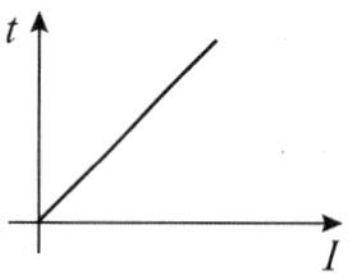

12 송변전계통에 사용되는 피뢰기의 정격전압은 선로의 공칭전압의 보통 몇 배로 선정하는가?

㉮ 직접접지계 : 0.8～1.0배
저항 또는 소호 리액터 접지 : 0.7～0.9배
㉯ 직접접지계 : 1.0～1.3배
저항 또는 소호 리액터 접지 : 1.4～1.6배
㉰ 직접접지계 : 0.8～1.0배
저항 또는 소호 리액터 접지 : 1.4～1.6배
㉱ 직접접지계 : 1.0～1.3배
저항 또는 소호 리액터 접지 : 0.7～0.9배

13 다음의 2중모선 중 1.5차단기 방식(one and half breaker system)은 어느 것인가?

㉮ 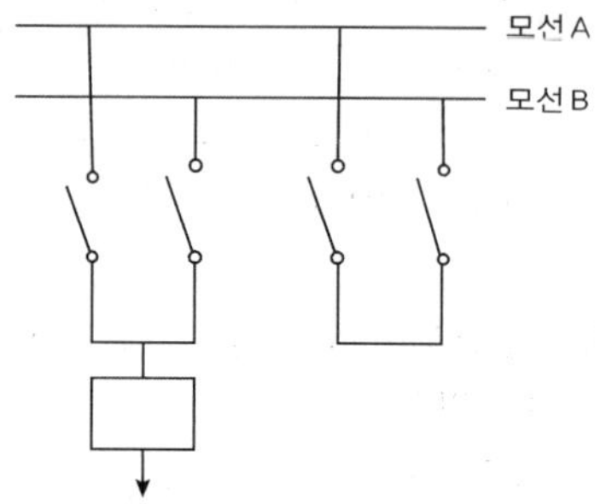

㉯ 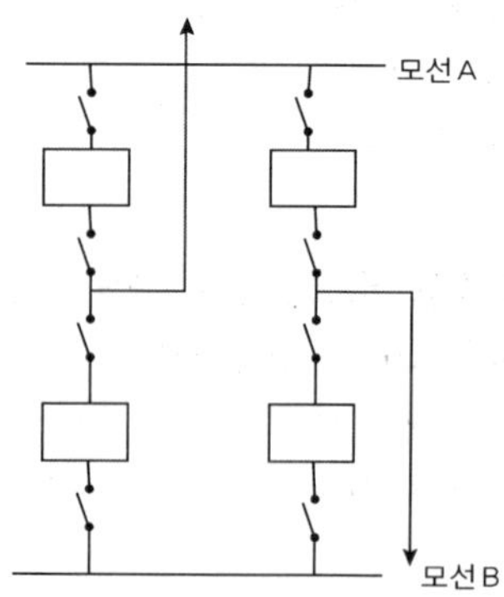

㉰ 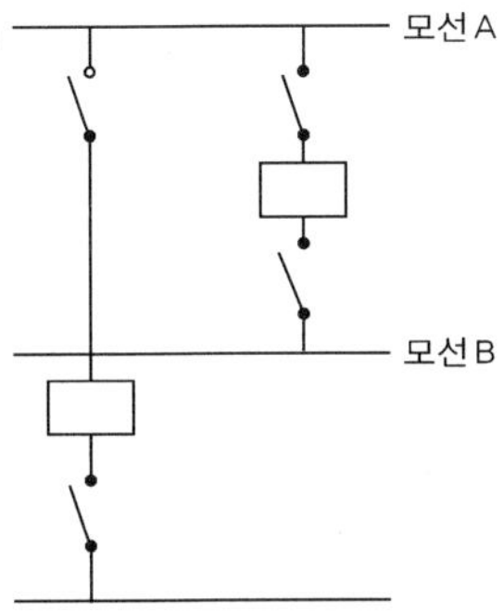

㉱ 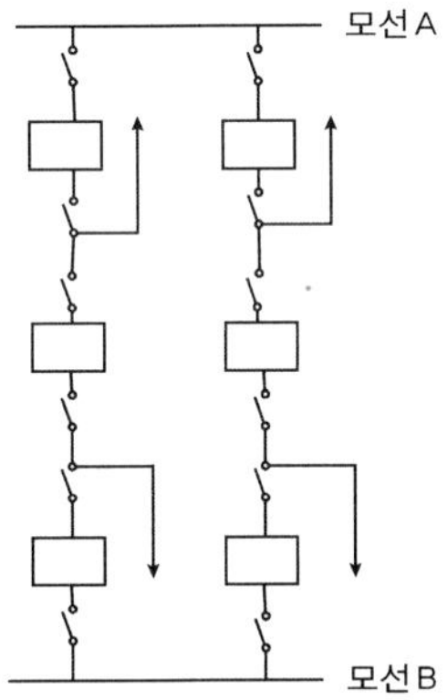

14 한류 리액터의 사용 목적은?

㉮ 이상전압 발생의 방지
㉯ 접지전류의 제한
㉰ 단락전류의 제한
㉱ 코로나의 방지

15 비접지 3상 3선식 배전선로에 방향 지락 계전기를 사용하여 선택지락보호를 하려고 한다. 필요한 것은?

㉮ CT와 OCR
㉯ CT와 PT
㉰ 접지 변압기와 ZCT
㉱ 접지 변압기와 OCR

16 환상 선로의 단락 보호에 사용하는 계전 방식은?

㉮ 선택접지 계전방식
㉯ 과전류 계전방식
㉰ 방향단락 계전방식
㉱ 비율차동 계전방식

17 주상변압기의 고장보호를 위하여 그 1차측에 설치하는 기기는?

㉮ O.S 또는 AS
㉯ C.O.S
㉰ L.S
㉱ Catch holder

18 동일 모선 2개 이상의 피더(feeder)를 가진 비접지 배전계통에서 지락사고에 대한 선택지락보호 계전기는?

㉮ OCR ㉯ OVR
㉰ GR ㉱ SGR

19 선택접지 계전기의 용도는?

㉮ 단일 회선에서 접지전류의 대소 선택
㉯ 단일 회선에서 접지전류의 방향의 선택
㉰ 단일 회선에서 접지사고 지속시간의 선택
㉱ 다회선에서 접지고장 회선의 선택

20 중성점 저항 접지방식의 병행 2회선 송전선로의 지락사고 차단에 사용되는 계전기는?

㉮ 거리 계전기
㉯ 선택접지 계전기
㉰ 과전류 계전기
㉱ 역상 계전기

21 변압기 보호에 사용되지 않는 계전기는?

㉮ 비율 차동 계전기

PART 07

㉯ 차동 전류 계전기
㉰ 부흐홀츠 계전기
㉱ 임피던스 계전기

22 차동 계전기는 무엇에 의하여 동작하는가?

㉮ 양쪽 전압의 차로 동작한다.
㉯ 양쪽 전류의 차로 동작한다.
㉰ 전압과 전류의 배수의 차로 동작한다.
㉱ 정상 전류와 역상 전류의 차로 동작한다.

23 과부하 또는 외부의 단락 사고 시에 동작하는 계전기는?

㉮ 차동 계전기
㉯ 과전압 계전기
㉰ 과전류 계전기
㉱ 부족전압 계전기

24 영상 CT를 사용하는 계전기는?

㉮ 과전류 계전기
㉯ 지락 과전류 계전기
㉰ 저전압 계전기
㉱ 과전압 계전기

25 동작전류의 크기에 관계없이 일정한 시간에 동작하는 한시 특성을 갖는 계전기는?

㉮ 순한시 계전기
㉯ 정한시 계전기
㉰ 반한시 계전기
㉱ 반한시성 정한시 계전기

26 6.6[kV] 3상 3선식 배전선로에서 완전 1선 지락고장이 발생하였을 때 GPT 2차에 나타나는 전압의 크기는? (단, GPT는 변압기 3대로 구성되어 있으며, 변압기의 변압비는 $\frac{6,600}{\sqrt{3}} / \frac{110}{\sqrt{3}}$ [V]이다.)

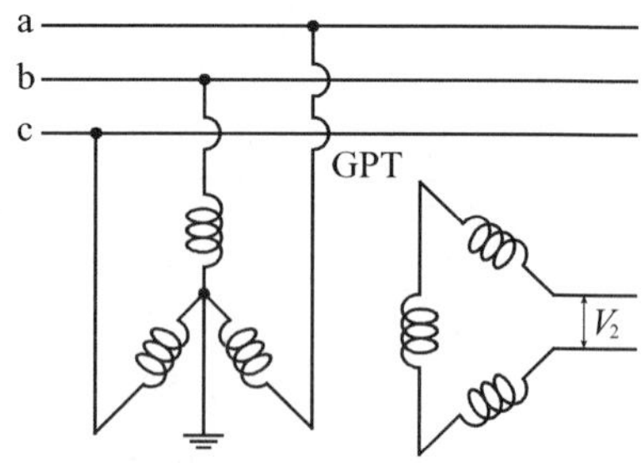

㉮ $\frac{110}{\sqrt{3}}$[V]　　㉯ 110[V]
㉰ $\sqrt{3}\times 110$[V]　　㉱ 3×110[V]

27 영상 변류기와 가장 관계가 깊은 계전기는?

㉮ 과전류 계전기
㉯ 과전압 계전기
㉰ 선택접지 계전기
㉱ 차동 계전기

28 배전반에 연결되어 운전 중인 PT와 CT를 점검할 때에는?

㉮ CT는 단락
㉯ CT와 PT 모두 단락
㉰ CT와 PT 모두 개방
㉱ PT는 단락

29 보호 계전기가 구비하여야 할 조건이 아닌 것은?

㉮ 보호 동작이 정확, 확실하고 감도가 예민할 것
㉯ 열적, 기계적으로 견고할 것
㉰ 가격이 싸고, 또 계전기의 소비 전력이 클 것
㉱ 오래 사용하여도 특성의 변화가 없을 것

30 계통에 연결되어 운전 중인 변류기를 점검할 때 2차 측이 단락하는 이유는?

㉮ 2차 측의 과전류 방지
㉯ 1차 측의 과전류 방지
㉰ 2차 측의 절연 보호
㉱ 측정오차 방지

31 MOF(Metering Out Fit)에 대한 설명으로 옳은 것은?

㉮ 계기용 변성기의 별명이다
㉯ 계기용 변류기의 별명이다
㉰ 한 탱크 내에 계기용 변성기, 변류기를 장치한 것이다.
㉱ 변전소 내의 계기류의 총칭이다.

32 3상으로 표준전압 3[kV]이며 700[kW]를 역률 0.85로 수전하는 공장의 수전회로에 시설하는 계기용 변류기의 변류비는 다음 중 어느 것이 적당한가?

㉮ 10 ㉯ 20
㉰ 30 ㉱ 40

33 계기용 변성기의 위상각이란?

㉮ 1차 전류 또는 전압 벡터를 180° 회전시킨 2차 전류 또는 2차 전압과의 위상차
㉯ 2차 전압과 1차 전압의 위상차
㉰ 2차 전류·전압을 180° 회전시킨 1차 전류·전압과의 위상차
㉱ 2차 전압 벡터와 전류 벡터의 위상차

34 그림과 같은 배전선이 있다. 부하에 급전 및 정전할 때 조작 방법 중 옳은 것은?

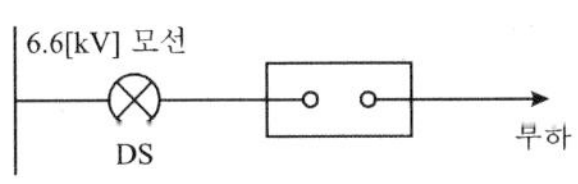

㉮ 급전 및 정전할 때는 항상 DS, CB순으로 한다.
㉯ 급전 및 정전할 때는 항상 CB, DS순으로 한다.
㉰ 급전 시는 DS, CB순이고, 정전 시는 CB, DS순이다.
㉱ 급전 시는 CB, DS순이고, 정전 시는 DS, CB순이다.

35 인터록(interlock)의 설명으로 옳게 된 것은?

㉮ 차단기가 열려 있어야만 단로기를 닫을 수 있다.
㉯ 차단기가 닫혀 있어야만 단로기를 닫을 수 있다.
㉰ 차단기와 단로기는 제각기 열리고 닫힌다.
㉱ 차단기의 접점과 단로기의 접점이 기계적으로 연결되어 있다.

36 고압 배전선로의 고장 또는 보수 점검시 정전 구간을 축소하기 위하여 사용되는 기기는?

㉮ 유입 개폐기(OS) 또는 기중 개폐기(AS)
㉯ 컷아웃 스위치(COS)
㉰ 캐치 홀더(catch holder)
㉱ 단로기(DS)

37 고장전류와 같은 대전류를 차단할 수 있는 것은?

㉮ 단로기(DS)
㉯ 선로 개폐기(LS)
㉰ 유입 개폐기(OS)
㉱ 차단기(CB)

PART 07

38 부하전류 차단 능력이 없는 것은?

㉮ NFB ㉯ OCB
㉰ VCB ㉱ DS

39 초고압용 차단기에서 개폐 저항기를 사용하는 이유는?

㉮ 개폐 서지 이상전압(SOV) 억제
㉯ 차단전류 감소
㉰ 차단속도 증진
㉱ 차단전류의 역률개선

40 재폐로 차단기에 대한 다음 설명 중 옳은 것은?

㉮ 배전선로용은 고장 구간을 고속 차단하여 제거한 후 다시 수동 조작에 의해 배전이 되도록 설계된 것이다.
㉯ 이 차단기는 재폐로 계전기와 같이 설치하여 계전기가 고장을 검출하여 이를 차단기에 통보, 차단하도록 된 것이다.
㉰ 이 차단기는 송전선로의 고장 구간을 고속 차단하고 재송전하는 조작을 자동적으로 시행하는 재폐로 차단기를 장비한 자동 차단기이다.
㉱ 3상 재폐로 차단기는 1상의 차단이 가능하고 무전압 시간을 약 20~30[s]로 정하여 재폐로하도록 되어 있다.

41 다음 차단기들의 소호 매질이 적합하지 않게 결합된 것은?

㉮ 공기차단기 - 압축공기
㉯ 가스차단기 - SF_6가스
㉰ 자기차단기 - 진공
㉱ 유입차단기 - 절연유

42 진공 차단기(vacuum circuit breaker)의 특징에 속하지 않는 것은?

㉮ 소형 경량이고 조작기구가 간편하다.
㉯ 화재 위험이 전혀 없다.
㉰ 동작 시 소음이 크지만 소호실의 보수가 거의 필요하지 않다.
㉱ 차단 시간이 짧고 차단 성능이 회로 주파수의 영향을 받지 않는다.

43 SF_6 가스 차단기가 공기 차단기와 다른 점은?

㉮ 소음이 적다.
㉯ 압축공기로 투입한다.
㉰ 지지 애자를 사용한다.
㉱ 고속 조작에 유리하다.

44 자기 차단기의 특징 중 옳지 않은 것은?

㉮ 화재의 위험이 적다.
㉯ 보수, 점검이 비교적 쉽다.
㉰ 전류 전달에 의한 와전류가 발생되지 않는다.
㉱ 회로의 고유주파수에 차단 성능이 좌우된다.

45 고속도 재투입용 차단기의 표준 동작 책무는? (단, t는 임의 시간 간격이다.)

㉮ O - 1분 - CO - 3분 - CO
㉯ CO - 15초 - CO
㉰ CO - 1분 - CO - t - CO
㉱ O - t - CO - 1분 - CO

46 차단기의 정격투입전류란 투입되는 전류의 최소 주파의 무엇으로 표시되는가?

㉮ 실효값 ㉯ 평균값
㉰ 최대값 ㉱ 순시값

47 3상용 차단기의 정격차단용량이라 함은?

㉮ 정격전압 × 정격차단전류
㉯ $\sqrt{3}$ × 정격전압 × 정격차단전류
㉰ 3 × 정격전압 × 정격차단전류
㉱ $3\sqrt{3}$ × 정격전압 × 정격차단전류

48 차단기의 차단 용량은 MVA로 나타낼 때에 고려해야 할 항목은?

㉮ 차단전류, 회복전압
㉯ 차단전류, 회복전압, 상계수
㉰ 회복전압, 차단전류, 회로의 역률
㉱ 회복전압, 차단전류, 주파수

49 재점호가 가장 일어나기 쉬운 차단전류는?

㉮ 동상전류 ㉯ 지상전류
㉰ 진상전류 ㉱ 단락전류

50 Recloser(R), Sectionalizer(S), Fuse(F)의 보호협조에서 보호협조가 불가능한 배열은?

㉮ R – R – F ㉯ R – S
㉰ R – F ㉱ S – F – R

51 전력계통의 절연 협조 계획에서 채택되어야 하는 모선 피뢰기와 변압기의 관계는?

㉮
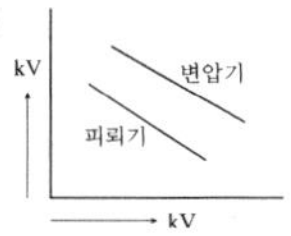

㉯
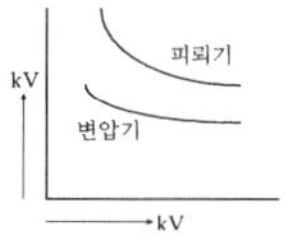

㉰
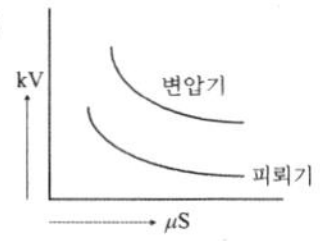

㉱
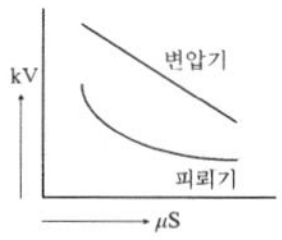

52 154[kV] 송전계통의 뇌에 대한 보호에서 절연강도의 순서가 가장 경제적이고 합리적인 것은?

㉮ 피뢰기–변압기 코일–기기부싱–결합콘덴서–선로애자
㉯ 변압기 코일–결합콘덴서–피뢰기–선로애자–기기부싱
㉰ 결합콘덴서–기기부싱–선로애자–변압기 코일–피뢰기
㉱ 기기부싱–결합콘덴서–변압기 코일–피뢰기–선로애자

53 최근 송전계통의 절연 협조의 기본으로 생각되는 것은?

㉮ 선로 ㉯ 변압기
㉰ 피뢰기 ㉱ 변압기 부싱

54 피뢰기가 방전을 개시할 때의 단자전압의 순시치를 방전개시전압이라 한다. 이때 방전 중의 단자전압의 파고치를 어떤 전압이라 하는가?

㉮ 뇌전압
㉯ 상용주파 교류전압
㉰ 제한전압
㉱ 충격절연강도전압

55 피뢰기의 접지공사는?

㉮ 제1종 접지공사
㉯ 제2종 접지공사
㉰ 제3종 접지공사
㉱ 특별 제3종 접지공사

56 피뢰기의 정격전압이란?

㉮ 충격방전전류를 통하고 있을때의 단자 전압
㉯ 충격파의 방전개시전압

㉰ 속류의 차단이 되는 최고의 교류전압
㉱ 상용 주파수의 방전개시전압

57 피뢰기의 상용주파 허용 단자전압이란?
㉮ 피뢰기가 동작하여도 변압기가 파괴되는 전압
㉯ 피뢰기가 받을 수 있는 뇌전압
㉰ 피뢰기 동작 중 단자전압의 파고치
㉱ 속류를 차단할 수 있는 최대의 교류전압

58 전력용 피뢰기에서 직렬 갭(gap)의 주된 사용 목적은?
㉮ 방전 내량을 크게 하고 장시간 사용하여도 열화를 적게 하기 위하여
㉯ 충격 방전개시전압을 높게 하기 위하여
㉰ 상시는 누설전류를 방지하고 충격파 방전 종료 후에는 속류를 즉시 차단하기 위하여
㉱ 충격파 침입시 대지로 흐르는 방전전류를 크게 하여 제한전압을 낮게 하기 위하여

59 철탑에서의 차폐각에 대한 설명 중 옳은 것은?
㉮ 클수록 보호 효율이 크다.
㉯ 클수록 건설비가 적다.
㉰ 기존의 대부분인 45°의 경우 보호 효율은 80[%] 정도이다.
㉱ 보통 90° 이상이다.

60 임피던스 Z_1, Z_2 및 Z_3을 그림과 같이 접속한 선로의 A쪽에서 전압파 E가 진행해 왔을 때, 접속점 B에서 무반사로 되기 위한 조건은?

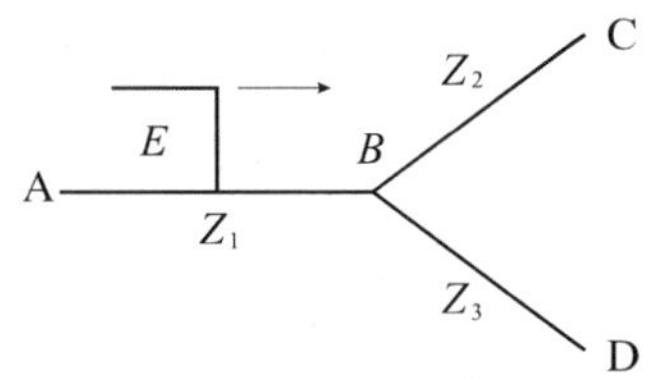

㉮ $Z_1 = Z_2 + Z_3$
㉯ $\frac{1}{Z_3} = \frac{1}{Z_1} + \frac{1}{Z_2}$
㉰ $\frac{1}{Z_1} = \frac{1}{Z_2} + \frac{1}{Z_3}$
㉱ $\frac{1}{Z_2} = \frac{1}{Z_1} + \frac{1}{Z_3}$

61 피뢰기의 구조는?
㉮ 특성요소와 소호 리액터
㉯ 특성요소와 콘덴서
㉰ 소호 리액터와 콘덴서
㉱ 특성요소와 직렬 갭

62 철탑의 탑각 접지저항이 커지면 우려되는 것으로 옳은 것은?
㉮ 뇌의 직격
㉯ 역섬락
㉰ 가공지선의 차폐각의 증가
㉱ 코로나의 증가

63 송전선로에서 역섬락을 방지하기 위하여 가장 필요한 것은?
㉮ 피뢰기를 설치한다.
㉯ 초호각을 설치한다.
㉰ 가공지선을 설치한다.
㉱ 탑각 접지저항을 적게 한다.

64 파동 임피던스 Z_1=400[Ω]인 가공선로에 파동 임피던스 50[Ω]인 케이블을 접속하였다. 이때 가공선로에 e_1=800[kV]

인 전압파가 들어왔다면 접속점에서 전압의 투과파는?

㉮ 약 178[kV] ㉯ 약 238[kV]
㉰ 약 298[kV] ㉱ 약 328[kV]

65 파동 임피던스가 Z_1, Z_2인 두 선로가 접속되었을 때 전압파의 반사계수는?

㉮ $\dfrac{2Z_2}{Z_2+Z_1}$ ㉯ $\dfrac{Z_2-Z_1}{Z_2+Z_1}$
㉰ $\dfrac{2Z_1}{Z_2+Z_1}$ ㉱ $\dfrac{Z_1-Z_2}{Z_2+Z_1}$

66 기기 충격전압 시험을 할 때 채용한 우리나라의 표준 충격전압파의 파두장 및 파미장을 표시한 것은?

㉮ $2\times30[\mu\text{sec}]$ ㉯ $2\times50[\mu\text{sec}]$
㉰ $1.2\times50[\mu\text{sec}]$ ㉱ $1\times60[\mu\text{sec}]$

67 송전선로에 매설지선을 설치하는 목적은?

㉮ 직격뢰로부터 송전선을 차폐 보호하기 위함
㉯ 철탑 기초의 강도를 보호하기 위함
㉰ 현수애자 1련의 전압 분담을 균일화하기 위함
㉱ 철탑으로부터 송전선로에로의 역섬락을 방지하기 위함

68 뇌해 방지와 관계가 없는 것은?

㉮ 매설지선 ㉯ 가공지선
㉰ 소호각 ㉱ 댐퍼

69 송전선로에서 가공지선을 설치하는 목적이 아닌 것은?

㉮ 뇌(雷)의 직격을 받을 경우 송전선 보호
㉯ 유도에 의한 송전선의 고전위 방지
㉰ 통신선에 대한 차폐효과를 증진시키기 위하여
㉱ 철탑의 접지저항을 경감시키기 위하여

70 가공지선에 대한 다음 설명 중 옳은 것은?

㉮ 차폐각은 보통 15 ~ 30° 정도로 하고 있다.
㉯ 차폐각이 클수록 벼락에 대한 차폐효과가 크다.
㉰ 가공지선을 2선으로 하면 차폐각이 적어진다.
㉱ 가공지선으로는 연동선을 주로 사용한다.

71 차단기의 개폐에 의한 이상전압은 송전선의 Y전압의 몇배 정도가 최고인가?

㉮ 2배 ㉯ 3배
㉰ 6배 ㉱ 10배

72 송배전선로의 이상전압의 내부적 원인이 아닌것은?

㉮ 선로의 개폐 ㉯ 아크 접지
㉰ 선로의 이상 상태 ㉱ 유도뢰

PART 07

PART 08

배전선로

PART 08

배전선로

1 배전선로의 개요와 특징

배전용 변전소에서 22,900[V]의 전압으로 떨어진 전기는 배전선을 통하여 일반 빌딩이나 공장 등으로 직접 보내지는 외에 전주에 부착된 주상변압기에 의해 220[V]의 사용하기 쉬운 전압으로 낮춰져 주택이나 상점, 소규모의 공장 등에 배급된다. 이와 같이 배전선이란 배전용 변전소에서 주택이나 상점, 공장으로 보내는 전선로를 말하며, 22,900[V]의 특고압선과 주상변압기에서 전압을 낮춘 220[V]의 저압선이 있다.

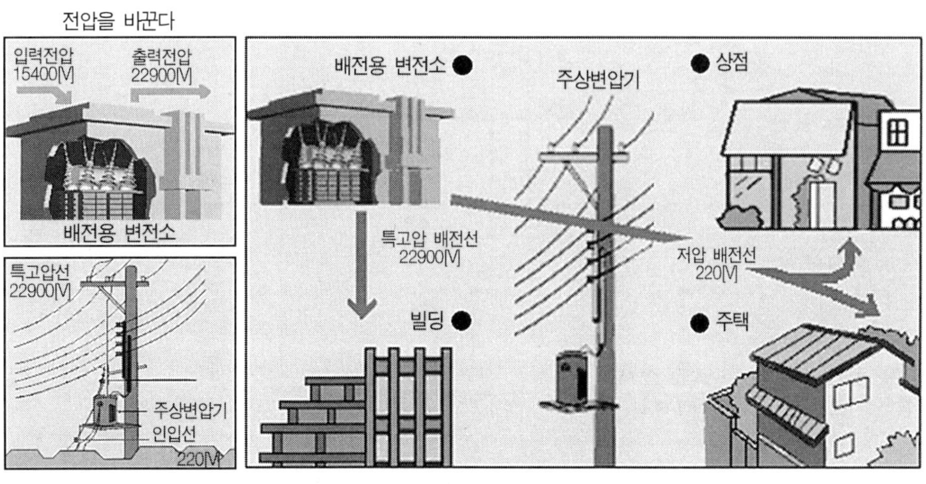

【그림 8-1. 배전선로】

2 배전선로의 배전방식

(1) 특고압 배전방식

특고압 배전방식은 그림과 같이 Y결선방식을 사용하고 있다. Y결선된 중성점에서 중성선을 인출하고 이 중성선을 일정한 간격으로 접지하고 있다. 이러한 방식을 22.9[kV] 다중접지계통방식이라고 한다. 특고압의 배전 전압은 전압선의 한 상과 중성선 사이에 나타나는 상전압은 13.2[kV]이고, 전압선 한 상과 또 다른 전압선 사이에 나타나는 선간전압은 22.9[kV]이다.

【그림 8-2. 특고압 배전방식】

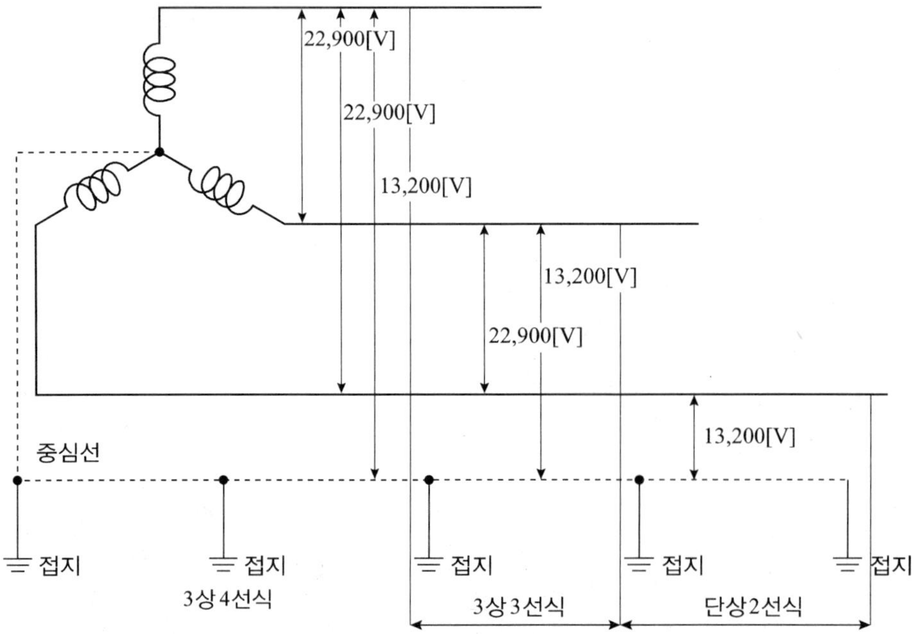

【그림 8-3. 특고압 배전】

(2) 저압 배전방식

① 단상 2선식(110[V], 220[V]) : 단상 2선식 배전방식은 단상 교류전기를 전선 2선(전압선 및 접지 측 전선 각각 한 가닥)으로 구성하여 배전하는 방식으로 주로 저압 전등 부하가 많은 일반 가정의 전기를 공급하는 방식이다. 우리나라는 현재 110[V]는 사용하지 않고 있다.

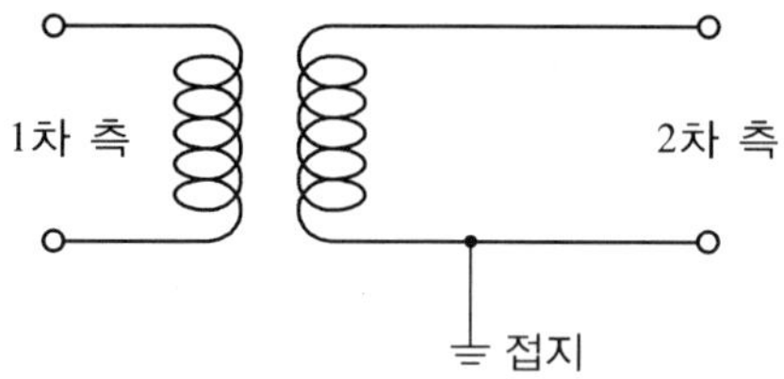

【그림 8-4. 단상 2선식】

② 단상 3선식(110[V], 220[V]) : 단상 3선식 배전방식은 단상 교류전기를 전선 3가닥(전압선 2조, 중성선 1조)으로 구성하여 배전하는 방식이다. 이 방식은 일반 가정의 전등 부하 또는 소규모의 공장 등에 전력을 공급하는 방식이다.

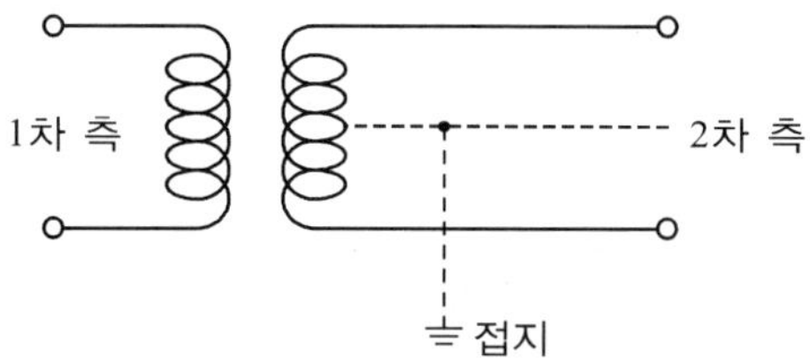

【그림 8-5. 단상 3선식】

③ 3상 3선식(220[V]) : 3상 3선식 결선방식은 전압선 3조로 구성하여 배전하는 방식으로 전압은 낮고 전류가 많은 결선방식으로 전류가 선로에 많이 흐르기 때문에 선로 손실이 커지므로 저압 배전선로의 결선방식으로는 사용하지 않는다. 그러나 고압 수용의 구내 설비에는 이 방식을 많이 사용하고 있다. 변압기 3대 중 한 대가 고장이 발생하였을 때 두 대로 V결선하는 방식이다.

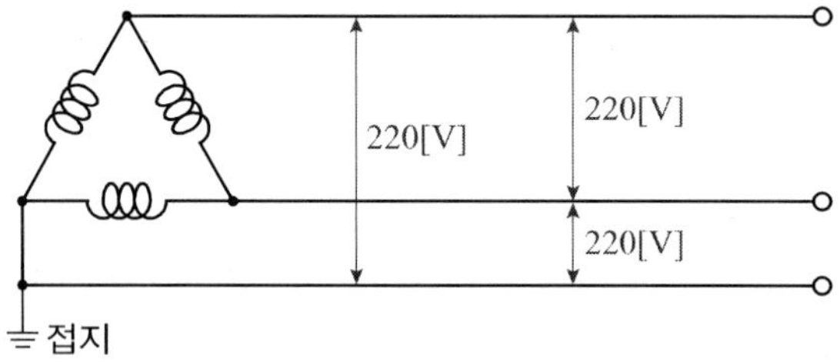

【그림 8-6. 3상 3선식】

④ 3상 4선식(110[V], 220[V])

3상 4선식 V결선방식은 단상변압기 두 대를 3상 4선식(저압선 3조, 중성선 1조)으로 결선하여 동력 설비, 전등 설비에 전력을 공급할 필요가 있는 경우에 이 결선방식을 사용한다. 이 결선의 경우 동력 전용의 변압기는 용량이 작고 전등 · 동력 공용의 변압기는 용량이 큰 것이 일반적이다. 동력 설비에 전력을 공급하는 경우에는 3상 220[V]로 결선하고 전등 설비에 전력을 공급하는 경우에는 단상 110[V] 또는 220[V]로 공급할 수 있다. 이 결선방식은 3상 4선식 380[V]로 승압하고 있어 점차 없어지는 결선방식이다.

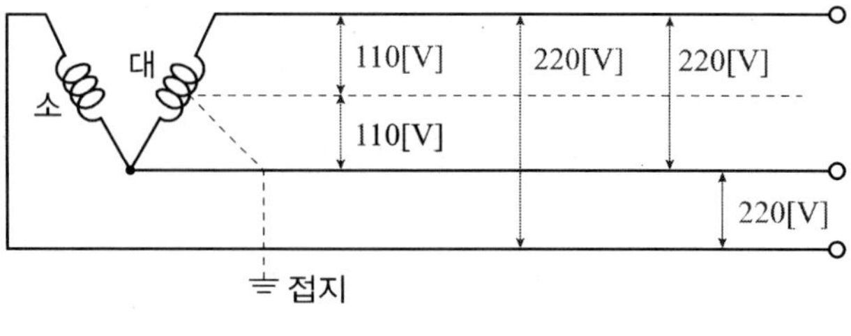

【그림 8-7. 3상 4선식, 110[V], 220[V]】

⑤ 3상 4선식(220[V], 380[V]) : 3상 4선식 결선방식은 단상변압기 3대를 3상 4선식(전압선 3조, 중선선 1조)으로 결선하여 동력과 전등부하에 전력을 공급할 필요가 있을 때 이 결선방식을 사용한다. 이 결선의 경우 사용되는 변압기의 용량은 3대 모두 동일한 용량을 사용하는 방식과 1대의 변압기 용량은 크게, 다른 2대의 용량은 작게 구성하여 사용하는 방식이 있다. 동력 전용의 변압기는 용량이 작고 전등 · 동력 공용의 변압기는 용량이 큰 것이 일반적이다. 공급전압은 동력은 3상 380[V]이고 전등은 단상 220[V]로 공급한다.

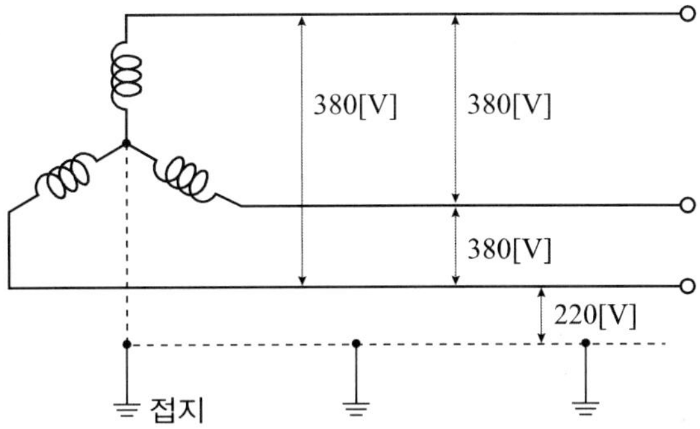

【그림 8-8. 3상 4선식, 220[V], 380[V]】

3 배전선로의 시설방식

(1) 가공배전선로

① 가공배전선로의 개요

가공배전선로는 지중배전선로에 비해 건설이 쉽고 건설비가 적게 들기 때문에 가장 많이 적용하고 있는 배전방식으로서 전선을 지지하고 각종 기기를 설치하기 위한 지지물이다. 이 지지물은 주로 콘크리트 전주가 사용되며, 이 전주에 각종 전력 기기를 설치하기 위하여 기자재가 필요하며, 전주에는 완철, 랙크, 지선 및 지주, 전선, 변압기, 개폐기, 보호 기기 등을 설치할 수 있다.

② 가공배전선로의 주요 기자재

㉮ 지지물

ⓐ 철근콘크리트 전주(C.P.; reinforced concrete pole)

가공배전선로의 지지물에는 목주, 철근콘크리트 전주, 배전용 강관 전주, 철주, 철탑 등이 있다. 철근콘크리트 전주가 가장 많이 사용하며, 철근콘크리트 전주는 일반용과 중하중용으로 구분하여 시설하고, 전주의 종류는 10[m], 12[m], 14[m], 16[m] 등이 있다.

– 중하중용 C.P.의 우선 적용 개소

- 절연전선(ACSR-OC 160[mm^2] 이하) 2단 장주선로
- 태풍피해가 심한 해안지역

- 절연전선과 통신케이블, 가공지선 등이 병가된 선로
- 변전소 인출 1[km] 내외 선로
- 각도주, 인류주, 편출장주 등 편하중이 걸리는 개소
- 기타 필요한 장소

ⓑ 배전용 강관전주(S.P.; tubular poles for distribution lines)

배전용 강관 전주는 철근 콘크리트 전주보다 더 강한 설계하중이 필요하거나 전주 운반이 어려운 경우에 사용하고 있다. 배전용 강관전주의 종류는 6[m], 8[m], 9[m], 11[m], 14[m], 18[m], 20[m] 등이 있다.

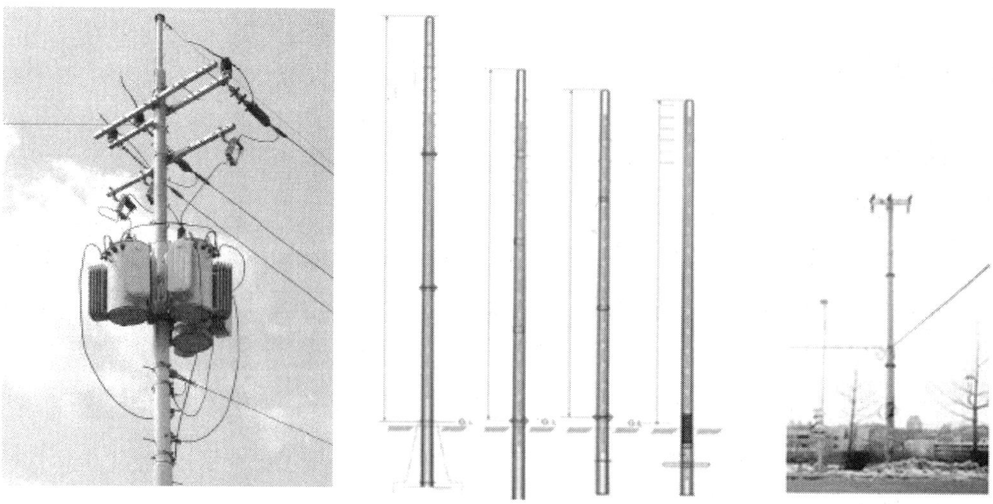

【그림 8-9. 배전용 강관전주】

ⓒ 철주(steel post)

하천 및 계곡 등 장경간 개소나 특수한 장소에서 C.P.로는 필요한 강도나 길이를 얻기 어려운 경우에 적용 설치하며, 공사상 필요한 경우에 설치한다.

ⓓ 철탑(steel tower)

철주 이하의 지지물로 필요한 길이나 강도를 얻기 어려운 경우에 적용하며, 용도에 따라 표준철탑과 특수철탑으로 구분할 수 있으며, 표준철탑에는 직선철탑(A, F, SF), 각도철탑(B), 인류철탑(D), 내장철탑(C, E) 등 4종류가 있으며, 하천, 계곡 등 장 경간 개소에 적용하는 특수철탑이 있다.

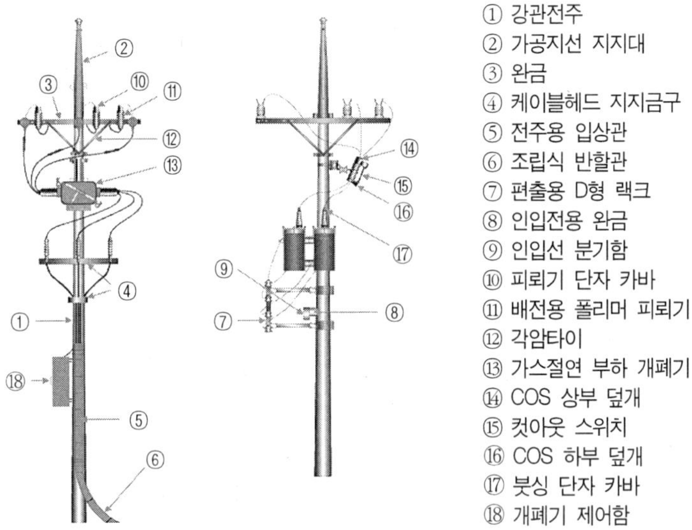

【그림 8-10. 전주설치도】

㉯ 완철과 래크

ⓐ 완철 : 배전선로에 가선된 전선을 수평으로 배열할 때 사용

ⓑ 래크(rack) : 전선을 수직으로 배열할 때 사용

완철의 규격은 900[mm], 1,400[mm], 1,800[mm], 2,400[mm] 등

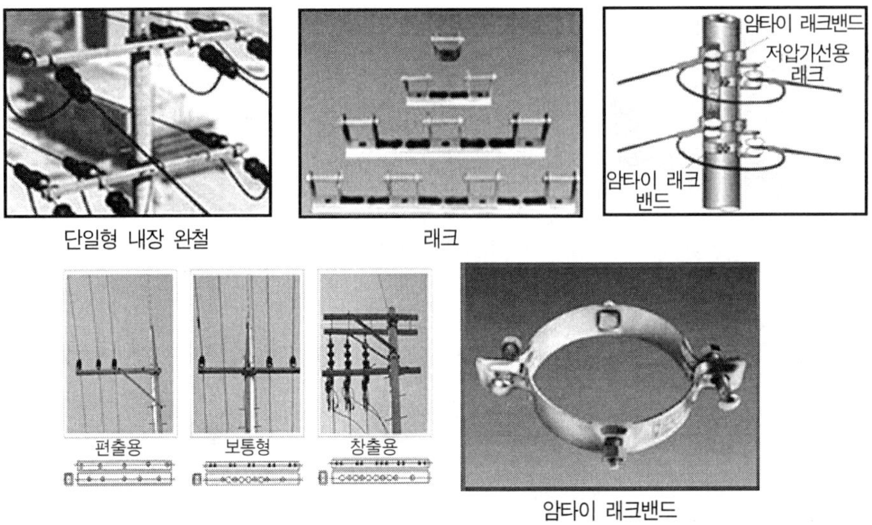

【그림 8-11. 완철과 래크】

㉰ 전선

ⓐ 강심 알루미늄 연선(鋼心-撚線, aluminium cable steel reinforced)
강연선(鋼撚線)을 심선(心線)으로 하고, 그 둘레를 경(硬) 알루미늄선으로 감은 전선을 말한다. 경동 연선(硬銅撚線)보다도 바깥지름이 커서 코로나 방지에 적합하며 무게가 가볍고, 기계적 강도와 전기 전도성이 뛰어나다.

【그림 8-12. 강심 알루미늄 연선】

ⓑ 강심 알루미늄 절연전선(ACSR/OC; Aluminium Stranded Conductors Steel Reinforced Outdoor Cross-linked polyethylene insulated wires for 22.9kV-Y)
특고압 배전선로의 전압선으로 가장 많이 사용하고 있다. 전선의 재질은 알루미늄이며, 그 위에 피복을 입혀 절연을 하였다. 또한 전선의 인장 하중을 높이기 위하여 강심을 넣었고, 도체 모양은 원형일 때 나타나는 공극을 없애기 위하여 부채꼴로 만들었다. 이 모양을 S/B(Smooth Body)형상이라고 한다. 배전선로에서 주로 사용하고 있는 전선의 규격은 32[mm²], 58[mm²], 95[mm²], 160[mm²], 240[mm²] 등이 있으며 절연체는 가교폴리에칠렌이 있다.

ⓒ 옥외용 비닐 절연전선(OW; Outdoor weather proof polyvinyl chloride insulated Wires)
전선의 재질은 동이고 동선 위에 피복을 입혀 절연을 하고 있다. 이 전선의

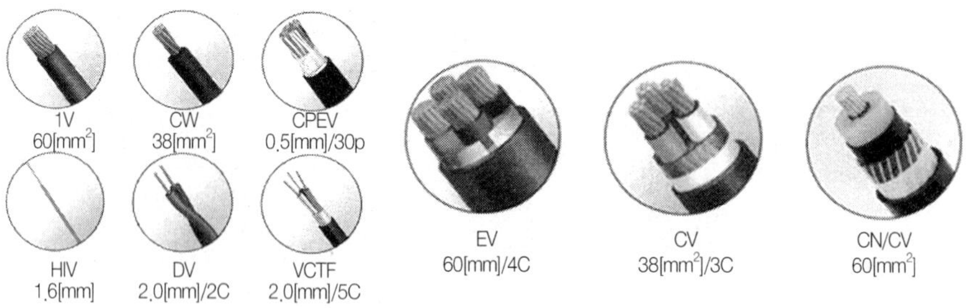

【그림 8-13. 옥외용 비닐 절연전선】

용도는 저압 배전선로의 전압선으로 사용되고 있다. 배전선로에서 주로 사용하고 있는 전선의 규격은 22[mm^2], 38[mm^2], 60[mm^2], 100[mm^2], 150[mm^2] 등이 사용하고 있다.

ⓓ 인입용 비닐 절연전선(DV; polyvinyl chloride insulated Drop Wires)

전선의 재질은 동으로 되어 있다. 동선 위에 피복을 입혀 절연을 하였으며, 이 전선의 특징은 각각 절연된 두 가닥 또는 세 가닥의 전선이 서로 꼬인 것이 특징이다. 이 전선은 전주와 집 사이를 연결하는 인입용 전선으로 사용되며, 배전선로에서 주로 사용하고 있는 전선의 굵기는 2.6[mm], 3.2[mm] 등이 있다.

㉱ 애자류

ⓐ 라인 포스트(LP; Line Post)애자

라인 포스트애자는 LP애자라고도 하며, 특고압 배전선로의 전압선이 절연전선인 경우에 사용하는 애자로서 특고압 배전선로에 가장 많이 사용하고 있다.

ⓑ 현수애자(socket suspension insulators)

고압 배전선로에 사용하며, 특히 선로의 종단, 선로의 분기, 수평 각도가 30도 이상인 인류 개소와 전선의 굵기가 변경되는 지점에 많이 사용된다. 개폐기설치 전주 등의 내장 개소에 이용한다.

ⓒ 폴리머애자(polymer suspension insulators)

폴리머애자의 재질은 실리콘(silicon) 또는 EPDM(Ethylene Propylene Diene Monomer)으로 만들어 진다. 이 애자는 염해 지역에 적합한 특성을 가지고 있어 최근에 해변이나 도서 지역 등에 현수애자 대용으로 사용되고 있는 애자로서 현수애자와 마찬가지로 특고압 선로의 내장 및 인류 개소에 사용한다.

라인 포스트애자

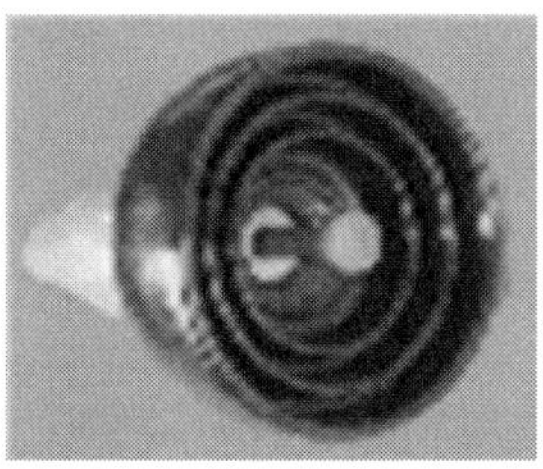

현수애자

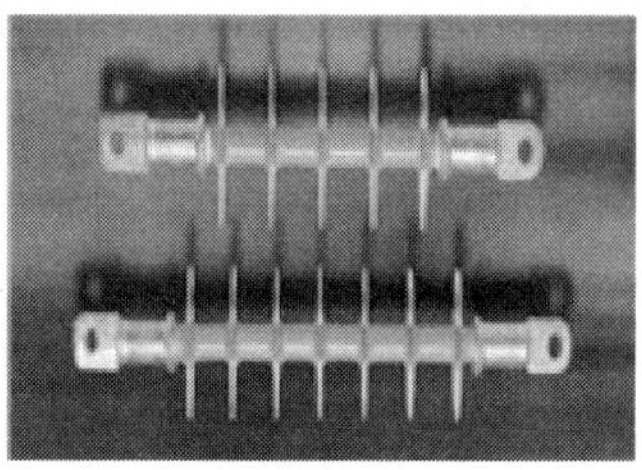

폴리머애자

【그림 8-14. 애자류】

ⓓ 저압 인류애자

가공배전선로 또는 인입선에 사용

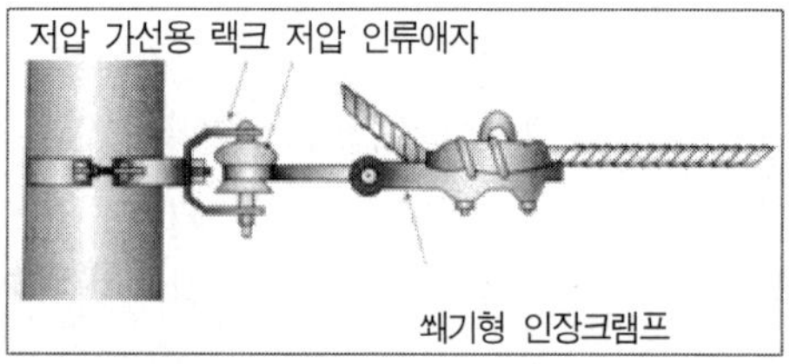

【그림 8-15. 저압인류 애자】

㉺ 개폐기

ⓐ 단로기 : Disconnecting Switch(DS)

7.2[kV] 1P 200~630[A]

7.2[kV] 1P 200~630[A]

7.2[kV] 3P 200~630[A]

【그림 8-16. 단로기】

ⓑ 접지개폐기 : Earthing Switch

12[kV] 3P 25[kA]/3[sec]

17.5[kV] 40[kA]/3[sec]

12[kV] 40[kA]/1[sec]

【그림 8-17. 접지개폐기】

ⓒ 단로기 with 접지개폐기 : Earthing Disconnecting Switch

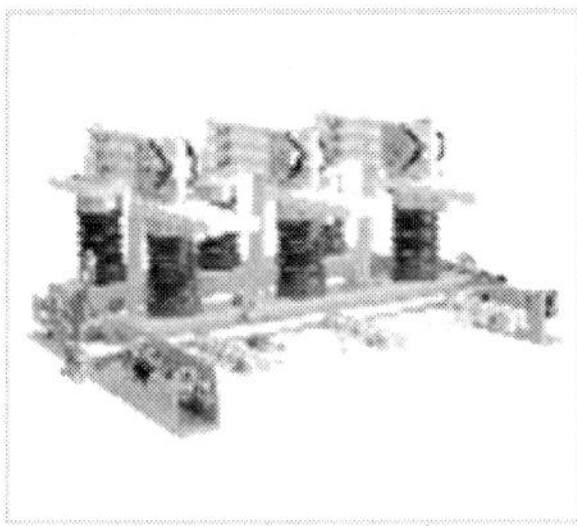

25.8[kV] 3P 2,000[A]

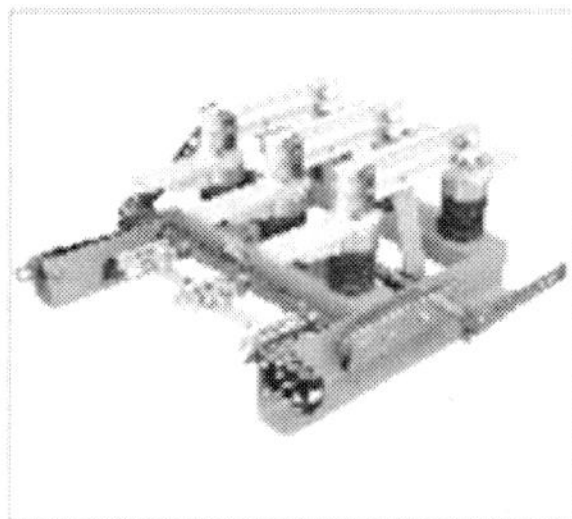

7.2[kV] 3P 1,250[A]

【그림 8-18. 단로기 with 접지개폐기】

ⓓ 가중 부하개폐기 : Load Break Switch

24[kV] 630[A]

24[kV] 630[A]

【그림 8-19. 가중 부하개폐기】

ⓔ 가스절연형 고장구간 자동개폐기 : SF_6 Gas Insulated Automatic Sectionalizing Switch

25.8[kV] 400[A]

25.8[kV] 200[A]

【그림 8-20. 가스절연형 고장구간 자동개폐기】

③ 주상변압기(柱上變壓器, pole transformer)

교류 배전선의 고압을 저압으로 하기 위해 전주 위에 설치되는 변압기로서 단상과 3상의 두 종류가 있다.

㉮ 권선 : 기계적인 충분한 강도를 갖도록 설계되어 각종 비정상 전력유입에서 기기를 보호할 수 있는 기능을 갖췄습니다. 고전도율의 강선과 여러 겹으로 이루어진 절연유를 사용하여 내구성과 성능이 보장된다.

㉯ 철심 : 고투자율의 방향성 규소강대를 사용 철손과 여자전류를 감소시키며, coil과의 견고한 결합으로 소음을 극소화하였다.

㉰ 외형 : 정교히 용접된 철판을 사용하며, 만든 상자 안에 철심과 권선으로 된 변압장치를 넣은 구조이다. 모든 부품이 취부되도록 설계되었으며, 타이트한 구조로 누유를 방지함은 물론 이물질의 침입도 방지하였고, 철심과 권선은 고전압을 견딜 수 있도록 절연유 속에 있다.

RATINGS
Single phase
Frequency : 50&60Hz
High Voltage : 3,300 to 22,900V
Low Voltage : 110/220, 115/230
230/460, 240/480

PARTS NAME
1. H.V Bushing
2. L.V Bushing
3. Tank Cover
4. Lifting Lugs
5. Tank Grounding Provision

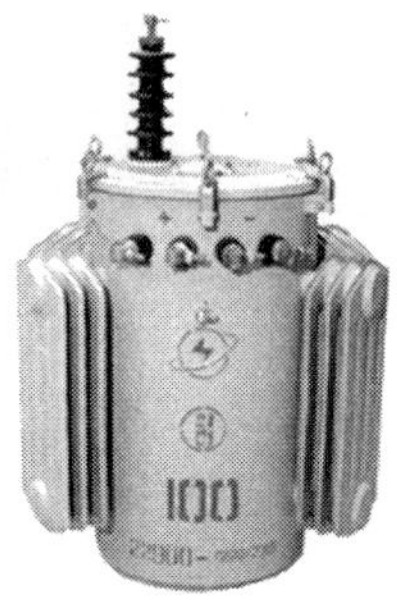

【그림 8-21. 주상변압기】

④ 아몰퍼스 주상변압기(amorphous pole transformer)

전력변환장치로서 철심소재를 기존으로 방향성 규소강판대신 아몰퍼스 메탈(amorphous metal)을 적용하여 무 부하손(결손)을 기존 규소강판 변압기 대비 75[%] 이상 절감한 절전형 고효율 변압기이다.

㉮ 특징

ⓐ 비정질 구조 및 초박판 철심소재에 의한 무부하손실로 75[%] 이상 절감하여 불필요한 에너지 손실 및 전기료 절감

ⓑ 손실절감에 의한 변압기의 운전보수비 절감 및 수명연장

ⓒ 고주파 및 고조파대역에서 우수한 자기적 특성에 의한 고효율 및 compact화

【그림 8-22. 아몰퍼스 주상변압기】

⑤ 전력용 변압기(power transformer)

전력용 변압기는 발전소와 전기소비자 사이에 전기를 전달할 목적으로 설치된 전기망 가운데 그 일부 장치이다.

㉮ 철심 : 방향성의 고품질 규소강판 사용, 가공 열처리로 철손 및 여자전류를 최소화

㉯ 권선 : 고품질의 절연지로 감은 고전도율의 동선을 원칙적으로 사용하며, 권선 방법은 전압 및 용량에 따라 선택하고, 권선은 계통에서 발생하는 단락 및 전압 스트레스에 대응하여 기계적, 전기적으로 견디도록 설계하였다.

㉰ 외형 : 고강도의 강판을 사용하여 누유와 변형을 막고 가급적 용접 부위를 줄이고, 찬넬 현상의 보강재는 기계적 성질이 우수하여 압력에 충분한 내력이 있다.

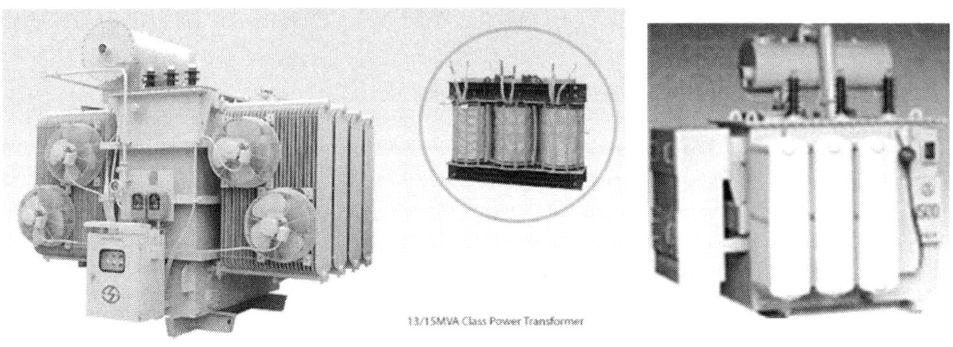

【그림 8-23. 전력용 변압기】

⑥ 배전용 변압기(distrlbution transformer)

1차 고압을 저압으로 변환하여 전력을 공급하는 것이 배전용 변압기이다.

【그림 8-24. 배전용 변압기】

⑦ 패드형 변압기(pad mounted type transformer)

패드형 변압기는 통상 지상 송전선 수전지역에 설치되며, 충분한 안전장비 및 구조를 갖추어 사고 우려가 적고, 외관이 심플하고 미려하여 주택가, 도로, 공원, 학교 등 수용가에 근접 설치하여 사용에 적합하다.

【그림 8-25. 패드형 변압기】

⑧ 특수변압기

㉮ 건식 변압기 : 유입 변압기에 대해 전기 절연유를 사용하지 않는 변압기로서 빌딩 등 특히 화재 방지가 요구되는 장소의 전원 변압기로서 사용한다. 사용하는 절연물의 재료에 따라 A, B, H종 등이 있다.

㉯ 모터 시동용 변압기 : 대용량의 3상 농형 유도 모터나 3상 동기 모터 등을 전전압

으로 시동할 때 발생하는 계통의 전압강하나 전등의 플리커 현상을 방지할 목적으로 설치하는 시동 보상용 변압기이다.

㉰ 인버터용 변압기 : 인버터의 입력용이나 출력용으로 사용하는 변압기로서 인버터의 역률과 효율 및 인버터에서 발생하는 고조파 전류의 영향을 고려한 변압기이다.

㉱ 반도체 전력 변환용 변압기 : 일반적으로 정류기용 변압기로 전류에 고조파 성분이 많이 포함되기 때문에 이로 인해 발생되는 전기적인 특성을 고려한 변압기이다.

㉲ 고주파 전원용 변압기 : 상용주파 교류를 정류기를 통하여 직류로 변환한 후에 초퍼 회로나 인버터 회로에 의하여 고주파화된 전력의 전압변환과 절연을 목적으로 사용되는 변압기이다.

㉳ 아크로용 변압기 : 아크로, 저항로, 유도로 등 전기로에 사용되는 변압기로서 2차 회로가 저전압에 대전류로 운전되는 변압기이다.

㉴ 방폭구조용 변압기 : 폭발성 가스를 대상으로 하는 공장 전기설비의 방폭 구조용 변압기이다.

㉵ 접지 변압기 : 계통에 중성점을 만들 목적으로 사용되는 변압기로서 부분적으로 소내용 전원을 얻기 위하여 소용량의 보조 권선을 설치하는 경우에 사용된다.

㉶ 혼촉방지판 부가 변압기 : 변압기의 고저압 간에 정전 차폐를 목적으로 접지물을 삽입한 변압기 1, 2차 간 혼촉 시 2차 전위상승 방지 인축피해 방지를 위해 설치하며, 1차 측 뇌 임펄스 침입에 의한 2차 측 전위상승 방지 등의 효과를 얻을 수 있다.

㉷ 시험용 변압기 : 전기설비 기자재 등의 내전압 시험, 절연내력 또는 부분 방전량의 측정 등을 위해 교류 고전압을 인가하는 데 사용되는 변압기이다.

㉸ 선박용 변압기 : 선박 내에서 배전을 목적으로 사용되는 변압기로서 대부분 건식 변압기이며 일부 기계실용으로 유입식 변압기도 된다.

(2) 지중배전선로

① 지중배전선로의 개요

지중배전설비는 다회선 배전선로 건설이 필요한 변전소 인출 개소, 고가도로, 고속 도로, 철도 등을 횡단하는 장소, 가공선로 건설이 곤란한 부하 밀도가 높은 고층 빌딩, 신규 개발지역 등을 대상으로 하고 있다. 지중배전선로의 목적은 가공배전선로에 비해 도시

환경과의 조화, 공급신뢰도의 향상과 도시 밀집 지역의 전력 공급 능력 확보 등에 있다.

② 지중배전계통

㉮ 특고압 지중배전계통

특고압 지중배전계통은 가공계통에 비해 고장이 발생한 경우 복구에 장시간이 걸리기 때문에 공급신뢰도를 높이기 위하여 타 계통으로 전환이 가능한 환상방식(loop system)이 주로 사용된다. 보다 높은 공급신뢰도가 요구되는 중요 수용가 중 희망하는 수용가에 대해서 공급신뢰도가 높은 스폿트 네트워크(spot-network) 방식을 적용한다.

ⓐ 방사상(防射狀, radial system) 방식

㉠ 특징

- 전원변전소로부터 1회선 인출 수용가 공급 – 경제적 공급방식
- 신규부하 증설 용이
- 케이블 고장, 공사, 설비 점검시 모든 수용가 정전
- 지중선 계통 부적합

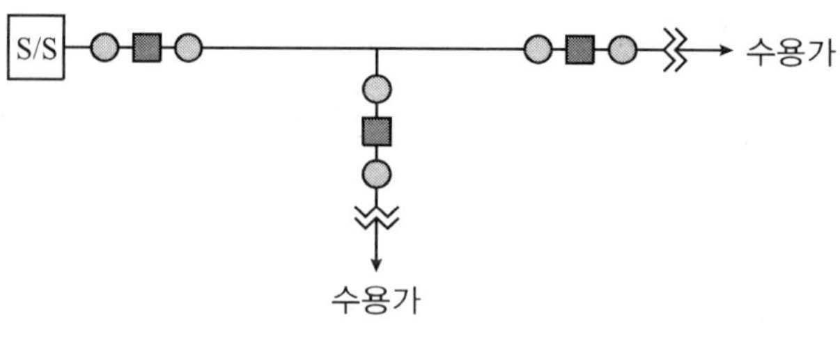

【그림 8-26. 방사상 방식】

ⓑ 상용-예비선 전환방식(spare line transfer system)

㉠ 특징

- 일반적으로 서로 다른 변전소나 뱅크(bank)에서 본선과 예비선 인출
- 상시 본선으로 공급하고 본선로 고장이나 공사 시 예비선으로 전환 공급
- 예비선 전환 시 순간정전 내지 단시간 정전 수반
- 개폐기 전환방식, 자동전환(ALTS)방식, 원격조작(remote control)방식, 수동조작방식

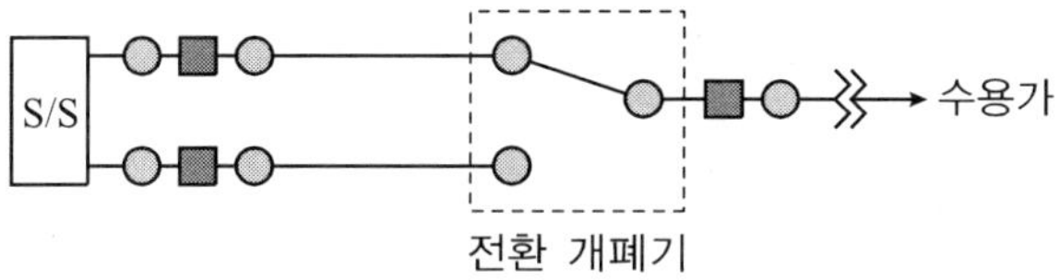

【그림 8-27. 방사상 방식】

ⓒ 환상 공급방식

㉠ 특징

• 순수 환상방식(loop system)

– 동일 변전소 동일 뱅크(bank)에서 2회선으로 상시 공급

– 선로고장 시 고장구간 양측의 계전기 통해 차단기를 동작

– 건전선로에 의한 수용가 무정전 공급 가능

– 보호 및 차단장치 등으로 설비구성 고가

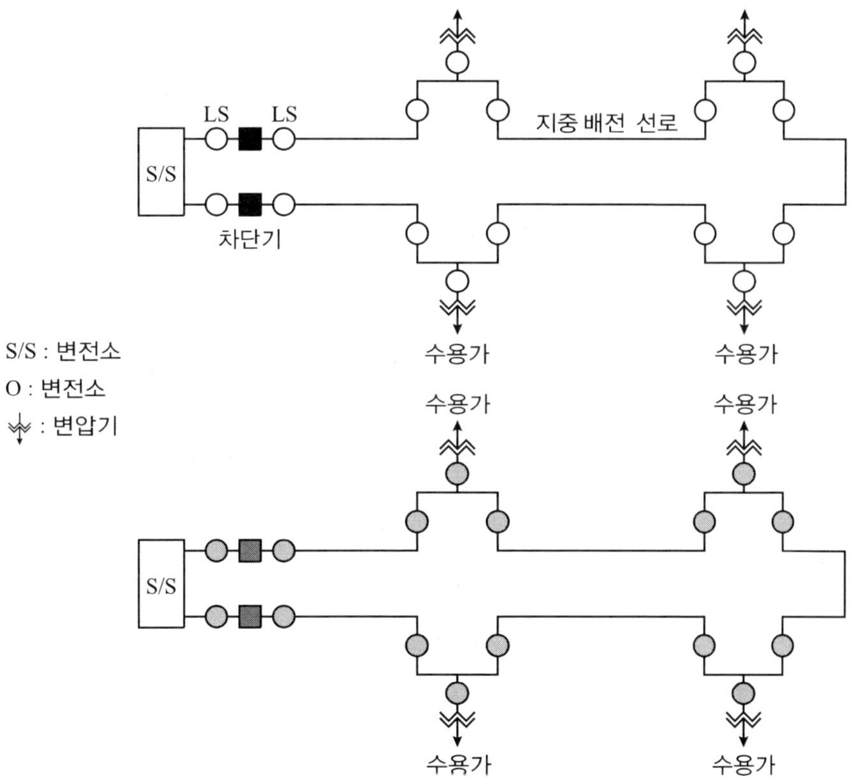

【그림 8-28. 환상 공급방식】

- 개방 환상방식(open loop system)
  - 동일 변전소 동일 뱅크 또는 변전소나 뱅크를 달리하여 양 계통을 연계하고 선로 부하중심을 상시 개방 운전
  - 선로고장 시 고장점 탐색 및 개폐기 조작방식에 따라 정전시간 좌우
  - 설비의 경제적 이점 등으로 실제 지중계통에 많이 적용

ⓓ 스포트 네트워크 방식(spot-network system)

㉠ 특징

- 일반적으로 동일 뱅크(bank)에서 보통 3회선을 인출하여 필요 개소에서 각각 분기하고 차단기나 단로기를 거친 후 변압기와 연결
- 변압기 2차 측에 퓨즈(fuse)와 차단기로 구성된 네트워크 프로텍터(network protector)를 통해 2차 측 모선이 서로 연결되어 각 변압기 병렬 운전
- 변압기 1차 측 1선로 고장 시 나머지 2회선으로 2차 측 병렬모선을 통해 부하 측에 무정전 전력공급할 수 있으나 공사비 고가
- 선진 외국의 경우 대형빌딩 단위로 본 공급방식이 보편화
- 우리나라의 경우 아직 한 군데도 적용되어 있지 않음.

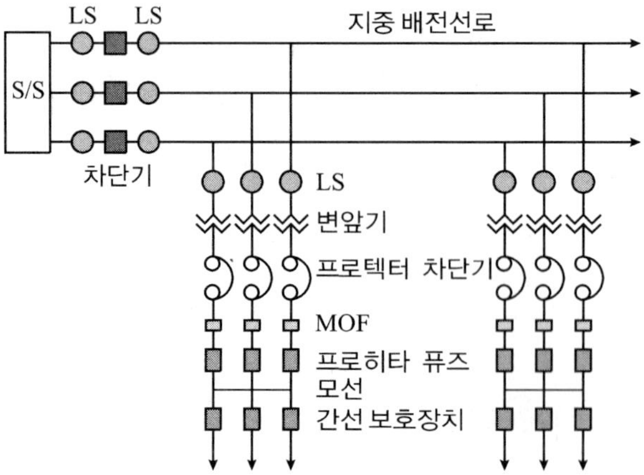

【그림 8-29. 스포트 네트워크 방식】

ⓔ 혼합방식

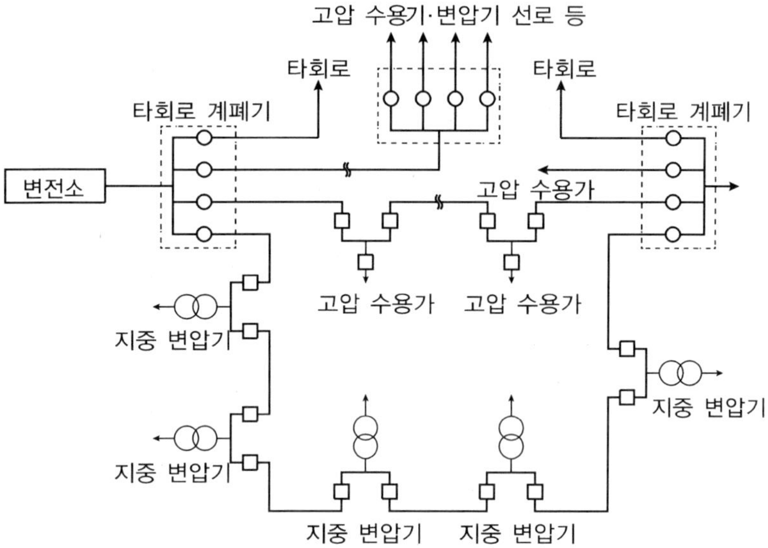

【그림 8-30. 혼합방식】

㉯ 저압 지중배전계통

ⓐ 방사상 인입방식

㉠ 특징

- 변압기에서 수용가에 단독으로 인입 – 변압기 주변 케이블 매설량 과다
- 공급 신뢰도는 양호하나 비경제적

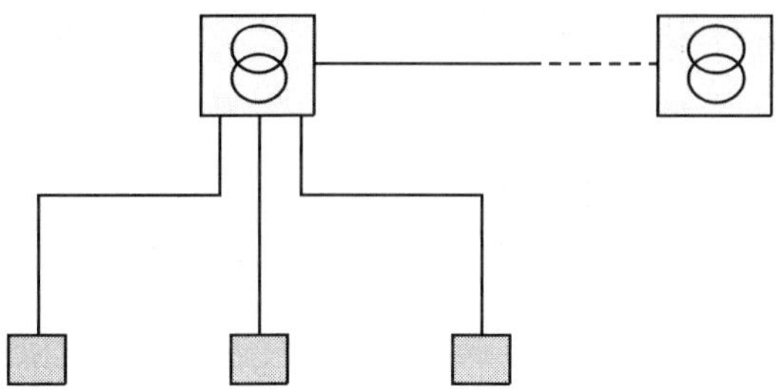

【그림 8-31. 방사상 인입방식】

ⓑ π형 인입방식

㉠ 특징

- 고압계통의 환상방식(loop system)처럼 수용가를 ð형상으로 연결하고, 말단에서 타 변압기와 연결
- 케이블의 용량은 모든 부하에 의해 결정되어 케이블이 굵어짐.
- 케이블 고장 시 부하절체 가능
- 공급신뢰도가 특히 요구되는 수용이나 지역 적용

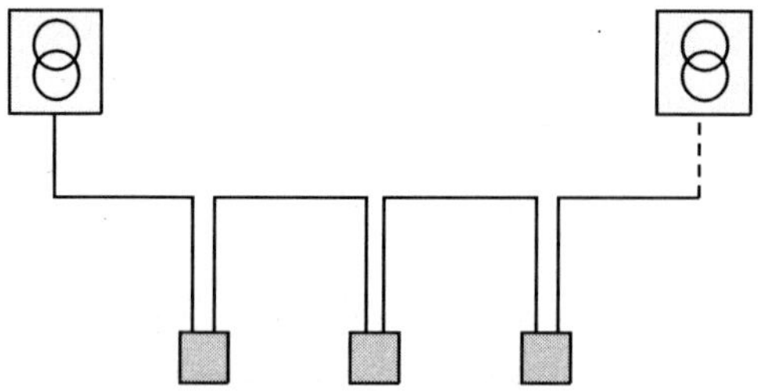

【그림 8-32. π형 인입방식】

ⓒ T형 인입방식

㉠ 특징

- 저압 간선케이블에서 인입 케이블을 Ô분기하는 방식
- 간선케이블 고장 시 모든 수용 정전
- 부하변동에 따른 전압변동 발생
- 공급신뢰도나 전압변동률이 타 공급방식에 비해 떨어짐.

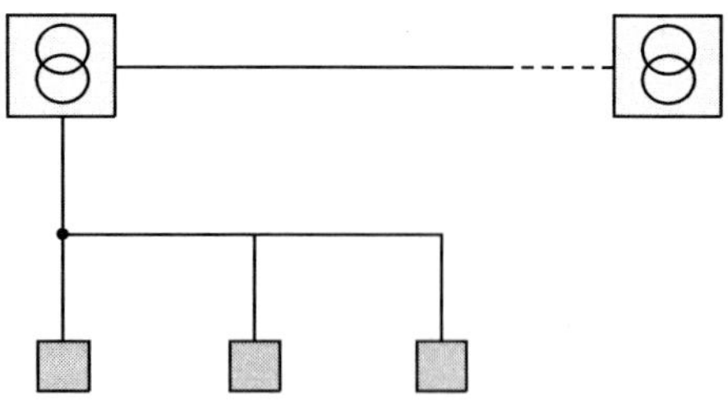

【그림 8-33. T형 인입방식】

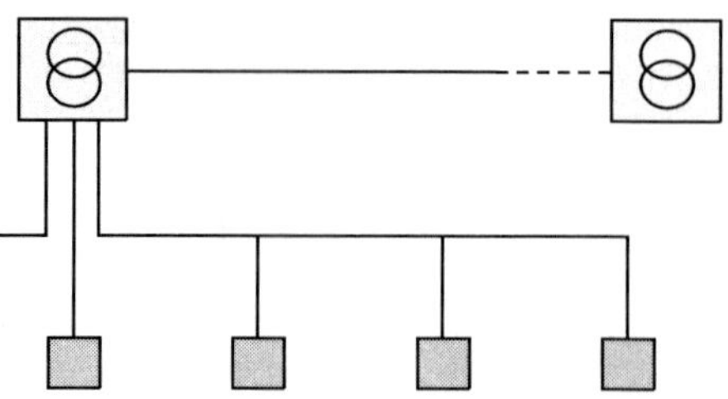

【그림 8-34. 혼합방식】

ⓓ 혼합방식

㉠ 특징

- 방사상과 Ô형 혼합방식
- 우리나라에서 적용

ⓔ 레귤라 네트워크(regular network)방식

㉠ 특징

- 고압계통의 스포트 네트워크방식과 같이 보통 3회선의 1차선로에서 T분기하여 단로기를 거쳐 변압기와 연결
- 변압기 2차 측은 네트워크 프로텍터(network protector)를 통해 그리드(grid) 케이블로써 각 변압기가 상시 병렬 운전
- 그리드(grid) 케이블은 한류(限流)퓨즈(limiter fuse)와 접속
- 스포트 네트워크방식은 변압기 2차 측이 단일모선이나, 레귤라 네트워크 방식은 그리드 케이블로써 환상(loop) 형태
- 스포트 네트워크와 같은 무정전 공급방식으로 공급신뢰도 우수
- 전압변동률이 작으나 설치비 고가

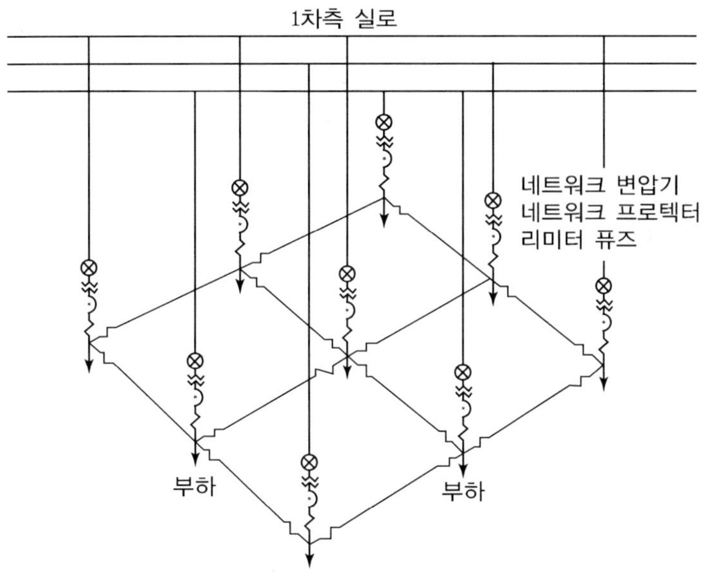

【그림 8-35. 레귤라 네트워크방식】

ⓕ 저압 뱅킹(banking)방식

㉠ 특징

- 1회선의 동일선로에 여러 대의 변압기를 접속
- 변압기 2차 측을 상호 접속하여 변압기 병렬 운전
- 2차 측 모선을 통해 부하 전력공급
- 공급신뢰도 높은 편임
- 전압강하, 전력손실 작음
- 신규 부하증설 용이
- 캐스케이딩(cascading) 현상(고장 보호협조 불량 시 건전변압기 과부하 등에 의한 광범위 정전초래) 발생 가능

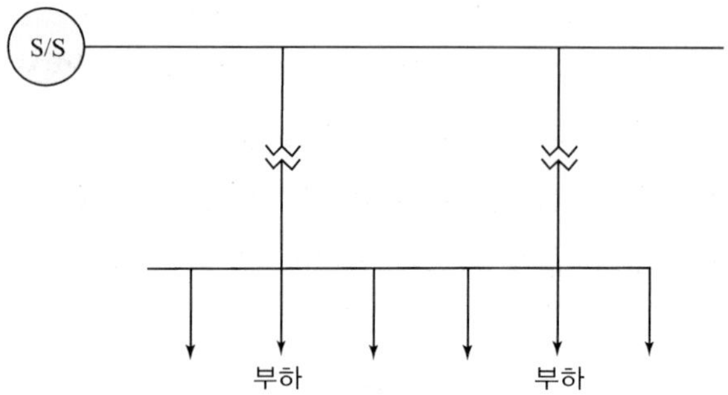

【그림 8-36. 저압 뱅킹방식】

ⓖ 케이블 포설 방식

매설 방식	장 점	단 점
직매식 (直埋式)	• 포설 공사비 적음. • 열 발산 양호 • 공사 기간이 짧음	• 외상으로 인한 고장 발생 보수점검 불편증설 • 철거 어려움
관로식 (管路式)	• 증설, 철거관리 • 보수 점검 용이 • 다회선 포설 가능	• 열 발산이 어려움, 다소의 외상 고장 • 관로의 곡률 제한
암거식 (暗渠式)	• 유지 보수 용이 • 열 발산 양호 • 다회선 포설 가능 외상 고장 없음.	• 공사비가 고가임. • 공사 기간이 장기간

㉠ 직매식

전력케이블을 직접 지중에 매설하는 방식으로, 일반적으로 케이블 보호재로서 트러프(trough)를 사용하여 케이블을 보호하며, 모래를 충진 뒤 뚜껑

을 덮고 되메우기 한다.

- 케이블 회선수가 2회선 이하
- 장래 회선증설이 예상되지 않는 경우
- 추후 굴착이 용이한 경우
- 기타 여건상 부득이한 경우

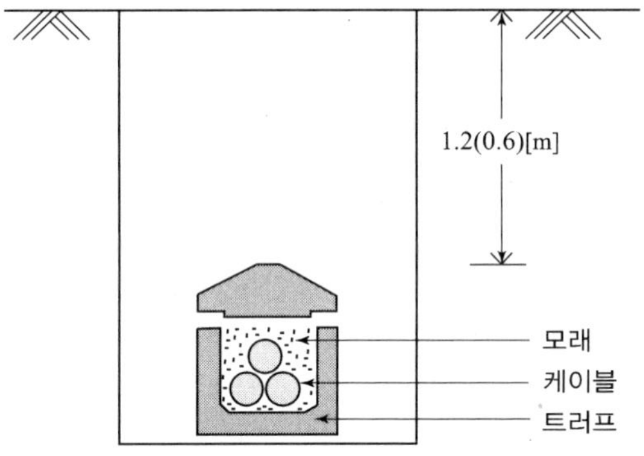

【그림 8-37. 직매식 방식】

ⓛ 관로식

합성수지관, 강관, 흄관 등 관재(pipes)를 사용하여 관로를 구성한 후 케이블을 부설(敷設)하는 방식으로써, 일정 거리의 관로 양끝에는 맨홀을 설치하여 케이블을 설치하고 접속한다.

- 케이블 회선수가 3회선 이상 9회선 미만
- 장래 회선증설이 예상되는 경우
- 도로예정지역으로 도로포장계획이 있는 경우
- 직매식이 불리한 경우

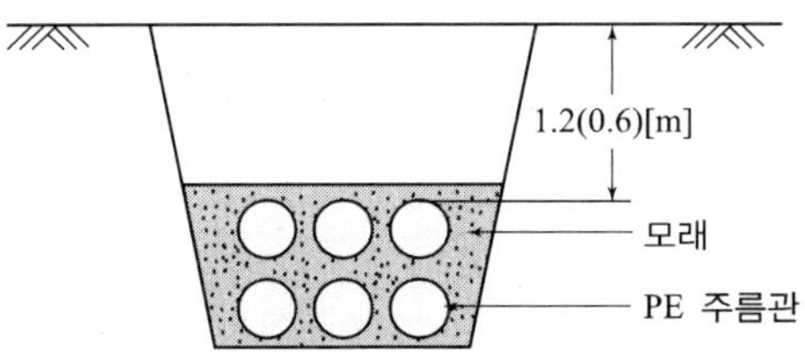

【그림 8-38. 관로식】

㉢ 전력구식

터널(tunnel)과 같은 상부가 막힌 형태의 지하구조물로써 내부 벽측에 케이블을 부설하고 유지 보수작업을 위한 작업원의 통행이 가능한 크기로 건설비가 많이 소요되어 보통 다음과 같은 경우에 적용한다.

- 케이블 회선수 9회선 이상
- 도로 양측에 관로의 분할시공(8공 이하)이 불가능할 경우
- 발 · 변전소의 케이블 다회선 인출개소
- 직매식, 관로식이 곤란한 경우

Tip
- **덕트식** : 발변전소의 구내 등에서 관로나 전력구로 시설하기가 곤란하고 중량물의 영향을 받을 우려가 없는 경우에 설치하며, 상부전체가 개폐가능한 형태의 지하구조물
- **공동구** : 도시계획법에 의거 동일구조물 내에 소유주가 다른 2 이상의 시설물을 설치하여 공동으로 사용하는 지하구조물

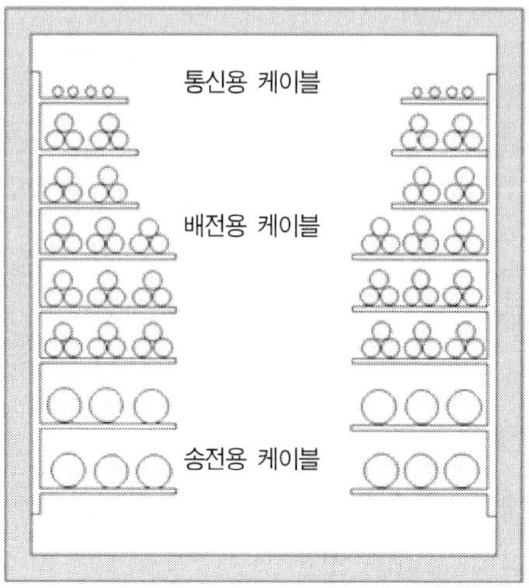

전력구 단면도

【그림 8-39. 전력구식】

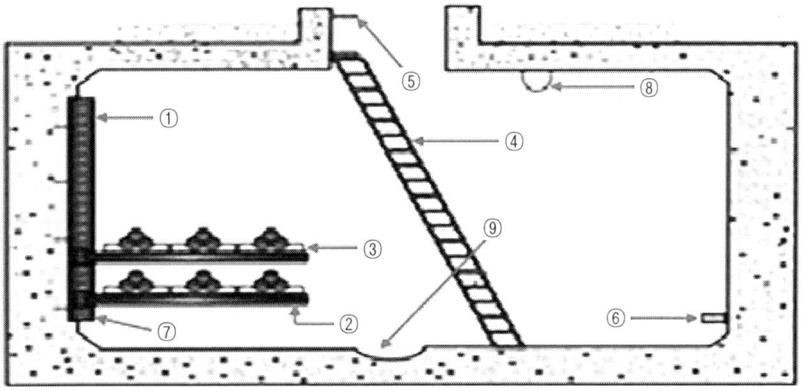

■ 맨홀 중단면도

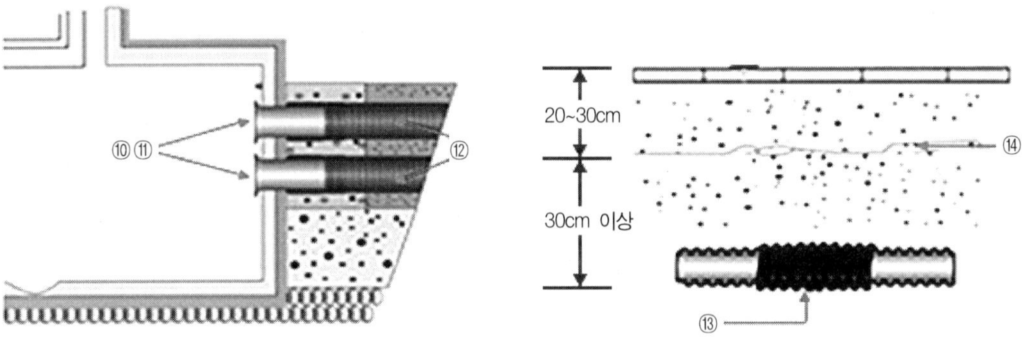

■ 표준 구조물의 단면도

① 케이블 지지대　② 케이블 행가　③ 케이블 받침대
④ 맨홀용 사다리　⑤ 맨홀용 발판 볼트　⑥ 접지 연결 동봉
⑦ 접지선 지지 크램프　⑧ 맨홀용 훅크　⑨ 물받이
⑩ 합성수지 관로구　⑪ 관로구 삽입형 방수장치　⑫ 합성수지 아답터
⑬ 이경 아답터　⑭ 케이블 표지 시트

【그림 8-40. 맨홀과 표준구조물의 단면도】

③ 지중배전선로의 주요 기기 및 기자재

㉮ 전력 케이블

ⓐ 특고압 지중케이블(CNCV; Concentric Neutral Cross-linked polyethylene insulated polyvinyl choride sheathed cable)

CV케이블은 폴리에틸렌을 가교하고, 분자를 입체망 구조로 해서 폴리에틸렌의 결점인 열연화성을 대폭적으로 개선한 것으로 차폐층이 동테이프로 된 CV-CU케이

블(통상 CV케이블로 불린다.)과 동선으로 된 CNCV케이블로 구분된다. 도체 굵기는 간선이 사용하는 325[mm²], 분기 선로에 사용하는 200[mm²] 등이 있으며, 변압기 선로에 사용하는 60[mm²]가 있다.

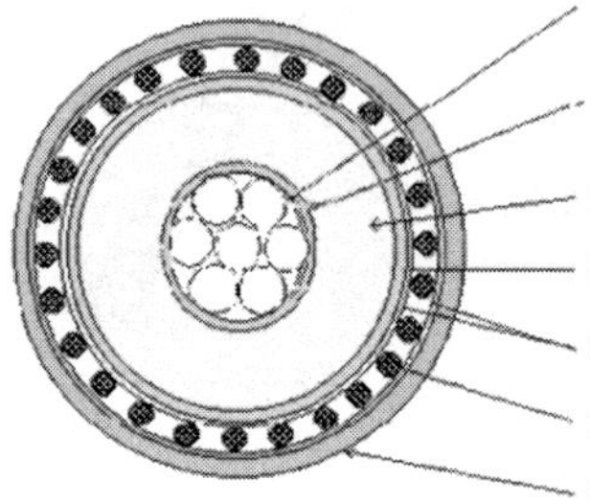

【그림 8-41. 특고압 지중케이블】

ⓑ 난연성 특고압 지중케이블(FR-CNCO-W : Flame Retardant Concentric Neutral Cross-linked polyethylene insulated polyolefin-Water proof sheathed cable) 차수 난연성 케이블은 변전소 케이블 처리실, 전력구, 공동구 등에 설치하여 전력구의 화재를 예방하는 데 사용한다.

㉠ 저압 케이블 입상 : 1회선 원칙(입상부 1.8 ~ 2.0[m] 입상관 설치)

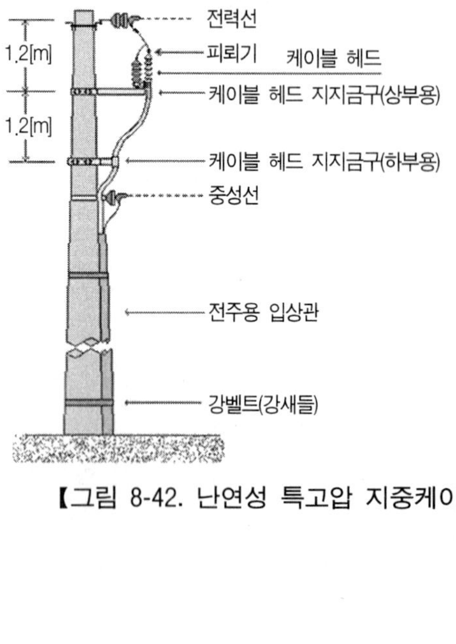

【그림 8-42. 난연성 특고압 지중케이블】

㉯ 지상설치형 변압기(pad mounted Tr)

ⓐ 설치 장소 및 고려사항

㉠ 지중배전용 기기는 지상에 설치함을 원칙으로 하되 건축법 등 관련 법규에 의해 제공된 장소가 있을 경우 그 장소에 설치한다.

㉡ 전기공급규정에 의한 공급설비의 공간확보

- 지중공급 연면적 500[m^2] 이상 건축물
- 지중공급 공압 이상 수용
- 아파트 등 공동주택 수용

㉢ 녹지대, 지하도 뒷벽, 육교 아래

㉣ 관련 기관과 협의된 보도

- 가각, 소화전, 횡단보도에서 5[m] 이상 떨어진 곳
- 버스정류장 등 상시 다수의 사람이 모이는 곳은 가급적 피함.

㉤ 기설기기 옆에 기기 신설 시 기설기기와 외형 조화

㉥ 동일장소 지상기기는 가급적 외형크기나 도장색 통일

ⓑ 특 징

㉠ 1차 측 2부싱(bushing) : 1차 측 전원 루프(내부에 동대로 연결됨.)

㉡ 2퓨즈 보호 : 한류퓨즈(限流, current limiting) + 이중소자퓨즈

- 한류 퓨즈(限流, current limiting) : 1차 측 보호
- 이중소자 퓨즈(dual element fuse, Bay-O-net fuse) : 2차 측 보호

㉢ 외부조작 무부하 탭(tab) 절환

㉣ 권선 및 절연유 온도상승 한도 : 각각 65℃

ⓒ 종 류

구 분	6.6[kV]	22.9[kV]
단상	30, 50, 75, 100, 150, 200	30, 50, 75, 100, 150, 200
3상(등동공용)	100+30, 150+50, 200+7	–
3상	75, 100, 150, 200, 300	75, 100, 150, 200, 300, 500
1차 탭전압	57–, 60–, 63–, 66–, 69–	11.4 ~ 13.8, 19.9 ~ 23.9
2차 전압	1Φ : 230/115, 3Φ : 400/230	1Φ : 230/115, 460/230, Φ : 400/230

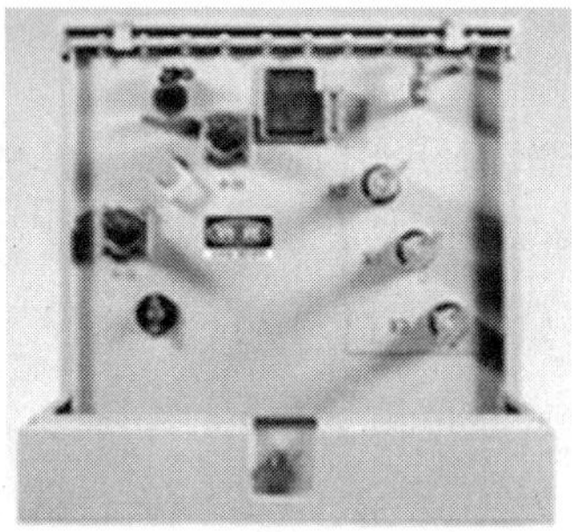
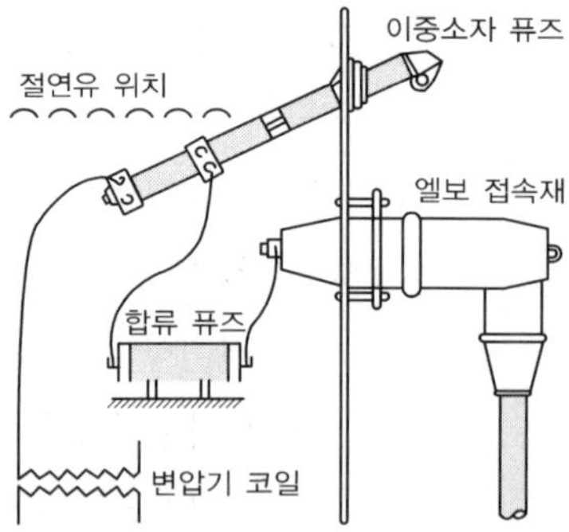

【그림 8-43. 지상 설치형 변압기 종류】

㉰ 지상설치형 지중선로용 개폐기

지상설치형 개폐기는 스틱조작형 사용을 원칙으로 하고, 공간이 협소한 곳에 한하여 데드 브레이크형을 사용할 수 있다.

ⓐ 4회로 4스위치 : 4회로 선로를 구성하거나 향후 부하증가로 인한 예비단자 사용이 예상되는 3회로 선로에 적용하며 고객 인입 개폐장치 등에 사용함.

ⓑ 4회로 2스위치 : 이중전원 공급고객의 인입 개폐장치로 사용

ⓒ 3회로 3스위치 : 3회로 선로구성 또는 고객 인입 개폐장치 등에 사용

【그림 8-44. 지상설치형 지중선로용 개폐기】

㉣ 자동부하 전환개폐기(ALTS)

ⓐ 기능(가공선로용과 동일)

㉠ 구조 : 지중선로용 3W ~ 2SW 개폐기에 자동 전압검출 및 전동 조작장치 추가

㉡ 전압 감지 : 공급전압 35[%], 85[%]에서 전원상실, 전원회복 감지

㉢ 전류 감지 : 최소 동작(phase, ground) 고장전류 선택스위치

㉣ 순간정전 절환방지 : 절환시간 정정(0.1 ~ 10초)

㉤ 자동 재절환(retransfer operation), 재절환 방지 기능 : 재절환시간(0.5초 ~ 10분) 정정

㉥ 부하 측 사고 시 자동절환 억제 및 부하 측 분리

㉦ 돌입전류 억제(억제시간 : 0~500[ms], 표준 300[ms])

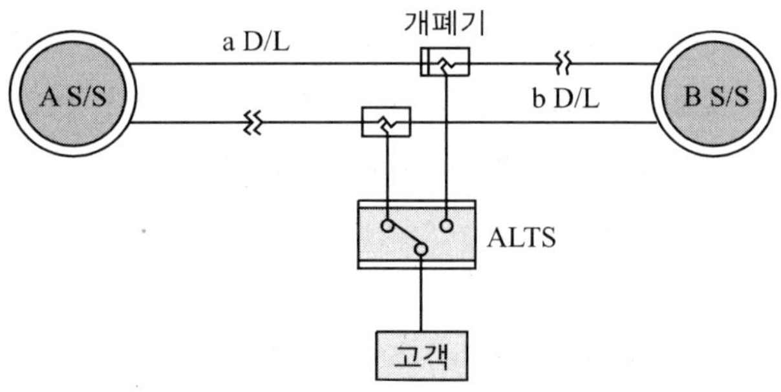

【그림 8-45. 자동 부하 전환개폐기 설치】

㉤ 지중선로 고장차단기

ⓐ 형식

㉠ 데드 브레이크식(dead break type) 지상설치형 : 기본

㉡ 스틱 조작식(stick operable type) : 선택적 공급가능

ⓑ 특징

㉠ 3상 일괄 EPOXY 수지로 절연된 진공차단방식

㉡ 정 격 : 25.8[kV], 600[A], 정격차단전류 12[kA]

㉢ 동 작

• 최소 차단시간 : 3Cycle 이내(0.05초)

• 정격동작 전압 : 투입(수동 및 전동조작), 트립(수동 및 제어조작)

ⓒ 설치 형태

㉠ 지상설치형

㉡ 접속재 : 데드 브레이크식 사용(스틱 조작식 사용 가능)

㉢ 설치 장소 : 지상기기 기초대

ⓓ 운용

㉠ 목적

• 배전선로 고장 시 고장구간 분리로 고장개소 조기 발견

• 고장 배전선로 송전 시 발생하는 고장전류에 의한 설비손상 예방

㉡ 설치대상 선로

• 지중비율 100[%] 선로

• 가공과 지중의 혼재선로 중 지중 비율이 높은 선로

㉢ 설치 위치 : 선로부하전류의 70[%] 이하 간선 또는 분기선로 분기점

• 중요수용가(대단위 아파트단지, 주요관공서, 병원 등) 공급지점 후단

• 선로사고가 빈번하거나 예상되는 지점 전단

• 광역정전을 예방할 수 있는 지점

(3) ABC(Aerial Bundled Cable) 배전방식

① 배경

㉮ 수목전지가 곤란한 지역 또는 염해 지역, 조류사고 다발 지역 등에서 자연 여건에 효과적으로 대응하기 위한 새로운 배전방식이다.

㉯ 전력사업 환경변화에 능동적으로 대처하고 환경친화 경영면에서 민원 감소대책의 역할을 한다.

㉰ 고객의 전력 공급신뢰도 요구 수준 향상 시킨다.

② ABC(Aerial Bundled Cable) 개요

㉮ 개요

ⓐ 완전절연이 가능한 전력케이블 3상을 1개의 조가선에 꼬아서 주상에 설치하므로 공간확보가 용이하며, 수목 등에 접촉 시 안전하게 전력수송이 가능하여 수목 전지가 불필요하다.

ⓑ 고장 발생이 많은 애자류, LA, COS 등을 사용하지 않으므로 선로 보수가 비교적 용이한 방식이다.

㉯ 자재는 가공케이블, ABC용 변압기, 가스 개폐기, 접속함, 엘보 그리고 ABC 조가크램프 등이 있다.

③ 주요 자재

㉮ 케이블

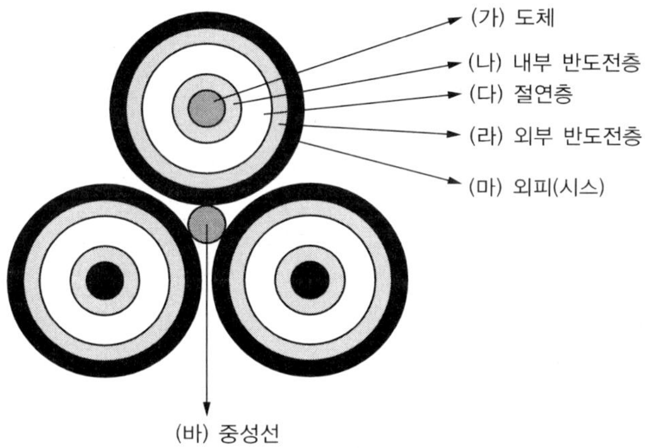

【그림 8-46. 케이블】

ⓐ 도체

㉠ 구성 : 경알루미늄 소선을 원형압축 연선으로 성형

㉡ 원형압축 연선 : 소선을 동심원상으로 연합하여 원형압축 성형한 것

㉢ 최외층의 연선 피치 : 바깥지름의 20배 이하

㉣ 꼬임 방향 : 최외층 S꼬임.

㉤ 도체 내부의 홈 : 물이 쉽게 침입하지 않도록 반도전성 컴파운드 또는 이와 동등 이상의 컴파운드로 충진

ⓑ 절연체

㉠ 절연체의 도체 측 및 최외층 : 반도전성 혼합물을 절연층과 동시 압출한 반도전층

㉡ 가교방식 : 건식 가교방법(고온 : 1,300C, 고압 : 5기압, 질소가스로 가교)

ⓒ 시스(HDPE)

㉠ 시스재질 : 흑색 반도전성 고밀도 폴리에틸렌(500Ω)

㉡ 특이사항 : 동심원상으로 압출 피복하여 표면에는 사용상 유해한 흠, 기포 등이 없어야 함.

㉢ 유의사항 : 작업 또는 사용 시 절연층을 보호

㉣ 기타 : 사용전압, 제조자, 규격, 상표 표시가 되어 있음.

ⓓ 중성선

㉠ 중성선 : 조가선과 겸용

㉡ 구조 : 경강선재 또는 동등 이상의 강선으로 알루미늄을 균일하게 밀착 피복한 알루미늄 피복강선으로 세 종류가 있음(55[mm^2], 70[mm^2], 90[mm^2]).

㉢ 피치 : 외경의 16배 이하

㉣ 꼬임 : S꼬임

㉤ 순시 허용전류 : AWS 55[mm^2]=7[kA], WS 70[mm^2]=9[kA], WS 90[mm^2]=12[kA]

ⓔ 케이블의 연합

㉠ 단상

- 꼬임 : 중성선을 중심으로 케이블의 한 가닥을 Z꼬임
- 피치 : 연합 외경의 20배 이내

㉡ 3상

- 꼬임 : 중성선을 중심으로 케이블의 세 가닥을 균등하게 Z꼬임
- 피치 : 연합 외경의 22 ~ 25배

㉯ 변압기

ⓐ 보호장치 내장형 변압기(SP변압기 : Self Protected Type Pole T.r)

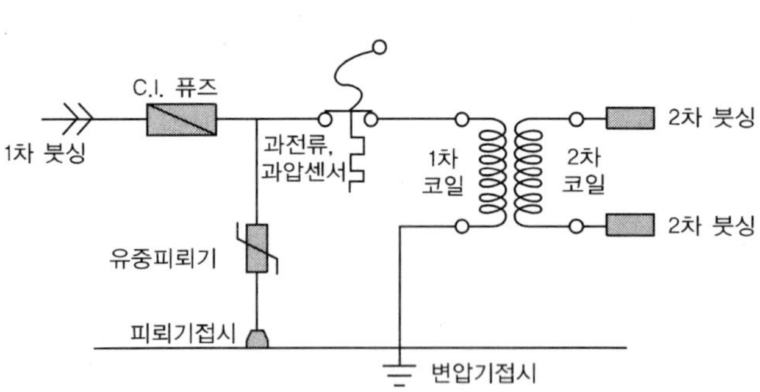

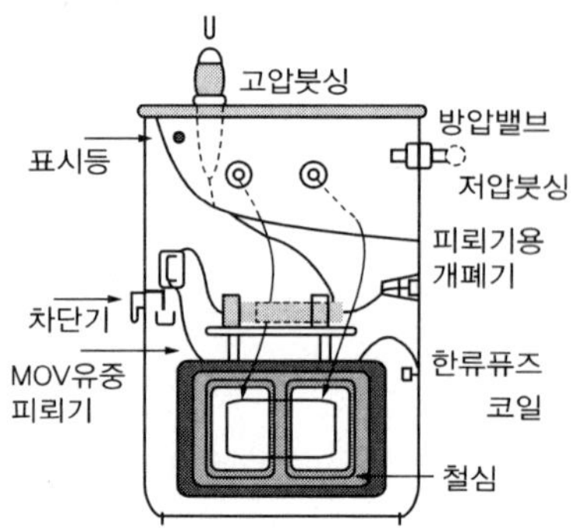

【그림 8-47. 변압기】

ⓑ 주요 특성

㉠ COS기능을 대체한 보호장치 내장

- 1차 측 차단기(차단용량 2.5[kA]) : 과부하, 부하 측 지락, 단락보호(작은 고장전류에 동작)
- 트립 원인제거 후 퓨즈 교체없이 재투입 사용가능
- 한류퓨즈(차단용량 50[kA]) : 1차 측 고장 및 내부고장 보호(대전류 발생 시 변압기 보호)

㉡ 내부 철심 : -6급사용(손실 감소 목적)

㉢ 저압 측 코일 단일형 구조로 2차 붓싱 및 2차 단자 2개

㉣ 절연유 온도상승 시 자체보호에 의한 절연열화 방지

- 절연유 트립온도 : 95℃ ~ 115℃
- 트립 과부하율 : 150 ~ 175[%]

㉤ 과전압 보호

- 유중 피뢰기 내장 : 낙뢰 및 개폐충격 과전압 대처 설치 및 운전

ⓒ 설치 전 점검사항

㉠ 차단기 핸들을 2 ~ 3회 개폐한 후 개방위치(상단)로 올려놓을 것

㉡ 1, 2차 절연저항 시험

㉢ 1차 붓싱(인터페이스) 부분을 변압기 리드선 연결 시 이물질이 포함되지 않도록 청결히 한다.

ⓓ 설치

㉠ 접속함 하단 0.5 ~ 1.5[m] 지점에 변압기 상부가 오도록 현장 여건을 고려하여 행가 방법에 의하여 설치

㉡ 1대 설치 시 : 도로 측으로 시설

㉢ 변압기 1차 측 결선

- ABC접속함용 변압기인 경우 : 변압기 리드선(115-880-5) 별도신청 조립
- 수직애자방식 변압기인 경우 : 리드선 별도 청구없이 부착된 리드선 사용

ⓔ 2차 인하선의 굵기

㉠ 30[kVA] : 60[mm²]　　㉡ 50[kVA] : 100[mm²]

㉢ 75[kVA] : 150[mm²]　　㉣ 100[kVA] : 150[mm²]

ⓕ 변압기의 운영

㉠ 변압기 허리에 붙어 있는 차단기의 핸들을 아래방향으로 당겨 투입

㉡ 변압기 상태 표시등이 점등되면서 변압기 운전상태가 됨을 확인

ⓖ 운전 중 과부하 등에 의하여 변압기의 차단기가 트립되는 경우

㉠ 변압기 상태표시등(Indicator Light)이 소등이 됨.

㉡ 차단기 핸들은 차단 시에도 투입(CLOSE) 위치에 있게 됨.

ⓗ 전원 재투입(차단기 재투입) 요령(COS 조작봉 사용)

㉠ 차단기 핸들을 개방(OPEN) 위치로 올린 다음 다시 투입(CLOSE) 위치로 내리면 상태 표시등이 점등되면서 운전 상태가 된다.

㉡ 차단원인이 완전히 제거되지 않거나, 유온이 적정온도까지 떨어지지 않으면 차단기 센서가 동작하여 다시 투입(CLOSE)되지 않는다.

㈐ 접속재

ⓐ 접속함

【그림 8-48. 단상용】

【그림 8-49. 3∅ 4회로용】

ⓑ 엘보

㉠ 엘보의 종류

- 200A : (변압기용 엘보) Load Break Type
- 400A :

㉡ 엘보 부속 자재 : "L" 렌찌, 엘보, 프로브, 압착단자, 알미늄 보호 카바, 보호 카바 고정링, 보호카바 베일 등이 있다.

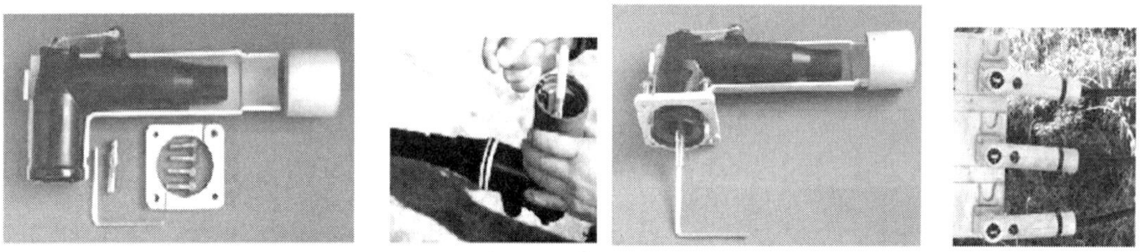

【그림 8-50. 엘보의 종류】

ⓒ 수직애자 접속장치

㉠ 용도

- 2000년도 시범 선로에 한하여 시공
- 수목지역으로 전압강하 5[%] 이상의 지역

【그림 8-51. 수직애자 접속장치】

㉱ 금구류

ⓐ ABC지지대

㉠ 용도

- 직선주 : 조가 크램프를 설치하고 조가선과 케이블을 걸어서ABC 케이블을 지지
- 내장주 : 조가선은 ABC 인장 크램프에 설치하며 케이블은 조가 크램프의 케이블 홀더에 넣어 지지

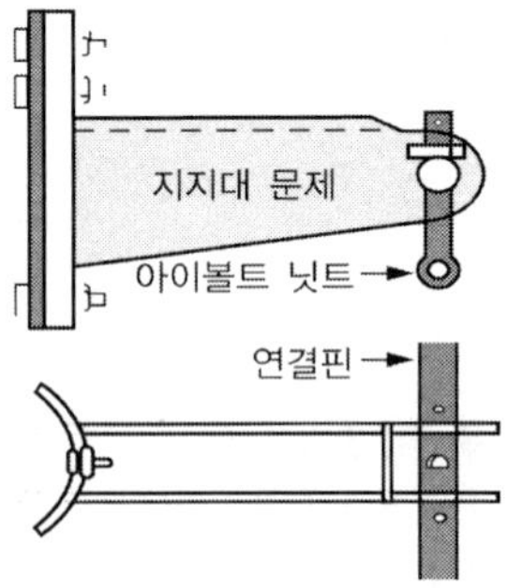

【그림 8-52. ABC지지대 내장주】

ⓑ ABC조가 크램프

㉠ 종류

- 단상 : 50[mm^2]~95[mm^2]
- 3상 : 50[mm^2], 95[mm^2], 150[mm^2], 240[mm^2]

㉡ 용도

- 지지대 : 직선주에서 조가선을 파지
- 케이블 홀더 : 직선주, 내장주에서 케이블을 파지

【그림 8-53. ABC케이블 홀더】

㉢ 조가 크램프 접지 : 600[V] 비닐절연전선 22[mm²]의 접지선을 2선까지 접속할 수 있는 접지단자에 접지

【그림 8-54. 조가 크램프 접지】

ⓒ ABC케이블 크램프

㉠ 종류

• 단상 : 50[mm²], 95[mm²]

• 3상 : 50[mm²], 95[mm²], 150[mm²], 240[mm²]

㉡ 용도 : 직선주, 내장주, 변대주, 분기주, 개폐기주, 입상주 등 모든 전주의 케이블 지지점에서 케이블의 규격에 따라 1~2[m] 사이에 설치하여 케이블과 조가선의 분리를 방지한다.

【그림 8-55. ABC케이블 크램프 종류】

ⓓ ABC인장 크램프

㉠ 용도 : 내장주, 변대주, 개폐기주, 분기주, 입상주에서 조가선 지지용

㉠ 설치방법 : 지선밴드+볼아이+소켓아이+ABC인장 크램프+조가선+케이블 크램프

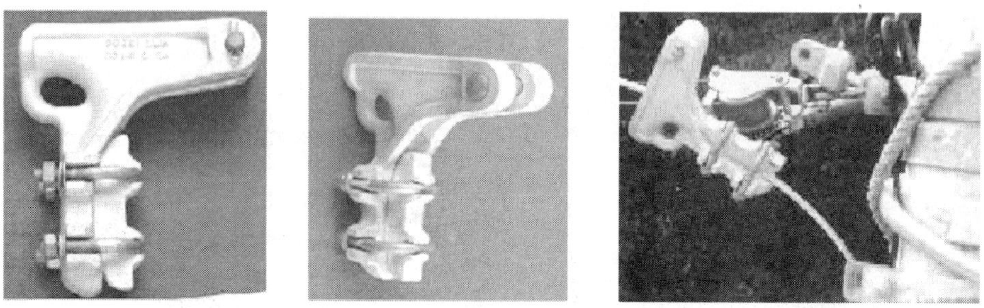

【그림 8-56. ABC인장 크램프】

【그림 8-57. 직선주】

【그림 8-58. 내장주】

【그림 8-59. 분기주】

【그림 8-60. 입상주】

【그림 8-61. 변대주】

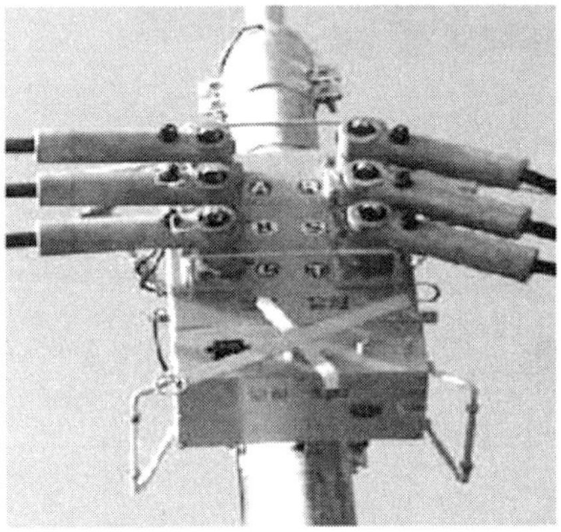

【그림 8-62. 개폐기주】

【그림 8-63. 수직애자 설치주】

4 배전선로 보호

(1) 재폐로 차단기(recloser)

일반적으로 리크로저(recloser)로 통용되고 있다. 이 장치는 가공배전선로의 주상에 설치하여 운용되며, 이 장치의 부하 측에서 선로 고장이 발생하면 고장전류를 감지하여 스스로 차단하며 인위적으로 지정한 차단과 투입 횟수만큼 반복한 후 차단한다.

(2) 자동고장구간개폐기(ASS ; Automatic Section Switch)

수용가 구내에 사고를 자동 분리와 사고의 파급확대를 방지하기 위하여 수용가 구내설비의 피해를 최소한으로 억제하기 위하여 개발된 개폐기로 공급변전소 CB와 recloser와 협조하여 사고 발생 시 고장구간을 자동분리 시킨다.

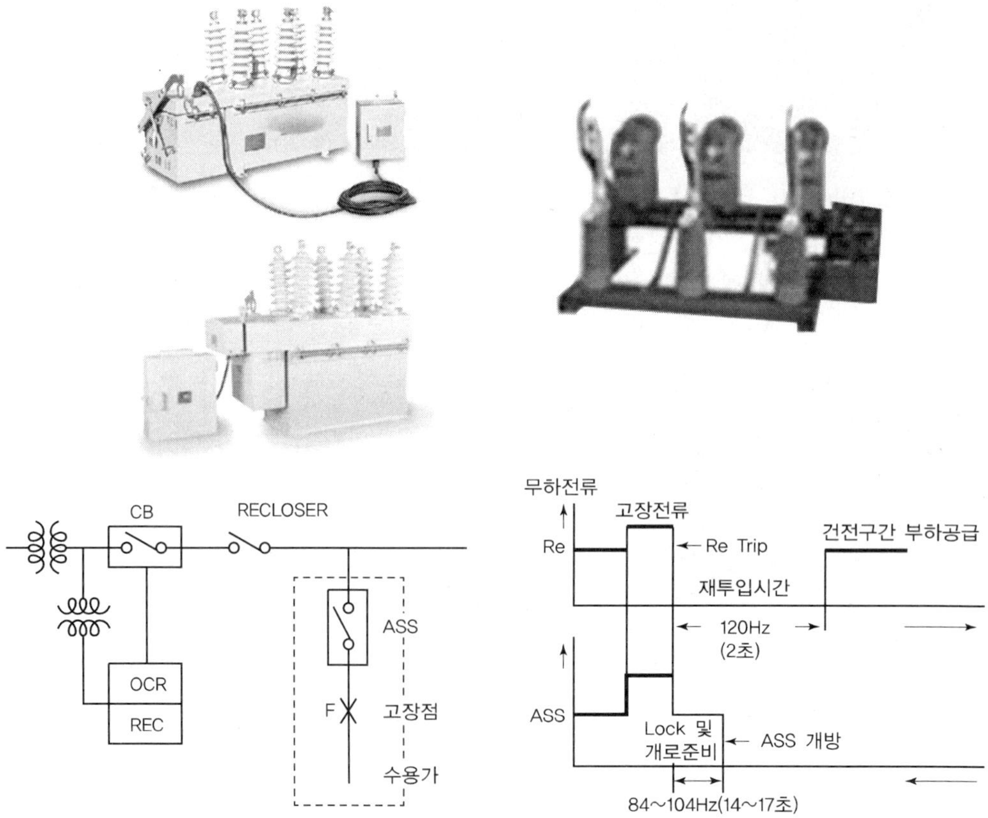

【그림 8-64. 자동고장구간개폐기】

5 활선공법과 무정전공법

(1) 활선공법

활선공법은 충전 상태에 있는 전력선을 대상으로 소정의 작업 목적을 이루기 위해 시행하는 공법. 활선공법은 간접 활선공법과 직접 활선공법으로 나누어진다. 간접 활선공법은 절연봉(hot stick)을 이용하는 공법과 로봇(robot)을 이용하는 로봇 공법. 직접 활선

공법은 바켓이 설치되어 있는 활선작업차를 사용

【그림 8-65. 활선공법】

(2) 활선장구 종류

① 와이어 통(wire tong)

충전되어 있는 활선을 움직이거나 작업권 밖으로 밀어낼 때 또는 활선을 다른 장소로 옮길 때 사용하는 절연 봉

② 전선 피박기

활선 상태에서 전선의 피복을 벗기는 공구

【그림 8-66. 전선 피박기】

③ 애자 커버

활선공법을 할 때 특고압 핀 애자 또는 라인포스트 애자를 방호할 때 사용하는 절연체

④ 전선 커버

활선공법을 하는 동안 작업자가 전선에 접촉되는 것을 방지하는 목적으로 사용하는 절연체

【그림 8-67. 애자 커버】

(3) 무정전 공법의 종류

① 공사용 개폐기 공법

공사 구간 내에 부하가 없고 공사 구간 이후의 부하를 타 선로로 절환할 수 있는 경우 공사용 개폐기를 설치하여 공사 구간 전원 및 부하 측 점퍼선을 활선 작업으로 분리하고 시공하는 작업 방법이다.

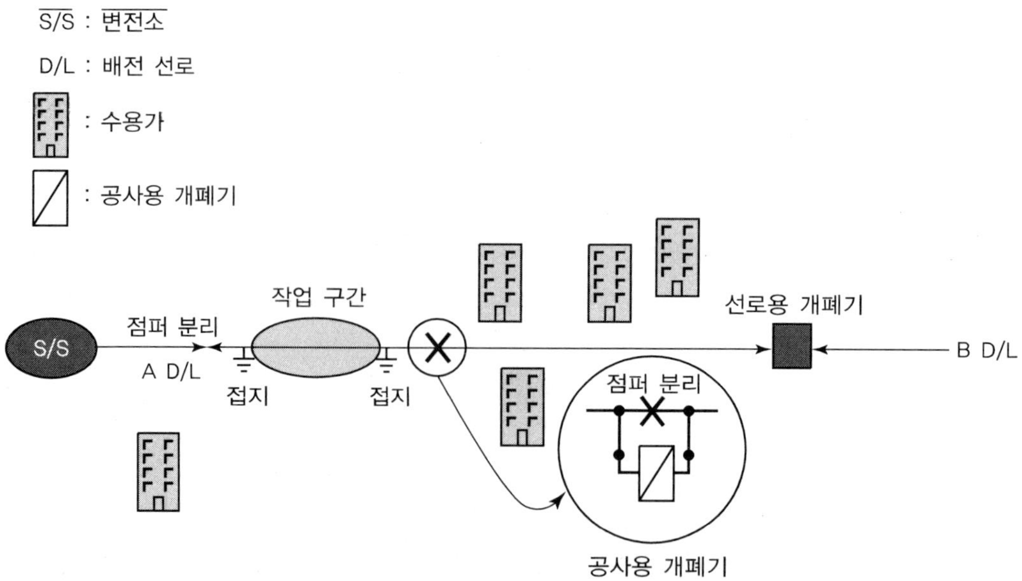

【그림 8-68. 공사용 개폐기 공법】

② 무정전 By-pass Cable 공법

무정전 작업 시 By-pass Cable을 지상에 포설, 전력선과 연결한 후 사선상태에서 작업시행

㉮ By-pass Cable차, 이동용 변압기 차, 공사용 개폐기 등 장비 동원 불가피

㉯ 차량통행이 많은 도심지역에서 무정전 작업 시 By-pass Cable 설치 및 많은 장비 동원으로 작업여건 불리

㉰ 5,000[kW](140[A]) 이상 선로에서는 부하 전환 후 By-pass 시행

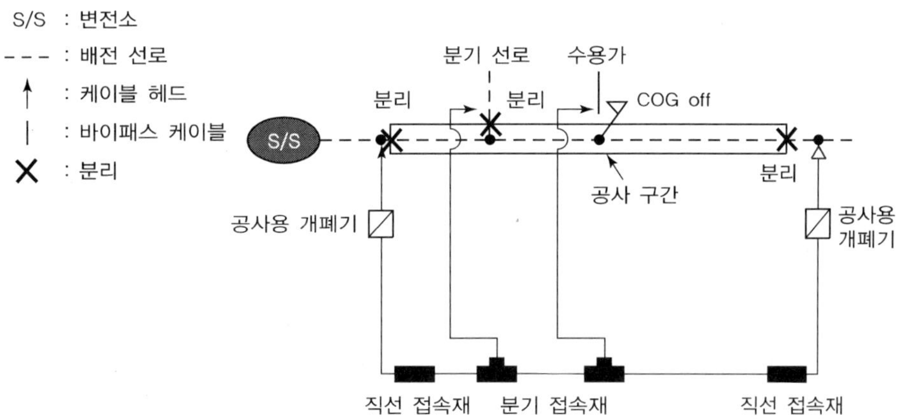

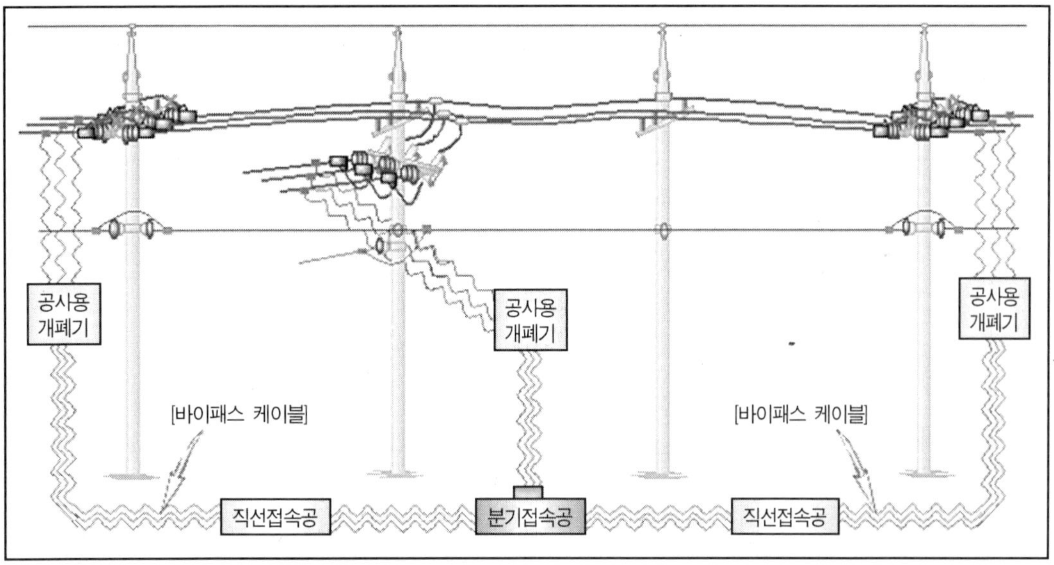

【그림 8-69. 무정전 무정전 By-pass Cable 공법】

③ 이동용 변압기차 공법

무정전으로 이미 설치되어 운전 중인 주상변압기를 필요에 따라 교체하고자 할 경우 또는 이동용 변압기차를 이용하여 주상변압기 2차 측의 저압 부하에 전력을 공급하고자 할 때 적용하는 공법이다.

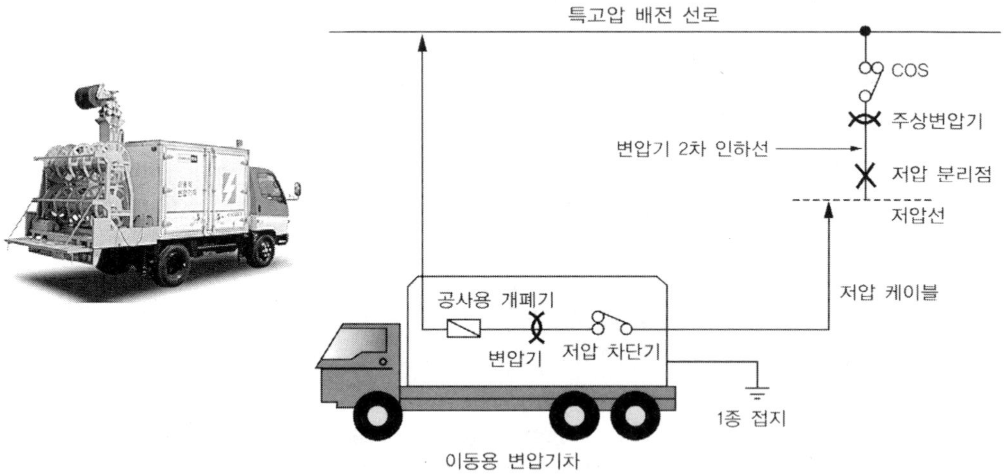

【그림 8-70. 이동용 변압기차 공법】

④ 신개발 전선 이선기구를 이용한 무정전 공법

작업 장소의 특고압 및 저압선 중성선 등 충전부 방호

㉮ 전선 이선기구 및 완금 연장용 보조암을 장주상에 설치

㉯ 기설전선을 이선하여 작업공간 확보 후 신설전선 가선

㉰ 기설전선과 신설전선을 By-pass하여 A, B, C상 순차적 직접송전공사 구간 내 변압기는 기설전선을 이용 By-pass Cable연결 공급

※ By-pass Cable 지상 포설, 공사용 개폐기 및 이동용 변압기차 설치 불요

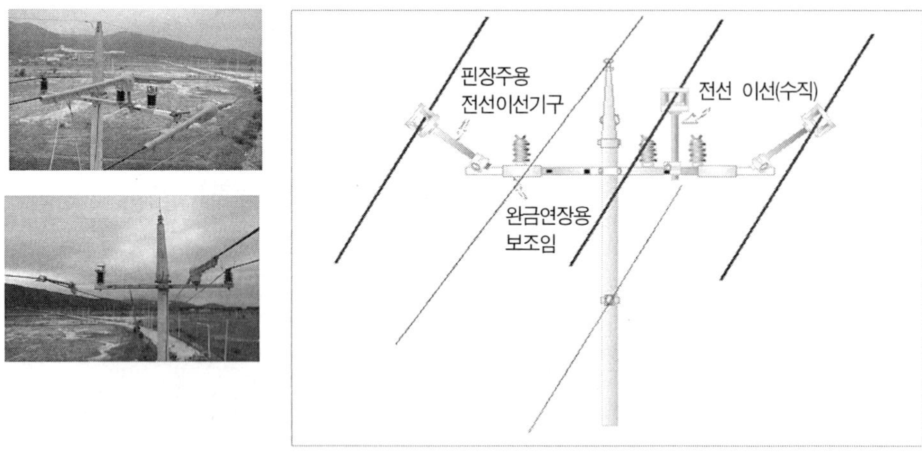

【그림 8-71. 신개발 전선 이선기구를 이용한 무정전 공법】

⑤ 단권 변압기는 한 권선의 중간에서 탭을 만들어 사용하는 변압기

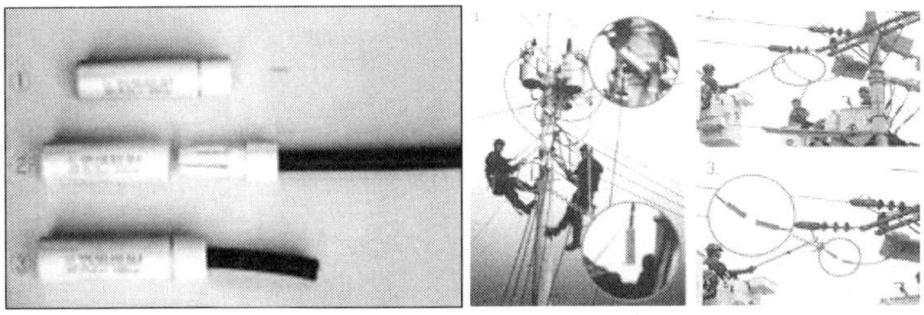

▲ 무정전 공사용 충전부 임시절연캡

▲ 까치집 방지 텐트

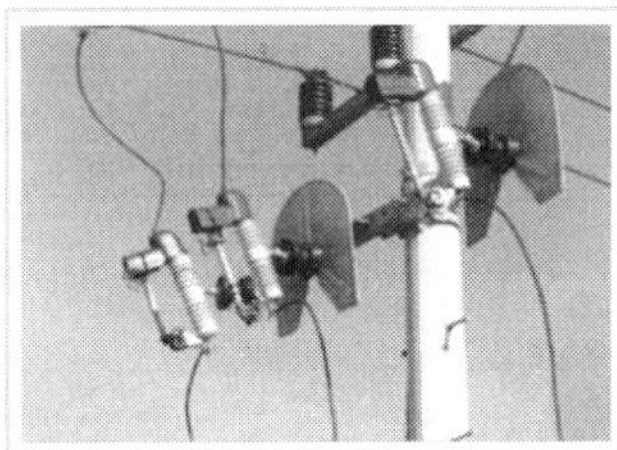

▲ COS, LA 보호커버 설치 전경

▲ 현수애자 보호커버(大) 설치전경

▲ 현수애자 보호커버(小) 설치전경

▲ 풍차식 조류방지기

• 직접취부용

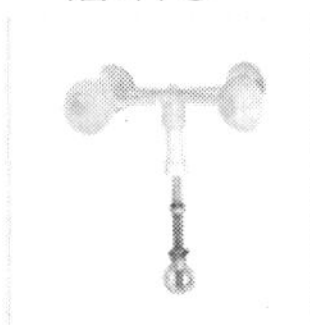

• 금구취부용

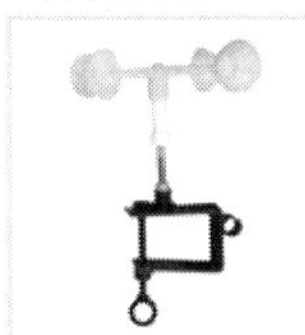

【그림 8-72. 단권 변압기】

PART 08

연 습 문 제

Exercise

01 그림과 같은 3상 4선식 배전선에 역률 1인 부하 A, B, C가 각 상과 중성선 간에 접속되어 있다. 상 a, b, c에 흐르는 전류가 각각 220[A], 180[A]일 때 중성선에 흐르는 전류[A]는? (단, 대칭 3상 전압 (a상 기준)이고, a-b-c)의 순이라 한다.)

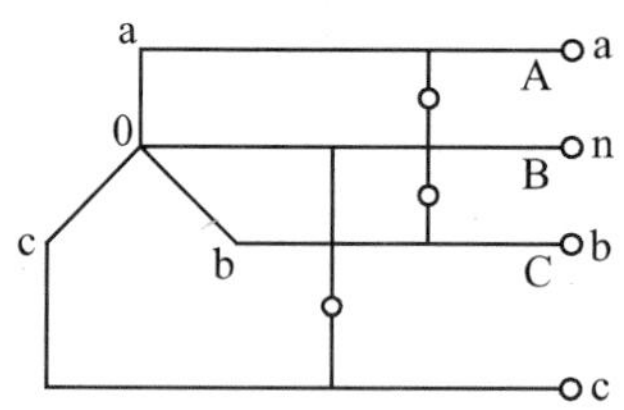

㉮ 40 ∠ 0° ㉯ 60 ∠ 30°
㉰ 90 ∠ 60° ㉱ 120 ∠ 90°

02 그림과 같은 단상 3선식 회로의 중성선 P점에서 단선되었다면 백열등 A(100[W])와 B(400[W])에 걸리는 단자전압은 각각 몇 [V]인가?

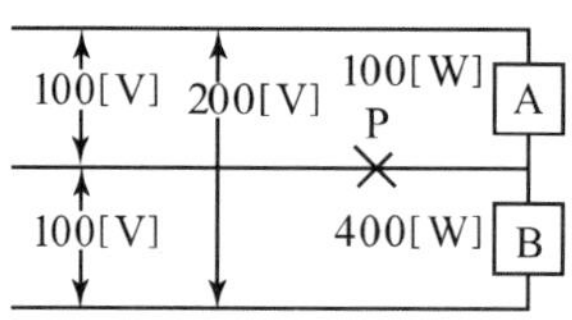

㉮ $V_A = 160[\text{V}]$, $V_B = 40[\text{V}]$
㉯ $V_A = 120[\text{V}]$, $V_B = 80[\text{V}]$
㉰ $V_A = 40[\text{V}]$, $V_B = 160[\text{V}]$
㉱ $V_A = 60[\text{V}]$, $V_B = 120[\text{V}]$

03 단상 2선식(110[V]) 저압 배전선로를 단상 3선식(110/220[V])으로 변경하고 부하 용량 및 공급전압을 변경시키지 않고 부하를 평형시켰을 때의 전선로의 전압 강하율은 변경 전에 비해서 몇 배가 되는가?

㉮ $\frac{1}{4}$
㉯ $\frac{1}{3}$
㉰ $\frac{1}{2}$
㉱ 변하지 않는다.

04 동일 전력을 동일 선간 전압, 동일 역률로 동일 거리에 보낼 때 사용하는 전선의 총 중량이 같으면, 3상 3선식인 때와 단상 2선식일 때의 전력손실비는?

㉮ 1 ㉯ $\frac{3}{4}$
㉰ $\frac{2}{3}$ ㉱ $\frac{1}{\sqrt{3}}$

05 전선량 및 송전 전력이 같은 조건 하에서 6.6[kV] 3상 3선식 배전선과 22.9[kV] 3상 4선식 배전선의 전력손실비는 6.6[kV] 배전선을 100으로 하면 대략 얼마인가? (단, 3상 4선식 배전선의 중성선은 전압선의 굵기와 같으며, 중성선에는 전류가 흐르지 않는다고 가정한다.)

㉮ 4 ㉯ 8
㉰ 11 ㉱ 21

06 3상 4선식 배전방식에서 1선당의 최대 전력은? (단, 상전압을 V, 선전류를 I라 한다.)

㉮ $0.5VI$ ㉯ $0.57VI$
㉰ $0.67VI$ ㉱ $0.75VI$

07 단상 2선식을 100[%]로 하여 3상 3선식의 부하전력 전압을 같게 하였을 때 선로전류의 비[%]는?

㉮ 38 ㉯ 48
㉰ 58 ㉱ 68

08 직류 2선식에 대하여 1선당의 송전 전력이 최대가 되는 전기방식은? (단, 중성선은 다른 선과 동일한 굵기이며, 송전 전력, 송전 거리, 전선로의 전력손실이 일정하고, 같은 재료의 전선을 사용한 경우이다.)

㉮ 단상 2선식 ㉯ 단상 3선식
㉰ 3상 3선식 ㉱ 3상 4선식

09 전선의 중량은 전압과 역률과의 곱에 어떠한 관계가 있는가?

㉮ 자승에 비례
㉯ 자승에 반비례
㉰ 비례
㉱ 반비례

10 송전방식에서 같은 전압, 같은 상차각일 때 $\frac{3상\ 3선식}{단상\ 2선식}$의 1선당 전력비[%]는?

㉮ 66.7 ㉯ 75.0
㉰ 87.0 ㉱ 115.0

11 다음 중 옳지 않은 것은?

㉮ 저압 뱅킹방식은 전압동요를 경감할 수 있다.
㉯ 밸런서는 단상 2선식에 필요하다.
㉰ 수용률이란 최대 수용전력을 설비용량으로 나눈 값으로 퍼센트로 나타낸다.
㉱ 배전선로의 부하율이 F일 때 손실 계수는 F와 F^2의 중간값이다.

12 저압 밸랜서를 필요로 하는 방식은?

㉮ 3상 3선식 ㉯ 3상 4선식
㉰ 단상 2선식 ㉱ 단상 3선식

13 루프 배전의 이점은?

㉮ 전선비가 적게 든다.
㉯ 농촌에 적당하다.
㉰ 증설이 용이하다.
㉱ 전압변동이 적다.

14 루프(loop) 배전방식에 대한 설명으로 옳은 것은?

㉮ 전압강하가 작은 이점이 있다.
㉯ 시설비가 적게 드는 반면에 전력 손실이 크다.
㉰ 부하 밀도가 적은 농·어촌에 적당하다.
㉱ 고장 시 정전 범위가 넓은 결점이 있다.

15 저압 네트워크 배전방식에 사용되는 네트워크 프로텍터(network protector) 의 구성요소가 아닌 것은?

㉮ 저압용 차단기
㉯ 퓨즈
㉰ 전력 방향 계전기
㉱ 계기용 변압기

16 그림과 같이 지중케이블을 2차 변전소에 따로따로 전력을 공급하는 지중 전선로 방식은?

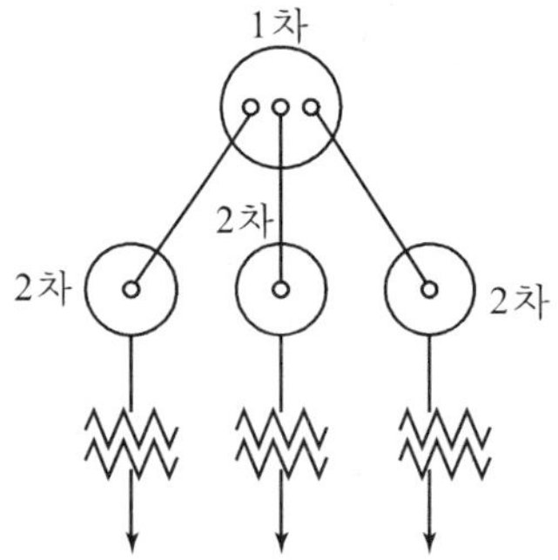

㉮ 평행식　　㉯ 다단식
㉰ 방사식　　㉱ 환상식

17 다음 그림이 나타내는 배전방식은 다음 중 어느 것인가?

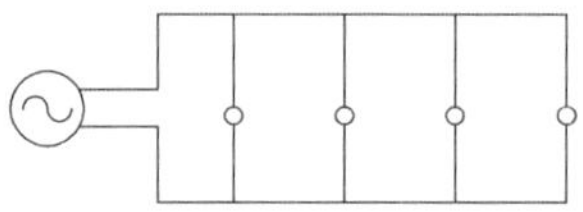

㉮ 정전압 병렬식　　㉯ 정전류 직렬식
㉰ 정전압 직렬식　　㉱ 정전류 병렬식

18 두 계통 이상의 급전선으로 급전하며 신뢰도가 높고, 부하 밀도가 높으며 특히 무정전 배전이 필요한 경우에 채용되는 배전방식은?

㉮ 가지식　　㉯ 환상식
㉰ 망상식　　㉱ 뱅킹방식

19 저압 뱅킹 배전방식에서 저전압의 고장에 의하여 건전한 변압기의 일부 또는 전부가 차단되는 현상은?

㉮ 플리커(flicker)
㉯ 캐스케이딩(cascading)
㉰ 밸런서(balancer)
㉱ 아킹(arcing)

20 저압 뱅킹(banking) 배전방식이 적당한 지역은?

㉮ 바람이 많은 어촌
㉯ 대용량 화학공장
㉰ 부하가 밀집된 시가지
㉱ 농어촌

PART 09

배전선로의 전기적 특성

PART 09

배전선로의 전기적 특성

1 선로정수

배전선은 송전선에 비하여 길이가 짧고 전압이 낮기 때문에 가공선로의 충전전류가 부하 전류보다 훨씬 작으므로 선로정수 중 저항(R)과 인덕턴스(L)만 취급하고 정전용량(C) 및 컨덕턴스(g)의 영향은 무시해도 크게 지장이 없다.

(1) 저항(R)

$$R=\frac{1}{58}\times\frac{l[\mathrm{km}]\times 1000}{A[\mathrm{m}^2]}[\Omega]$$

(2) 인덕턴스(L)

① 작용 인덕턴스$(L)=0.05+0.4605\log_{10}\dfrac{D}{r}[\mathrm{mH/km}]$

② 3상 선로의 등가선간거리$(D_e)=\sqrt[3]{D_{ab}D_{bc}D_{ca}}[\mathrm{m}]$

③ 전선 1선당의 리액턴스$(X_L)=2\pi fL\times 10^{-3}[\Omega/\mathrm{km}]$

L : 선로의 인덕턴스[mH]

2 단일 부하에서의 전압강하

전기방식		전압강하(e) ($e = V_s - V_r$)	전압강하율(ε) ($\varepsilon = \frac{V_s - V_r}{V_r}$)
직류방식	단상 2선식	$2IR$	$\frac{2IR}{V_r}$
	단상 3선식	IR	$\frac{IR}{V_r}$
교류방식	단상 2선식	$2I(R\cos\theta + X\sin\theta)$	$\frac{2I(R\cos\theta + X\sin\theta)}{V_r}$
	단상 3선식	$I(R\cos\theta + X\sin\theta)$	$\frac{I(R\cos\theta + X\sin\theta)}{V_r}$
	삼상 3선식	$\sqrt{3}\,I(R\cos\theta + X\sin\theta)$	$\frac{\sqrt{3}\,I(R\cos\theta + X\sin\theta)}{V_r}$

3 전원공급과 전기방식에 따른 전압강하

(1) 공급전원이 1개 있는 경우의 직류 2선식 전압강하

① 전압강하

$$e = (i_1 + i_2 + i_3)r_1 + (i_2 + i_3)r_2 + (i_3)r_3$$
$$= i_1 r_1 + i_2(r_1 + r_2) + i_3(r_1 + r_2 + r_3)$$

② 각 구간의 저항 : r_1, r_2, r_3

③ 전선에 흐르는 전류 : I_1, I_2, I_3

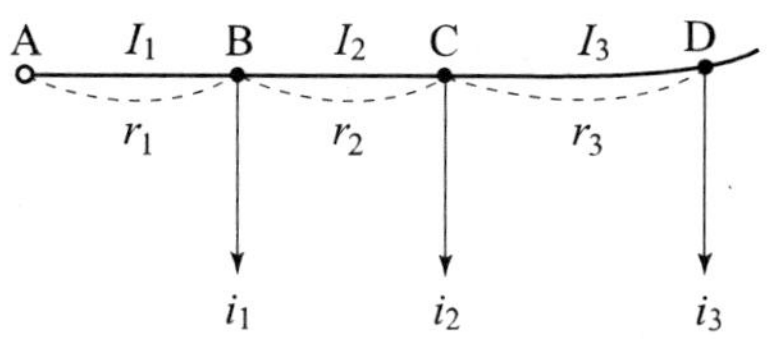

【그림 9-1. 공급전원이 1개 있는 경우의 직류 2선식 전압강하】

(2) 공급전원이 2개 있는 경우의 직류 2선식 전압강하

① 부하가 1개 있는 경우($E_a \neq E_b$)

㉮ a점 단자의 전류

$$I_a = \frac{E_a - E_b}{r_1 + r_2} + \left(\frac{r_2}{r_1 + r_2} \times i\right)$$

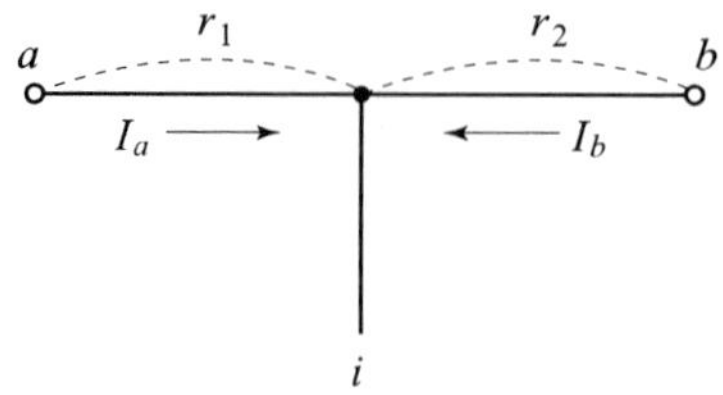

【그림 9-2. 부하가 1개 있는 경우】

㉯ b점 단자의 전류

$$I_b = \frac{E_b - E_a}{r_1 + r_2} + (\frac{r_1}{r_1 + r_2} \times i)$$

여기서, E_a : a점의 전압, E_b : b점의 전압

② 부하가 2개 이상인 경우($E_a \neq E_b$)

㉮ a점 단자의 전류

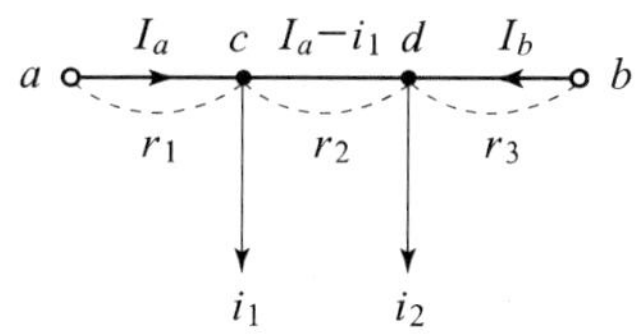

【그림 9-3. 부하가 2개 이상인 경우】

$$I_a = \frac{E_a - E_b}{r_1 + r_2 + r_3} + \frac{i_1(r_2 + r_3)}{r_1 + r_2 + r_3} + \frac{i_2 r_3}{r_1 + r_2 + r_3}$$

㉯ b점 단자의 전류

$$I_b = \frac{E_b - E_a}{r_1 + r_2 + r_3} + \frac{i_2(r_1 + r_2)}{r_1 + r_2 + r_3} + \frac{i_1 r_1}{r_1 + r_2 + r_3}$$

(3) 일반적인 교류 배전선로의 전압강하

$$\begin{aligned} e = &(I_1\cos\theta_1 + I_2\cos\theta_2 + I_3\cos\theta_3)r_3 \\ &+ (I_1\sin\theta_1 + I_2\sin\theta_2 + I_3\sin\theta_3)x_3 \\ &+ (I_1\cos\theta_1 + I_2\cos\theta_2)r_2 \\ &+ (I_1\sin\theta_1 + I_2\sin\theta_2)x_2 \\ &+ I_1\cos\theta_1 r_1 + I_1\sin\theta_1 x_1 \end{aligned}$$

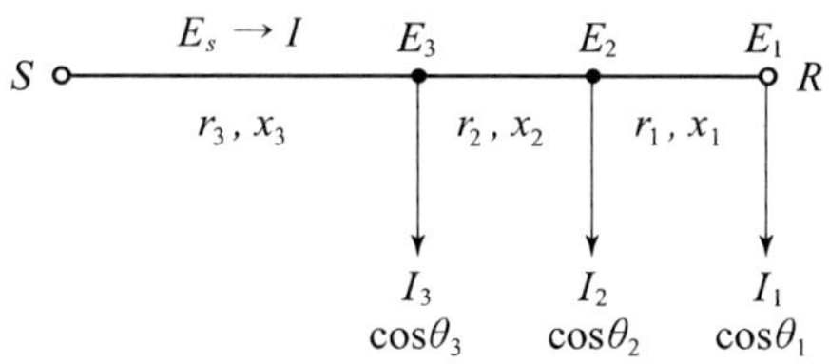

【그림 9-4. 일반적인 교류 배전선로의 전압 강하】

4 전력손실

(1) 옴손(저항손)

① 선로 말단에 부하가 집중되어 있는 경우

㉮ 전력손실 : $P_l = I^2R$[W] (R : 선로의 저항)

㉯ 전력량 손실 : $w_l = \int_0^T I^2 R dt$[Wh] (t : 손실전력 발생 시간)

※ 분산 부하는 말단 집중 부하보다 전압강하는 1/2배 감소하고, 전력손실은 1/3배 감소한다.

㉰ 손실 계수 : $H = \dfrac{\text{어느 기간 중의 전류 제곱의 평균}}{\text{같은 기간 중의 최대 전류의 제곱}} \times 100[\%]$

$$= \frac{\frac{1}{T}\int_0^T I^2 dt[\text{Wh}]}{I_m^2} = \frac{\int_0^T I^2 dt[\text{Wh}]}{I_m^2 T} \times 100[\%]$$

단, T : 어느 기간 중의 시간[h]
I : 어느 순간에서의 전류[A]
I_m : 어느 기간 중의 최대 전류[A]

② 손실 계수와 부하율과의 관계

$$1 \geq F \geq H \geq F^2 \geq 0$$

$$H = \alpha F + (1-\alpha)F^2$$

단, 부하율 F에 따른 계수 값 : $\alpha = 0.1 \sim 0.4$
H : 손실계수
F : 부하율

(2) 변압기 손실

변압기 손실은 크게 철손과 동손으로 분류한다.

【표 9-1. 주상 변압기의 철손(무부하손), 동손(부하손) 비율】

구 분	철손[%]	동손[%]	합계[%]
손실 전력 (첨두부하 시)	30 ~ 33	67 ~ 70	100
손실 전력량	62 ~ 65	35 ~ 38	100

① 동손(부하손) 감소대책

㉮ 동선의 권선수를 감소시킬 것

㉯ 변압기 권선의 굵은 전선사용(단면적 증가)

② 철손(무부하손) 감소대책

㉮ 자속 밀도의 감소 : 히스테리시스손 및 와류손 감소

㉯ 손실이 적은 철심 재료 사용

㉰ 아몰 파스 변압기의 채용 : 규소강판 철손의 25[%]로 감소

㉱ 철심 구조의 변경 : 자속의 감소

(3) 변압기의 효율

실측값으로 계산한 실측효율과 정해진 규약에 따라 결정된 손실값을 기준해서 계산한 규약효율 두 가지로 분류한다.

① 실측 효율 $= \dfrac{\text{출력 측정값}}{\text{입력 측정값}} \times 100[\%]$

② 규약 효율 $= \dfrac{\text{출력}[\text{kW}]}{\text{출력}[\text{kW}] + \text{손실}[\text{kW}]} = \dfrac{\text{입력}[\text{kW}] - \text{손실}[\text{kW}]}{\text{입력}[\text{kW}]}$

③ 전일 효율 $= \dfrac{\text{1일간의 출력 전력량}[\text{kWh}]}{\text{1일간의 출력 전력량}[\text{kWh}] + \text{1일간의 손실 전력량}[\text{kWh}]}$

5 전력수요와 부하

최근 산업의 발달로 전력수요의 용도별로 구분하면 주택용, 상업용, 산업용으로 분류할 수 있다.

(1) 수용률

일반적으로 수용가의 최대 부하전력[kW]은 부하 설비용량의 합계[kW]보다 작다. 이들의 관계는 부하의 종류 혹은 지역별, 기간별에 따라 약간의 차이는 있지만 대략 어느 정도의 일정한 비율 관계를 가지고 있다.

$$\text{수용률} = \frac{\text{최대 부하전력(피크치)}[\text{kW}]}{\text{총 부하설비용량}[\text{kW}]} \times 100[\%]$$

(2) 부등률

수용가 상호간, 변압기 상호간 등에서 각 수용가의 최대 부하 혹은 각 변압기의 최대 부하는 똑같은 시간에 발생하는 것은 아니다. 즉 최대 부하가 발생하는 시간대가 약간의 차이가 있으므로, 따라서 각각의 최대 수요전력의 합계는 그 부하군의 합성 최대 전력보다는

PART 09

큰 것이 일반적이다. 이 최대 전력이 발생하는 시간 혹은 발생 시점의 분산율을 표시하는 것이 부등률이다. 그러므로 부등률은 1보다 큰 것이 보통이다.

$$\text{부등률} = \frac{\text{각각의 최대 부하전력의 합[kW]}}{\text{합성 최대 전력[kW]}} \geq 1$$

(3) 부하율

부하전력의 사용시간대에 따라서 혹은 계절(여름, 겨울 등)에 따라 다르나 임의 기간 중의 평균전력과 그 기간 중의 최대 전력과의 비를 백분율로 나타낸 것을 부하율이라 한다(보통은 일부하율, 월부하율, 연부하율로 표현).

$$\text{부하율} = \frac{\text{부하 평균 전력[kW]}}{\text{부하 최대 전력[kW]}} \times 100[\%] = \frac{\text{총 전력량/총 시간}}{\text{최대 부하}} \times 100[\%]$$

일반적으로 부하율은 기간에 따라서 약간의 차이가 있으나 보통은 기간을 길게 잡아서 계산하면 부하율의 값은 작아지는 경향이 있다.

(4) 수용률, 부등률 및 부하율의 관계

① 합성 최대 전력 $= \frac{\text{각각의 최대 전력의 합}}{\text{부등률}} = \frac{\text{총 설비용량의 합} \times \text{수용률}}{\text{부등률}}$

② 부하율 $= \frac{\text{평균전력}}{\text{설치 부하의 합계전력}} \times \frac{\text{부등률}}{\text{수용률}}$

6 변압기와 부하

(1) 변압기의 용량 결정

배전선로의 변압기의 용량의 결정은 각각의 수용가의 설치용량의 합계에 수용률을 곱해서 먼저 각각 수용가의 최대 부하전력의 합계를 산출한 다음, 위의 값을 수용가 상호간의 부등률로 나누어서 변압기의 용량을 결정한다.

$$\text{합성 최대 부하} = \frac{\text{총설비용량 부하} \times \text{수용률}}{\text{부등률}}$$

합성 최대 부하의 결정은 장래의 수요 증가를 예상하여 변압기의 표준용량 중에서 결정하며 보통은 수용가의 수가 많을수록 수용률은 낮아지고, 부등률이 높아지므로 소용량 변압기를 가지고도 많은 부하에 전력공급이 가능하다.

주상용 소형 변압기의 우리나라 표준용량은 다음과 같다.

① 단상 변압기 : 1, 2, 3, 5, 7.5, 10, 15, 20, 25, 30, 40, 50[kVA] 등

② 3상 변압기 : 3, 5, 7.5[kVA] ·················· 250, 350, 500[MVA] 등

7 V결선 변압기의 출력

단상 변압기 2대를 이용한 V결선은 부하가 증가하면 단상 변압기 한 대를 추가해서 Δ결선으로 바꿔 부하 증가에 대하여 전력공급을 할 수 있으므로 배전선로에서 주로 사용되고 있다.

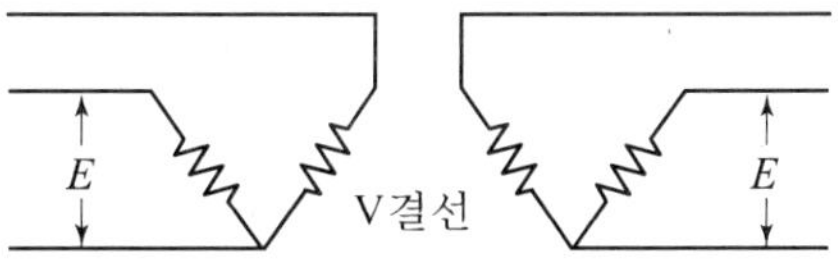

【그림 9-5. V결선 변압기의 출력】

【표 9-2. V결선의 변압기 출력】

구 분	Δ결선의 경우	V결선의 경우
변압기 1대의 용량 P[kVA]	P	P
선간전압(전압선간) [kV]	E	E
변압기의 정격(상)전류 [A]	P/E	P/E
선전류 [A]	$I=\sqrt{3}P/E$	$I=P/E$
3상 부하 [kVA]	$\sqrt{3}EI=3P$	$\sqrt{3}EI=\sqrt{3}P$
변압기 용량 [kVA]	$3P$	$2P$
이용률 [%]	100	$\sqrt{3}P/2P=86.6$

PART 09 Exercise

연습문제

01 2,400/240[V]의 변압기 2차 단자에 10[Ω]의 저항이 연결되어 있다. 이 저항을 1차로 환산하면 몇 [Ω]인가?

㉮ 100　㉯ 1,000
㉰ 10,000　㉱ 100,000

02 주상변압기의 1차 측 전압이 일정할 경우, 2차 측 부하가 변동하면 주상 변압기의 동손과 철손은 어떻게 되는가?

㉮ 동손과 철손이 다 변동한다.
㉯ 동손은 일정하고, 철손은 변동한다.
㉰ 동손은 변동하고, 철손은 일정하다.
㉱ 동손과 철손이 다 일정하다.

03 그림과 같은 변전소에서 6,600[V]의 일정 전압으로 유지되는 단상 2선식 배전선이 있다. 100[kVA]에 대한 %리액턴스가 고압선 8[%], 변압기 4[%], 저압선 6[%]라 하면 저압선 측에 단락이 생긴 경우 고압선 측에 흐르는 단락전류는 몇 [A]인가?

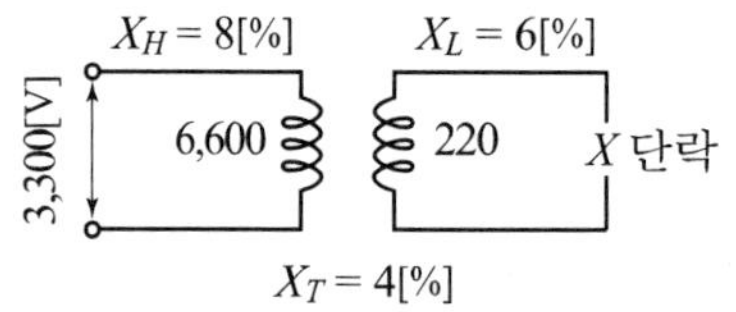

㉮ 약 84　㉯ 약 189
㉰ 약 252　㉱ 약 378

04 동일한 2대의 단상 변압기를 V결선하여 3상 전력을 100[kVA]까지 배전할 수 있다면 똑같은 단상 변압기 1대를 더 추가하여 Δ결선하면 3상 전력을 얼마 정도까지 배전할 수 있겠는가?

㉮ 약 57.7　㉯ 약 70.5
㉰ 약 141.4　㉱ 약 173.2

05 150[kVA] 단상 변압기 3대를 Δ-Δ결선으로 사용한다. 1대의 고장으로 V-V결선을 사용하면 몇 [kVA]부하까지 걸 수 있겠는가?

㉮ 230　㉯ 240
㉰ 250　㉱ 260

06 수용률이 50[%]인 주택지에 배전하는 66/6.6[kV]의 변전소를 설치할 때 주택지의 부하 설비용량을 20,000[kVA]로 하면 필요한 변압기의 용량[kVA]은? (단, 주상변압기 배전 간선을 포함한 부등률은 1.3이라 한다.)

㉮ 3,850　㉯ 5,780
㉰ 7,700　㉱ 9,500

07 그림과 같은 회로에서 아래와 같은 조건인 경우 변압기의 용량은 얼마인가? (단, 부등률=1.1, HP=0.746[kW], P.F=0.8)

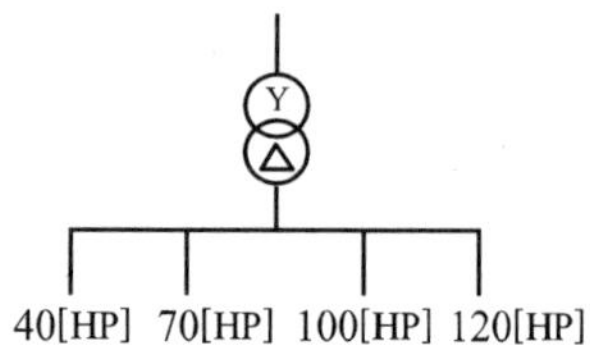

용 량	수 용 률
30[HP] 이상 ~ 50[HP] 미만	55[%]
50[HP] 이상 ~ 100[HP] 미만	70[%]
100[HP] 이상	75[%]

㉮ 220[kVA] ㉯ 180[kVA]
㉰ 200[kVA] ㉱ 160[kVA]

08 수용률 80[%], 부하율 60[%]일 때 설비 용량이 320[kW]인 최대 수용전력[kW]은?

㉮ 633 ㉯ 400
㉰ 256 ㉱ 190

09 어떤 공장의 수용 설비 용량이 1,800[kW], 수용률은 55[%], 평균 부하역률은 90[%]라 한다. 이 공장의 수전설비는 몇 [kVA]로 하면 되겠는가?

㉮ 900 ㉯ 990
㉰ 1,100 ㉱ 1,800

10 수용가군 총합의 부하율은 각 수용가의 수용률 및 수용가 사이의 부등률이 변화할 때 다음 중 옳은 것은?

㉮ 수용률에 비례하고, 부등률에 반비례한다.
㉯ 부등률에 비례하고, 수용률에 반비례한다.
㉰ 부등률에 비례하고, 수용률에 비례한다.
㉱ 부등률에 반비례하고, 수용률에 반비례한다.

11 그림과 같은 부하의 수용률을 가진 전등 수용가군에 공급하는 용량이 14[kVA](실부하 13.04[kVA])이다. 여기서 수용가 상호간 부등률을 구하면?

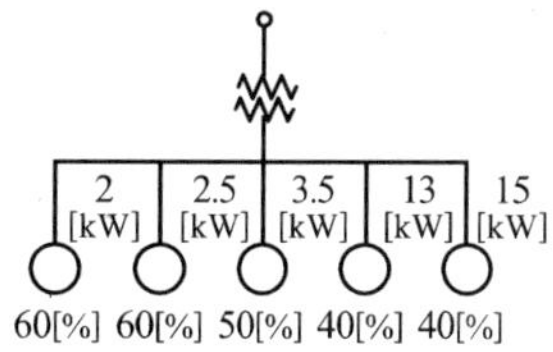

㉮ 1.2 ㉯ 1.3
㉰ 1.4 ㉱ 1.5

12 단일 부하선로에서 부하율 50[%], $\alpha = 0.2$인 배전선의 손실계수는?

㉮ 0.05 ㉯ 0.15
㉰ 0.25 ㉱ 0.30

13 배전선로의 부하율이 F일 때 손실계수 H는?

㉮ $H = F$ ㉯ $H = \frac{1}{F}$
㉰ $F^2 \leq H \leq F$ ㉱ $H = F^3$

14 용량 250[kVA]인 단상 주상변압기 1대가 있다. 이에 걸리는 일부하는 250[kW] 8시간, 50[kW] 16시간일 때 이 변압기의 일부하율[%]은?

㉮ 46.7 ㉯ 50
㉰ 56.7 ㉱ 86.7

15 수용률이 크다, 부등률이 크다, 부하율이 크다라는 것은 다음의 어떤 것에 가장 관계가 깊은가?

㉮ 항상 같은 정도의 전력을 소비하고 있다.
㉯ 전력을 가장 많이 소비할 때에는 쓰지 않는 기구가 별로 없다.
㉰ 전력을 가장 많이 소비하는 시간이 지역에 따라 다르다.
㉱ 전력을 가장 많이 소비하는 시간이 지역에 따라 같다.

16 정격 10[kVA]의 주상변압기가 있다. 이것의 2차 측 일부하 곡선이 다음 그림과 같을 때 1일의 부하율은 몇 [%]인가?

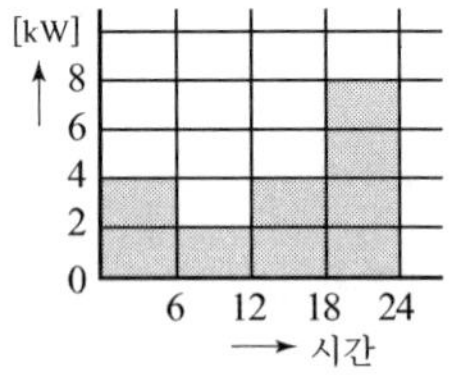

㉮ 52　　㉯ 54
㉰ 56　　㉱ 58

17 전등 설비 250[W], 전열 설비 800[W], 전동기 설비 200[W], 기타 150[W]인 수용가가 있다. 이 수용가의 최대 수용전력이 910[W]이면 수용률은?

㉮ 65　　㉯ 70
㉰ 75　　㉱ 80

18 수용률이란?

㉮ 수용률 $= \dfrac{\text{평균전력[kW]}}{\text{최대 수용전력[kW]}} \times 100$

㉯ 수용률 $= \dfrac{\text{개개의 최대 수용전력의 합[kW]}}{\text{합성 최대 수용전력[kW]}} \times 100$

㉰ 수용률 $= \dfrac{\text{최대 수용전력[kW]}}{\text{수용설비용량[kW]}} \times 100$

㉱ 수용률 $= \dfrac{\text{설비전력[kW]}}{\text{합성 최대 수용전력[kW]}} \times 100$

19 부하율이란?

㉮ $\dfrac{\text{최대 전력}}{\text{평균전력}}$　　㉯ $\dfrac{\text{최대 전력}}{\text{설비용량}}$

㉰ $\dfrac{\text{설비용량}}{\text{최대 전력}}$　　㉱ $\dfrac{\text{평균전력}}{\text{최대 전력}}$

20 다음 중 그 값이 1 이상인 것은?

㉮ 수용률　　㉯ 전압강하율
㉰ 부하율　　㉱ 부등률

21 다음 직류 선로에서 B, C 및 D 각 점의 전압은?

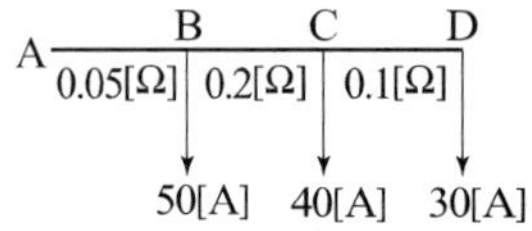

㉮ B99, C85, D82
㉯ B95, C80, D77
㉰ B94, C80, D77
㉱ B92, C85, D73

22 저항 20[Ω], 40[Ω], 80[Ω]을 그림과 같이 성형으로 접속하고 이것을 불평형 3상 전압 280[V], 280[V], 240[V]를 가할 경우 전 소비전력은?

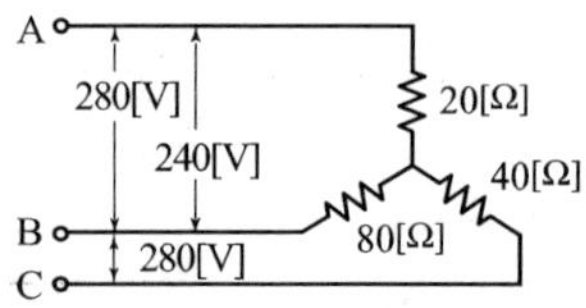

㉮ 2,263[kW]　　㉯ 2,063[kW]
㉰ 1,863[kW]　　㉱ 1,663[kW]

23 송전단 전압이 3.4[kV], 수전단 전압이 3.0[kV]인 배전선로에서 수전단의 부하를 끊은 경우의 수전단 전압이 3.2[kV]로 되었다면 이때의 전압변동률은 몇 [%]인가?

㉮ 5.88　　㉯ 6.25
㉰ 6.67　　㉱ 11.76

24 그림과 같은 수전단 전압 3.3[kV], 역률 0.85(뒤짐)인 부하 300[kW]에 공급하는 선로가 있다. 이때 송전단 전압[V]은?

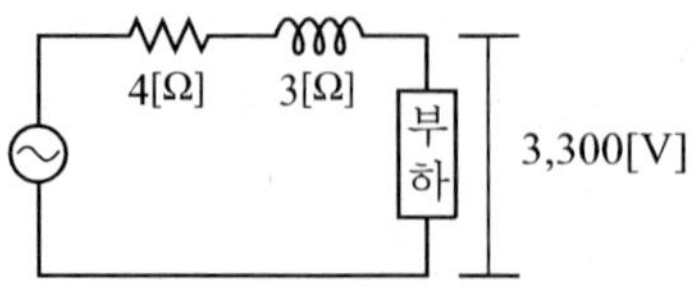

㉮ 2,930 ㉯ 3,230
㉰ 3,530 ㉱ 3,830

25 부하가 말단에만 집중되어 있는 3상 배전선로의 선간 전압강하가 866[V], 1선당의 저항 10[Ω], 리액턴스 20[Ω], 부하역률 80[%](지상)인 경우 부하전류(또는 선로전류)의 근사값[A]은?

㉮ 25 ㉯ 50
㉰ 75 ㉱ 125

26 전선에 흐르는 전류가 약 1/2배로 되면 전력손실은?

㉮ 1/2배 ㉯ 1/4배
㉰ 2배 ㉱ 4배

27 고압 배전선로의 중간에 승압기를 설치하는 주목적은?

㉮ 전압변동률의 감소
㉯ 말단의 전압강하의 방지
㉰ 전력손실의 감소
㉱ 역률 개선

28 배전전압을 3,000[V]에서 5,200[V]로 높일 때 수송 전력이 같다고 하면 손실전력은 몇 배로 줄일 수 있는가?

㉮ 1배 ㉯ 1/2배
㉰ 1/3배 ㉱ 1/4배

29 100[V]에서 전력손실률 0.1인 배전선로에서 전압을 200[V]로 승압하고 그 전력손실률을 0.05로 하면 전력은 몇 배 증가시킬 수 있는가?

㉮ $\frac{1}{2}$ ㉯ $\sqrt{2}$
㉰ 2 ㉱ 4

30 송전단일수록 커지는 분산 부하는 모든 부하가 송전단에서 어느 지점에 있을 때의 전압강하와 같은가?

㉮ $\frac{1}{5}$ ㉯ $\frac{2}{3}$
㉰ $\frac{1}{2}$ ㉱ $\frac{1}{3}$

31 3상 3선식 배전선에서 1선의 저항을 r, 리액턴스 X, 부하역률 $\cos\theta$, 전류 I라 할 때 선간 전압강하는?

㉮ $3I(r\cos\theta + X\sin\theta)$
㉯ $\sqrt{3}\,I(r\cos\theta + X\sin\theta)$
㉰ $I(r\cos\theta + X\sin\theta)$
㉱ $\frac{\sqrt{3}}{2}I(r\cos\theta + X\sin\theta)$

32 그림과 같이 송전단 전류를 I, 전장 L에 대한 전압강하를 e, 등가 저항을 S라 할 때 분산부하율은?

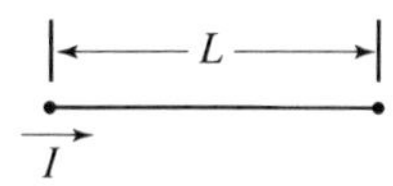

㉮ $\frac{eS}{LI}$
㉯ $\frac{e}{SIL}$
㉰ $eSIL$
㉱ $\frac{SI}{eL}$

33 직류 2선식에서 배전선로의 끝에 부하가 집중되어 있는 경우 전선 1가닥의 저항을 R[Ω], 선로전류를 I[A]라 하면 이 배전선로의 전압강하 e는 몇 [V]인가?

㉮ $e=\frac{1}{2}RI$ ㉯ $e=RI$
㉰ $e=3RI$ ㉱ $e=2RI$

PART 10

배전선로의 관리와 보호

1. 전압조정
2. 역률 개선
3. 역률 개선용 콘덴서의 용량 계산

PART 10

배전선로의 관리와 보호

1 전압조정

수용가에 정격전압이 공급될 때 효율이 높아지도록 전기설비는 설계, 제작되어 있다. 만약 공급전압 변동이 생길 경우 기기의 효율은 낮아지고 기기의 수명이 단축되는 현상이 발생한다. 따라서 전압은 정격전압으로 유지할 필요가 있으며 수용가의 부하 변동에 따른 전압 허용 범위를 법으로 정하고 있다.

(1) 전압변동의 한도

표준전압	유지하여야 하는 전압
110[V]	110±6
220[V]	220±13
380[V]	380±38
주파수 60[Hz]	±0.2[Hz]

(2) 전압조정의 방법

① 전력계통의 변전소의 전압조정에는 변전소의 모선(BUS) 혹은 급전선마다 전압조정 설비(OLTC : 부하 시 전압조정장치)를 설치해서 송전선로에 보내는 전압을 중부하 시에는 전압을 높게, 경부하 시에는 전압을 낮게 조정 공급하여 부하에 일정한 전압을 공급한다.

② 배전선에서의 전압조정에는 선로의 설계 시 고 · 저압선의 전압강하를 일정 값 이하로 억제한다.

③ 배전변압기에서의 전압조정에는 사용 탭을 적정하게 선택한다.

④ 계통운전 상황에 따라 자동승압기, 직렬 콘덴서 등의 전압조정기를 사용한다.

(3) 변전소의 전압조정

① 변전소 수전 측의 조정

㉮ 병렬 리액터(shunt reactor)

㉯ 전력용 콘덴서(S.C)

② 변전소의 주변압기 1차 측에서의 조정

㉮ 무부하 시 탭 전환 장치(NLTC)

㉯ 부하 시 탭 전환 장치(ULTC)

㉰ 변전소에 ULTC가 없는 경우(66[kV] 이하)

→ 정지형 전압조정기(SVR) 혹은 유도전압조정기(IVR)를 사용
(우리나라는 주로 정지형 전압조정기 사용)

(4) 승압기

배전선로의 길이가 멀어서 변압기의 탭 조정으로 전압강하를 보상하지 못할 경우 선로 중간에 승압기(booster)를 설치하여 전압강하를 보상한다(우리나라는 현재 승압기 사용 않음).

① 승압효과

㉮ 공급 용량이 증대한다.

㉯ 전력손실이 감소한다.

㉰ 전압강하율이 개선된다.

㉱ 지중선로 배전방식의 채택이 용이하다.

㉲ 고압 배전선 연장이 감소된다.

㉳ 대용량의 전기기기 사용이 용이하다.

② 승압의 필요성

㉮ 전력 사업자 측면

- 저압 전기설비의 유지 및 투자비를 경감시킨다.
- 전력손실 감소, 전력판매 원가를 절감시킨다.
- 전압강하 및 전압변동률을 감소시킨다.
- 수용가에게 전압강하가 작고 품질이 좋은 전기를 공급한다.

㉯ 수용가 측면

- 설비용량이 큰 대용량 기기를 승압설비의 증설 없이 사용한다.
- 품질이 좋은 전기의 공급전력량을 여유 있게 사용한다.

③ 단상승압기(단권 변압기 1대 이용)

㉮ 2차 전압

$$E_2 = E_1\left(1+\frac{1}{a}\right)[\mathrm{V}]$$

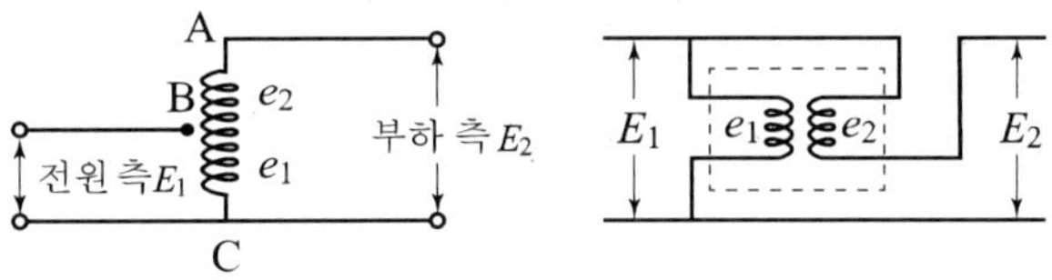

(a) 회로구성도 (b) 등가회로도

【그림 10-1. 단상승압기】

㉯ 승압기의 용량

$$w = \frac{W}{E_2}\times e_2[\mathrm{VA}]$$

여기서, $E_1[\mathrm{V}]$: 승압 전의 전압(전원 측 전압)
$E_2[\mathrm{V}]$: 승압 후의 전압(부하 전압)
$e_1[\mathrm{V}]$: 승압기의 1차 정격 전압
$e_2[\mathrm{V}]$: 승압기의 2차 정격 전압
a : 승압기의 권수비(e_1/e_2)
$W[\mathrm{VA}]$: 부하의 용량
$\omega[\mathrm{VA}]$: 승압기의 용량

④ 3상 V결선 승압기(단권 변압기 2대 이용)

㉮ 2차 전압

$$E_2 = E_1\left(1+\frac{1}{a}\right)[\mathrm{V}]$$

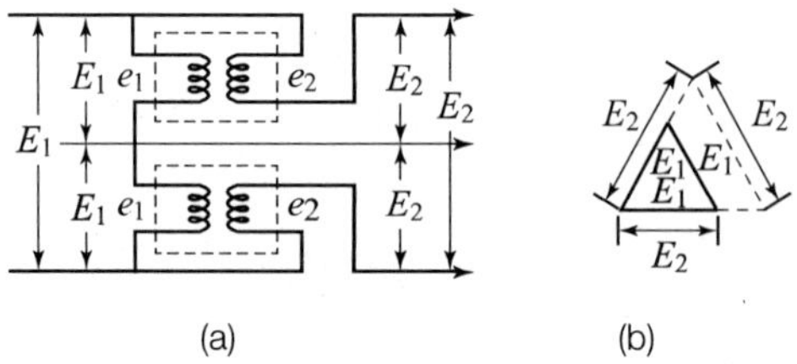

【그림 10-2. 3상 V결선 승압기】

㉯ 승압기의 용량

$$\omega = \frac{W}{\sqrt{3}\,E_2} \times e_2[\mathrm{VA}](\text{승압기 1대의 용량})$$

$$\text{승압기 총 2대의 용량} = 2\omega[\mathrm{VA}]$$

⑤ 3상 Δ결선 승압기(단권 변압기 3대 이용)

㉮ 2차 전압

$$E_2 = E_1\sqrt{1+\left(3\times\frac{1}{a}\right)+3\times\left(\frac{1}{a}\right)^2} \fallingdotseq E_1\left(1+\frac{3}{2}\times\frac{1}{a}\right)[\mathrm{V}]$$

㉯ 승압기의 용량(승압기 1대의 용량)

$$\omega = \frac{W}{\sqrt{3}\,E_2} \times e_2[\mathrm{VA}]$$

$$\text{승압기 총 3대의 용량} = 3\omega[\mathrm{VA}]$$

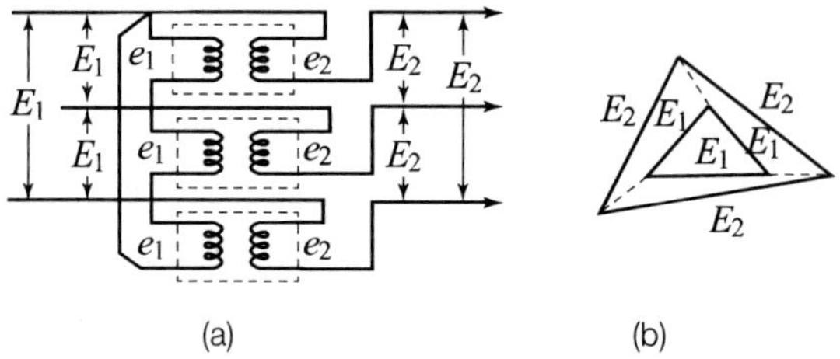

【그림 10-3. 3상 Δ결선 승압기】

2 역률 개선

수용가에서 사용하는 부하 중 전등, 전열기 등은 역률이 100[%]이나 전동기 등은 역률이 보통 80[%] 이하이므로 역률을 떨어뜨리는 첫 번째 원인은 전동기 부하라 할 수 있다. 즉 역률이 나빠지면 출력도 감소하며, 선로의 전류 역시 커지므로 전압강하는 많아지게 된다. 따라서 역률을 개선하면 여러 가지 효과를 얻을 수 있다.

(1) 역률 개선의 효과

① 변압기, 선로의 손실을 경감시킬 수 있다.
② 변압기의 설비용량에 여유를 줄 수 있다.
③ 선로의 전압강하 · 경감시킬 수 있다.
④ 역률을 91 ~ 95[%]까지 유지하면 전기요금을 절감시킬 수 있다.

(2) 콘덴서의 용량

저압용 콘덴서는 [μF]으로 표시하며, 고압용 콘덴서는 [kVA]로 표시한다.

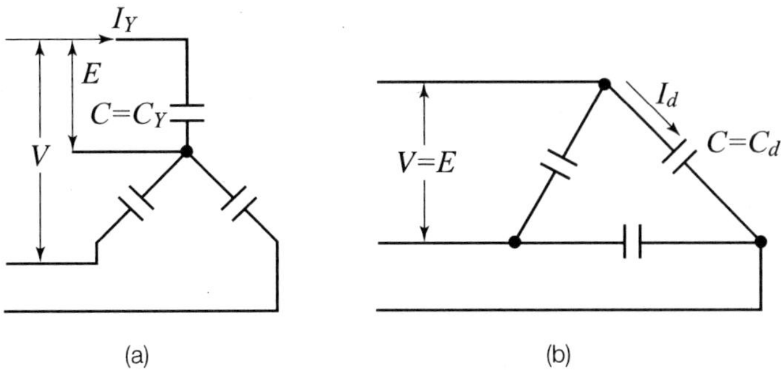

【그림 10-4. 3상용 콘덴서】

① 콘덴서 3개를 3상 Y결선으로 한 경우의 콘덴서의 용량 계산

$$Q_Y = 3\times\frac{V}{\sqrt{3}}\times I_Y = 3\times E\times I_Y = 3\times E\times\frac{E}{X_C} = 3\omega C\times E^2$$

$$= 3\times 2\pi f C\times\left(\frac{V}{\sqrt{3}}\right)^2 = 2\pi f C V^2[\mathrm{VA}]\ \ (\text{참고 . } E - \frac{V}{\sqrt{3}})$$

② 콘덴서 3개를 3상 Δ결선으로 한 경우의 콘덴서의 용량 계산

$$Q_{\Delta}=3\times V\times I_d=3\times E\times I_d=3\times V\times \frac{V}{X_C}=3\omega C\times V^2$$

$$=3\times 2\pi fCV^2[\text{VA}]\ (\text{참고 : } E=V)$$

③ Y결선과 Δ결선의 용량 비교

$$\frac{Q_{\Delta}}{Q_Y}=\frac{3\times 2\pi fCV^2}{2\pi fCV^2}=3 \qquad \therefore\ Q_{\Delta}=3Q_Y$$

3 역률 개선용 콘덴서의 용량 계산

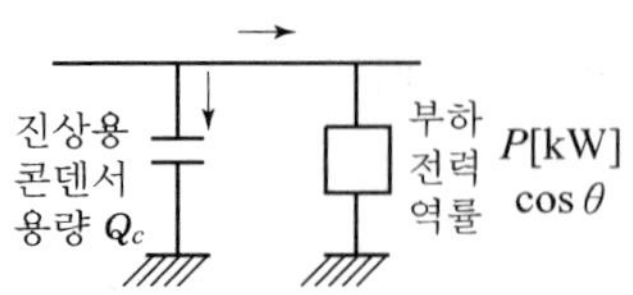

【그림 10-5. 진상용 콘덴서 용량과 부하전력, 역률】

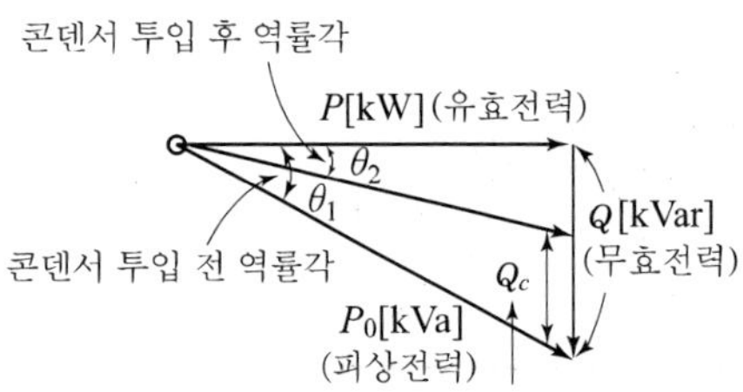

【그림 10-6. 역률 개선용 콘덴서의 용량】

[그림 10-5]와 [그림 10-6]은 역률 $\cos\theta_1$, 피상전력 P_0[kVA], 유효전력 P[kW]이다. 역률을 $\cos\theta_2$로 개선하기 위해서 필요한 진상 용량 Q_c는 다음 식에 의해 구한다.

$$P_0=P-jQQ_c=P_0(\tan\theta_1-\tan\theta_2)$$

$$=P\left(\frac{\sqrt{1-\cos^2\theta_1}}{\cos\theta_1}-\frac{\sqrt{1-\cos^2\theta_2}}{\cos\theta_2}\right)[\text{kVA}]$$

PART **10**

Exercise

연 습 문 제

01 100[V]의 수용가를 220[V]로 승압했을 때 특별히 교체하지 않아도 되는 것은?

㉮ 백열전등의 전구
㉯ 옥내배선의 전선
㉰ 콘센트와 플러그
㉱ 형광등의 안정기

02 일반적으로 행하여지고 있는 저압 옥내 배선의 준공 검사 종류의 조합이 적절한 것은?

㉮ { 절연저항 측정, 접지저항 측정, 절연내력 측정 }
㉯ { 절연저항 측정, 온도상승시험, 접지저항 측정 }
㉰ { 온도상승시험, 도통시험, 접지저항 측정 }
㉱ { 절연저항 측정, 접지저항 측정, 도통시험 }

03 옥내 배선의 길이 l [m], 부하전류 I [A]일 때 배선의 전압강하를 v [V]로 하기 위한 전선의 굵기[mm]는? (단, 단상식 배선이다.)

㉮ $l\sqrt{\dfrac{v}{I}}$ 에 비례한다.
㉯ $l\sqrt{\dfrac{lv}{I}}$ 에 비례한다.
㉰ $\sqrt{lvI}$ 에 비례한다.
㉱ $\sqrt{\dfrac{lI}{v}}$ 에 비례한다.

04 자가변전소의 1차 측 차단기의 용량 결정에 관계되는 것은?

㉮ 부하설비 용량
㉯ 공급 측의 전기 설비용량
㉰ 부하 부하율
㉱ 수전 계약 용량

05 전선 굵기를 선정할 때 고려하지 않아도 되는 곳은?

㉮ 전압강하 ㉯ 전력손실
㉰ 허용전류 ㉱ 지지물의 강도

06 주상변압기의 2차 측 접지공사는 다음의 어느 것에 의한 보호를 목적으로 하는가?

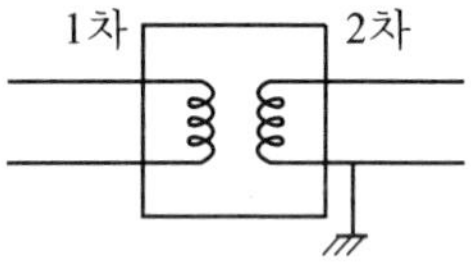

㉮ 2차 측의 단락
㉯ 1차 측의 접지
㉰ 2차 측의 접지
㉱ 1차 측과 2차 측의 혼촉

07 가공배전선로에 있어 고압선과 저압선과의 혼촉에 의한 위험을 방지하는 데 필요한 시설은 무엇인가?

㉮ 제1종 접지공사
㉯ 제2종 접지공사
㉰ 제3종 접지공사
㉱ 특별 제3종 접지공사

PART 10

08 1대의 주상변압기에 역률(뒤짐) $\cos\theta_1$, 유효전력 P_1[kW]의 부하와 역률(뒤짐) $\cos\theta_2$, 유효전력 P_2[kW]의 부하가 병렬로 접속되어 있을 경우, 주상변압기 2차 측에서 본 부하의 종합 역률은?

㉮ $\dfrac{\cos\theta_1\cos\theta_2}{\cos\theta_1+\cos\theta_2}$

㉯ $\dfrac{P_1+P_2}{\dfrac{P_1}{\cos\theta_1}+\dfrac{P_2}{\cos\theta_2}}$

㉰ $\dfrac{P_1+P_2}{\dfrac{P_1}{\sin\theta_1}+\dfrac{P_2}{\sin\theta_2}}$

㉱ $\dfrac{P_1+P_2}{\sqrt{(P_1+P_2)^2+(P_1\tan\theta_1+P_2\tan\theta_2)^2}}$

09 부하의 역률이 $\cos\theta$일 때 배전선로의 저항 손실은 동일 부하 전력에서 역률이 1일 때의 몇 배인가?

㉮ $\cos\theta$　　㉯ $\dfrac{1}{\cos\theta}$

㉰ $\cos^2\theta$　　㉱ $\dfrac{1}{\cos^2\theta}$

10 역률 80[%], 10,000[kVA]의 부하를 가진 변전소에 2,000[kVA]의 콘덴서를 설치하여 역률을 개선하면 변압기에 걸리는 부하는 약 몇 [kW]인가?

㉮ 8,000　　㉯ 9,000

㉰ 10,000　　㉱ 12,000

11 역률 0.6, 출력 480[kW]인 부하에 병렬로 용량 400[kVA]의 전력용 콘덴서를 설치하면 합성 역률은 어느 정도로 개선되는가?

㉮ 0.75　　㉯ 0.86

㉰ 0.89　　㉱ 0.94

12 저역률 0.75의 1,000[kW] 부하에 전력용 콘덴서를 병렬로 접속하여 합성 역률 0.9로 개선하고자 할 때 소요되는 전력용 콘덴서의 용량[kVA]은?

㉮ 300　　㉯ 400

㉰ 500　　㉱ 600

13 부하가 P[kW]이고 그의 역률이 $\cos\theta_1$인 것을 $\cos\theta_2$로 개선할 경우 필요한 조상 용량[kVA]은?

㉮ $P\left(\dfrac{\cos\theta_1}{\sqrt{1-\cos^2\theta_1}}-\dfrac{\cos\theta_2}{\sqrt{1-\cos^2\theta_2}}\right)$

㉯ $P\left(\dfrac{\sqrt{1-\cos^2\theta_1}}{\cos\theta_1}-\dfrac{\sqrt{1-\cos^2\theta_2}}{\cos\theta_2}\right)$

㉰ $P(\cos\theta_1-\cos\theta_2)$

㉱ $P(\sin\theta_1-\sin\theta_2)$

14 배전선의 역률이 저하되는 원인은?

㉮ 전등의 과부하

㉯ 유도 전동기의 경부하 운전

㉰ 선로의 충전전류

㉱ 동기조상기의 중부하 운전

15 배전선로의 역률 개선에 따른 효과가 적합하지 않은 것은?

㉮ 전원 측 설비의 이용률 향상

㉯ 선로 절연에 요하는 비용절감

㉰ 선로의 전압강하의 감소

㉱ 선로의 전력손실 경감

16 배전계통에서 콘덴서를 설치하는 것은 여러 가지 목적이 있으나 그 중에서 가장 주된 목적은?

㉮ 전압강하 보상

㉯ 전력손실 감소

㉰ 송전용량 증가
㉱ 기기의 보호

17 단상 교류 배전선로에서 A, B간의 전압은 3,000[V]이다. 3,300/220[V]의 승압기를 그림처럼 접속시켜서 120[kW], 역률 0.85의 부하에 공급할 때 승압기 최소 용량[kVA]은?

㉮ 5
㉯ 7.5
㉰ 10
㉱ 15

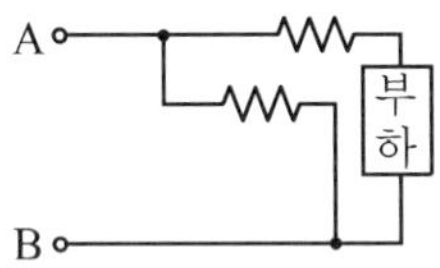

18 정격전압 1차 6,600[V], 2차 210[V]의 단상 변압기 두 대를 승압기로 V결선하며 6,300[V]의 3상 전원에 접속한다면 승압된 전압[V]은?

㉮ 6,600　　㉯ 6,500
㉰ 6,300　　㉱ 6,200

19 단상 승압기 1대를 사용하여 승압할 경우 1차 전압을 E_1이라 하면 2차 전압 E_2는 얼마나 되는가?

㉮ $E_2 = E_1 + \left(\dfrac{e_1}{e_2}\right)E_1$

㉯ $E_2 = E_1 + e_2$

㉰ $E_2 = E_1 + \left(\dfrac{e_2}{e_1}\right)E_1$

㉱ $E_2 = E_1 + e_1$

20 절연내력을 시험하기 위해 시험용 변압기를 사용하였다. 이때 전압조정을 하기 위해 제일 많이 사용하는 기기는?

㉮ 수저항 전압조정기
㉯ 다단식 전압소성기
㉰ 소형 발전기를 사용하여 변속장치에 의해 전압조정
㉱ 유도전압조정기

21 부하에 따라 전압변동이 심한 급전선을 가진 배전 변전소의 전압조정장치는?

㉮ 단권 변압기
㉯ 전력용 콘덴서
㉰ 주변압기 탭
㉱ 유도전압조정기

22 선로전압강하보상기(LDC)는?

㉮ 분로 리액터로 전압상승을 억제하는 것
㉯ 선로의 전압강하를 고려하여 모선 전압을 조정하는 것
㉰ 승압기로 저하된 전압을 보상하는 것
㉱ 직렬 콘덴서로 선로 리액턴스를 보상하는 것

23 배전선의 전압을 조정하는 방법에 해당되는 것은?

㉮ 병렬 콘덴서 사용
㉯ 중성점 접지
㉰ 영상 변류기 설치
㉱ 주상 변압기 탭 전환

PART 11

수력발전

PART 11

수력발전

1 수력발전의 개요

수력발전은 중소 규모의 일반 수력과 대규모의 양수발전으로 나누어진다. 근래에 들어서 양수발전 설비의 비중이 커지고 있다.

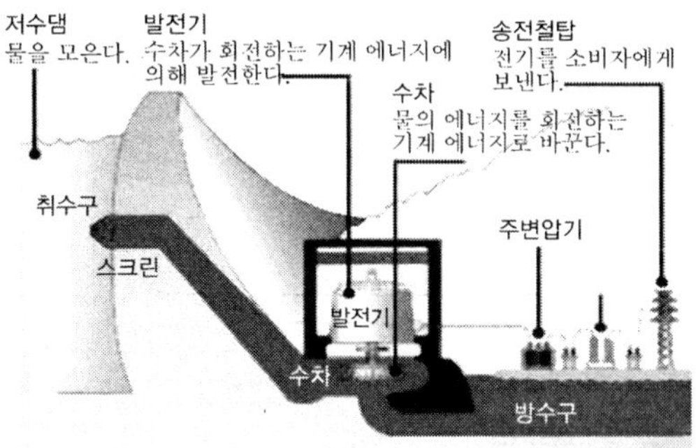

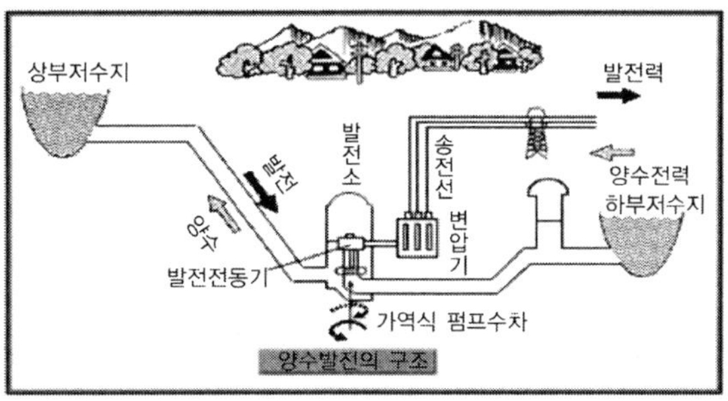

【그림 11-1. 수력발전의 개요】

(1) 수력발전소의 종류와 역할

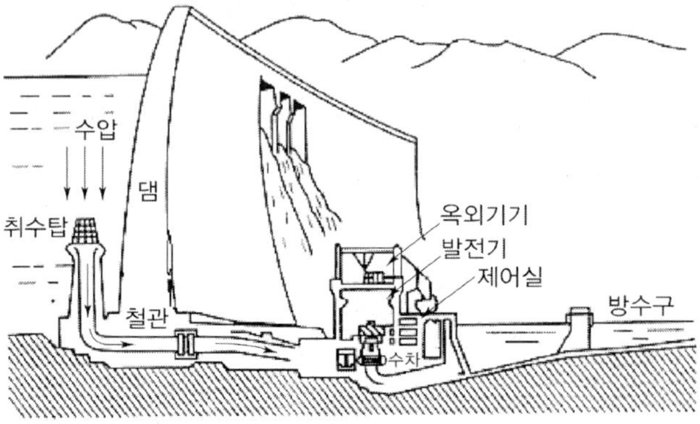

【그림 11-2. 수력발전소의 역할】

① 구조에 의한 분류

㉮ 수로식 발전소

하천의 상류 지점에 취수 댐을 만들고 수로를 통하여 수차에 물을 유입시켜 낙차를 얻는 방식이다.

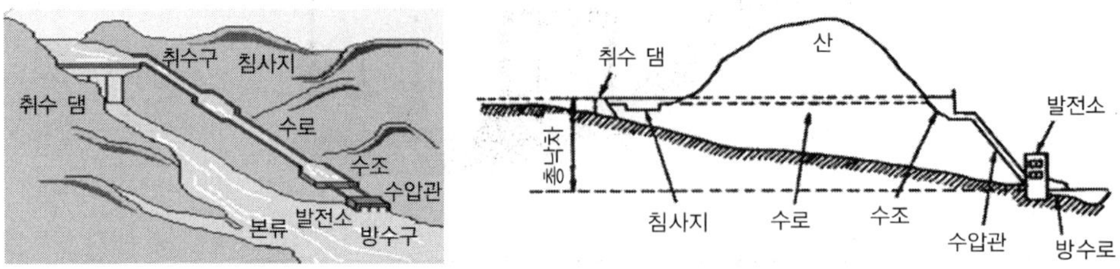

【그림 11-3. 수로식 발전소】

㉯ 댐식 발전소

하천의 중·하류 지역에서는 수량은 풍부하나 하천의 기울기가 작아 낙차를 자연적으로 얻기가 어려우므로, 낙차를 얻기 위해 하천을 가로질러 댐을 막아 이에 의해 낙차를 얻어 발전하는 방식으로 댐 구조물 내 또는 바로 아래쪽에 위치한다. 댐은 기울기가 작은 하천에 축조되므로 자연히 큰 저수 용량을 가지게 되는데, 우리나라의 대부분이 댐식 발전이다(춘천, 의암, 청평, 팔당).

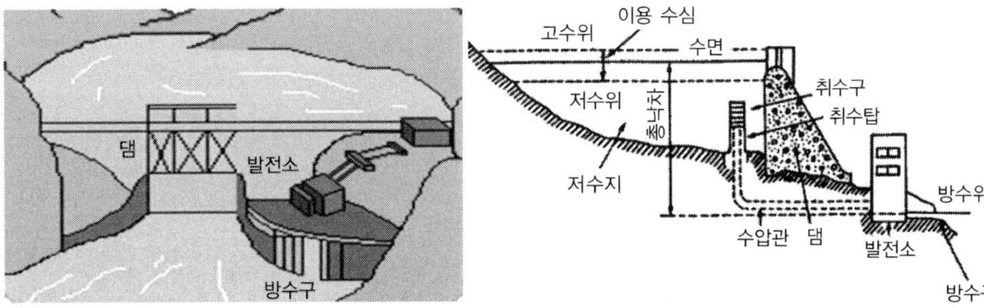

【그림 11-4. 댐식 발전소】

㉰ 댐수로식 발전소

댐식과 수로식의 기능을 혼합한 것으로 하천의 중 · 상류지역에 적합하다. 댐으로부터 수로를 통해 낙차가 큰 지점까지 물을 유도하여 발전하는 방식이다(화천, 소양강, 안흥, 강릉수력).

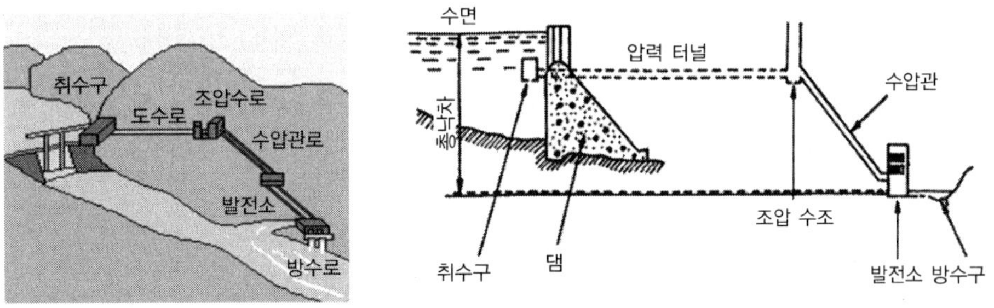

【그림 11-5. 댐수로식 발전소】

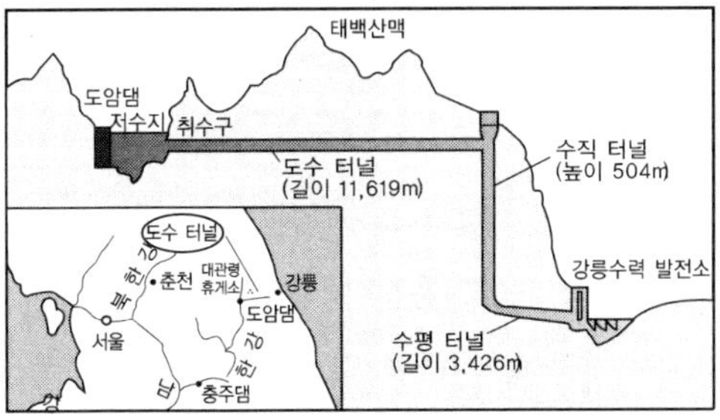

【그림 11-6. 유역변경식 빌진소】

㉱ 유역변경식 발전소

댐 수로식과 같은 시설로 구성되며 발전소를 다른 하천 유역에 건설하여 큰 낙차를 얻어 발전하는 방식 즉, 인접한 두 하천 사이에 큰 낙차를 얻을 수 있을 때 두 하천을 수로로 연결해 그 낙차를 이용하는 발전하는 방식이다.

② 운용에 의한 분류

㉮ 자류식 발전소

발전소의 최대 사용수량 범위 내에서 하천의 자연 유량을 아무런 조절을 하지 않고 그대로 발전에 이용하는 방식이다.

특징
- 큰 규모의 저수지를 가지지 않으므로 계절변화에 따른 유량조절이 불가능
- 발전소의 출력은 자연적으로 흘러내리는 유량에 의존하며, 하천의 상류나 소계곡에 건설되는 대부분의 소수력 발전형태

㉯ 저수지식 발전소

큰 댐을 건설하여 많은 저수 용량을 확보하여 하천의 유량이 계절적으로 변동되어도 연중 매일 필요한 양의 물을 사용할 수 있는 발전방식이다.

특징
- 홍수조절 기능을 가진 댐식 발전소 또는 댐 수로식 발전소
- 다목적 댐식 발전소 : 발전기능과 함께 홍수 조절이나 용수의 공급 등의 기능을 가진 발전소(화천, 소양강, 충주 등)

㉰ 조정지식 발전소

하천 규모에 비해 저수 용량이 불충분해 계절적인 유량조정이나 홍수조절 능력은 없지만 매일 또는 단기간의 유량조정 기능을 활용하여 수요변동에 대응하는 운전으로 편리하게 사용 발전하는 방식이다.

특징
- 자류식 발전소와 달라서 하천이 취수량보다도 발전소 최대 출력을 상당히 크게 설계할 수 있다.
- 단기간의 유량 조절 기능을 활용하는 발전소(춘천, 의암, 청평, 팔당 등)

㉱ 양수식 발전소

전력 수요가 적은 심야 또는 잉여 전력을 이용하여 펌프를 회전시켜 하부 저수지의 물을 상부 저수지로 양수하여 저장하였다가 부하가 점차 늘어나면, 이때 이것을 이용하여 발전하는 방식이다. 이 경우 수차를 펌프로 발전기를 모타로 역이용하는 것도 가능하기 때문에 경제적인 면에서 효과적이다.

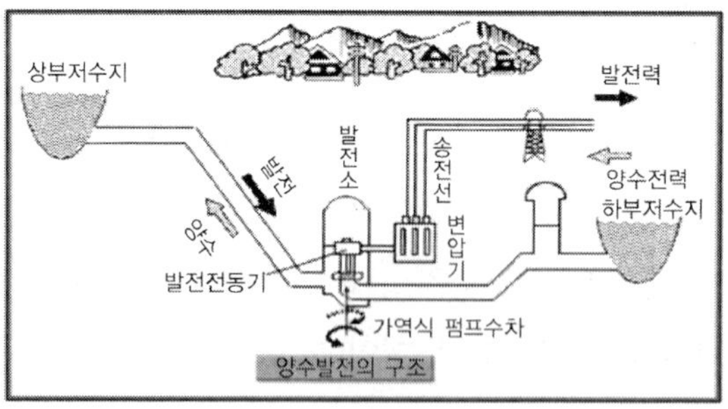

【그림 11-7. 양수식 발전소】

2 수력 자원

(1) 물의 에너지

Ⅲ 물의 성질

① 압축 불가능

② 점성을 지님.

③ 물의 밀도 일정

④ 순수한 물은 4[℃]에서 최대 밀도 1[m^3]의 물의 무게 1,000[kg]

① 위치에너지 : 높은 곳에 있는 물체가 가지는 에너지

- 단위 체적당 질량 w[kg/m^2]
- 물이 어떤 기준면에 대하여 h[m]의 높이
- $W \times h$에 해당하는 일[kg/m]을 할 수 있다.

이와 같이 위치에너지를 물의 높이 h[m]이다.

㉮ 위치 수두

ⓐ 위치에너지와 질량 및 높이의 관계 : 위치에너지는 물체의 질량과 높이에 비례한다.

$$\text{위치에너지} \propto \text{질량} \times \text{높이}$$

ⓑ 질량 1[kg]의 물체를 들어 올리는 데 필요한 힘 = 9.8[N]

ⓒ 위치에너지의 크기 : 위치에너지 U[J]는 질량 m[kg]과 기준면으로부터의 높이 h[m]에 비례한다.

$$E_p = 9.8mh$$

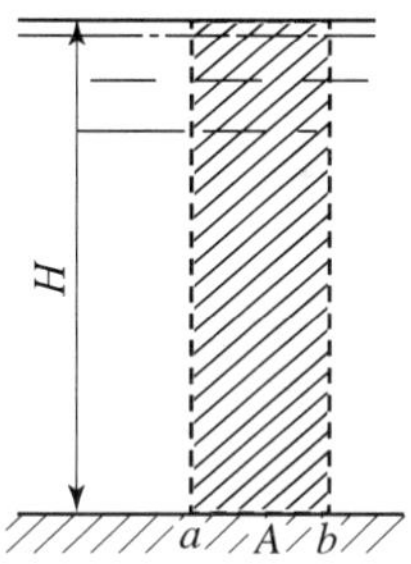

【그림 11-8. 위치에너지】

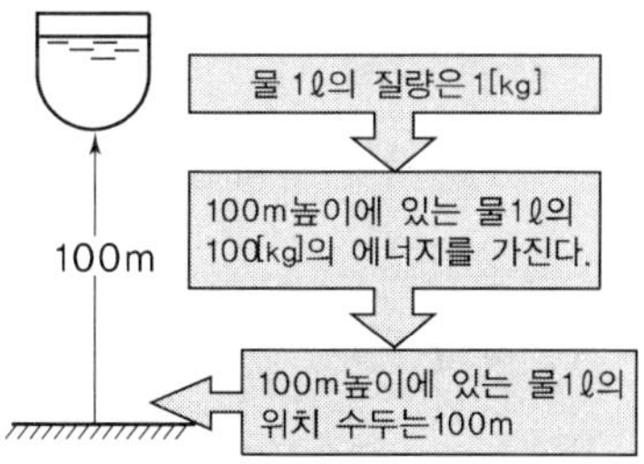

【그림 11-9. 위치 수두】

② 압력에너지

- 수면에서 h[m] 깊이
- 수조 밑면의 단위 면적당 질량이 P_0[kg/m^2]
- 물의 깊이 h[m]인 곳의 압력은 P_0
- 이때, $h = P_0/w$[m]를 압력수두
- w[kg/m^3]는 단위체적 당 물의 질량

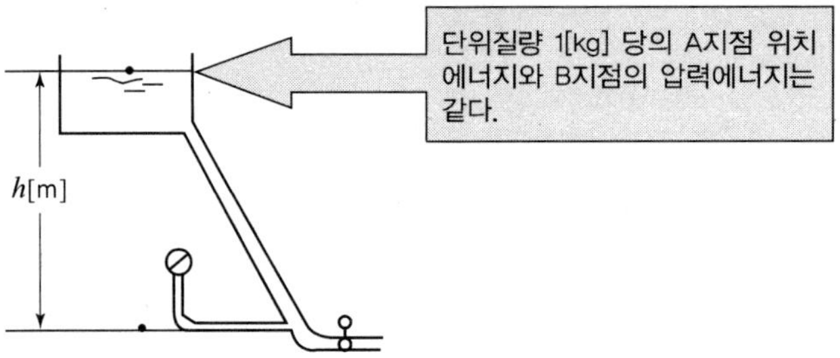

【그림 11-10. 압력에너지】

③ 속도에너지

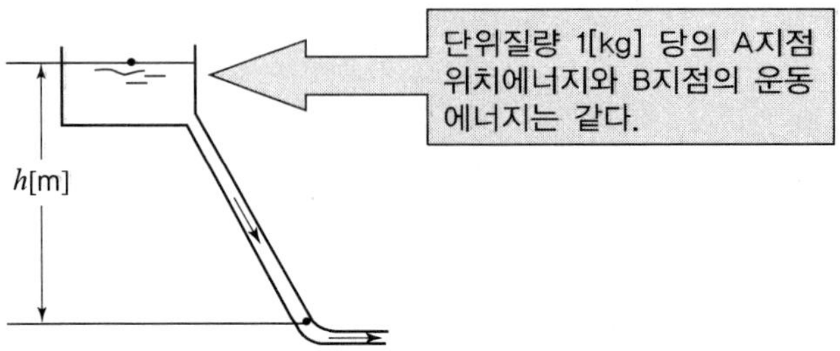

【그림 11-11. 속도에너지】

- 수면에서 h[m] 깊이
- 수조에서 흘러 나가는 물의 속도를 v[m/s]
- 수면에서의 질량 m[kg]의 물의 위치에너지 mgh[J]과 운동에너지 $1/2\,mv^2$[J]은 같다.

$$h = v^{2/2g}[\mathrm{m}]$$

• 높이 h[m]로 단위 중량의 물의 운동에너지를 나타낼 때 h[m]를 속도수두 g는 중력가속도로서 9.8[m/s^2] 예를 들면, $v=3$[m/s]인 물의 속도수두는 0.459[m].

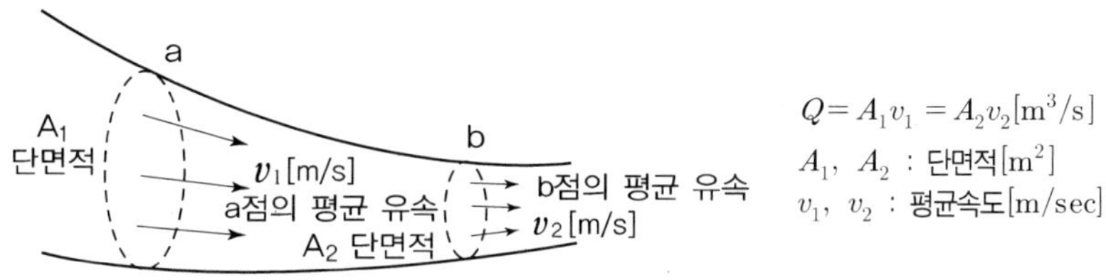

【그림 11-12. 연속의 원리】

④ 베르누이의 정리(Bernoulli's theorem)

베르누이의 정리는 물의 흐름에 적용되는 에너지 불변의 법칙의 하나로 액체는 점성과 탄성이 없고, 외력으로서는 중력만 작용하고, 시간적으로 변화 없이 흐를 때에 이를 완전 유체라 하는데, 이러한 유체는 일련이 유선에 있어서 운동에너지와 위치에너지, 압력에너지의 총합은 일정하다. 이를 베르누이의 정리라 한다.

베르누이의 정리를 식으로 나타내면 다음 식과 같다.

$$\frac{V^2}{2g}=\text{속도수두[m]},\quad \frac{P}{W}=\text{압력수두[m]},\quad h=\text{위치수두[m]}$$

$$\frac{V^2}{2g}+\frac{P}{W}+h=H(\text{일정}),\quad \text{위치수두}+\text{입력수두}+\text{속도수두}=(\text{일정})$$

전체 수두의 총합을 전수두(total head)라 하며, 수력발전소에서는 총 낙차를 말한다.

(2) 하천 유량 및 낙차

① 하천 유량과 유량 곡선

㉮ 강수량과 유량

ⓐ 강수량 : 비, 눈, 우박, 안개 따위로 일정기간 동안 일정한 곳에 내린 물의 총량이다.

ⓑ 유량 : 하천, 호수 및 지하 등에 분포되어 있는 수자원 전체 강수량의 65 ~ 75[%] 정도로서 수력발전에 사용되는 수자원은 거의 이 유량에 의존한다.

㉯ 유량의 크기 구분

【표 11-1. 유량의 크기 구분】

명 칭	내 용
갈수량	1년(365일) 중에서 355일 이상은 이 이하로 내려가지 않는 유량
저수량	1년(365일) 중에서 275일 이상은 이 이하로 내려가지 않는 유량
평수량	1년(365일) 중에서 185일 이상은 이 이하로 내려가지 않는 유량
풍수량	1년(365일) 중에서 95일 이상은 이 이하로 내려가지 않는 유량
고수량	매년 1 ~ 2회 나타나는 정도의 유량
홍수량	3 ~ 4년에 한번 나타나는 정도의 유량

ⓐ 유량도 : 하천의 유량을 시간적 변화에 따라 표시하는 곡선, 최고 수위와 최대 유량 따위를 분석하는 데 쓰인다. 세로축을 유량의 크기로 가로축을 날짜 순서로 하여 하천에 나타나는 유량을 날짜 순서에 따라 나타낸 것으로서 이 자료는 발전소에서 1년간의 발전 계획을 수립하는 데 사용되며, 과거 10년간의 평균 유량을 기초로 한다.

ⓑ 유량 곡선 : 유량도를 기준으로 하여 그래프의 세로축에는 유량의 크기, 가로축에는 매일 발생된 유량을 크기 순서에 따라 큰 것부터 기록한 곡선으로서 유량도는 단순히 계절적인 유량 변화를, 유량 곡선은 연중 유량의 시간적 상황을 한눈에 파악할 수 있다.

ⓒ 적산 유량 곡선 : 적산 유량 곡선은 매일의 사용 수량을 적산하여 가로축을 일수로, 세로축을 유량으로 하여 적산 유량을 나타낸 것으로서 이를 통해 연중 저수지의 최고 수위와 최저 수위를 알 수 있다. 또 세로축을 저수 총량을 나타내면 최저 수위와 최고 수위 사이의 양이 저수 용량이 되어 저수지 규모를 알 수 있다.

② 유량측정

하천 유량, 유로의 단면적, 직각 방향의 유속과의 곱, $Q = Sv[\mathrm{m^3/s}]$ 유량을 알기 위해서 유속을 측정한 것이다.

㉮ 유량측정법

ⓐ 유속계법 : 프로펠러형 날개차의 회전 속도로 물의 속도를 측정

ⓑ 부자법 : 하천의 수면 위에 부자를 띄우고, 두 점 간의 거리를 통과한 시간으로 나누면 유속이 구해진다. 일반적으로 평균 유속은 표면 유속의 80[%] 정도로 계산된다.

ⓒ 염수속도법 : 유수에 소금물(염수)을 주입해서 임의의 두 점에 전극을 설치하여 두 점 간의 거리를 염수가 통과하는 데 소요된 시간으로 나누어 계산한다.

ⓓ 깁슨법 : 수압관 내를 흐르는 물의 유속을 변화시키면 관성운동에너지에 의해 수압이 올라간다. 이 수압 상승량과 시간과의 운동량 계산식에서 유속을 구할 수 있다.

ⓔ 피토관법 : 피토관의 원리를 이용하여 유속을 측정한다.

③ 낙차

㉮ 총 낙차(HG : gross head) : 취수구에서의 수위와 방수구에서의 수위와의 고저차(발전정지 시를 기준으로 함.)

㉯ 정 낙차(static head) : 수차 발전기가 정지 중일 때에 취수구 또는 수조 수면과의 차를 말한다.

- 반동수차의 경우에는 방수로 시점의 수면과의 차
- 충동수차의 경우에는 날개차 원주(funner pitch circle)의 최저점과의 차
- 2노즐 이상인 수차의 경우에는 노즐의 평균 높이와의 차를 정 낙차라 한다.

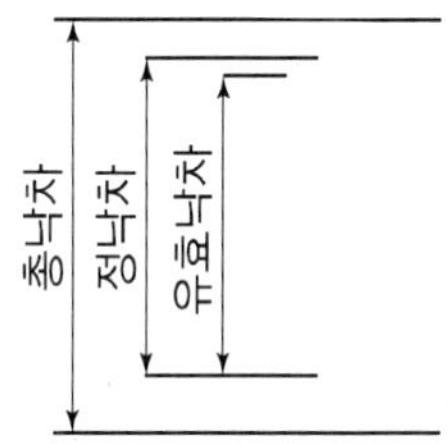

【그림 11-13. 낙차】

총 낙차 − 손실 낙차 = 유효 낙차

(3) 수력발전소의 출력

① 수력발전소의 출력은 유량과 낙차에 의해 결정

유효 낙차 H[m], 유량 Q[m^3/s]의 물의 질량 1000[kg]이며, 단위 시간당 일량은 $P = 1000QH$[kg · m/s].

여기서 중력가속도 g(9.8[m/s^2])가 작용하고, 1000[W] = 1[kW]이므로

$$P = \frac{1{,}000QH \times 9.8}{1{,}000} = 9.8QH[\text{kW}]\ (\text{이론출력})$$

실제 발전소 출력은 수차의 효율, 발전기 효율이 고려된 것으로서

$$P = 9.8QH\eta_T\eta_G[\text{kW}]$$

일반적으로 수차 및 발전기의 종합효율은 70 ~ 85[%]이나, 대형 수차나 발전기의 경우에는 90[%] 이상도 있다.

3 수력설비

(1) 댐 및 부속설비

① 댐

㉮ 댐의 정의 : 계곡이나 하천을 가로질러 저수나 취수를 목적으로 건설되는 구조물을 총칭한다.

ⓐ 건설 시 유의사항(안정성) : 댐은 근본적으로 물에 밀리는 압력에 견디어야 하며 미끄럼이나 넘어지는 경우가 있어서는 안 된다.

ⓑ 댐에 가해지는 힘을 고려 : 물에 밀리는 힘뿐만 아니라 바람이 불 때에 수면에 발생하는 바람의 힘, 겨울철에 얼음이 얼면서 높이가 팽창해 가해지는 결빙압, 댐 바닥으로 스며드는 물에 의한 양압력, 바닥에 흙이 쌓이면서 댐을 밀어내는 토압 및 지진 진동에 의한 지진력으로서 여기서는 중력가속도이라고 할 수 있다.

㉯ 역할에 따른 분류

ⓐ 취수 댐 : 유량조절기능이 없으며, 단지 취수를 위해 물을 유도하기 위한 낮은 댐

ⓑ 저수 댐 : 상류로부터의 유입량이 평균 상용수량을 초과할 때에 잉여수량을 저수하였다가 필요 시 다시 사용하는, 즉 수량 조절을 할 수 있는 댐을 말한다.

ⓒ 다목적댐 : 댐에 저수된 물을 발전에 사용할 뿐만 아니라, 농업용수나 공업용수 등 다목적으로 사용하기 위해 건설된 댐을 말한다.

㉰ 구조에 따른 분류

ⓐ 가동 댐 : 가동 댐은 일정수위 이상의 수량을 배출하기 위해 댐의 일부 또는 전부가 움직일 수 있도록 되어 있는 댐으로서 대부분 고정 댐의 정상 부분의 일부가 가동 부분으로 되어 있다.

ⓑ 고정 댐 : 지반에 고정 축조된 댐으로 일류(溢流)가능 여부에 따라 일류형과 비일류형으로 나누어진다.

㉱ 재료에 따른 분류

기술성, 안전성, 경제성을 종합적으로 검토함으로써 가장 적합한 재료를 결정하게 된다. 콘크리트 댐, 사력 댐, 흙 댐, 철재 댐 등이 있다.

㉲ 설계 구조, 형태에 따른 분류

ⓐ 중력 댐 : 댐 자체의 무게(중량)로 물의 압력을 견디도록 한 댐으로서 우리나라

의 모든 댐이 이에 속한다고 할 수 있다.

ⓑ 아치 댐 : 댐이 활처럼 휘어져 수압을 아치 작용에 의해 견디도록 한 댐으로서 높이에 비하여 하천 폭이 좁은 경우 사용에 설치되는 댐이다.

ⓒ 중공 댐 : 기초가 견고한 경우에 댐 내부를 부분적으로 비어 있는 댐 재료를 절약하는 형식으로서 우리나라에는 없다.

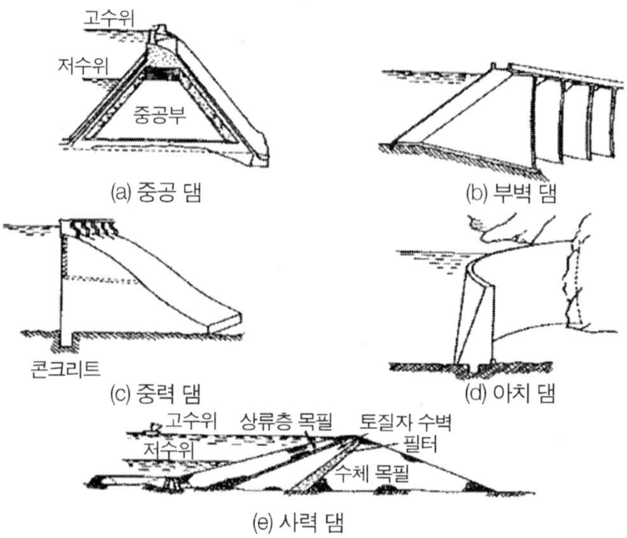

【그림 11-14. 중공댐】

【표 11-2. 설계 구조, 형태에 따른 분류】

종 류	특 징
중력 댐	댐 자체의 무게로 물의 압력에 견디도록 한 것
중공 중력 댐	중력 댐과 비슷하나, 기초가 견고한 경우에 댐 내부를 부분적으로 비어 있게 하여 재료를 절약한 형식
아치 댐	댐이 활처럼 휘어져 아치 작용에 의해 수압에 견디도록 한 것
부벽 댐	부벽으로 지지되는 경사형의 콘크리트 벽에 의해서 수압에 견디도록 설계된 댐
흙 댐	토질 재료(점토나 흙)나 모래 재료로 축조하고 홍수로를 설치한 것
사력 댐	암석 및 자갈을 쌓아올리고 누수를 방지한 후 콘크리트 등으로 처리한 것

② 수문

상류 측의 수위 및 일류량을 조정할 수 있게 하고, 홍수 시에는 이 수문을 열어 수위가 너무 상승하는 것을 방지함과 동시에 상류 측에 퇴적한 토사를 배출한다.

㉮ 슬루스 게이트(sluice gate)

네모꼴의 문짝을 상하로 움직여 여닫(개폐)는 수문으로서 마찰저항이 크기 때문에 물의 압력이 낮은 소형 수문으로 사용한다.

㉯ 롤러 게이트(roller gate)

마찰을 적게 하기 위하여 대형 롤러를 장치하여, 대형 수문 또는 수심이 깊고 큰 수압을 받는 곳에 사용한다.

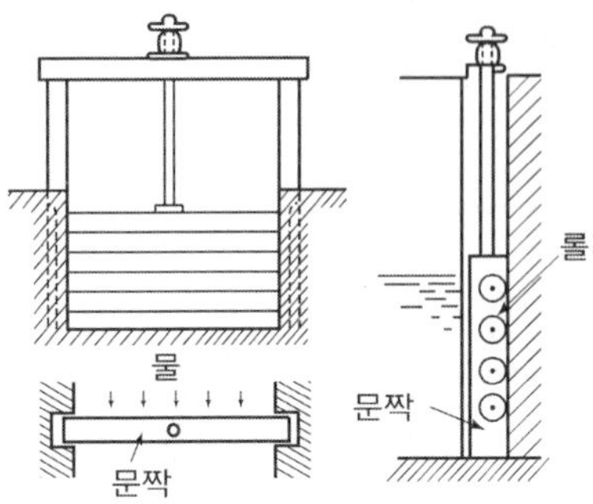

【그림 11-15. 롤러 게이트】

㉰ 스토니 게이트(stony gate)

롤러를 문짝에 부착시키지 않고 문틀에 일련의 롤러를 부착한 사다리형 롤러를 별도로 달아내려 문짝과 문기둥에 사이에 삽입하여 마찰저항이 아주 적으며, 대형 수문 적당하다.

㉱ 테인터 게이트(tainter gate)

차수판의 일부가 반달형으로 수압의 중심에 해당하는 위치에 핀을 만들어 문짝 판의 양끝에서 문기둥에 부착하며, 상류면이 원호상인 강제수문(속도가 빠르다)으로 높은 댐의 상부에 설치되어 수위를 조정(즉, 문주의 높이가 낮은 수문)하며 압력이 양쪽 핀에 집중되어 기계적으로 약하다.

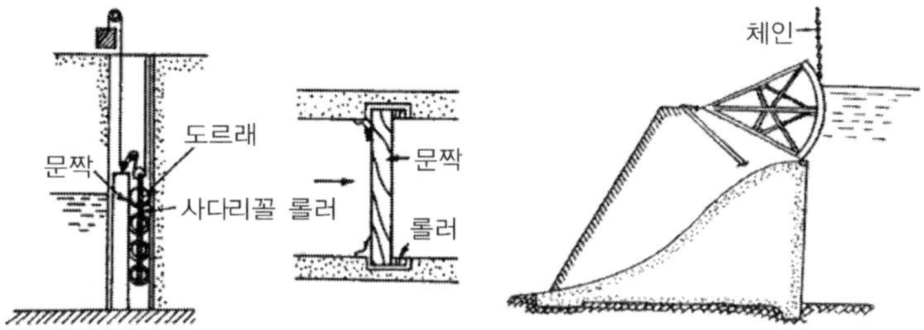

【그림 11-16. 테인터 게이트】

㉤ 롤링 게이트(rolling gate)

강철재의 긴 원통형의 수문을 수평으로 가로놓아 물을 막는다. 무겁고, 권상기 복잡, 강성이 크다. 다소 충격에 견딜 수 있으며 많은 양의 물이 넘쳐도 안전하다. 취수댐, 흙, 모래가 많은 하천에 적합하다.

㉥ 틸팅 게이트(tilting gate)

문짝 몸체의 하부는 지지되어 있고, 상부는 카운터 웨이트에 의해 끌어 올려진다. 수위가 올라가 수압이 강해지면 문짝이 자연히 넘어지면서 물이 흘러 평형을 조정함으로써 임의의 수위를 유지하게 된다.

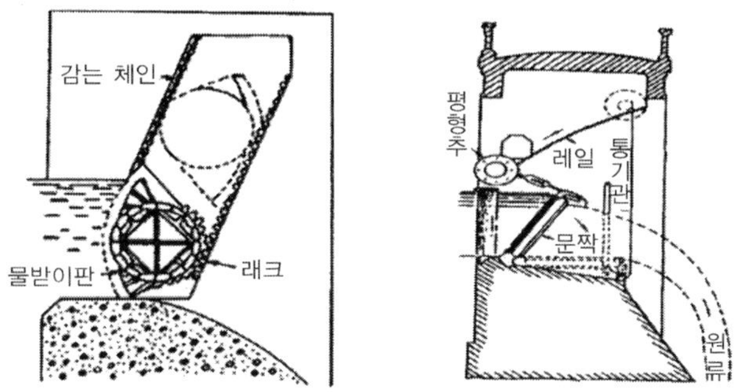

【그림 11-17. 틸팅 게이트】

③ 댐의 부속설비

㉮ 발전 수로의 흐름도

ⓐ 수로식

취수 댐 ⇒ 취수구 ⇒ 수로 ⇒ 침사지 ⇒ 수로 ⇒ 수조
⇒ 수압관 ⇒ 발전소 ⇒ 방수구 ⇒ 방수로 ⇒ 하천

【그림 11-18. 수로식】

ⓑ 댐식

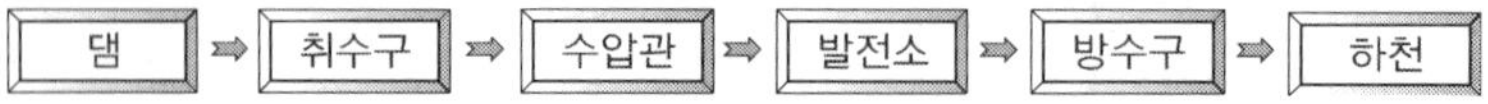

【그림 11-19. 댐식】

㉯ 취수구

취수구는 댐에 고인 물을 수로 또는 발전소로 유입시키게 하기 위해 만든 구조물로, 수로의 입구에는 상부로부터 떠내려 오는 오물 등을 제거하기 위한 제진설비와 물을 차단할 수 있는 제수문이 설치되어 있다.

㉰ 수로

취수구로부터 수조 또는 발전소까지 물을 흐르게 하는 유로이다.

ⓐ 무압수로 : 자연의 경사에 의해 흘러내릴 수 있게 설계 뚜껑의 유무에 따라 개거(개방 수로)와 암거(덮임 수로)로 구분할 수 있다.

ⓑ 압력수로 및 터널 : 압력이 가해져 물을 흐르게 한다.

㉠ 터널 내에 압력이 가해져 물이 흐르는 터널을 압력 터널이라 한다.

㉡ 자유롭게 흐르는 터널을 무압 터널이라 한다.

폭이 좁고 깊은 계곡을 통과할 때에는 교량을 설치하여 그 위에 수로를 설치하는 수로교가 있고, 수로교와 달리 넓은 도로나 철도, 하천 등을 통과할 때에는 땅 밑으로 관을 묻는 역사이펀을 사용한다.

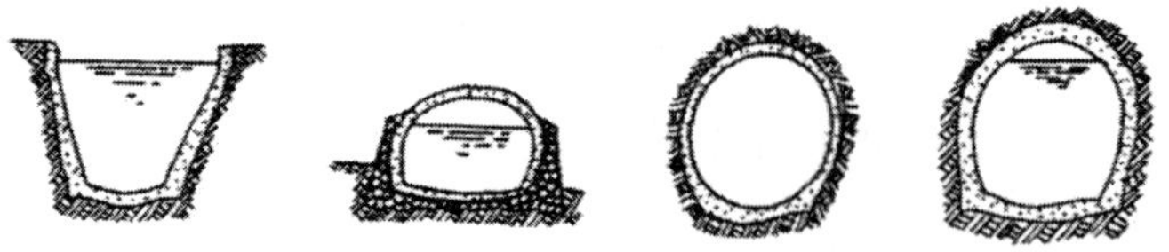

(a) 개방 수로　(b) 덮임 수로　(c) 압력 터널　(d) 무압 터널

【그림 11-20. 수로】

㉱ 수조

긴 수로의 내부를 흐르는 유량이 변동할 때에 발생되는 수리적 충격 등 불균형을 흡수 · 완화시키기 위하여 수로와 수압관의 접속부에 수조를 설치한다.

ⓐ 수조의 기능

수차의 출력을 급격히 증가시킬 때 수로 내의 부족 수량을 보충하고, 수차의 유량이 급격히 감소할 때에 잉여 수량을 흡수한다. 지형상 허용하는 한도 내에서 큰 것이 좋으나 경제성을 고려해서 보통 수차에서 사용하는 최대 수량을 1 ~ 2분간 공급할 수 있어야 하나, 될 수 있는 한 3 ~ 4분간의 수량을 공급할 수 있는 것이 이상적이다.

그밖에 압력 수로와 접속될 때에는 사용수량 변동에 의한 수격압 발생 시의 압력변화를 완화하여 압력수로를 보호하는 기능을 가지고 있다.

ⓑ 수조의 종류

㉠ 무압 수조

- 이용수심이 낮은 수로식이나 댐 수로식에 적용한다.
- 무압 수로와 연결되며, 수량보급 기능을 가지고 있다.

㉡ 조압 수조

- 이용수심이 큰 경우에 적용되며, 특히 수로가 길어지면 수조의 수위(또는 수압) 변동이 매우 커지는 경우에 적용한다.
- 압력 수로와 연결되며, 수량보급 기능을 가지고 있다.

㉮ 수압관로(penstock)

수조 또는 저수지로부터 수차입구까지 압력수를 보내기 위해 연결하는 수로로서 이 관을 수압관로라고 하며, 수압관로에 사용되는 재료에는 강제로 제작된 철판 등이 있다.

ⓐ 지름과 유속

㉠ 일정한 유량일 때 유속은 단면적에 반비례하므로, 지름의 증가는 관 내부 손실을 경감시키는 데 매우 효과적이다.

㉡ 관의 지름 증가는 재료비와 건설비용을 증가시키게 되므로, 수압관의 굵기는 손실과 비용을 검토하여 경제적으로 결정된다.

㉢ 관 내부 유속이 지나치게 낮을 경우에는 관 벽에 물풀이 생기기 쉬우므로, 수압철관 내 유속은 일반적으로 2 ~ 5[m/s]를 유지한다.

ⓑ 수압관의 부속설비

㉠ 신축이음(expansion joint) : 온도 변화에 의해 관이 길이 방향으로 수축, 팽창하는 것을 흡수해 과대한 응력의 발생을 방지한다.

㉡ 고정대와 지지대 : 일반적인 발전소의 경우에는 수압관이 급경사면에 설치되

므로 이를 견고하게 고정하기 위해 100[m] 간격의 고정부와 10[m] 간격의 지지대를 설치하며, 지하에 시설할 때는 이 장치가 불필요하다.

㉢ 공기관과 배수 밸브 : 관 내부의 점검 등을 위해 물을 빼거나 넣을 때에 공기가 유입, 유출되도록 하여 관의 찌그러짐을 방지하는 설비이다.

㉣ 출입구(manhole) : 내부 점검을 위해 작업자 또는 공구 등의 출입이 쉽도록 적당한 간격으로 출입구를 설치한다.

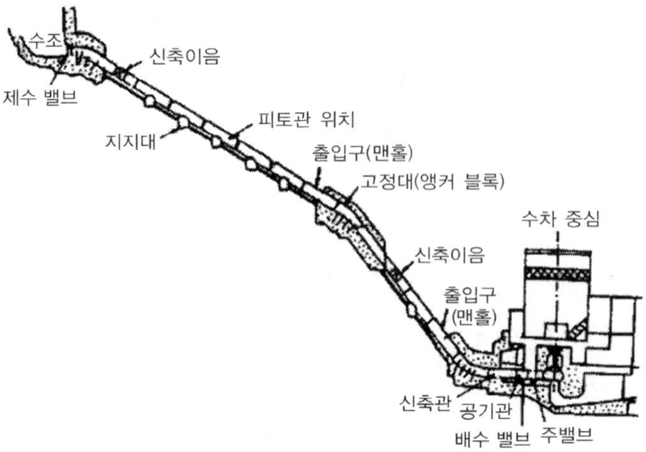

【그림 11-21. 수압관의 부속설비】

㉥ 방수로, 방수구

수차로부터 흘러나오는 물을 원래의 하천으로 방류하기 위한 수로를 방수로라고 하며, 그 출구를 방수구라 한다. 구조는 도수로와 비슷하나 단면적이 크며, 그 위치는 발전소에 따라 길이가 길어지는 경우도 있다.

방수구는 하천과 물의 흐름이 원활히 합쳐지는 곳으로 될 수 있는 대로 하천의 흐름과 같은 방향으로 하는 것이 좋으며, 홍수 시 토사가 쌓이지 않고 홍수의 피해가 작은 곳을 선정해야 한다.

㉦ 안전설비

댐의 안전을 위해 콘크리트 중력 댐 내부에 점검 통로를 시설하는 등 댐 자체의 안전을 위한 설비가 있고, 홍수 유입으로 댐 수위 상승 시 수문을 개방하여 일시에 다량의 방류가 필요한 경우에 하류 지역에 위험을 알리는 방류 경보 시설을 갖춘다.

㉵ 기타

자연의 하천에 댐을 건설할 경우에는 하천의 상하가 차단되므로 은어나 연어 등 강에 올라와서 알을 낳는 어족들의 생태계를 보호하기 위하여 댐 상하부를 왕래할 수 있도록 어도(fish way)를 설치한다.

어도는 저수지에서 하류의 하천까지 완만한 구배의 수로를 시설하고, 이곳에 적당히 물을 흘려 고기류가 이동할 수 있게 한다. 또 댐을 건설한 다음에는 내수면을 이용하는 수상 교통이 가능하도록 댐의 일부에 갑문을 설치하기도 한다. 내부 점검을 위해 작업자 또는 공구 등의 출입이 쉽도록 적당한 간격으로 출입구를 설치한다.

(2) 수력 설비

【표 11-3. 수차】

에너지 바꾸는 방법	수차종류	낙차	특 징
충동수차	펠턴 (pellton)	고낙차	물의 압력 수두를 속도수두로 변환하여 수차의 날개에 충돌시켜 날개를 회전시킴.
반동수차	프랜시스 (francis)	중낙차	회전 날개차, 와권 케이싱, 스피드링, 안내날개, 흡출관 등으로 구성
	사류 (diagonal flow)	중낙차	프란시스 수차 특성을 가지며, 날개는 프로펠러 수차 형상을 하고 프로펠러 수차 특성을 가짐.
	프로펠러 (propeller)	저낙차	프로펠러 형상으로 구조가 간단함.
	카플란 (kaplan)	저낙차	프로펠러 수차와 거의 같으나 유량에 따라 회전 날개차의 각도를 조정하도록 고안된 것

① 수차의 종류

㉮ 펠턴(pelton)수차

수압관의 마지막 부분에 노즐이 설치되어 이 노즐에서 물의 압력 수두를 속도수두로 변환하여 수차의 날개에 충돌시켜 날개를 회전시키는 충동수차로서 고낙차에 많이 설치되는 수차이다.

ⓐ 주요부분 : 버킷, 휠, 니들 밸브, 노즐

ⓑ 수차 급정지방법

㉠ 전향판을 정지 위치로 오게 하여 분사수의 방향을 바꾸어 수차로의 압력을

줄이고 천천히 니들 밸브를 닫는다.

㉡ 니들 밸브로 분사구를 급히 차단하면 수격작용이 커져서 위험하다.

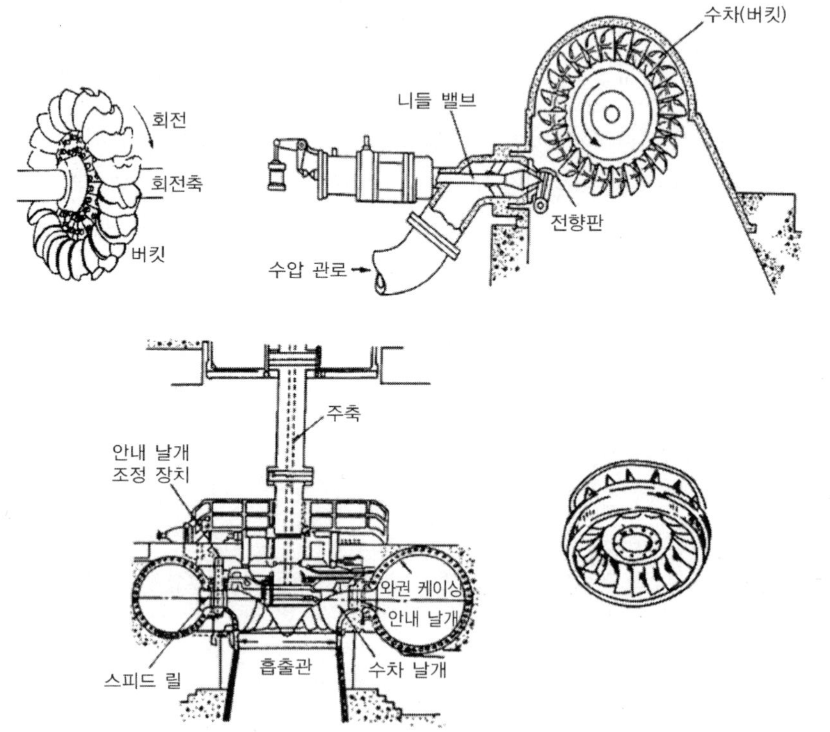

【그림 11-22. 펠턴수차】

㉯ 사류(diagonal flow)수차

물의 흐름의 방향이 경사로 되어 프랜시스수차의 특성을 갖는다. 또한 날개는 프로펠러수차 형상을 하고 있어 프로펠러수차의 특성을 갖고 있으며, 날개의 각도를 조절할 수 있으므로 카플란수차와 같이 변동 유량에 대한 특성이 좋다. 구조가 복잡하여 비싸다는 단점이 있다.

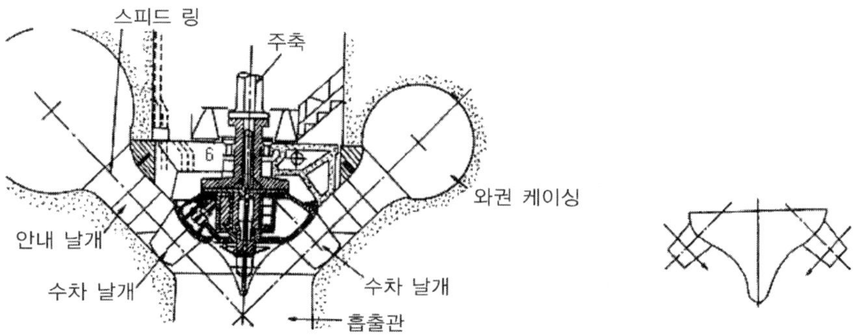

【그림 11-23. 사류수차】

㉰ 프로펠러(propeller)수차

ⓐ 프로펠러 형상으로 구조가 간단하며, 낮은 낙차에서 사용한다.

ⓑ 유량이나 낙차의 변동 폭이 크면 효율의 저하가 심하므로 출력 변동을 빈번하게 요구하는 용도로는 적합하지 않다.

ⓒ 날개의 수는 낙차의 크기에 따라 달라지며, 보통 3 ~ 10매 정도가 적당하다.

㉱ 카플란(kaplan)수차

프로펠러수차의 유량 변동에 따른 효율저하를 개선하기 위해 유량에 따라 회전 날개차의 각도를 조정하도록 고안된 것으로, 전부하 범위에서 고루 효율이 좋은 편이다. 날개차의 날개 각도는 안내 날개의 열린 정도에 비례하여 스스로 조정되도록 만들어져 있다. 30[m] 이하의 낙차에 많이 설치되는 형식이다.

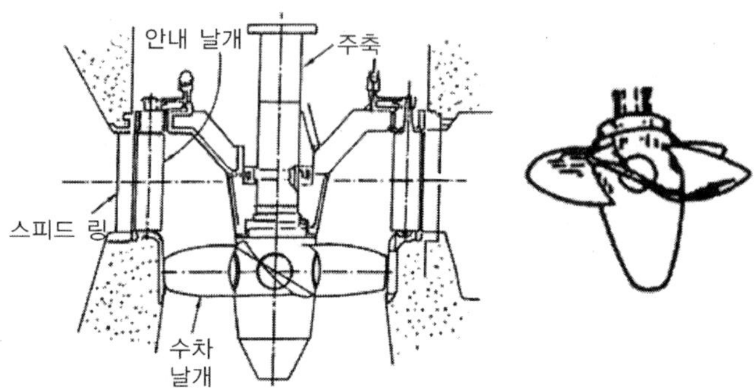

【그림 11-24. 카플린수차】

보충자료

1. 수차의 종류와 형식 : 수차는 설치 형태에 따라 수평형과 수직형으로 나누어지며, energy의 변환특성에 따라 물의 속도수두를 이용하는 충동수차와 압력수두를 이용하는 반동수차로 구분된다. 또 수차의 형식명은 보통 축의 방향, runner의 수, 방류구의 수, casing의 구조로 호칭한다.

   1) pelton수차
   pelton수차는 대표적인 충동수차로 고낙차(보통 300[m] 이상) 수두를 nozzle로 분사시켜 bucket에 부딛치게 하여 회전력을 얻는다. 회전수 조절은 nozzle 전단에 있는 niddle valve에 의해 행해지며, 급속정지를 위해 bucket 뒷면에 deflect가 설치된다.

   2) francis수차
   물이 runner의 반경방향으로 유입되어 runner 내에서 축방향으로 바뀌어 유출되는 반동수차의 한 종류로 중・고낙차에 적합하다.

   3) propeller수차
   물이 runner의 축방향으로 유입되고, 유출되는 구조의 반동수차이며, runner의 날개 각도를 조절할 수 있는 kaplan수차나 발전기가 한 원통 내에 설치되는 원통형(tubular)수차도 이 종류이다.

   4) 사류수차
   물이 runner의 경사방향으로 유입되어 축방향으로 바뀌어 유출되는 수차로 francis수차와 propeller수차의 중간 형태이다. runner의 날개각도를 변경시킬 수 있는 deriaz수차가 대표적이다.

   5) pump수차
   pump수차는 pump와 수차를 병행 사용할 수 있는 구조로 francis형, propeller형, 사류형 등으로 구분되어질 수 있다.

2. 수력발전소별 현황
   - 화천 ················ 프란시스(74.5m)
   - 춘천 ················ 카플란(28.8m)
   - 청평 ················ 카플란, 프로펠러(26.0m)
   - 의암 ················ 카플란(17.2m)
   - 팔당 ················ 원통형(11.8m)
   - 강릉 ················ 펠톤(626.7m)
   - 소양강 ············ 프란시스(110m)
   - 충주 ················ 프란시스(72.1m)
   - 대청 ················ 프란시스(38.7m)
   - 안동 ················ 사류(66.6m)
   - 청평양수 ········· 프란시스(452.0m)
   - 삼랑진양수 ······ 프란시스(343.0m)
   - 무주양수 ········· 프란시스(579.5m)

㉤ 원통형 수차

낙차 20[m] 이하의 초저낙차에 사용되는 수차로서 보통 카플란수차나 프로펠러수차에 적용한다.

ⓐ 구조 : 와권 케이싱(spiral csing)이 없이 물의 축 방향으로 흐르도록 되어 있어 수로 손실이 적으므로 효율이 높다.

㉥ 튜뷸러(tubular)수차

원통형 수차와 같은 구조를 하고 있으나, 발전기가 수로 밖에 위치하는 것이 다르다.

② 수차의 특성

㉮ 특유속도

ⓐ 수차의 기본 특성을 비교하는 방법 : 특유속도(또는 비속도)

N : 수차의 회전수, P : 출력, H : 낙차

어느 수차와 기하학적으로 닮은 수차를 가정하여 이를 1[m] 낙차에서 1[kW]의 출력을 발생하는 데 필요한 1분간의 회전수

㉯ 무구속 속도

ⓐ 수차가 정격 출력으로 운전 중에 무부하로 되었을 때에 입력차단 장치의 고장 등의 원인으로 입력이 차단되지 않을 경우에 수차의 회전수가 급격히 상승하여 위험 속도에 다다른다. 이때 상승하는 최고의 속도를 무구속 속도라 한다.

ⓑ 수차설계 시 만약의 경우를 고려하여 무구속 속도에서 1분간 견딜 수 있도록 하고 있다.

ⓒ 수차의 무구속 속도

- 펠턴수차 : 150 ~ 200%
- 프랜시스수차 : 160 ~ 220%
- 프로펠러수차 : 200 ~ 250%
- 카플란수차 : 220 ~ 320%

③ 수차의 부속설비

㉮ 입구 밸브(inlet valve)

수차 입구에 있으며, 수차 내부를 점검하거나 보수 작업 등으로 장시간 정지할 때 수차에 들어오는 물을 차단한다. 전부 닫거나, 전부 여는 기능을 할 뿐이지 물의 흐름양을 조절하는 기능은 없다. 물이 새지 않고 조작이 쉬워야 하며, 물이 흐를 때에 저항이 적어야 한다.

입구 밸브의 종류

① 200[m] 이상의 낙차에 사용하는 슬루스 밸브 및 회전 밸브
② 50 ~ 200[m]에 사용하는 나비형 밸브
③ 저낙차에서는 입구 밸브를 생략하는 경우가 많다.

PART 11

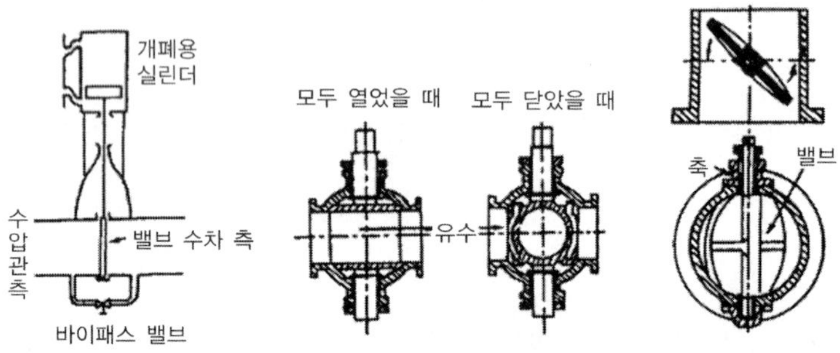

(a) 슬루스 밸브 (b) 회전 밸브 (c) 나비형 밸브

【그림 11-25. 입구 밸브의 종류】

㉯ 조속기(governor)

수차발전기는 일정 주파수로 발전하여야 하므로 부하 변동에 관계없이 정해진 속도로 운전, 부하가 변해도 일정 회전수를 유지하기 위해서는 부하의 증감에 따라 수차에 유입되는 유량을 가감할 필요가 있다.

이렇게 부하 변동에 따른 속도 변화를 감지하여 입력 수량을 자동으로 조절하는 장치가 조속기이다.

㉰ 압력조정장치

수차의 부하가 급격히 감소하면 수차에 들어가는 입력을 줄이기 위해서 펠턴수차의 니들 밸브나 반동수차의 안내 날개(guide vane)를 급히 닫게 된다.

ⓐ 수격 작용 : 터빈으로 들어오던 유수는 관성을 가지고 있으므로 흐름이 정지되면서 운동에너지가 압력에너지로 변하여 수로 내에 압력이 상승, 압력의 상승은 안내 날개가 닫혀지는 시간이 짧을수록 커진다. 그러나 압력을 높게 하지 않기 위하여 천천히 닫으면 수차의 회전수가 이상상태로 상승하여 위험하게 되므로 수압이 30[%] 이상 상승하지 않는 정도에서 폐쇄 시간을 정한다.

ⓑ 돌발적인 사고에 의해 급히 폐쇄를 해야 할 경우를 고려하여 압력이 어느 한도 이상 상승할 때에는 압력조정장치를 설치한다.

ⓒ 압력조정장치는 부하의 급감 시에 조속기 동작에 의해 수차 입력을 줄임과 동시에 여분의 물을 다른 곳으로 배수시켜 압력 상승을 억제하는 자동장치이다.

ⓓ 반동수차에 사용되는 압력조정장치는 제압기를 많이 사용하고, 펠턴수차에는 전향장치를 사용하여 물의 분사 방향을 변화시켜 수차에 분사되지 않도록 한다.

㉣ 흡출관

수력발전소에서 수차의 위치가 방수면에 가까울수록 유효 낙차가 증가하여 출력이 증가한다.

ⓐ 너무 낮은 위치로 내리면 홍수 시에 발전기가 물에 잠길 우려가 있다.

ⓑ 낙차를 회수하기 위해서 수차의 방수면 사이에 흡출관을 설치한다.

ⓒ 흡출관의 높이는 6 ~ 7[m] 이하이다.

ⓓ 흡출관 모양 : 소용량 수차의 경우 – 원뿔형, 대형 수차의 경우 – L자형

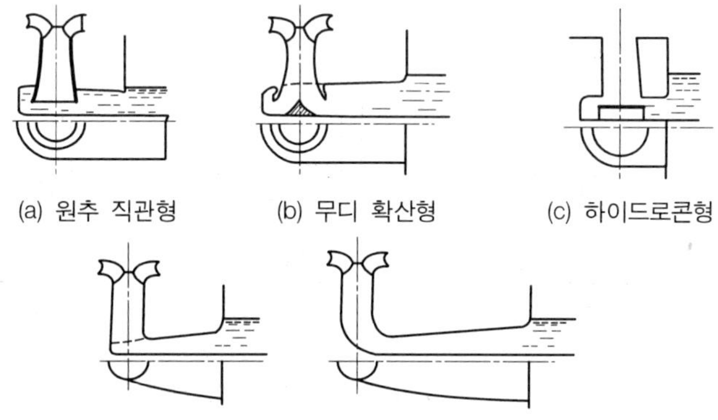

(a) 원추 직관형 (b) 무디 확산형 (c) 하이드로콘형

(d) 직각형 곡관 (e) 엘보형

【그림 11-26. 흡출관】

④ 전기설비

㉮ 수차발전기

ⓐ 발전기의 구조

수차는 비교적 회전이 늦으므로 자극이 많은 돌극형 회전자가 사용된다. 발전기는 저속도인 것일수록 출력에 비하여 대형이 되므로 될 수 있는 한 수차의 회전속도를 높게 하여 발전기를 소형으로 하는 편이 가격이 저렴하다. 발전기의 정격 전압은 보통 소형에서는 3.3[kV], 중형에서는 6.6[kV], 대형에서는 11[kV], 13.8[kV], 18[kV], 20[kV]가 표준이다.

- 회전자 : 돌극형, 제동권선 설치
- 냉각방식 : 공기냉각방식, 권선의 내부 수냉각방식

ⓑ 축의 배치

- 횡축형 : 고속 회전인 것에 적당
- 입축형 : 저속도 대형기에 적당
- 보통형 : 회전 부분의 중량과 수차의 축 방향의 수압을 지지하는 스러스트 베어링이 발전기 상부에 있고, 하부에 안내 베어링을 설치하고 있다.
- 우산형 : 회전자가 우산모양, 스러스트 베어링과 안내 베어링을 설치 축길이가 짧고, 건물 높이가 낮다.

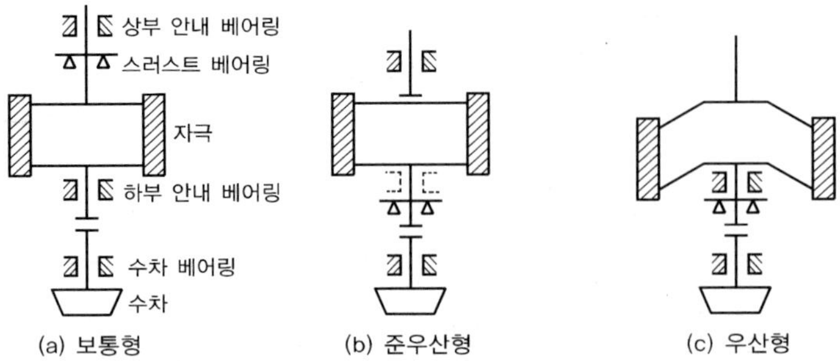

【그림 11-27. 축의 배치】

㉯ 전동발전기

양수발전소에서 양수 시 수차가 펌프로 되기 위해 발전 시 반대 방향으로 돌려주어야 한다. 이를 전동발전기라 한다. 회전 방향을 반대로 바꾸어 주는 상절환 장치가 필요하다.

⑤ 양수설비

㉮ 양수발전의 원리

전력 사용이 가장 적은 심야 시간대의 전기를 이용하여 하부 저수지의 물을 높은 곳에 위치한 상부 저수지에 양수시켜 저장하였다가 전력 사용이 가장 많은 시간이나 전력계통 사고 시에 이 물을 이용하여 발전하는 방식이다.

㉯ 양수발전의 필요성

ⓐ 부하효율의 향상 : 부하의 변화에 따른 대용량의 기력 및 원자력발전소의 출력 증감운전 시 초래되는 기기수명 단축, 효율저하 등을 보완하여 이들 발전소의

이용률 및 열효율 향상에 기여하고 있다.

ⓑ 사고대비와 공급신뢰도 향상 : 대용량 발전소의 불시 정지 시 즉각 대응할 수 있는 기동성과 예비전력을 확보함으로써 전력공급의 안정과 신뢰도 향상에 크게 이바지하고 있다.

ⓒ 발전원가의 절감 : 대용량 발전소 등에서 생산되는 원가가 낮은 전기를 사용하여 심야에 양수하였다가 최대 부하 시 가치가 높은 전기를 생산, 공급하게 되므로 원가가 크게 절감된다(1/2).

㉠ 우리나라 양수발전소

청평 400[MW], 삼랑진 600[MW], 무주 600[MW] 안동 90[MW], 산청 양수발전소 700[MW] 등

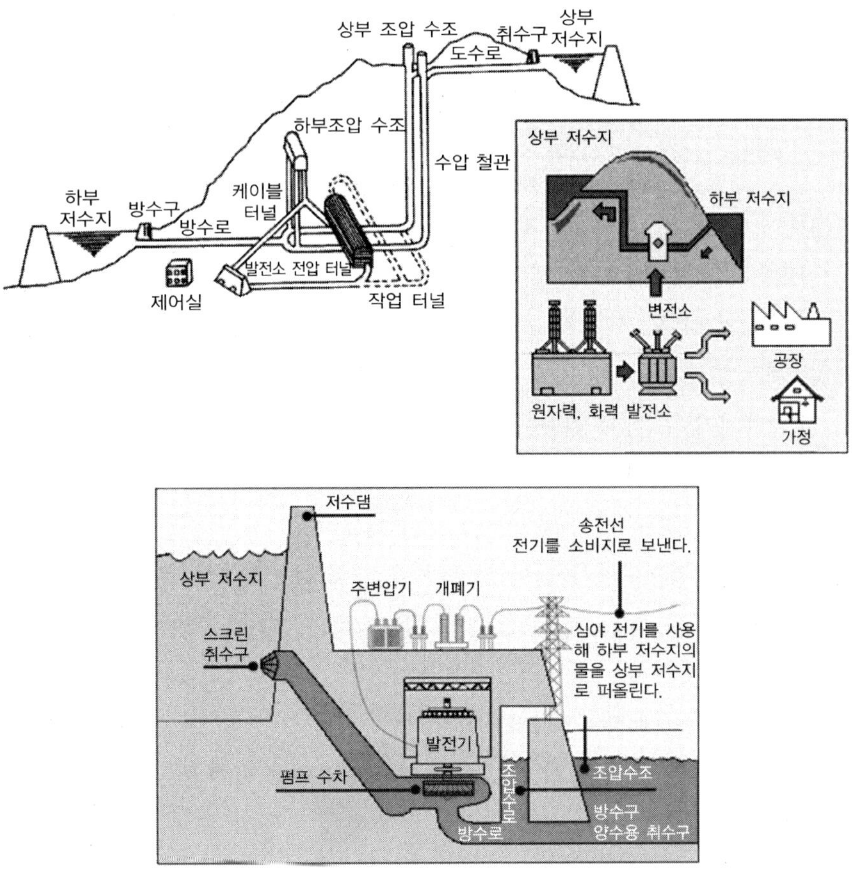

【그림 11-28. 양수발전방식】

㉡ 양수발전방식의 종류

• 순 양수식 발전소 : 발전에 사용되는 수량이 전부 양수된 물만으로 운영되며, 상부 저수지에 외부로부터 유입량이 없는 발전소

(예) 청평 양수발전소, 삼랑진 양수발전소, 무주 양수발전소

• 혼합 양수식 발전소 : 상부 저수지에 외부로부터 유입량이 있는 발전소

(예) 안동 양수발전소 등

㉰ 기기 배치에 따른 분류

기기 배치에 따라 직결식, 별치식, 가역식 등으로 나누어진다.

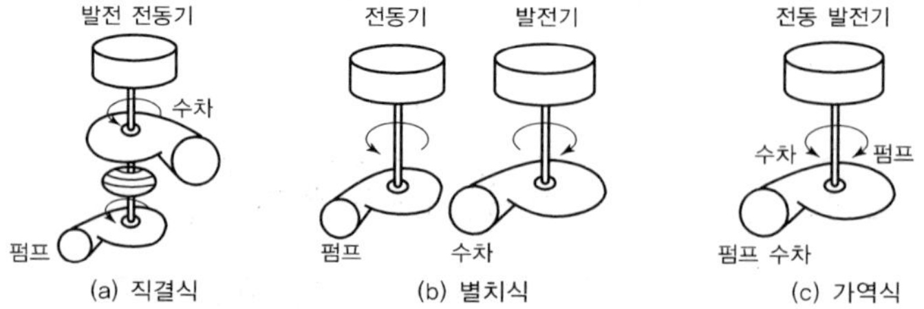

【그림 11-29. 기기 배치에 따른 분류】

㉱ 펌프수차

펌프수차는 펠턴수차를 제외한 프랜시스수차나 프로펠러수차를 역방향으로 회전시키면 펌프로도 사용 가능하다. 건설비가 싸게 든다. 펌프수차의 구조는 수차보다 펌프에 가까우므로 중량도 수차 전용기에 비하여 30 ~ 40[%] 무겁다. 하나의 회전 날개차가 두 가지 기능으로 사용되므로 어느 하나의 기능만으로 제작된 경우보다 최고 성능은 다소 낮아진다.

㉲ 프랜시스형 펌프수차

프랜시스형 펌프수차가 많이 채용한다. 전형적인 프랜시스수차를 펌프 효율이 높아지도록 개선, 지름 1.3 ~ 1.5배, 적용 낙차 범위 30 ~ 700[m] 정도이다.

㉳ 가변속 양수

펌프로 사용할 때에는 동기전동기로 사용 – 프랜시스형 펌프수차(일정 속도로 회전)

ⓐ 발전 시 – 안내 날개의 각도를 조정하여 유량을 증감함으로써 발전량을 자유로이 조정

ⓑ 양수 시 – 안내 날개의 각도를 조정해도 양수 입력이 거의 변하지 않음(단점).

PART **11**

Exercise

연 습 문 제

01 출력 20[kW]의 전동기로서 총 양정 10[m], 펌프 효율 0.75일 때 양수량 $Q[\mathrm{m^3/min}]$은?

㉮ 9.18 ㉯ 9.85
㉰ 10.31 ㉱ 11.0

02 수력발전소의 수차에 있어서 N_e를 어떤 부하 시의 회전 속도, N_0를 조속기를 조절하지 않고 무부하로 했을 때의 회전 속도, N을 규정 회전 속도라고 할 때 수차의 속도조정률[%]은?

㉮ $\dfrac{N-N_e}{N}\times 100$

㉯ $\dfrac{N_0-N}{N}\times 100$

㉰ $\dfrac{N_0-N_e}{N}\times 100$

㉱ $\dfrac{N-N_e}{N_0}\times 100$

03 어느 발전소에서 주 발전기로서 3상 93,000[kVA]인 것이 4기 있다. 이들은 50[c/s]에 대해서는 167[rpm], 60[c/s]에 대해서는 200[rpm]으로 회전한다. 이 발전기의 극수는 얼마인가?

㉮ 18 ㉯ 36
㉰ 54 ㉱ 72

04 수차의 속도조정률이 4[%]인 정격 출력 32,000[kW]의 발전기가 계통 병렬 운전 중 주파수가 0.2[Hz] 변하면 발전기 출력은 몇 [kW] 변화하는가? (단, 계통의 정격 주파수는 60[Hz]로 한다.)

㉮ 약 1,500 ㉯ 약 1,900
㉰ 약 2,300 ㉱ 약 2,700

05 정격 출력 200[MW], 2극 60[Hz]의 터빈 발전기가 계통에 병렬 운전하여 200[MW]를 발생하고 있을 때 계통주파수가 60[Hz]에서 60.6[Hz]로 갑자기 올라갔기 때문에 출력이 150[MW]로 되었다. 이때의 속도 조정률[%]은 얼마인가?

㉮ 3.0 ㉯ 3.5
㉰ 4.0 ㉱ 4.5

06 조속기의 폐쇄 시간이 짧을수록 옳은 것은?

㉮ 수압관 내의 수압상승률은 작아진다.
㉯ 수격 작용은 작아진다.
㉰ 발전기의 전압상승률은 커진다.
㉱ 수차의 속도변동률은 작아진다.

07 부하 변동이 있을 경우 수차(또는 증기 터빈)입구의 밸브를 조작하는 기계식 조속기의 각 부하의 동작 순서는?

㉮ 평속기 → 복원기구 → 배압 밸브 → 서보 전동기
㉯ 배압 밸브 → 평속기 → 서보 전동기 → 복원 기구
㉰ 평속기 → 배압 밸브 → 서보 전동기 → 복원 기구
㉱ 평속기 → 배압 밸브 → 복원 기구 → 서보 전동기

08 수차의 조속기 시험을 할 때 폐쇄시간이 길게 되도록 조속기의 기구를 조정하여 부하를 차단하면 수차는?

㉮ 회전속도의 상승률이 늘고 수추작용이 감소한다.
㉯ 회전속도의 상승률이 증가하고 수추작용이 커진다.
㉰ 회전속도의 상승률이 줄고 수추작용이 커진다.
㉱ 회전속도의 상승률이 줄고 수추작용이 감소한다.

09 다음 중 수차 조속기의 주요 부분을 나타내는 것이 아닌 것은?

㉮ 평속기
㉯ 복원 장치
㉰ 자동 수위조정기
㉱ 서보 모터

10 캐비테이션(cavitation)현상에 의한 결과로 적당하지 않은 것은?

㉮ 수차 러너의 부식
㉯ 수차 레버 부분의 진동
㉰ 흡출관의 진동
㉱ 수차 효율의 증가

11 수차에서 캐비테이션의 방지책이 아닌 것은?

㉮ 토마 계수를 작게 잡는다.
㉯ 흡출구를 작게 한다.
㉰ 흡출관 상부에 적당량의 공기를 도입한다.
㉱ 수차의 특유속도를 작게 한다.

12 유효 낙차 50[m]에서 출력 7,500[kW]되는 수차가 있다. 유효 낙차가 2.5[m]만큼 저하되면 출력은 약 몇 [kW]로 되는가? (단, 수차의 수구개도는 일정하며, 또 효율이 변화를 무시하기로 한다.)

㉮ 6,650　　㉯ 6,755
㉰ 6,850　　㉱ 6,975

13 낙차 290[m]인 회전수 500[rpm]인 수차를 225[m]의 낙차에서 사용할 때의 회전수 [rpm]는 얼마로 하면 적당한가?

㉮ 400　　㉯ 440
㉰ 480　　㉱ 520

14 수차의 특유 속도(specific speed) 공식은? (단, 유효 낙차를 H, 출력을 P, 회전수를 N, 특유속도를 N_s라 한다.)

㉮ $N_s = N\dfrac{P^{1/2}}{H^{5/4}}$　　㉯ $N_s = N\dfrac{H^{5/4}}{NP}$
㉰ $N_s = \dfrac{NP^{1/4}}{N^{5/4}}$　　㉱ $N_s = \dfrac{NP^2}{H^{5/4}}$

15 수력발전소의 발전기를 정지시키도록 다음과 같은 동작을 하였다. 동작 순서가 옳은 것은?

> ① 주 밸브(main valve)를 닫음과 동시에 수문을 닫는다.
> ② 여자기의 여자 전압을 내려 발전기의 전압을 내린다.
> ③ 주 개폐기를 열어 무부하로 한다.
> ④ 조속기의 유압 조정 장치를 핸들에 옮겨 니들 밸브 또는 가이드 밸브를 닫아 수차를 정지시키고 곧 주 밸브를 닫는다.

㉮ ① → ② → ③ → ④
㉯ ④ → ③ → ② → ①
㉰ ② → ④ → ① → ③
㉱ ③ → ② → ④ → ①

16 취수구에 제수문을 설치하는 목적은?

㉮ 모래를 걸러낸다.
㉯ 낙차를 높인다.
㉰ 고수위를 낮춘다.
㉱ 유량을 조절한다.

17 고낙차 소수량 발전에 쓰이는 수차의 입구 밸브로써 적당한 것은?

㉮ 슬루스 밸브
㉯ 존슨 밸브
㉰ 로터리 밸브
㉱ 버터플라이 밸브

18 수차발전기에 제동권선을 장치하는 주된 목적은?

㉮ 정지시간 단축
㉯ 발전기 안정도의 증진
㉰ 회전력의 증가
㉱ 과부하 내량의 증대

19 프란시스(francis) 수차의 수차 조립 시 제일 먼저 설치해서 수차의 기준을 잡아 주는 것은?

㉮ 러너　　㉯ 안내 날개
㉰ 속도환　　㉱ 흡출관

20 다음 수차 중 디플렉터를 가지고 있는 수차는?

㉮ 펠톤 수차
㉯ 프란시스 수차
㉰ 프로펠러 수차
㉱ 카플란 수차

21 흡출관을 쓰는 목적은?

㉮ 속도변동률을 작게 한다.
㉯ 낙차를 늘린다.
㉰ 유속을 일정하게 한다.
㉱ 압력을 줄인다.

22 수력발전소에서 사용되는 수차 중 15[m] 이하의 저낙차에 적합하여 조력발전용으로 알맞은 수차는 어느 것인가?

㉮ 카플란수차
㉯ 펠톤수차
㉰ 프란시스수차
㉱ 튜블러수차

23 수압 관로의 평균 유속을 v[m/s], 관의 지름 D[m], 사용유량을 Q[m^3/s]로 하면 Q를 구하는 식은?

㉮ $Q=\frac{4}{\pi}D^2v$　　㉯ $Q=\frac{\pi}{4}D^2v$
㉰ $Q=4\pi Dv$　　㉱ $Q=4\pi D^2v$

24 수압관 안의 1점에서 물의 압력을 측정한 결과 5[kg/cm^2], 유속을 측정한 결과 35[m/sec]이었다. 그 점에서의 속도수두는 몇 [m]인가?

㉮ 62.5　　㉯ 95
㉰ 125　　㉱ 175

25 조압수조 중 서징의 주기가 가장 빠른 것은?

㉮ 제수공 조압수조
㉯ 수실 조압수조
㉰ 차동 조압수조
㉱ 단동 조압수조

26 다음에서 차동 조압수조의 특징이 아닌 것은?

㉮ 서징이 주기가 빠르다.

PART 11

㈏ 서징이 누가되지 않는다.
㈐ 서징이 비교적 천천히 진정된다.
㈑ 단면적이 감소된다.

27 수로에 대한 다음 설명 중 옳지 않은 것은?

㈎ 수로 내의 수위의 이상 상승을 방지한다.
㈏ 수로식 발전소의 수로의 처음 부분과 수압관의 아래 부분에 설치한다.
㈐ 수로에서 유입하는 물속의 토사를 침전시켜서 배사문으로 배사하고 부유물을 제거한다.
㈑ 용량을 크게 하는 것이 바람직하나, 지형적 조건에 따라서 최소한 최대 사용유량을 1～2분 동안 저장할 수 있는 용적을 가져야 한다.

28 수력발전용 중력댐의 설계에 있어서 댐에 미치는 모든 힘의 합력이 댐 저부의 중앙 1/3 이내에 들어가야 한다는 것은 다음 중 무엇을 위한 조건인가?

㈎ 자체 각 부에 장력이 생기지 않는 조건
㈏ 댐이 압괴되지 않는 조건
㈐ 댐이 전복하지 않는 조건
㈑ 댐이 활동하지 않는 조건

29 유속계로 하천의 유속을 측정할 때 2점법으로 재어지는 것은 수심의 몇 [%] 점인가?

㈎ 5[%]와 35[%]
㈏ 40[%]와 60[%]
㈐ 20[%]와 80[%]
㈑ 30[%]와 80[%]

30 소하천(小河川) 등의 적은 유량을 측정하는 방법으로 가장 적합한 것은?

㈎ 언측법　　㈏ 유속계법
㈐ 부자법　　㈑ 염수속도법

31 유효 저수량 200,000[m^3], 평균 유효 낙차 100[m], 발전기 출력 7,500[kW] 1대를 운전할 경우 몇 시간 발전할 수 있는가? (단, 발전기 및 수차의 합성 효율은 85[%]이다.)

㈎ 4　　㈏ 5
㈐ 6　　㈑ 7

32 평균 유효 낙차 48[m]의 저수지식 발전소에 있어서, 1,000[m^3]의 저수량은 몇 [kWh]의 전력량에 해당하는가? (단, 수차 및 발전기의 종합 효율은 85[%]라고 한다.)

㈎ 111　　㈏ 122
㈐ 133　　㈑ 144

33 유효 낙차 100[m], 최대 사용수량 20[m^3/s], 설비 이용률 70[%]의 수력발전소의 연간 발전 전력량[kWh]은 대략 얼마인가? (단, 수차발전기의 종합 효율은 85[%]이다.)

㈎ 25×10^6　　㈏ 50×10^6
㈐ 100×10^6　　㈑ 200×10^6

34 수력발전소에서 사용되는 유황곡선이란 횡축에 1년(365일)을, 종축에 유량을 표시한다. 가장 알맞은 설명은?

㈎ 유량이 큰 것부터 순차적으로 이들 점을 연결한 것
㈏ 유량이 적은 것으로부터 순차적으로 이들 점을 연결한 것
㈐ 유량의 평균값을 표시한 선을 그은 것
㈑ 매일의 유량을 표시하여 이들 점을 연결한 것

35 유효 낙차 50[m], 최대 사용수량 40[m^3/s], 수차 및 발전기의 합성효율이 80[%]인 발전소의 최대 출력[kW]은?

㉮ 약 14,700　　㉯ 약 15,700
㉰ 약 24,700　　㉱ 약 25,700

36 수력발전소의 댐(dam)의 설계 및 저수지 용량 등을 결정하는 데 사용되는 가장 적합한 것은?

㉮ 유량도
㉯ 유황곡선
㉰ 수위-유량곡선
㉱ 적산 유량곡선

37 수력발전소에서 갈수량[渴水量]이란?

㉮ 1년(365일간) 중 355일간은 이보다 낮아지지 않는 유량
㉯ 1년(365일간) 중 275일간은 이보다 낮아지지 않는 유량
㉰ 1년(365일간) 중 185일간은 이보다 낮아지지 않는 유량
㉱ 1년(365일간) 중 95일간은 이보다 낮아지지 않는 유량

38 유출 계수란?

㉮ $\frac{\text{전유출량}}{\text{전강수량}}$　　㉯ $\frac{\text{전유출량}}{\text{유역면적}}$
㉰ $\frac{\text{증발량}}{\text{전유출량}}$　　㉱ $\frac{\text{전강우량}}{\text{전유출량}}$

39 저수지의 어느 점의 수압이 1.25[kg/cm^2]일 때 수심[m]은?

㉮ 12.5　　㉯ 1.25
㉰ 0.25　　㉱ 0.5

40 v[m/s]인 등속 정류의 물의 속도수두[m]는? (단, g는 가속도[m/s^2]이다.)

㉮ $\frac{v}{2g}$　　㉯ $\frac{v^2}{2g}$
㉰ $2gv$　　㉱ $2gv^2$

41 1[kg/cm^2]의 수압의 압력 수두는[m]?

㉮ 1　　㉯ 10
㉰ 100　　㉱ 1,000

42 첨두 부하용으로 사용에 적합한 발전방식은?

㉮ 조력발전소
㉯ 양수식 발전소
㉰ 조정지식 발전소
㉱ 자연 유입식 발전소

43 댐 이외에 하천 하류의 구배를 이용할 수 있도록 수로를 설치하여 낙차를 얻는 발전 방식은?

㉮ 유역 변경식　　㉯ 댐식
㉰ 수로식　　㉱ 댐 수로식

44 유효 낙차 H[m]인 펠톤 수차의 노즐로부터 분출하는 물의 속도[m/sec]는? (단, g는 중력가속도라 한다.)

㉮ $\sqrt{gH}$　　㉯ $\sqrt{2gH}$
㉰ $\frac{H}{2g}$　　㉱ $\sqrt{\frac{H}{2g}}$

45 그림에서와 같이 폭 B[m]인 수로를 막고 있는 구형수문에 작용하는 전압력[kg]은? (단, B의 단위체적 당의 무게를 W라[kg/m^3] 한다.)

PART 11

㉮ $\frac{1}{2}HWB$

㉯ $\frac{1}{2}H^2WB$

㉰ H^2WB

㉱ HWB

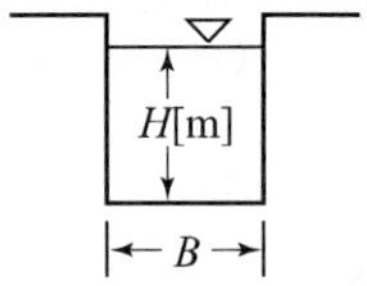

46 수력발전소를 건설할 때 낙차를 취하는 방법으로 적합하지 않은 것은?

㉮ 댐식 ㉯ 수로식

㉰ 역조정지식 ㉱ 유역변경식

47 평균 유효 낙차 46[m], 평균 사용 수량 5.5[m³/s]이고, 유효 저수량 43,000[m²]의 조정지를 가진 수력발전소가 그림과 같은 부하 곡선으로 운전할 때 첨두 출력 발전량[kW]은 얼마인가? (단, 수차 및 발전기의 종합 효율은 80[%]이다.)

㉮ 4,523[kW]

㉯ 4,137[kW]

㉰ 4,120[kW]

㉱ 4,225[kW]

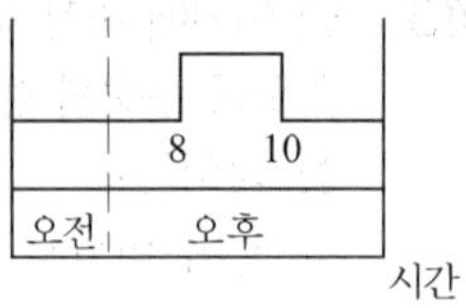

48 출력 2,000[kW]의 수력발전소를 설치하는 경우 유효 낙차를 15[m]라고 하면 사용 수량은 몇 [m³/s]가 되는가? (단, 수차 효율 86[%], 발전기 효율 96[%]이다.)

㉮ 6.5 ㉯ 11

㉰ 16.5 ㉱ 26.5

49 수차의 사용 유량 A[m³/s], 유효 낙차 H[m], 수차의 효율 η일 때 정미마력[HP]의 크기는?

㉮ $\frac{1.000QH}{76.12}\eta$ ㉯ $98.QH\eta$

㉰ $\frac{QH}{76.12}\eta$ ㉱ $QH\eta$

50 유효 낙차 H[m], 유량 Q[m³/s]로 얻을 수 있는 이론 수력[kW]은?

㉮ $1.3HQ$ ㉯ $13.33HQ$

㉰ $9.8HQ$ ㉱ $98HQ$

PART 12

화력발전

PART 12

화력발전

1 화력발전의 개요

화력발전의 원리는 석탄, 중유, 액화천연가스 등의 연료를 연소시켜 열에너지를 증기의 열에너지로 바꾸고, 이 증기로 증기 터빈을 돌려 발전하는 방식이다.

1차 에너지 → 열에너지(보일러) → 기계에너지(터빈) → 전기에너지(발전기)

송전비가 적게 들고 건설 기간이 짧은 반면에 연료비가 비싸고 공해 발생의 문제가 있다.

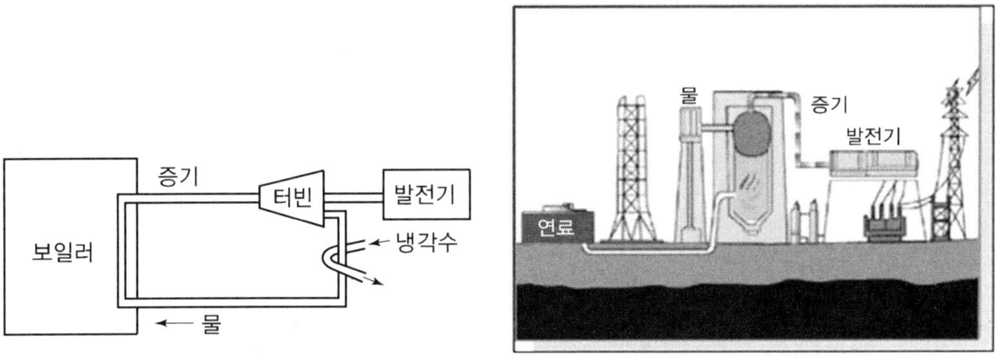

【그림 12-1. 화력발전의 원리】

(1) 화력발전소의 종류

① 기력발전소 : 석탄, 중유, 가스 등의 연료를 연소하여 얻은 열로 증기를 발생시켜 이 증기로 터빈발전기를 돌려 발전하는 방식이다.

- 대용량 발전소, 약 수만 ~백만[kW]의 단위 용량
- 대용량 기력발전소는 다량의 연료 수송이 가능하고 냉각수의 확보가 용이한 해변이나 큰 강 근처에 주로 건설

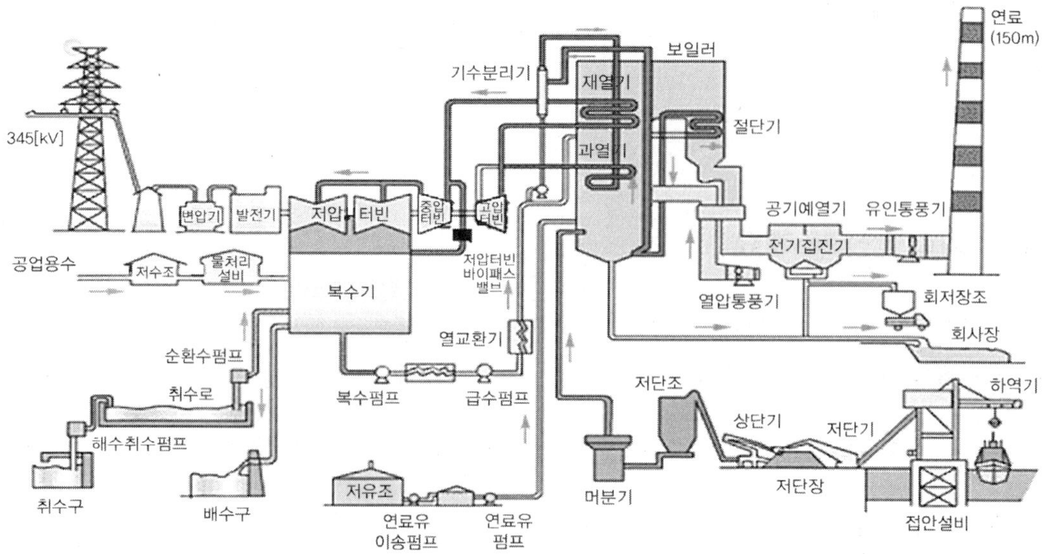

【그림 12-2. 기력발전소】

② 내연력발전소 : 가솔린 기관이나 디젤 기관에 의한 기계적 에너지로 발전기를 회전시켜 전기에너지를 얻는 방식이다. 단위 용량이 작아 주로 도서 지방의 전원 공급 또는 비상용으로 사용된다.

【그림 12-3. 내연력발전소】

【그림 12-4. 내연력발전소 기기】

③ 가스 터빈발전소 : 연료를 연소시킨 연소 가스로 직접 가스 터빈을 회전시켜 터빈에 연결된 발전기를 구동한다. 연료로는 가스, 중유, 경유, 원유 사용한다. 기력발전에 비해 구조가 간단하고 건설비도 적으며 기동·정지가 신속하지만 연료비가 비싸 첨두부하 공급용에 이용한다.

【그림 12-5. 가스 터빈발전소】

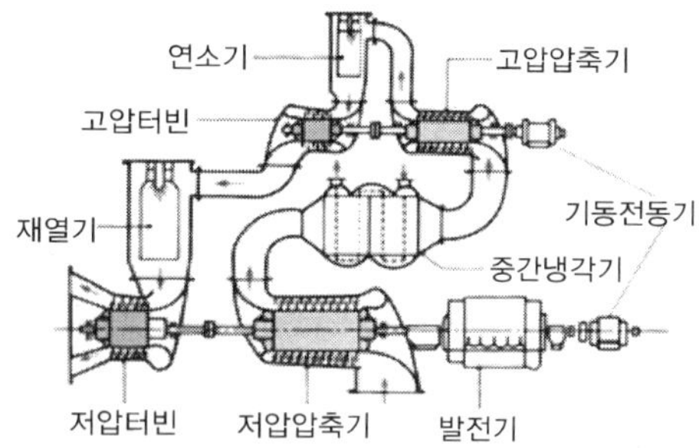

첨두부하 발전용 가스 터빈(재생기 없음)

【그림 12-6. 가스 터빈발전소 원리】

④ 복합 화력발전소 : 가스 터빈발전과 기력발전을 조합한 형태로 가스 터빈을 돌리고 나온 배기가스의 잔열을 이용하여 증기를 만들어 다시 증기 터빈을 돌릴 수 있도록 설

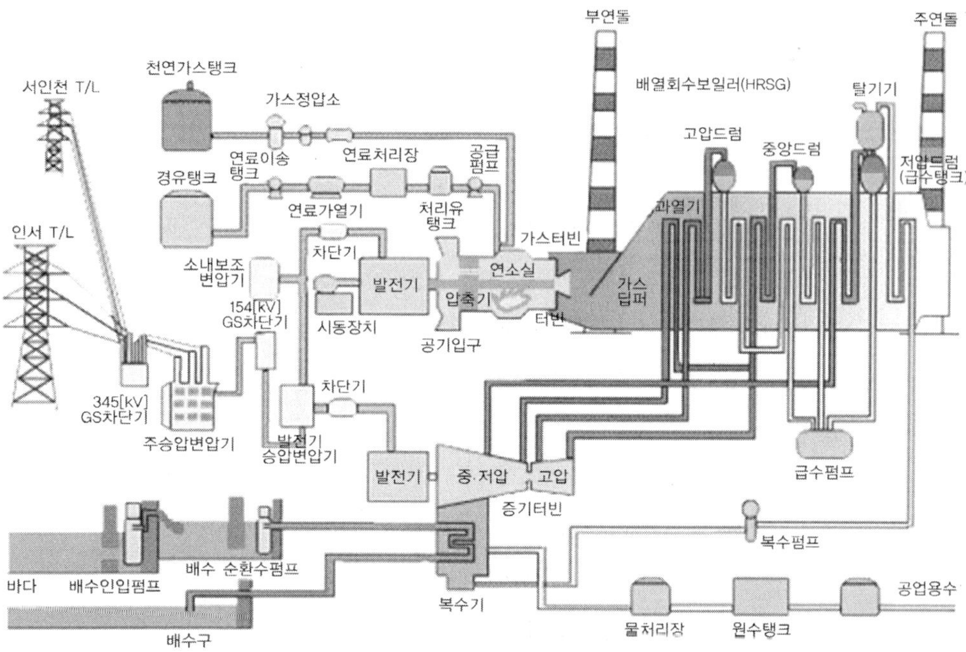

【그림 12-7. 복합 화력발전소 원리】

PART 12

계된 발전소이다. 운전 효율이 높고, 설비가 간단하여 최근 발전되는 발전소이다.

⑤ **열병합발전소** : 일반적으로 화력발전은 공급된 에너지 중 많은 열량이 복수기에서 냉각 손실로 버려지게 된다. 따라서 에너지를 효율적으로 이용하기 위해 동일 연료로부터 전기와 열을 동시에 생산하여 공급하는 방식을 열병합발전이라 한다.

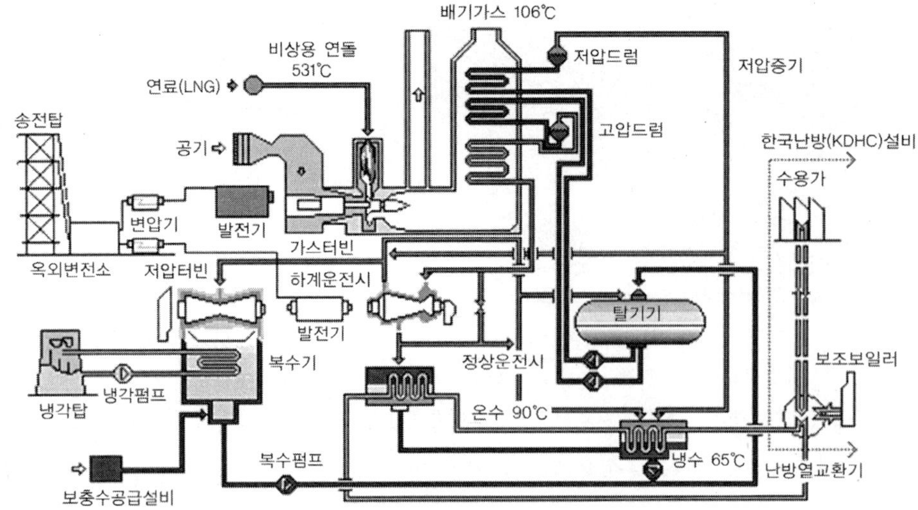

【그림 12-8. 열병합발전소 원리】

㉮ 화력발전의 장 · 단점

ⓐ 장점

㉠ 수력발전에 비하여 단기간에 설치할 수 있다.

㉡ 수요가 많은 대도시 근처에 설치할 수 있다.

㉢ 대량의 전기를 한꺼번에 생산한다.

㉣ 건설비가 적게 든다.

ⓑ 단점

㉠ 연료 자원에 계속 의존한다.

㉡ 대기 및 수질 오염, 소음을 일으킬 수 있다.

㉢ 연료 공급에 교통 시설이 필요하다.

㉣ 효율이 많이 떨어진다.

(2) 기력발전소의 구성

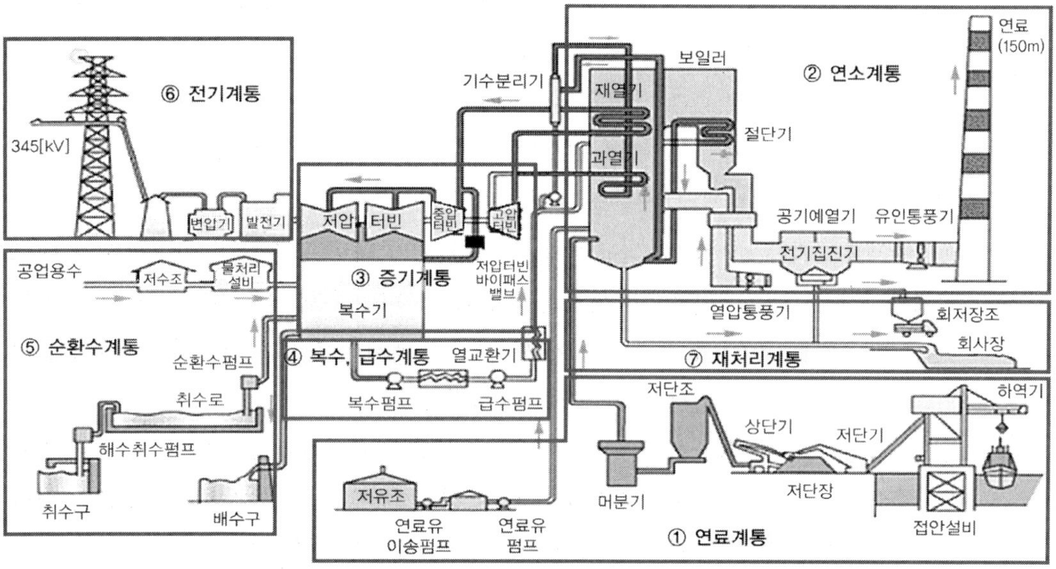

① 연료계통 ② 연소계통 ③ 증기계통 ④ 복수, 급수계통 ⑤ 순환수계통
⑥ 전기계통 ⑦ 재처리계통

【그림 12-9. 기력발전소의 구성】

① **연료계통** : 석탄 또는 중유, 원유를 선박이나 열차로부터 하역하여 이를 저장해서 보일러에 공급하는 설비로서 연료 하역 부두와 연료 수송 배관, 연료 저장 탱크 또는 탄을 저장할 수 있는 넓은 저탄장과, 컨베이어 시스템으로 구성된다.

② **연소계통** : 보일러, 굴뚝 및 통풍 설비로 구성되며, 연료를 보일러 내에서 공기와 적당히 혼합하여 완전히 연소될 수 있도록 하는 계통으로 보일러에서 증기를 발생한다.

③ **증기계통** : 보일러에서 발생된 증기가 터빈으로 들어가 터빈을 돌려 회전동력을 발생시켜 발전기를 돌리고, 복수기에서 냉각되어 다시 물로 되는 계통

㉮ 주 증기계통 : 보일러에서 발생된 증기를 파이프라인과 증기 유량 조절 밸브를 통해 고압 터빈으로 보내는 계통

㉯ 재열증기계통 : 고압 터빈을 돌리고 나온 증기는 압력과 온도가 떨어져 있으므로 열효율을 올리기 위해서 이를 보일러로 다시 보내 온도를 높인 다음에 중압 터빈이나 저압 터빈으로 보내는 계통

㉰ 보조증기계통 : 주증기계통에서 일부를 추출하여 보일러에 공급되는 급수를 예열하거나 연료 탱크에 저장된 연료를 필요한 온도로 유지하도록 가열하며, 여러 설비의 난방 등 설비 보조 열원으로 공급되는 계통

④ **복수, 급수계통** : 저압 증기 터빈을 돌리고 나온 증기는 복수기에서 순환수에 의해 냉각되어 물의 상태로 된 후, 복수 펌프에 의해 급수 저장 탱크로 보내어지며, 다시 급수 펌프에 의하여 보일러 급수를 순환한다.

⑤ **순환수계통** : 저압 터빈을 돌리고 나온 증기를 물 상태로 응축하기 위해 복수기 내로 차가운 물을 보내는 계통이고, 차가운 물은 보통 바닷물을 이용한다. 연료가 가지고 있는 열에너지를 일단 증기로 바꾸어 이 증기를 매체로 간접적으로 전기에너지로 변환한다. 이때 차가운 냉각수를 순환수라 한다.

⑥ **전기계통** : 전기 터빈의 회전은 축에 직결되어 있는 발전기에 전달되고, 발전된 전기는 변압에 의하여 승압되어 송전선을 따라 전력계통으로 흐르게 된다. 발생 전력의 일부는 펌프나 송풍기, 기타 보조 기기를 운전하는 데 사용한다.

⑦ **재처리계통** : 연료가 연소하고 남은 재를 처리하는 설비로서, 가스나 중유를 연소하면 거의 재가 발생하지 않으나, 탄을 연료로 한 발전소는 재를 처리하는 설비 및 장소가 필요하다.

2 증기의 성질과 열사이클

(1) 물과 증기

① **끓는점과 포화온도** : 대기압에서 물을 가열하면 온도가 점차로 상승하다가 100[℃]에 도달하면 온도 상승이 멈춘다. 다시 가열하면 비등하여 증기로 변한다. 물이 비등하여 증기로 변하는 온도를 끓는점이라 하는데, 끓는점의 온도는 항상 100[℃]가 아니고 주위의 압력에 따라 다르다. 그러므로 '기압이 얼마일 때 물의 끓는점은 몇 [℃]이다.'라고 표현한다.

② **액체열과 증발열** : 대기압에서 0[℃]의 물 1[kg]을 가열해서 물 100[℃]가 되어 온도 상승이 멈추면 100[kcal]의 열량을 가진 것이다. 이와 같이 열량이 주어지면 바로 온도 변화를 나타내는 열량을 액체열 또는 현열이라 한다. 물이 100[℃]가 되면 비등이 시

작되어 전부 증기가 되어 없어질 때까지 온도는 상승하지 않고 일정하다. 이와 같이 열량이 주어져도 온도 변화가 나타나지 않고 내부에 축적되는 열량을 증발열 또는 숨은 열이라 한다.

③ **포화증기** : 완전히 증기로 된 상태를 포화증기라고 한다.

④ **물의 임계압력과 임계온도** : 물의 증발열은 대기압 하에서는 539[kcal]이지만, 기압이 높을수록 증발열이 적어져서 225.65[kcal/℃]의 압력이 되면 증발열은 0이 되고 물은 이 압력에 대한 포화온도 374.15[℃]까지 상승하면 전부 증기로 변한다. 이때의 점을 임계점이라고 하고 온도와 압력을 임계압력이라 한다.

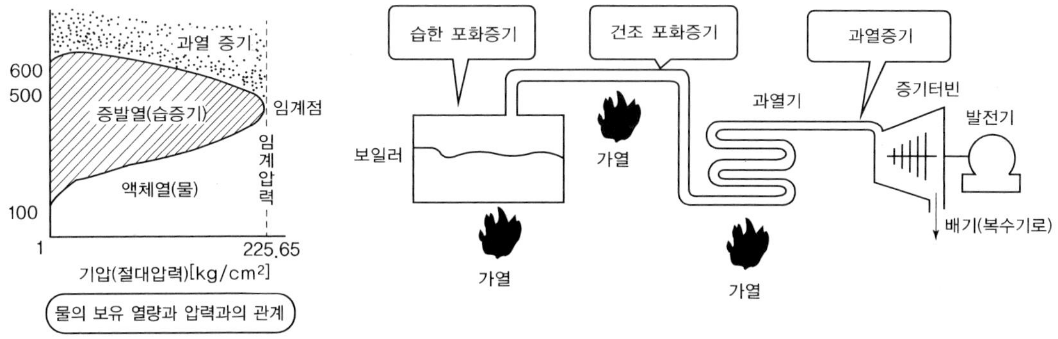

【그림 12-10. 물의 임계압력과 임계온도】

⑤ **과열증기** : 포화온도를 넘은 온도의 증기를 과열증기라 한다.

⑥ **엔탈피** : 액체열과 증발열의 합을 엔탈피라 하며, 어떤 물질 1[kg]에 대하여 온도 0[℃], 압력 1[kg/cm^2]을 기준상태로 하며, 단위는 [kcal/kg]이다.

⑦ **엔트로피** : 일반적으로 0 [℃] 물의 엔트로피를 0으로 하고 이것으로부터의 증기를 그 상태에서 그 온도일 때의 엔트로피라 한다.

(2) 열사이클

열기관은 액체나 기체의 상태를 변화시킴으로써 그것이 가지고 있는 열에너지를 동력으로 변화시키는 것으로 그동안 상태가 변화하는 과정을 열사이클이라고 한다.

⑴ **랭킨 사이클** : 랭킨 사이클은 기력발전소의 열사이클 중에서 가장 기본적인 것이다.

1 → 2 : 급수펌프로 압축을 한다(단열압축).

2 → 3 : 보일러에서 포화온도까지 가열한다(등압가열).

3 → 4 : 보일러에서 증발하여 포화증기로 된다(등온, 등압가열).

4 → 5 : 과열기에서 과열된다(등압변화).

5 → 6 : 터빈에서 일을 하고, 온도와 압력이 떨어진다(단열팽창).

6 → 1 : 복수기에서 냉각되어 물로 되돌아온다(등온, 등압변화).

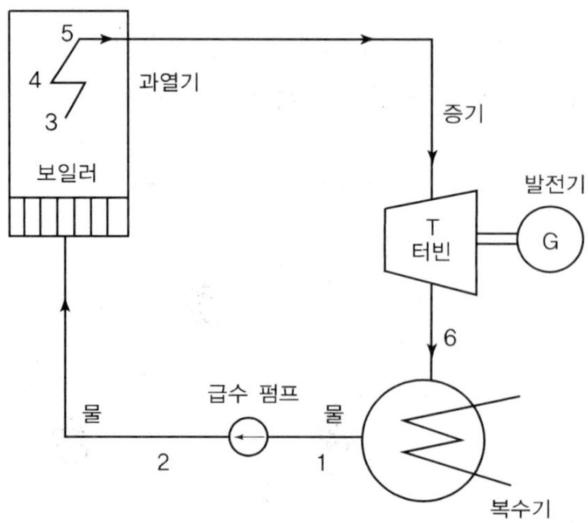

【그림 12-11. 랭킨 사이클】

② **열사이클 효율 향상** : 랭킨 사이클의 열효율을 향상시키는 데에는 다음과 같은 여러가지 방법을 생각할 수 있다.

1 : 터빈 입구의 증기 온도를 높게 한다.

2 : 터빈 입구의 증기 압력을 높게 한다.

3 : 터빈 출구의 배기 압력을 낮게 한다.

③ **재생 사이클** : 터빈의 중도에서 증기를 뽑아내어 이 증기로 급수를 예열함으로써 남은 열을 유효하게 이용하는 것이다.

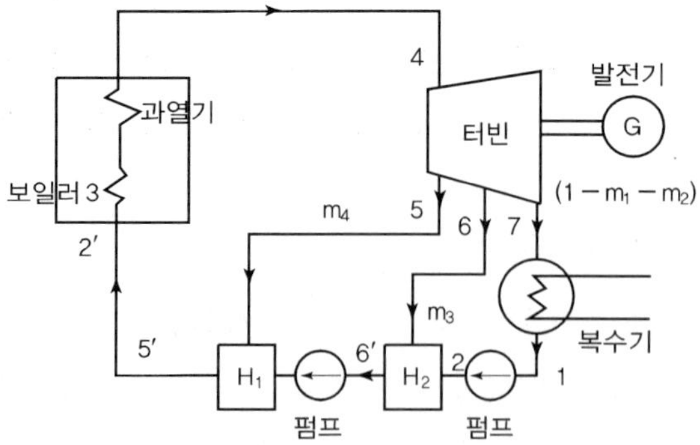

【그림 12-12. 재생 사이클】

④ **재열 사이클** : 터빈에서 팽창된 증기가 포화상태에 가까워졌을 때에 이를 보일러에 되돌려 보내 다시 가열하여 터빈으로 보내서 일을 시키는 것이다.

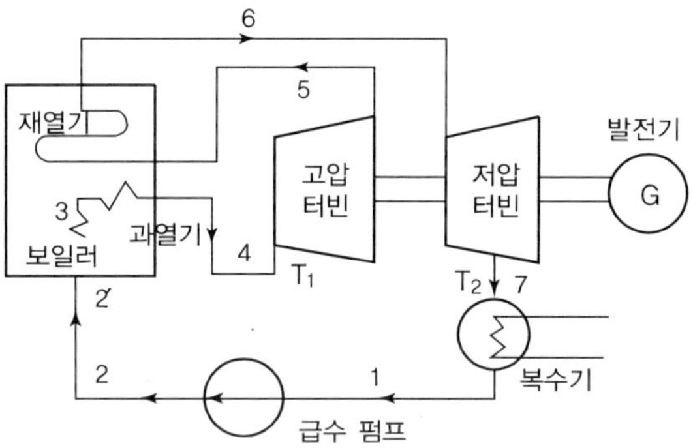

【그림 12-13. 재열 사이클】

⑤ **재생 재열 사이클** : 재생과 재열 사이클을 조합하여 병용하는 방식이다. 효율 저하, 저압 터빈에 습도 증가하며 결점 없앨 수 있고, 대용량 발전소에서 대부분 사용한다.

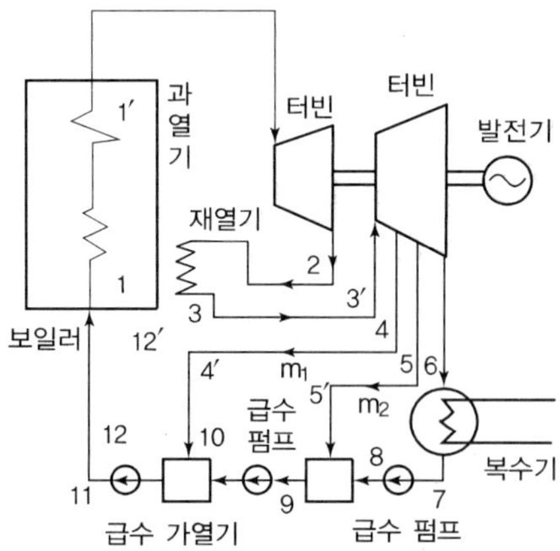

【그림 12-14. 재생 재열 사이클】

3 연료와 연소

연료란 발전에 필요한 열량을 발생시킬 수 있는 원료를 말하며, 연소란 자체 내부에너지의 변화 또는 산소와 결합해 열량을 발생시키는 것이다.

■ 연료가 갖추어야 할 조건

① 생산량이 풍부할 것
② 가격이 저렴할 것
③ 발열량이 클 것
④ 대기오염을 시키지 말 것

(1) 연료

◎ 발전용 연료 : 석탄, 석유, 액화천연가스(LNG), 원자력

① 석탄

㉮ 경도 : 석탄의 단단함을 나타내는 것
㉯ 점결성 : 용융되지 않은 부분이 팽창하면서 굳어진 다공성의 물질이 생기는 성질
㉰ 용융성 : 고체가 열을 받으면 온도가 상승하여 용융하는 온도
㉱ 연료비 : 고정탄소와 휘발분의 비
㉲ 발전용 탄의 비교 : 국내 무연탄은 발열량이 낮고, 수입 유연탄은 휘발분과 고정탄소가 많아 발열량이 높다(단위질량당 발열량 약 5,500 ~ 6,000[kcal/kg]).

② 중유 : 화력발전소에서 사용되는 액체연료에는 중유와 원유

㉮ 원유의 발열량은 약 10,000[kcal/kg]
㉯ 중유의 발열량 약 9,700 ~ 11,000[kcal/kg]
㉰ 중유는 석탄용적의 1/2이며 연소효율이 좋다.

③ 액화천연가스 : 최근에 발전용 연료로 사용되는 기체연료

㉮ 대기압 하에서 −162[℃]로 액화한 것, 부피 1/600로 축소
㉯ 황을 포함하지 않는 연료이므로 환경보전에 유리
㉰ 발열량은 9,000 ~ 13,000[kcal/Nm^3]

(2) 연소

연소란 물질이 공기 중의 산소와 화합하여 열을 발생하는 것을 말한다.

① 공기과잉률 : 실제의 공기공급량과 이론적 소요공기량과의 비이다(대개 1.2 ~ 1.5).

② 연소 상태의 판정 : 연소가 완전히 되고 있는지를 판정하는 데는 타고 남은 재, 미연소

가스의 양을 측정 분석한다.

(3) 연소장치

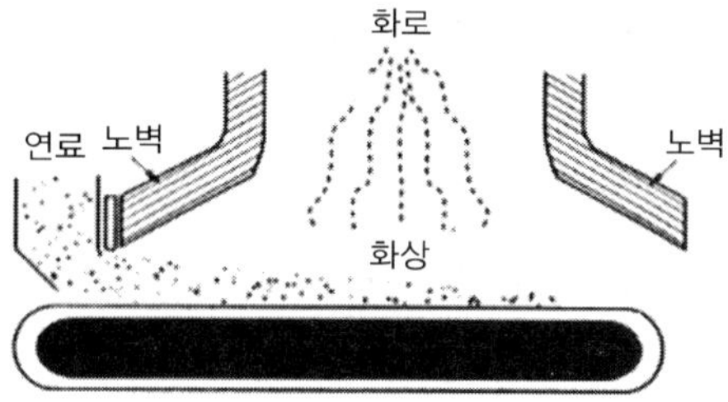

【그림 12-15. 연소 장치】

석탄 연소장치에는 스토커, 미분탄식이고, 중유에는 중유버너에 의한 방식을 채용한다.

① **고체연료 연소방식** : 고체연료 연소방식은 스토커식이나 소규모 보일러에 사용한다. 고체연소방식에는 미분탄식 연소방식을 채용한다(미분탄 : 지름 0.5[mm] 이하).

㉮ 분탄의 공급방식 : 직접 연소방식, 저장식 연소방식

㉯ 미분탄 버너 : 분자식 버너선회식 버너

② **액체연료 연소장치** : 중유를 펌프로 압력을 가하여 안개 상태로 만들어 공기와 잘 혼합시켜 분사하여 연소는 장치이다.

㉮ 액체연료 : 석유, 가솔린, 등유, 경유, 중유

ⓐ A중유 발열량 : 15,000 ~ 17,000[kcal/kg]

ⓑ B중유 발열량 : 10,300 ~ 10,500[kcal/kg]

ⓒ C중유 발열량 : 9,800 ~ 10,300[kcal/kg]

ⓓ 중유버너방식 : 압력분사식, 매체분사식

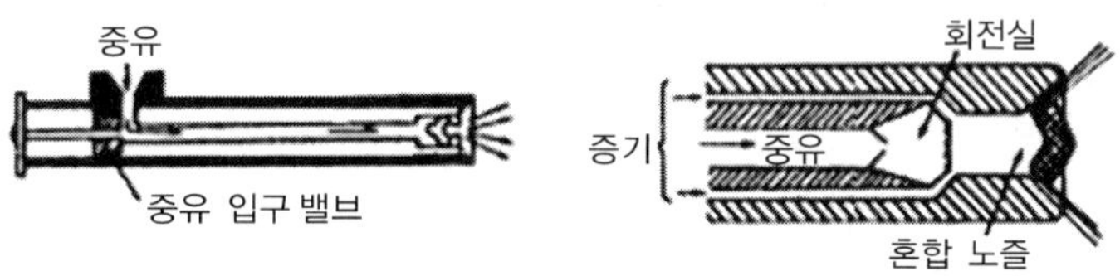

【그림 12-16. 액체연료 연소장치】

③ **기체연료 연소장치** : 버너 앞 끝의 작은 구멍으로 가스를 고속 분사시켜 연소시킨다.

④ **자동버너** : 전자 제어장치로 구성된 자동 버너 운전장치는 주버너 및 점화 버너의 점화와 소화를 중앙 제어실 등에서 할 수 있다.

4 보일러

(1) 보일러의 개요

보일러는 연료의 연소열을 이용하여 물을 일정한 온도와 압력을 가진 증기로 변환시키는 설비이다. 원통보일러와 수관보일러 등이 있다.

보일러 설비는 보일러 본체, 연료 연소설비, 통풍설비, 급수설비, 자동 제어장치, 그 밖의 설비 등으로 구성된다.

① 고온 · 고압의 증기를 발생하기 위한 과열기
② 재열기 및 절탄기를 포함하는 보일러 본체
③ 연료를 저장 · 공급하고, 연소시켜 열을 발생시키는 연료 연소설비
④ 연료의 연소에 소요되는 공기를 공급하고 연소 후 생성된 배기가스를 배출시키는 통풍설비
⑤ 보일러에 물을 공급하기 위한 급수설비
⑥ 보일러의 부하 변동에 따라 연료 공급장치
⑦ 공기 및 급수를 자동적으로 조정하는 자동 제어장치

(2) 보일러의 분류

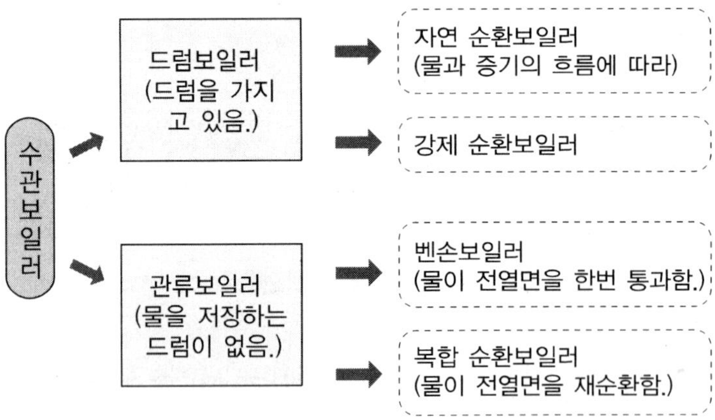

① **자연 순환보일러** : 물과 증기의 비중차는 압력에 따라 변하며, 압력이 증가할수록 비중차가 적어져 임계압력에 이르면 비중차가 0이 되어 순환력을 잃게 되므로 자연 순환보일러

는 순환력을 고려하여 보일러압력 180[kg/cm²] 이하에 적용하며, 실제 176[kg/cm²]로 설계되어 있다.

㉮ 자연 순환보일러의 특성

ⓐ 자연 순환보일러는 보일러수 순환을 위한 별도의 설비가 없으므로 구조가 간단하다.

ⓑ 운전이 비교적 용이하다.

ⓒ 증기압력이 높아지면 순환력이 저하된다.

ⓓ 보일러의 보유수량이 많아서 기동, 정지 시간이 길어지고 정지 시 열손실이 많다.

② **강제 순환보일러** : 물과 증기가 흐르는 경로는 자연 순환형과 같으나, 자연 순환식 보일러를 강제로 뽑아 순환력을 주는 방식이다.

㉮ 강제 순환보일러의 장점

ⓐ 강제 순환보일러는 순환펌프가 있으므로 사용압력이 증가하여도 충분한 순환력을 얻을 수 있다.

ⓑ 하부헤더(low header) 내부에 오리피스(orifice)를 설치하여 증발관으로 흐르는 유량을 일정하게 하며, 오리피스 입구에 스트레이너(strainer)를 설치하여 오리피스의 막힘(plugging)을 방지한다.

ⓒ 순환력이 크므로 보일러수의 순환이 원활하여 증발관이 과열될 염려가 적다.

ⓓ 튜브 직경이 작아 내압 강도가 크므로 튜브 두께가 얇아져 열전달률이 좋아진다.

ⓔ 보일러 보유수량이 적어 기동, 정지시간이 단축되고 정지 시 열손실이 감소한다.

ⓕ 전열면의 수관을 자유롭게 배치할 수 있어 연료나 연소방식에 따를 노(furnace) 구성이 자유롭다.

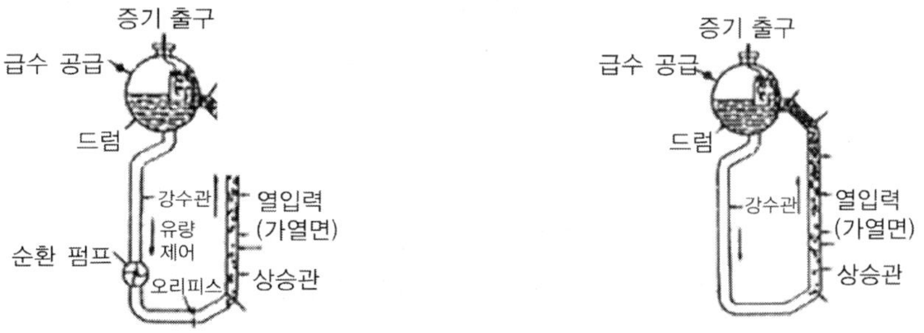

(a) 강제 순환보일러의 증기 흐름 (b) 자연 순환보일러의 증기 흐름

【그림 12-17. 보일러의 분류】

ⓖ 보일러 점화 전 순환펌프가 보일러수를 순환시키므로 물때(scale) 생성이 비교적 적다.

㉯ 강제 순환보일러의 단점

ⓐ 보일러수 순환펌프가 설치되므로 발전소 내 전력이 증가한다.

ⓑ 보일러수 순환펌프의 유지 정비가 어렵고, 고장 시 출력감소 및 보일러 정지가 불가피하다.

ⓒ 기동, 정지 절차와 운전이 복잡하다.

③ **관류보일러** : 물의 임계압력 아래서 가열하여 임계온도가 되면 끓지 않고 바로 증기로 변한다. 이 원리를 이용한 것이 관류보일러이다.

㉮ 관류보일러의 특징

ⓐ 직경이 작은 튜브가 사용되므로 중량이 가볍고, 내압 강도가 크나, 압력 손실이 증대되어 급수펌프의 동력손실이 많다.

ⓑ 보일러 보유수량이 적어 기동시간이 빠르고 부하 추종이 양호하나 고도의 제어기술과 각종 보호장치가 필요하다.

ⓒ 기동 시 증기가 고압터빈을 바이패스하여 재열기로 흐르므로 재열기의 과열을 방지할 수 있다.

ⓓ 터빈 정지 시 보일러의 단독운전이 가능하다.

ⓔ 복수기는 터빈을 바이패스한 증기를 응축시키기 위해서 보일러 점화 전 정상 상태로 운전시켜야 한다.

ⓕ 운전 중 보일러수에 포함된 고형물이나 염분 배출을 위한 블로우 다운(blow-down)이 불가능하여 보충수량은 적으나 수질관리를 철저히 하여야 한다.

ⓖ 노 하부 수냉벽은 나선형(spiral type)으로 설치되고 버너 부근의 고열(高熱)을 흡수하는 수관은 리브드 튜브(ribbed tube)를 사용한다.

(3) 보일러의 구성

보일러는 연료를 연소시키는 노(爐)와 증기의 밀폐 용기인 보일러 본체로 구성되며, 이 밖에 과열기, 절탄기, 공기예열기 등의 부속설비 일체로 되어 있다.

① 노(furnace) : 노(爐)는 보일러 설비 중 가장 중요한 부분이다. 노는 발생된 열에너지

가 보일러 내의 물을 가열할 때에 이 열에너지를 유효하게 이용할 수 있는 구조로 해야 한다. 그러므로 연소의 종류, 연소방식, 노 내의 온도 등에 의하여 여러 가지의 구조가 있으나, 일반적으로 벽돌벽, 공랭벽, 수냉벽의 세 종류가 있다.

② **드럼 및 수관** : 강철로 만든 물의 용기 및 관으로서, 이것을 노의 위에 설치하고, 열가스로 드럼이나 수관 내의 물을 가열하여 증기를 발생시키는 설비이다. 대용량 발전소의 드럼은 지름 2 ~ 3[m] 정도의 굵은 관이며, 여기에 지름 10[cm] 정도의 보일러수관이 연결되는데, 이 관에서 가열된 물은 드럼으로 가서 증발하여 포화증기가 되고, 나머지 물은 관을 재순환하면서, 가열되어 드럼으로 되돌아오게 된다.

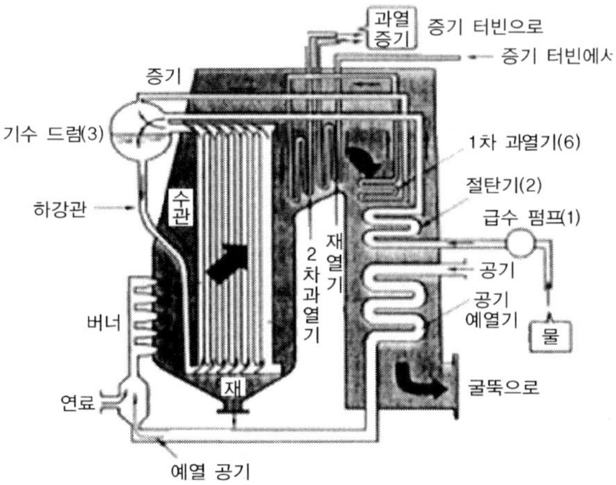

【그림 12-18. 발전용 드럼형 자연 순환보일러】

③ **과열기** : 보일러의 연도 또는 화로 내에 설치하여 보일러에서 발생한 포화 증기를 가열하여 과열증기로 만들어서 증기 터빈에 공급하기 위한 것이다. 과열증기를 사용하면 터빈 내에서 마찰 손실이 적으며 날개의 부식이 감소되고, 열의 낙차 증가로 열효율은 향상시킬 수 있는 이점이 있다.

④ **재열기** : 고압터빈(high pressure turbine)에서 일을 하여 온도가 떨어진 증기를 다시 가열하여 과열도를 높이는 장치이다. 재열기는 발전소의 열효율을 향상시키고, 저압터빈(low pressure turbine) 날개(blade)의 침식을 경감시킨다.

⑤ **증기온도 조절** : 터빈의 열 응력 감소와 저압단에서의 습기에 의한 부식을 방지하고, 보일러 효율 향상과 과열기 및 재열기의 과열을 방지하기 위해 과열증기의 온도를

일정하게 유지한다.

㉮ 증기온도가 떨어지는 요인

ⓐ 과잉공기가 부족한 경우

ⓑ 급수온도가 기준온도보다 높은 경우

ⓒ 재열기 입구온도가 기준온도보다 낮은 경우

ⓓ 과열저감기가 누설되는 경우

ⓔ 석탄회가 과열기 및 재열기 표면에 부착된 경우

㉯ 증기온도가 올라가는 요인

ⓐ 과잉공기가 많은 경우

ⓑ 급수온도가 기준온도보다 낮은 경우

ⓒ 재열기 입구온도가 기준온도보다 높은 경우

ⓓ 석탄회가 수관 표면에 부착된 경우

ⓔ 연소시간이 길어지는 경우

⑥ **절탄기** : 배기가스의 남은 열을 이용하여 보일러에 공급되는 급수를 예열하여 보일러 효율을 향상시키기 위한 남은 열 회수장치이다

⑦ **공기예열기** : 보일러에서 절탄기를 거쳐 배출되는 연소가스의 나머지 남은 열로 연소에 필요한 연소용 공기를 예열하는 열 회수장치이다.

⑧ **수우트 블로워** : 정기적으로 고온의 증기나 압축공기를 분사시켜 전열 면을 청소하는 장치이다.

(4) 급수

① **보일러 급수** : 탈기기에서 보일러에 공급하는 물이다. 하천수를 사용하는 것이 경제적이다. 하천수는 호우 시 혼탁하며 부유물이 많아 사용 수량의 최소 4~6시간 사용 분량의 침전지가 필요하다.

② **급수가열기** : 증기 터빈에서 뽑아 낸 증기를 열원으로 보일러 급수를 가열해서 발전소 효율을 좋게 하는 장치이다.

③ **탈기기** : 급수 중에 포함된 산소, 수소 등은 배관, 보일러 등을 부식시키기 때문에 제거해야 한다. 기체를 제거하는 장치이다.

④ **급수펌프** : 보일러에 물을 공급하기 위해 사용하는 장치이다.

(5) 통풍설비

① **통풍방식** : 보일러에서 연료를 완전 연소시키기 위하여 공기를 공급하는데, 이때 발생한 가스를 적당한 속도로 굴뚝으로 배출하는데 이 환기 작용을 통풍이라 한다. 통풍방식은 압입 통풍, 유인 통풍, 이 2개 다 설치한 평행 통풍방식이 있다.

② **통풍설비** : 통풍기, 굴뚝, 집진장치 등이 있다.

(6) 자동연소 제어

① **보일러 자동 제어시스템** : 전력계통을 총괄 제어하는 중앙 급전소에서 항상 주어지는 발전량 제어 신호에 따라 운전되기 위해서 보일러의 연료, 공기, 급수 등을 제어한다.

② **조속기 제어** : 터빈의 증기 유량을 가감한다.

③ **프렌트 총괄 제어 계통** : 두 계통을 통합하여 일체화 시킨다.

5 증기 터빈

(1) 증기 터빈의 원리

노즐로부터 고속으로 분출되는 증기가 날개차에 부착된 날개에 충돌되면서 날개차는 회전하게 되고, 이때 증기의 운동에너지는 기계적인 에너지로 변환된다. 따라서, 증기 터빈에서는 노즐과 회전 날개의 한 조가 기본 요소이고, 이 한 조를 증기 터빈의 단이라고 한다. 증기 터빈의 단에는 충동단과 반동단이 있다.

① **충동단** : 충동단에서의 증기 압력 강하는 노즐에서만 일어나므로 회전 날개 안에서의 압력은 일정하다. 날개는 노즐로부터 분출되는 증기의 유동 방향 변화에 따른 힘을 받아서 회전한다.

② **반동단** : 반동단에서는 증기의 압력 강하가 노즐과 회전 날개에서 일어나며, 날개는 고속 증기의 분출 방향 변화에 따른 힘과 날개 안에서의 증기속도 증가에 따른 반동력에 의하여 회전하게 된다.

※ 증기 터빈의 구성 : 증기 터빈은 몇 개의 단으로 구성되는 것이 보통이며, 각 단마다 1회씩 증기의 열에너지가 기계적인 일로 변환된다.

PART 12

(2) 증기 터빈의 분류

증기 터빈은 그 구조, 사용목적, 증기의 흐름 방향 등에 따라 분류

① 증기의 작용에 따른 분류

㉮ 충동 터빈 : 보일러에서 발생한 고온, 고압의 증기가 터빈의 노즐을 통과하는 사이에 팽창하면서 얻어진 고속의 증기 분류 제트에 의한 충동력으로 회전 날개를 회전시켜서 동력을 발생시킨다. 이에는 단식 충동 터빈과 속도 복식 충동 터빈 및 압력 복식 충동 터빈의 세 가지가 있다.

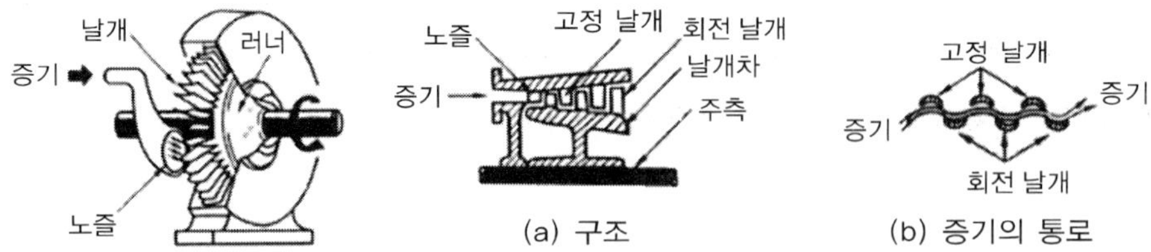

【그림 12-19. 증기 터빈의 구조】

㉯ 반동 터빈 : 노즐 대신에 고정 날개를 설치해서 증기의 팽창으로 고속의 분류를 만들지만 회전 날개 속에서도 팽창하도록 해서 증기의 충동력뿐만 아니라 회전 날개를 거쳐서 나가는 증기의 반동력까지도 이용하는 터빈으로, 축류 반동 터빈과 반경류 반동 터빈으로 분류된다. 전자의 대표적인 것은 파슨스 터빈(Parsons' turbine)이고, 후자의 대표적인 것은 융스트롬 터빈(Ljungstrom turbine)이다.

㉰ 혼식 터빈 : 충동 및 반동 터빈의 각 형식의 특징을 살려서 병용한 것이며, 현재 널리 사용되고 있다.

② 증기 유로 방향에 따른 분류

㉮ 축류 터빈 : 증기가 회전 날개를 통과할 때 터빈 축과 평행하게 흐르는 형식이다. 대부분의 터빈은 이에 속한다.

㉯ 반경류 터빈 : 증기를 터빈 축과 직각이 되는 평면 내에서 반지름 방향으로 통과시켜서 밖으로 배출시키는 터빈이다.

③ 차실과 축 차수에 따른 분류

㉮ 단실 터빈 : 1개의 차실에 1개의 축차를 수용한 것으로 소용량 터빈에서 사용한다.

㉯ 다실 터빈 : 차실을 2개 이상으로 분할해서 증기를 차례로 통과시킨 것으로 대용량 터빈에 사용한다. 차실 입구 압력의 크기에 따라 고압 터빈, 중압 터빈, 저압 터빈으로 분할하는데, 상호 배열에 따라 템덤 복식 터빈과 십자 복식 터빈

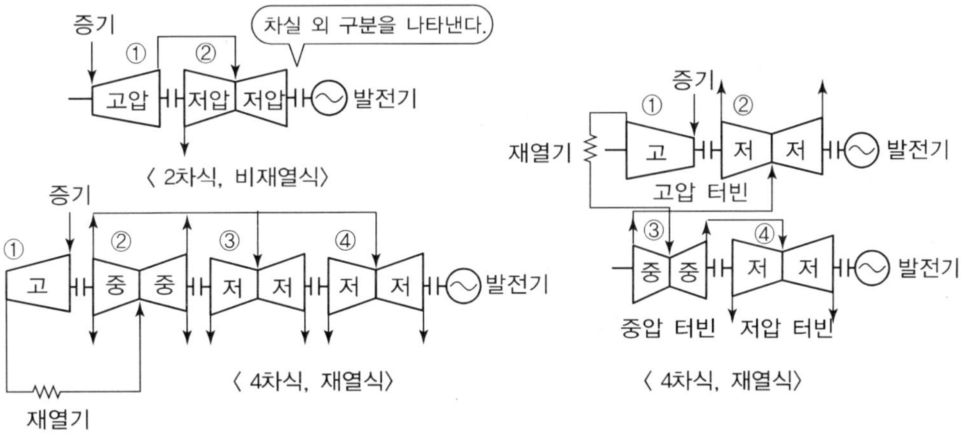

(a) 빗살형 터빈의 예　　　　(b) 2축 터빈의 예

【그림 12-20. 증기 터빈의 형식】

(3) 증기 터빈의 구조

터빈 구조의 주요 부분은 터빈 차실, 다이어프램, 노즐, 날개, 누설방지장치 등이 있다.

① **차실** : 터빈의 날개차를 둘러싸고 있는 것으로 실린더라고 한다. 일반적으로 축을 지나는 평면을 중심으로 하여 상하의 두 부분으로 만들어져 있다.

② **노즐 및 다이어프램** : 노즐은 고압의 증기를 고속 증기로 변하시키는 동시에 날개차에 가장 적당한 각도로 유입하도록 방향을 정하는 장치 노즐은 다이어램 또는 터빈 케이싱에 설치되며, 다이어프램은 노즐을 보호하는 동시에 각 단 사이의 밀을 유지해 주는 역할을 한다. 증기의 분출 속도는 대체로 400 ~ 800[m/s] 정도이고, 재질은 스테인리스강이 사용된다.

③ **날개** : 충동 터빈에서의 날개는 노즐에서 분출하는 증기를 받아 소요의 동력을 발생시키며 방향을 전환시켜 주고, 반동 터빈의 날개는 압력강하에 따른 에너지를 반동력

PART 12

으로 변환하여 회전력을 준다. 증기는 팽창하면서 비체적이 커지므로 날개의 길이는 저압부로 갈수록 길어진다.

④ **누설방지장치** : 누설방지장치는 증기가 차실 및 다이어프램을 지나는 부분 등에서 축과의 틈으로 새거나 외부에서의 증기의 침입을 방지하는 데 쓰이는 장치이다. 누설방지장치에 쓰이는 패킹으로는 래버린스 패킹, 물 패킹, 탄소 패킹 등이 사용된다.

(4) 증기 터빈의 조속

증기 터빈에서 발생한 동력은 발전 또는 기타 용도에 사용되는데, 이때에 부하가 변하여도 회전 속도를 공급 증기량 및 그 압력을 조절하여 일정하게 유지할 수 있다. 이것을 조속이라고 하며, 이를 위해 사용하는 장치를 조속기라 한다.

(5) 복수장치

복수(Condensed Water)는 증기 터빈에서 복수기로 배출되는 증기를 응축시킨 물이다.

① 터빈에서 배출되는 증기를 냉각, 응축시켜 물로 회수하는 장치

② 복수기 종류에는 증기와 냉각수가 직접 접촉하는 혼합 복수기와 전열면을 통해 열교환을 행하는 표면 복수기가 있다. 발전소는 튜브 전열면을 통해 열교환이 이루어지는 표면 복수기를 사용하며, 터빈 배기 증기를 응축시켜 대기압 이하로 나눔으로써 터빈에서 증기가 보유한 열낙차를 크게 하여 터빈 효율을 향상, 응축된 복수를 재사용함으로써 물처리 비용을 절감, 급수를 보충하거나 각종 드레인 회수를 위한 장소로 사용된다.

③ 복수기 부속 설비로는 복수펌프, 공기추출기, 순환수펌프(circulation water pump, cwp) 등이 있고, 이외에 데브리 필터(devris filter) 및 볼 세정장치 등이 있다.

6 발전기

(1) 발전기의 특징

① 증기 터빈에 의하여 발생된 기계적 에너지를 전기적 에너지로 변환하는 기계가 발전기이다. 발전기는 증기 터빈 축에 직결되어 운전되기 때문에 터빈발전기라고도 한다.

② 화력발전기에서는 수차발전기와 같이 3상 동기발전기가 사용되는데, 수력인 경우와는 달리, 증기 터빈의 회전수가 대단히 높기 때문에 2극기가 채용되며, 회전수는 3600[rpm]이다.

③ 기계적 강도를 생각해서 될 수 있는 대로 회전자의 지름을 작게 하고, 축 방향이 긴 구조로 제작한다.

④ 일반적으로 발전기는 용량이 커지면 전압을 높이는 것이 유리하지만, 다른 설비와의 접속을 고려하여 표준값을 결정한다. 즉, 소용량의 발전기에는 3,300[V], 중용량의 발전기에는 6,600[V], 대용량의 발전기에는 11,000[V]가 보통이나, 용량이 커지면 13,200[V], 13,800[V], 또는 18,000[V], 22,000[V] 등으로도 한다.

(2) 출력

발전기는 같은 용량의 것에서 회전수가 높을수록 치수가 작고 효율이 높으며, 또 값이 저렴할 뿐만 아니라, 발전소의 건물이 작게 되어 발전소 전체의 건설비가 줄어든다. 또한 발전기의 용량을 크게 하면 단위 용량당 값도 떨어지게 된다. 따라서 발전소의 규모를 고려하여 될 수 있는 대로 고속도, 대용량의 발전기로 해야 한다. 일반적으로, 발전기의 출력 P는 회전자의 지름 D의 제곱, 회전자 철심의 길이 L, 회전수 N의 곱에 비례한다.

(3) 냉각 방식

① 비중이 공기의 7[%]이므로 터빈발전소의 같은 고속 회전기의 냉각용 기체로 사용하면, 풍손이 감소되어 발전기 효율이 약 1[%] 상승하며, 소음도 적다.

② 열전도율이 공기의 약 7배로 냉각효과가 커서 발전기의 출력이 증가한다. 또 냉각기가 소형으로 된다.

③ 공기보다 코일의 절연에 나쁜 영향을 주지 않아 절연 수명이 길게 된다.

④ 코로나 발생 전압이 높고, 코로나가 발생해도 코로나손이 작고, 절연 열화도 작다.

⑤ 산소가 포함되지 않은 순수한 수소만으로는 코일이 단락되어도 화재가 발생하지 않는다.

7 기력발전소의 효율

(1) 보일러 용량과 보일러 효율

① 보일러 용량 : 보일러가 단위 시간당 증기를 발생하는 능력을 말하며, [kg] 또는 [t/h]의 단위로 나타낸다.

② 보일러의 증발량 : 규정의 압력과 온도하에서 나타내는 실제 증발량과 증발량의 기준 상태, 즉 100[℃]의 포화증기로 환산한 상당 증발량으로 나타낸다.

(2) 터빈의 효율과 열 사용률

① 터빈의 효율 : 터빈의 출력에 해당하는 열의 양과 사용 증기가 초온, 초압에서 배기 압력까지 단열 팽창하였을 때의 열낙차의 비이다.

(3) 발전소의 열효율

보일러 효율과 터빈 효율을 합한 전체의 효율을 발전소 효율이라고 하며, 소비된 연료량과 터빈의 출력량을 이용하여 계산하여라. 발전소의 부하는 계속 변화하므로 열효율은 어떤 기간에 대한 평균값으로 표시할 수 밖에 없다. 따라서 발전소 부하는 열효율에 큰 영향을 끼치게 되다.

$$\eta = 860[W/mH] \times 100[\%]$$

여기서, η : 발전소의 열효율
W : 어떤 기간에 발생한 총 전력량[kWh]
m : 같은 기간에 소비된 연료량[kg]
H : 연료의 발열량[kcal/kg]

8 내연력 발전

기관의 본체 내부에서 연료와 공기의 혼합 기체를 연소시켜 고온, 고압의 가스를 만들고, 이것을 기계적인 일로 변환시키는 원동기를 내연 기관이라 하며, 내연 기관에 의하여 발전하는 방식을 내연 발전방식이라 한다.

(1) 디젤 발전방식

① **디젤 기관의 원리와 특징** : 디젤 기관은 실린더 내에서 공기만을 높은 압축비로 압축하여 고온, 고압이 되었을 때, 여기에 연료를 분사시키면 특별한 점화장치가 없어도 연소, 팽창에 의하여 피스톤을 움직일 수 있으며, 이 왕복운동을 크랭크축에 의하여 회전운동으로 변환시켜 동력을 발생시키는 기관이다.

가솔린 기관은 압축비가 낮아서 전기 플러그와 같은 점화장치가 필요하지만, 디젤 기관은 스스로의 압축에 의한 온도 상승으로 착화되므로 점화장치가 필요 없으며, 휘발성이 나쁘고 값싼 중유를 상용할 수 있고, 효율이 높은 장점을 가지고 있다.

② **디젤발전소의 용도** : 디젤 기관은 타 발전설비에 비해 기동 특성이 우수하고, 효율이 높은 장점이 있으나 대용량의 제작이 불가능하기 때문에 전력계통 규모가 상대적으로 작은 도서지방의 소용량 발전소나, 육지 전력계통의 비상발전기 등 보조 전원용으로 사용된다.

(2) 가스 터빈 발전방식

① **공기흡입계통**

가스 터빈은 대기 중의 공기를 작동 유체로 사용하기 때문에 대기 중의 먼지를 제거하는 여과계통은 중요한 요소이다.

여과계통이 적합지 못하면 구성 부품이 오염, 침식, 부식되고, 냉각기가 막히게 되어 가스 터빈의 기능과 신뢰성에 좋지 못한 영향을 끼치게 된다. 따라서 공기 유입계통은 온도, 습도, 불순물의 상태가 다른 조건에서 유입되는 공기를 정화하여 공기의 질을 향상시키는 기능을 가진다.

㉮ 화력발전소의 기동, 정지

화력발전소는 기동, 정지가 반복되면 발전 정지 시 보일러에 남아 있던 잔류에너지의 손실이 있고, 시동 시 필요한 시간 지연, 빈번한 기동정지에 따른 열응력 발생 등 발전소 기기 수명 단축은 물론, 운영 비용이 증가한다. 따라서 대용량 화력발전소는 될 수 있는 대로 기동, 정지 횟수를 줄이려고 노력한다.

㉯ 보일러 기동

보일러는 기동 전 반드시 보일러 내에 남아 있는 연료 가스를 배출해야 한다. 그리고 드럼의 수위가 정상인지, 관류형 보일러에서는 급수가 순환되고 있는지를 확

인한 다음에 보일러에 점화한다.

㉰ 터빈 기동

터빈에 증기를 조금 보내어 터빈을 예열한다. 이를 워밍이라 하며 조건이 만족되면 본격적으로 터빈에 증기를 보내어 터빈을 회전시키고, 속도를 천천히 증가시켜 규정 속도에 이르게 된다. 터빈이 정격 속도 부근에 이를 때에 발전기를 여자시켜 전압을 발생시킨다.

㉱ 부하 운전

발전기에서 전압이 발생하면 전력계통에 병렬시켜 부하 운전을 시작한다. 부하를 늘리기 위해 증기 제어 밸브를 천천히 열어 증기량을 증가시킨다.

㉲ 정지

발전기 부하를 천천히 감소시켜 1/3 정도가 되면 부하를 차단하고, 보일러에 연료 공급을 중지하고 소화한다. 이때에 노 내의 연소 가스를 배출하기 위해 통풍기를 잠시 계속 운전한 다음에 정지한다.

㉳ 정비

발전소는 발전소의 기능을 충분히 높이기 위해 평소에 점검과 정비를 하고 있으며, 매년 정기적으로 발전소를 정밀 점검하여 취약 부분은 부품을 교체하거나 정비하여 그 다음 1년간 무고장, 무정지 운전을 할 수 있도록 정기 계획 예방 정비를 실시함으로써 운전의 신뢰성을 높이고 있다. 우리나라의 전력은 급속한 경제 성장과 국민 생활수준 향상에 따라 지난 12년간 연평균 약 12[%]의 증가를 나타냄으로써 이에 따른 발전 설비의 확충에 매년 수조원의 자금이 소요되고 있다. 그리고 운전되고 있는 발전기는 전체 290대 중에서 화력이 50대가 운전되고 있다.

PART 12

연 습 문 제

Exercise

01 터빈발전기의 수소 냉각방식을 채택하는 이유가 아닌 것은?

㉮ 수소의 열전도가 커서 발전기 내 온도 상승이 저하한다.
㉯ 코로나에 의한 손상이 제거된다.
㉰ 수소 부족 시 공기와 혼합 사용이 가능하므로 경제적이다.
㉱ 수소 압력의 변화로 출력을 변화시킬 수 있다.

02 다음 중 가스 터빈 발전방식은?

㉮ 심야의 잉여전력으로 조정지에 물을 퍼올려서 첨두 부하 시에 사용한다.
㉯ 건설비가 싸고 급격한 출력 변화에 응할 수 있다.
㉰ 출력 조정이 불가능하므로 수요의 기저 부분을 분담한다.
㉱ 고온, 고압 때문에 정격 출력으로 연속 운전하면 높은 효율이 된다.

03 증기 터빈의 장·단점 중 옳지 않은 것은?

㉮ 과열 증기나 고진공인 때의 효율이 매우 낮다.
㉯ 고효율을 내기 위해서는 대용량의 복수기가 필요하다.
㉰ 과부하 용량이 크고 또한 과부하 시의 효율이 높다.
㉱ 고속도기이므로 날개 및 축수 등의 손상이 심하다.

04 터빈의 비상조속기가 동작할 때는?

㉮ 터빈속도가 정격속도의 110[%]까지 상승하였을 때
㉯ 송전선로가 차단되어 발전기가 무부하 상태로 되었을 때
㉰ 발전기 내부 고장이 발생하였을 때
㉱ 증기 압력이 과승하였을 때

05 증기 터빈에 있어서 속도변동률, 즉 무부하로 되었을 때 속도 변화와 정격속도의 비는 보통 2.5 ~ 4[%] 정도에서 조정한다. 무엇에 의하여 조정하는가?

㉮ 조속기　　㉯ 분사기
㉰ 복수기　　㉱ 다이어프램

06 60[Hz] 2극인 터빈발전기의 과속도 트립(trip) 시의 회전수[rpm]는?

㉮ 3,600　　㉯ 3,960
㉰ 4,320　　㉱ 4,680

07 터빈발전기의 극수는 보통 얼마인가?

㉮ 14 또는 16
㉯ 10 또는 12
㉰ 6 또는 8
㉱ 2 또는 4

08 증기압, 증기 온도 및 진공도가 일정한 때에 추기할 때는 추기하지 않을 때보다 단위 발전량당 증기소비량과 연료소비량은 어떻게 변하는가?

㉮ 증기소비량, 연료소비량은 다 감소한다.
㉯ 증기소비량은 증가하고, 연료소비량은 감소한다.
㉰ 증기소비량은 감소하고, 연료소비량은 증가한다.
㉱ 증기소비량, 연료소비량은 다 증가한다.

09 다음 중 기력발전소 복수기의 부속설비가 아닌 것은?
㉮ 증기 분사 공기 배출 펌프
㉯ 복수 펌프
㉰ 냉각수 순환 펌프
㉱ 증화기

10 배압 터빈에 필요없는 것은?
㉮ 안전판 ㉯ 절탄기
㉰ 조속기 ㉱ 복수기

11 냉각수를 복수기에 보내 주는 펌프의 명칭은?
㉮ 배수 펌프 ㉯ 복수 펌프
㉰ 급수 펌프 ㉱ 순환 펌프

12 공기예열기를 설치하는 효과로서 옳지 않은 것은?
㉮ 화로 온도가 높아져 보일러 증발량이 증가한다.
㉯ 매연의 발생이 적어진다.
㉰ 보일러 효율이 높아진다.
㉱ 연소율이 감소한다.

13 화력발전소에서 탈기기 설치 목적은?
㉮ 연료 중의 공기를 제거하고자 한 것이다.
㉯ 급수 중의 산소를 제거하고자 한 것이다.
㉰ 보일러 가스 중 산소를 제거하고자 한 것이다.
㉱ 증기 중의 산소를 제거하기 위해서이다.

14 기력발전소에서 연도의 맨 끝에 설치하는 장치는?
㉮ 연실 ㉯ 보일러
㉰ 공기예열기 ㉱ 절탄기

15 보일러 및 절탄기의 부식을 방지하기 위한 목적의 장치는?
㉮ 증발기
㉯ 복수기
㉰ 슈라우딩(shrouding)
㉱ 공기 분리기

16 보일러에서 절탄기의 용도는?
㉮ 증기를 과열한다.
㉯ 공기를 예열한다.
㉰ 보일러 급수를 데운다.
㉱ 석탄을 건조한다.

17 재열기 중의 증기 상태 변화 중 가장 옳은 것은?
㉮ 등온 ㉯ 등압
㉰ 등적 ㉱ 등온, 등압

18 화력발전소에서 재열기의 설치 목적은?
㉮ 공기의 재열
㉯ 급수의 재열
㉰ 증기의 재열
㉱ 배출 가스의 재열

19 터빈 각 부의 침식을 방지할 목적으로 사용되는 장치는?

㉮ 수위 경보기
㉯ 공기 예열기
㉰ 증기 분리기
㉱ 스팀 제트

20 5,000[kcal/kg]의 석탄 10[kg]에서 나오는 열량을 용량 10[kW]의 전열기로서 발생시키면 소요 시간은 대략 얼마나 되는가?

㉮ 4 ㉯ 5
㉰ 6 ㉱ 8

21 발전단 열효율이 37[%]인 화력발전소가 있다. 발열량 1,000[kcal×L]의 중유를 사용할 때의 1[kWh]당의 연료비는 약 얼마인가? (단, 중유의 가격은 74,000[원/kL]이라 한다.)

㉮ 156[원] ㉯ 164[원]
㉰ 172[원] ㉱ 188[원]

22 열효율 35[%]의 화력발전소에서 발열량 6,000[kcal/kg]의 석탄을 이용한다면 1[kW]를 발전하는 데 필요한 석탄량은 몇 [kg]인가?

㉮ 0.42 ㉯ 1.23
㉰ 0.82 ㉱ 0.41

23 기력발전소에서 포밍의 원인은?

㉮ 과열기의 손상
㉯ 냉각수의 부족
㉰ 급수의 불순물
㉱ 기압의 과대

24 화력발전소에 있어 급수 및 증기의 흐르는 계통을 순서대로 나열하면?

㉮ 급수가열기 → 절탄기 → 과열기 → 터빈 → 복수기
㉯ 절탄기 → 과열기 → 급수가열기 → 터빈 → 복수기
㉰ 과열기 → 절탄기 → 급수가열기 → 터빈 → 복수기
㉱ 급수가열기 → 과열기 → 절탄기 → 터빈 → 복수기

25 발전소의 ABC라 함은?

㉮ 보일러의 자동 제어장치
㉯ 발전기의 자동 제어장치
㉰ 연소의 자동 제어장치
㉱ 급수의 자동 제어장치

26 프라이밍이 일어나는 이유는?

㉮ 수면의 장력이 불균일해져서
㉯ 보일러의 수면에 기포가 생겨서
㉰ 수면의 표면 장력이 일정해져서
㉱ 보일러의 수면에 기포가 안 생겨서

27 터닝(turning) 장치의 목적은?

㉮ 터빈의 증기 누설량을 감소시키기 위해
㉯ 터빈장치 때 축차의 힘을 방지하기 위해서
㉰ 터빈의 축전류에 의한 축받이 및 조속기구 등 톱니바퀴의 전식을 방지하기 위하여
㉱ 발전기의 급격한 부하 상실 때 재생 보일러에서의 증기 차단을 위하여

28 가압 연소방식을 채용하고 있는 것은?

㉮ 중유 연소보일러

PART 12

㉯ 미분탄 연소보일러
㉰ 급탄기 연소보일러
㉱ 석탄 가스 연소보일러

29 발열량 5,500[kcal/kg]의 석탄 10[ton]을 연소하여 24,000[kWh]의 전력을 발생하는 화력발전소의 열효율[%]은 약 얼마인가?

㉮ 27.5 ㉯ 32.5
㉰ 35.5 ㉱ 37.5

30 발전 전력량 E[kWh], 연료 소비량 W[kg], 연료의 발열량 C[kcal/kg]일 때 화력발전의 효율[%]은?

㉮ $\dfrac{860E}{WC} \times 100$
㉯ $\dfrac{860\,WC}{E} \times 100$
㉰ $\dfrac{WC}{860E} \times 100$
㉱ $\dfrac{980E}{WC} \times 100$

31 다음 중 기력발전소에서 열 사이클의 효율 향상을 기하기 위하여 채용된 방법이 아닌 것은?

㉮ 고압, 고온 증기의 채용과 과열기의 설치
㉯ 절탄기, 공기 예열기의 설치
㉰ 재생 재열 사이클의 채용
㉱ 조속기의 설치

32 고압(176[kg/cm^2 · g]), 고온(570[℃])급인 신예 기력발전소에서 열손실이 많은 순서로 배열된 것은?

㉮ 발전기 손실, 굴뚝의 대기 방산 손실, 소내 동력에 의한 손실, 복수기 손실
㉯ 굴뚝의 대기 방산 손실, 복수기 손실, 소내 동력에 의한 손실, 발전기 손실
㉰ 복수기 손실, 굴뚝의 대기 방산 손실, 소내 동력에 의한 손실, 발전기 손실
㉱ 소내 동력에 의한 손실, 발전기 손실, 복수기 손실, 굴뚝의 대기 방산 손실

33 화력발전소 발전효율 저하 원인으로서 가장 큰 손실은?

㉮ 소내용 동력
㉯ 터빈 및 발전기의 손실
㉰ 연돌 배출 가스
㉱ 복수기 냉각수 손실

34 최근 고압 · 고온을 채용한 기력발전소에서 채용되는 열 사이클로서 그림과 같은 장치 선도의 열 사이클은?

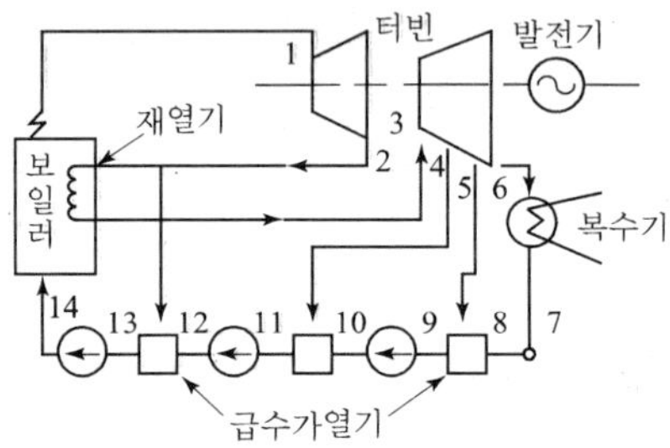

㉮ 랭킨 사이클
㉯ 재생 사이클
㉰ 재열 사이클
㉱ 재열 재생 사이클

35 재열방식을 사용하는 이유는 증기 압력을 높일 경우 팽창 끝의 증기 습도는 어떻게 하기 위함인가?

㉮ 증가시키지 않기 위하여
㉯ 증가시키기 위하여
㉰ 포화시키지 않기 위하여
㉱ 팽창시키지 않기 위하여

36 급수 엔탈피 130[kcal/kg], 보일러 출구 증기 엔탈피 830[kcal/kg], 터빈 배기 엔탈피 550[kcal/kg]인 랭킨 사이클의 열 사이클 효율은?

㉮ 0.2　　㉯ 0.4
㉰ 0.6　　㉱ 0.8

37 아래 표시한 것은 기력발전소의 기본 사이클이다. 순서가 맞는 것은?

㉮ 급수펌프 → 보일러 → 터빈 → 과열기 → 복수기 → 급수펌프로
㉯ 급수펌프 → 보일러 → 과열기 → 터빈 → 복수기 → 급수펌프로
㉰ 과열기 → 보일러 → 복수기 → 터빈 → 급수펌프 → 축열기 → 과열기로
㉱ 보일러 → 급수펌프 → 과열기 → 복수기 → 급수펌프 → 보일러로

38 터빈 팽창의 중단에서 일단 증기를 전부 추출하는 것은?

㉮ 랭킨 사이클　　㉯ 재생 사이클
㉰ 이중 사이클　　㉱ 재열 사이클

39 기력발전소에서 열효율을 향상시키는 데 큰 역할을 한 것은?

㉮ 랭킨 사이클　　㉯ 재열 사이클
㉰ 재생 사이클　　㉱ 카르노 사이클

40 그림과 같은 열 사이클은?

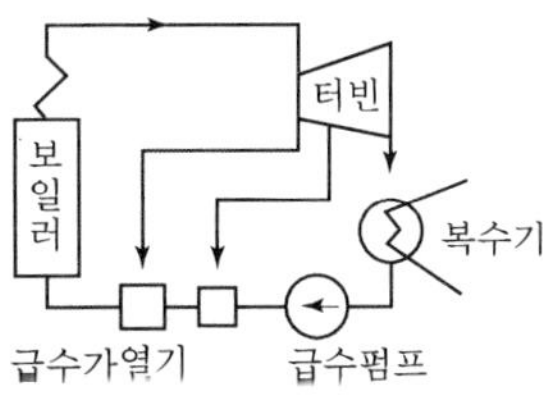

㉮ 재열 사이클
㉯ 재생 사이클
㉰ 재생 재열 사이클
㉱ 기본 사이클

41 그림은 랭킨 사이클 $T-s$ 선도이다. 이 중 보일러 내의 등온 팽창을 나타내는 부분은?

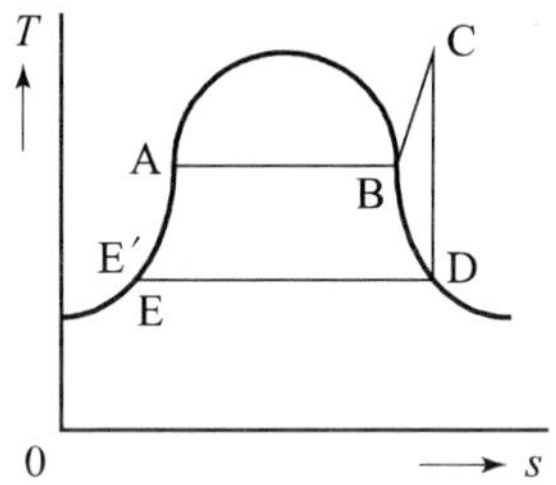

㉮ A − B　　㉯ B − C
㉰ C − D　　㉱ D − E

42 기력발전소의 기본 열 사이클인 랭킨 사이클에서 단열압축과정이 행하여지는 기기의 명칭은?

㉮ 보일러　　㉯ 터빈
㉰ 복수기　　㉱ 급수펌프

43 종축에 절대 온도 T, 횡축에 엔트로피 s를 취할 때 $T-s$ 선도에 있어서 단열변화를 나타내는 것은?

㉮ 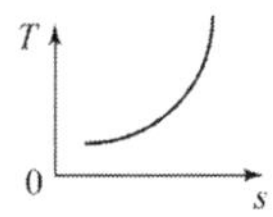　　㉯ 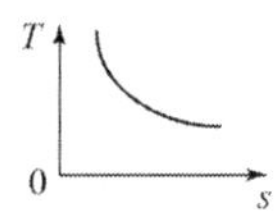
㉰ 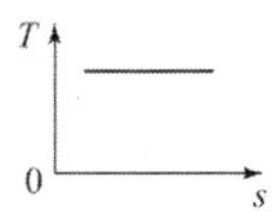　　㉱ 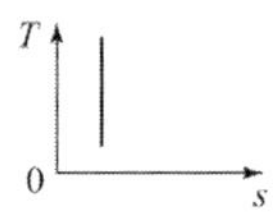

44 랭킨 사이클이 취하는 급수 및 증기의 올바른 순환 과정은?

㉮ 등압 가열 → 단열 팽창 → 등압 냉각 → 단열 압축

㉯ 단열 팽창 → 등압 가열 → 단열 압축 → 등압 냉각
㉰ 등압 가열 → 단열 압축 → 단열 팽창 → 등압 냉각
㉱ 등압 가열 → 단열 팽창 → 등온 압축 → 단열 압축

45 "화력발전소의 (①)은 발생 (②)을 열량으로 환산한 값과 이것을 발생하기 위하여 소비된 (③)의 보유 열량(④)를 말한다." 빈 칸에 알맞은 말은?

㉮ ① 손실률 ② 발열량 ③ 물 ④ 차
㉯ ① 발열량 ② 증기량 ③ 연료 ④ 결과
㉰ ① 열효율 ② 전력량 ③ 연료 ④ 비
㉱ ① 연료소비율 ② 증기량 ③ 물 ④ 화

46 과열도란 무엇인가?

㉮ 포화수가 과열수에서 상승한 온도
㉯ 과열증기의 온도
㉰ 과열증기의 온도와 그 압력에 상당한 포화증기의 온도와의 비율
㉱ 과열증기의 온도와 그 압력에 상당한 포화증기의 온도와의 차

47 증기의 엔탈피란?

㉮ 증기 1[kg]의 잠열
㉯ 증기 1[kg]의 보유열량
㉰ 증기 1[kg]의 기화열량
㉱ 증기 1[kg]의 증발열을 그 온도로 나눈 것

48 1[B.T.U]는 몇 [cal]인가?

㉮ 250　　㉯ 252
㉰ 242　　㉱ 232

49 다음 발전소에서 첨두 부하용으로 가장 적합한 것은?

㉮ 기력발전소
㉯ 가스 터빈발전소
㉰ 양수식 발전소
㉱ 유입식 발전소

PART 13

원자력발전

PART 13

원자력발전

1 원자력발전

원자로 내에서 우라늄-235의 핵분열 반응에 의해 열을 얻고 그 열로 증기를 생산하여 터빈을 돌려 전기를 얻는 발전방식이다.

(1) 원자력발전의 개요

① 핵분열에 의해 나오는 막대한 열에너지를 이용한 방법이다(원자력발전소).

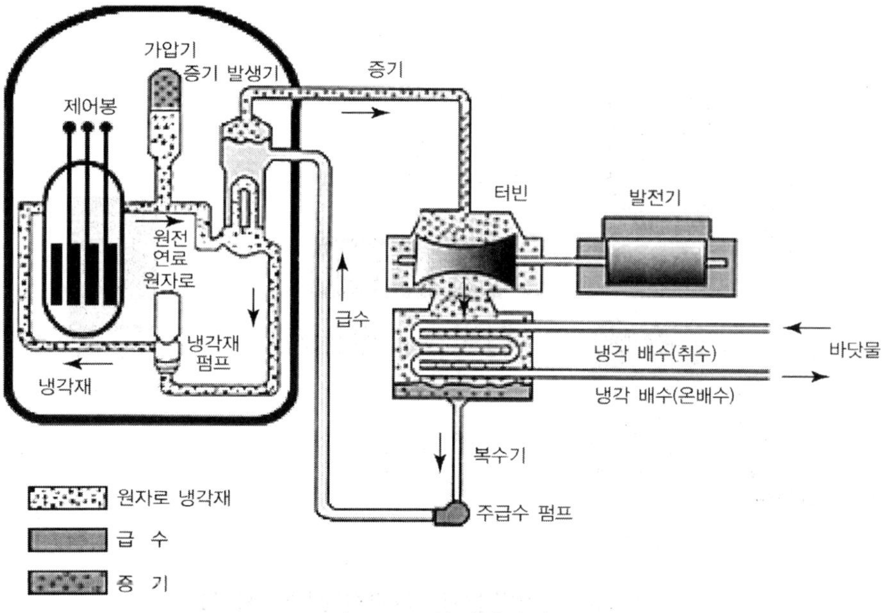

【그림 13-1. 원자력발전소】

② 방사선 물질(방사선 동위원소)에서 나오는 방사선을 이용(진단과 치료, 농작물의 품질 개량, 멸균 소독, 시제품 보존, 공업제품의 비파괴 검사, 고대 예술품의 검사와 고고학 연구 등 의학과 농업, 공업 각 분야에서 폭넓게 활용)한다.

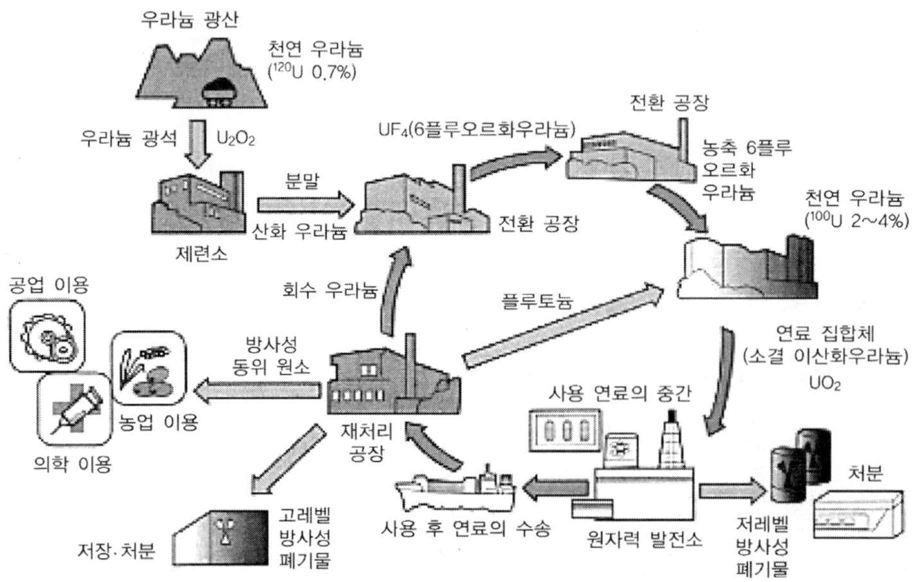

【그림 13-2. 원자력발전소 방사선 물질】

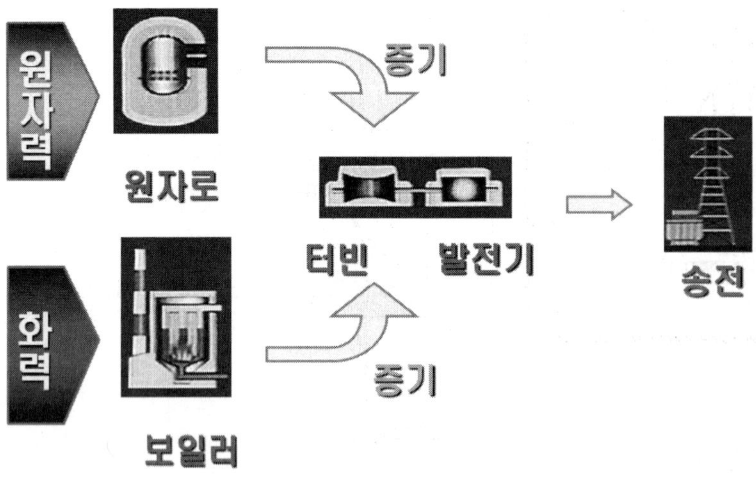

【그림 13-3. 화력발전과 원자력발전의 차이】

(2) 원자력발전의 역할

① **에너지 안보적 측면** : 우리나라는 총 소비에너지 중 97.5[%]를 수입에 의존하므로 에너지의 안정적인 공급을 위해서 에너지 수입원의 다원화가 필요하며, 에너지 공급 구조 다원화 및 탈석유 전원 정책의 일환으로 원자력발전소 건설이 필요하다. 원자력발전은 소용량의 연료로 장시간 전력생산 가능, 에너지 비축 효과가 크며, 에너지를 안정적으로 공급할 수 있다.

② **국내 산업 발전적 측면** : 원전 산업은 태동기부터 고도의 기술 집약적 성격을 지니게 되었으며, 사업추진과정에서 전기, 기계, 토목, 화학, 금속 등 각종 관련 분야 산업의 발전에 기여한다.

③ **경제적 측면** : 건설비가 다소 비싼 편이지만 연료비, 운영비용이 다른 발전원에 비해 저렴하다.

④ **지구환경보전 측면** : 지구 온실효과와 해수면 상승으로 지구 전체의 그 심한 위기 이로 인한 화석연료의 사용이 제한될 것으로 전망되며, 이러한 대체 에너지원의 하나가 원자력을 들 수 있다.

2 원자력발전에 관한 기본사항

(1) 원자력의 원리

① 원자의 구성

㉮ 원자핵 : 양자(양전하), 중성자(전하가 없음.)

② 전자

원자 무게 대부분을 원자핵이 차지, 양자의 무게와 중성자의 무게가 비슷하며, 전자 무게의 1,840배에 달한다.

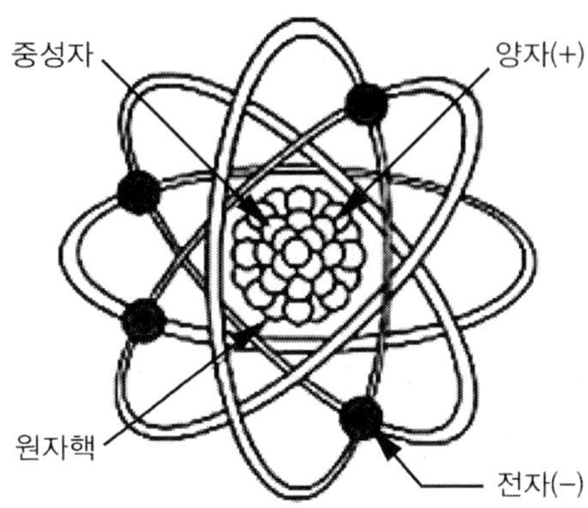

【그림 13-4. 화력발전과 원자력발전의 차이】

③ 핵분열과 에너지

$E = m \cdot C^2$

여기서, E : 발산에너지[kg · (m/s)^2]
m : 가벼운 질량[kg]
C : 빛의 속도[3×10^8(m/s)]

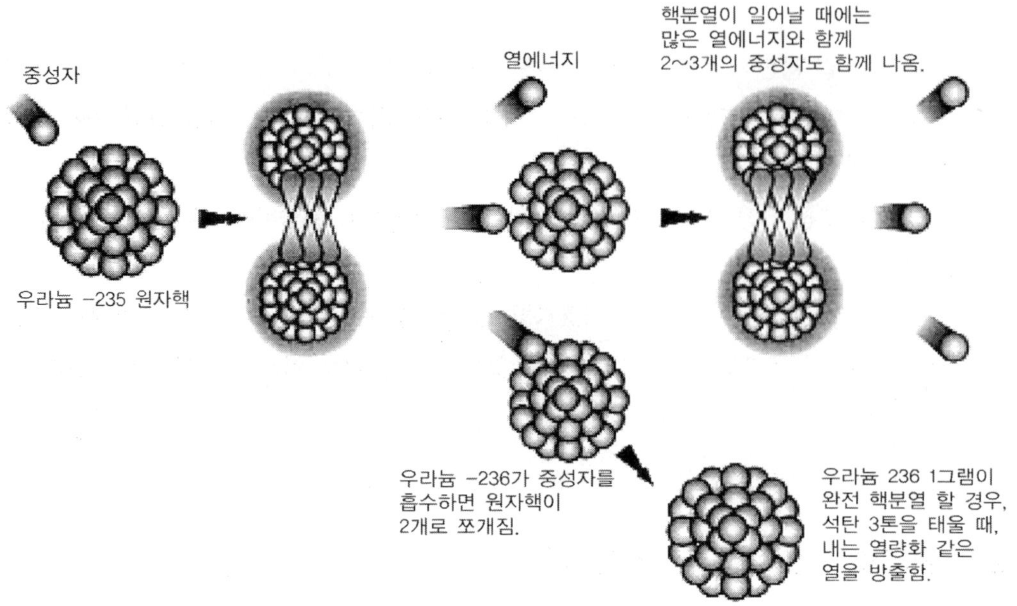

【그림 13-5. 아인슈타인 방정식의 질량에너지 보존법칙】

④ 핵분열 연쇄 반응

핵분열에 따라 중성자 2개 → 2차 핵분열 → 3차 핵분열

(2) 원자력발전소

① 원자로의 구성 및 종류

㉮ 원전연료 : 천연 우라늄(0.7%) 그대로 사용, U−235를 약 3[%] 정도 농축한 다음 이산화 우라늄(UO_2)으로 성형, 가공하여 펠릿을 만듦.

㉯ 감속재 : 중성자가 U−235와 만나서 핵분열을 잘 일으킬 수 있도록 속도를 낮추어 주는 역할을 담당, 재료는 경수, 흑연, 중수, 베릴륨 등

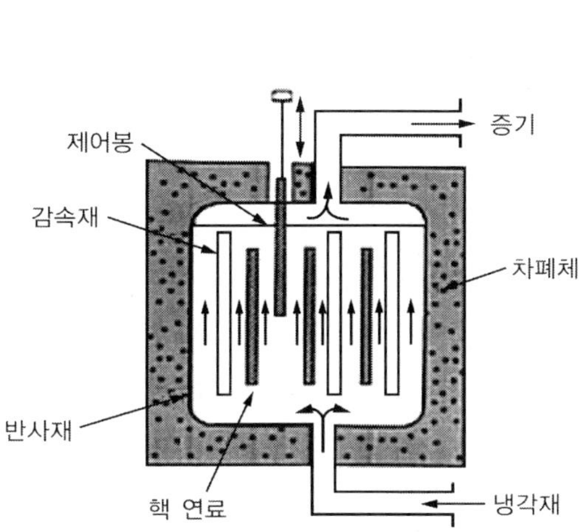

【그림 13-6. 원자로의 구성】

㉰ 냉각재 : 원전 연료봉 주위를 흐르면서 원전 연료에서 생성되는 뜨거운 열을 흡수하고, 이 뜨거워진 냉각재가 증기 발생기를 통과하는 과정에서 터빈 구동에 필요한 증기를 생산

㉱ 제어장치 : 원자로의 출력을 일정하게 유지, 원하는 대로 변경시키려면, 원자로 내에서 발생하는 핵분열 매체인 중성자 수를 조절하여 핵분열 반응의 횟수를 제어

㉲ 제어봉 : 중성자를 잘 흡수하는 물질로 만듦. 연료봉들 사이로 드나들면서 중성자의 수를 조정하면서 핵분열 연쇄 반응을 제어한다. 제어봉은 붕소(B), 카드뮴(Cd), 인듐(In), 은(Ag), 가돌리늄(Gd) 등

㉳ 수용성 제어물질 : 중성자를 잘 흡수하는 물질을 감속재에 섞어 농도를 조절 핵분열연쇄반응을 제어하며, 물질로는 붕소(B), 가돌리늄(Gd) 등

㉴ 차폐체 : 중성자나 높은 에너지의 감마선 등이 원자로에서 새어 나와 인체에 해를 주거나 구조물에 강한 열적 충격을 막기 위해 콘크리트, 납 또는 물 등으로 방사선 차폐체를 설치

② 원전 연료의 구성

㉮ 펠릿 : 우라늄 가루(분말)를 구워서 만든 약 1[cm] 길이의 분필 같은 모양의 원전 연료로서 이것을 약 4[m] 길이의 지르코늄 합금 튜브 안에 일렬로 집어넣어 봉 모양으로 만든 것.

PART 13

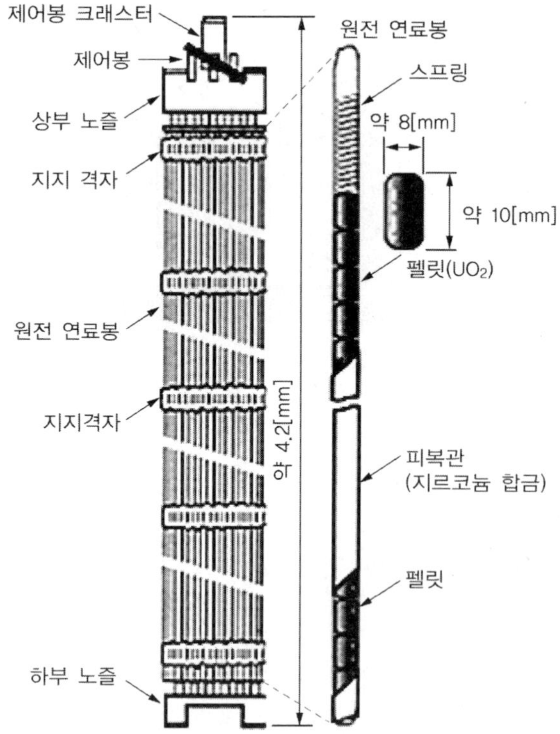

【그림 13-7. 연료 집합체】

(3) 원자력발전소의 주요기기

① 1차 계통

㉮ 원자로 : 원전 연료가 핵분열함으로써 약 1,000[℃]의 열을 발생하며, 냉각재의 온도를 약 300[℃]로 높여 주는 역할

㉯ 가압기 : 냉각재인 물이 100[℃] 이상에서도 끓지 않도록 냉각재에 160[kg/cm^2](경수로) 또는 110[kg/cm^2] (중수로)로 압력을 가해주는 기기

㉰ 증기발생기 : 뜨거워진 1차 계통의 냉각재로부터 2차 계통의 급수에 열을 전달시켜 급수를 증기로 변환시켜주는 역할을 하며, 화력발전소의 보일러 역할

㉱ 원자로 냉각재 펌프 : 원자로로부터 증기발생기를 거쳐 나온 1차 계통의 냉각재를 원자로 속으로 다시 순환시켜주는 기기

② 2차 계통(화력발전과 흡사) : 터빈, 발전기, 복수기, 급수펌프

③ 가압 경수형 원자력발전소(PWR : Pressurized Water Reactor)

㉮ 저농축 우라늄을 연료로 사용, 경수를 감속재 및 냉각재로 사용하는 원자로서 원자로 압력용기 안의 압력이 매우 높아(160기압) 물의 비등을 억제

㉯ 물이 드나드는 곳을 1차, 증기발생기와 터빈 사이를 2차, 1차와 2차 순환계통에서의 수질관리가 아주 중요

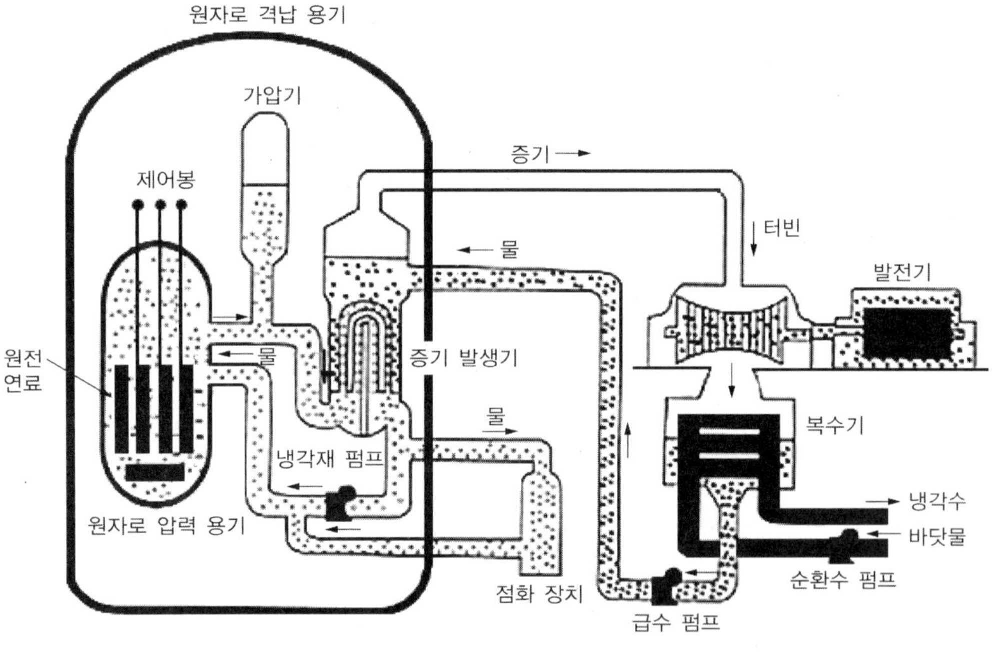

【그림 13-8. 가압 경수형 원자력발전소】

④ 가압 중수형 원자력발전소(PHWR : Pressurized Heavy Water Reactor)

㉮ 값싼 천연 우라늄(0.7[%])을 원전 연료로 사용하고 감속재와 냉각재로는 중수(D_2O)를 사용한다는 특징이 있으며, 운전 중에도 연료 교체할 수 있어 이용률이 높다. 단점은 경수형에 비해 건설비가 비싸고, 중수를 감속재와 냉각재로 각각 구분해서 사용해야 한다는 것이다.

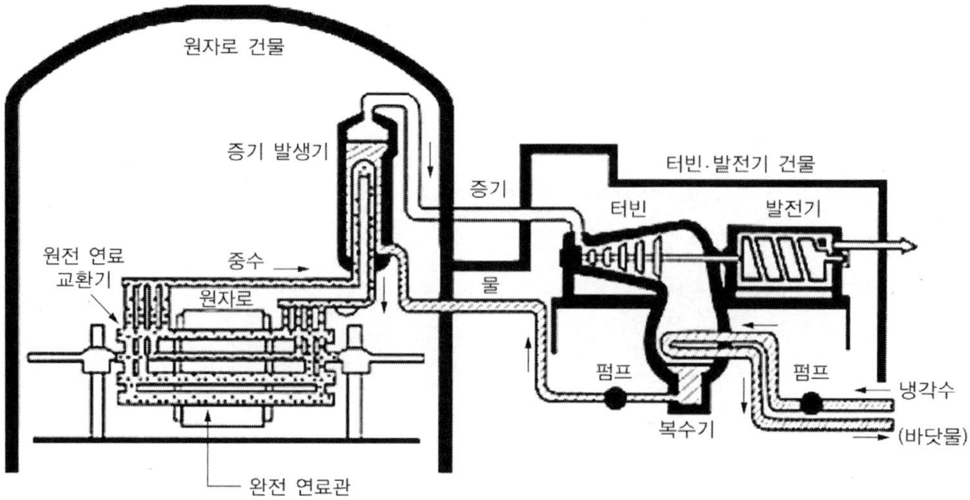

【그림 13-9. 가압 중수형 원자력발전소】

⑤ 비등수형 원자력발전소(BWR : Boiling Water Reactor)

㉮ 기본 구성은 경수로와 비슷하며, 원전 연료는 약 3[%] 저농축 우라늄을 사용, 경수(H_2O)를 감속재 및 냉각재를 사용한다.

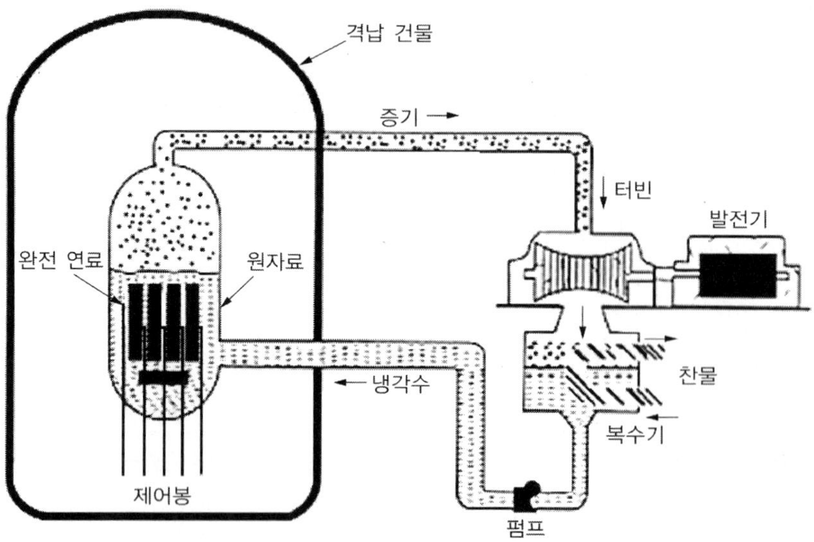

【그림 13-10. 비등수형 원자력발전소】

㉯ 특징 : 원자로 내에서 바로 증기가 발생하므로 가압기와 증기발생기가 필요 없으며, 1차 계통, 2차 계통을 분리하지 않는데 계통 온도와 압력이 낮으므로 안전성이 높다.

㉰ 단점 : 사고 시 방사능 확산 가능성이 크므로 원자로 차폐 및 안전 설비를 많이 설치해야 한다.

⑥ 고온 기체 냉각형 원자력발전소(HTGR : High Temperature Gas cooded Reactor)

㉮ 우라늄이 높은 온도에서도 견딜 수 있도록 우라늄에 흑연을 결합시켜 우라늄 카바이드를 만들고 그 위를 흑연으로 다시 두 겹, 세 겹으로 씌운 고농축(90[%]) 우라늄 원전 연료를 쓰기 때문에 고온 운전이 가능하다.

㉯ 흑연은 온도가 올라 갈수록 더 단단해져서 2750[℃]에서의 항장력은 상온의 2배가 될만큼 고온용 재료로서 적합하다.

㉰ 냉각재는 다소 비싸지만 중성자를 거의 흡수하지 않는 헬륨을 사용하며, 열효율이 40[%] 정도로 높고 부하 추종운전이 가능하다.

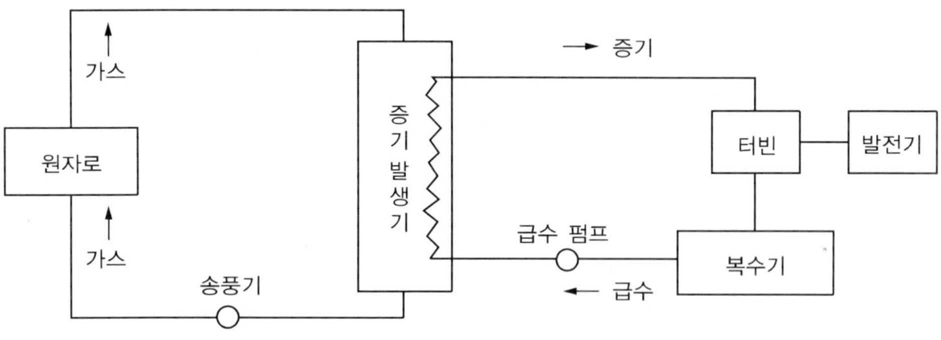

【그림 13-11. 고온 기체 냉각형 원자력발전소】

3 원자력의 안전성

(1) 방사선 및 방사능

① 생활과 방사선

우리 생활 주변의 어디에서나 발생하고 있다.

② 방사선의 종류

원자력에는 방사능, 방사선, 방사성 물질이 있다.

㉮ 방사능 : 어떤 물질이 시간당 방사선을 낼 수 있는 능력

㉯ 방사성 물질 : 이러한 능력을 가지고 있는 능력

㉰ 방사성 : 물질을 투과할 수 있는 힘을 가진 광선, 알파선, 베타선, 감마선, 중성자선

㉱ 자연 방사선 : 방사선을 발생시키는 우라늄 같은 광물질의 매장량, 해발, 고도, 지역 등에 따라 상당한 차이

㉲ 인공 방사선 : 전자기기, 의료기기 등에서 발생한다.

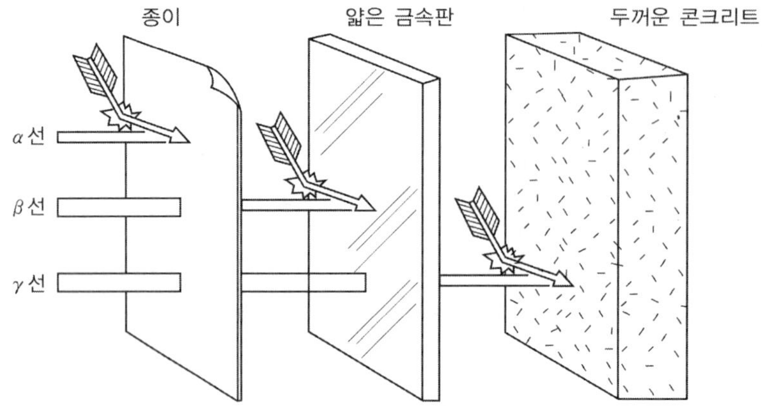

【그림 13-12. 방사선의 종류】

③ 방사선량의 단위

【표 13-1. 방사선량의 단위】

<table>
<tr><th colspan="2">구분</th><th>새로운 단위</th><th>종래 단위</th><th>환산</th></tr>
<tr><td colspan="2">방사능 단위</td><td>베크렐[Bq][2)]</td><td>퀴리[Ci][1)]</td><td>1[Ci] = 3.5×10^{11}[Bq]
1[Bq] = 2.7×10^{11}[Ci]</td></tr>
<tr><td rowspan="3">방사선량에 관한 단위</td><td>조사 선량[3)]</td><td>쿨롱/킬로그램[C/kg]</td><td>뢴트겐[R]</td><td>1[R] = 2.58×10^{-4}[C/kg]
1[C/kg] = 3.88×10^{6}[R]</td></tr>
<tr><td>흡수 선량</td><td>그레이[Gy][4)]</td><td>래드[rad]</td><td>1[rad] = 0.01[Gy]
1[Gy] = 100[rad]</td></tr>
<tr><td>선량 당량</td><td>시버트[Sv]</td><td>렘[rem]</td><td>1[Rem] = 0.01[Sv]
1[Sv] = 100[Rem]</td></tr>
</table>

[비고] 1) 1퀴리 : 1초 동안에 3.7×10^{10}개가 붕괴되는 동위 원소 양

2) 1베크렐 : 1초에 1개의 원자가 붕괴할 때 방사능의 세기

3) 조사선량 : 감마선 또는 엑스선에 조사된 방사선량

4) 1그레이 : 1[kg]당 1[J]의 에너지가 흡수될 때의 흡수 방사량

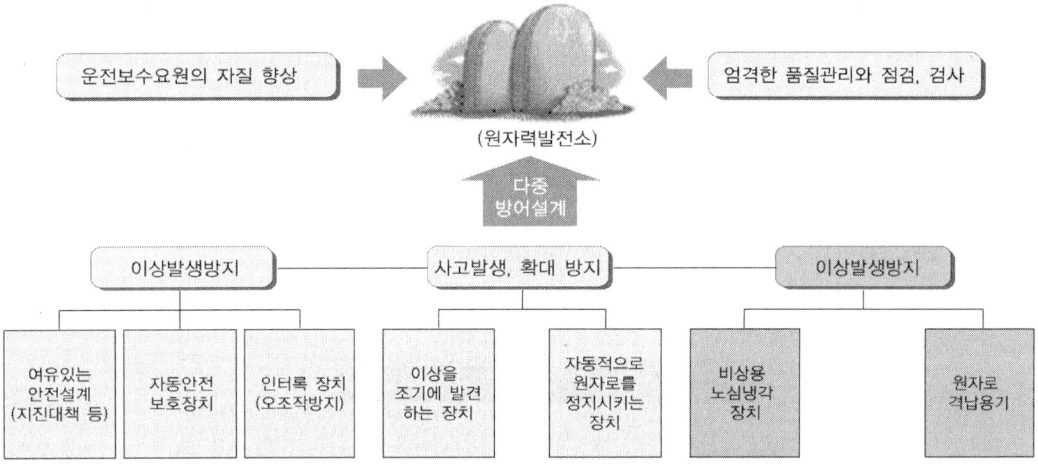

【그림 13-13. 원자력발전소의 안전성 확보 구조】

(2) 다중 방호

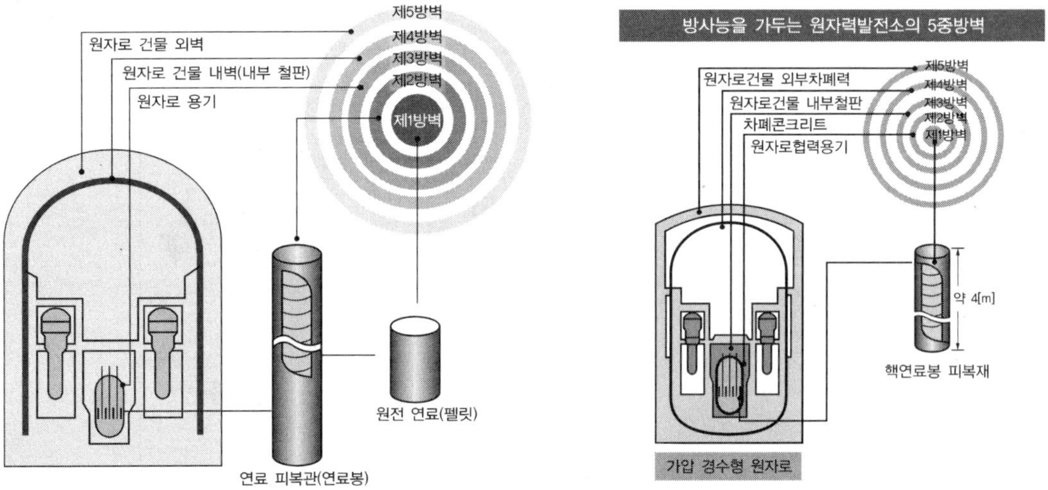

【그림 13-14. 원자력발전소의 다중 반호】

① 제1방벽 : 핵분열 시 발생하는 방사성 물질(고체, 기체)은 대부분 1차적으로 밀폐

② 제2방벽(연료 피복관) : 펠릿을 담고 있는 연료봉, 열, 방사성, 부식에 강한 지르코늄 합금, 펠릿에서 새어 나온 소량의 기체를 밀폐

③ 제3방벽 : 고온 · 고압에서 견딜 수 있도록 두께 20 ~ 25[cm]의 강철 용기

④ 제4방벽(원자로 건물 내벽) : 두께 3 ~ 6[cm]의 내부 철판, 격납 용기 안에 밀폐

⑤ 제5방벽(원자로 건물 외벽) : 두께 120[cm]의 내부 철판, 격납 용기 안에 밀폐 중 최종적인 차폐벽

(3) 안전 감시

① 국내외 안전 규제 및 감시

② 환경 방사능 감시

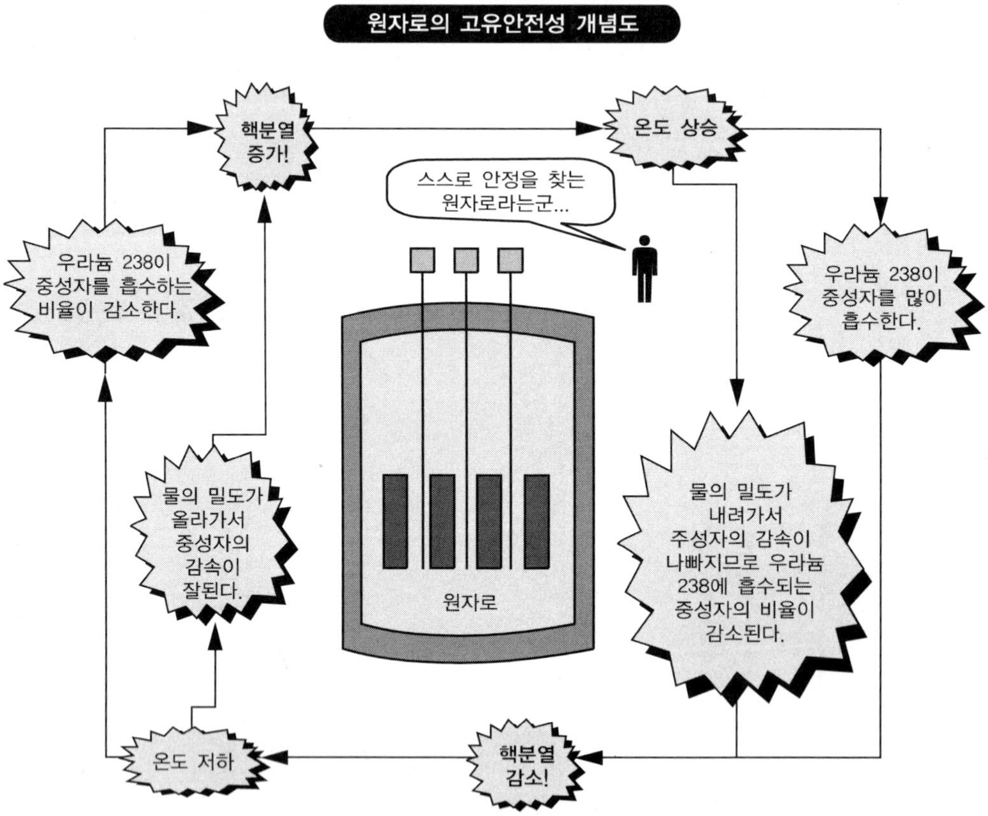

【그림 13-15. 원자력발전소의 안전 감시】

(4) 방사성 폐기물

① 기체 폐기물

특수 설계된 공기조화설비로 방사성 기체를 걸러 → 발전소 저장 탱크에 저장 → 방사성 감시장치 → 방사선량 법정 규정값 이하 확인 → 대기로 방출(찌꺼기는 고체 폐기물로 처리)

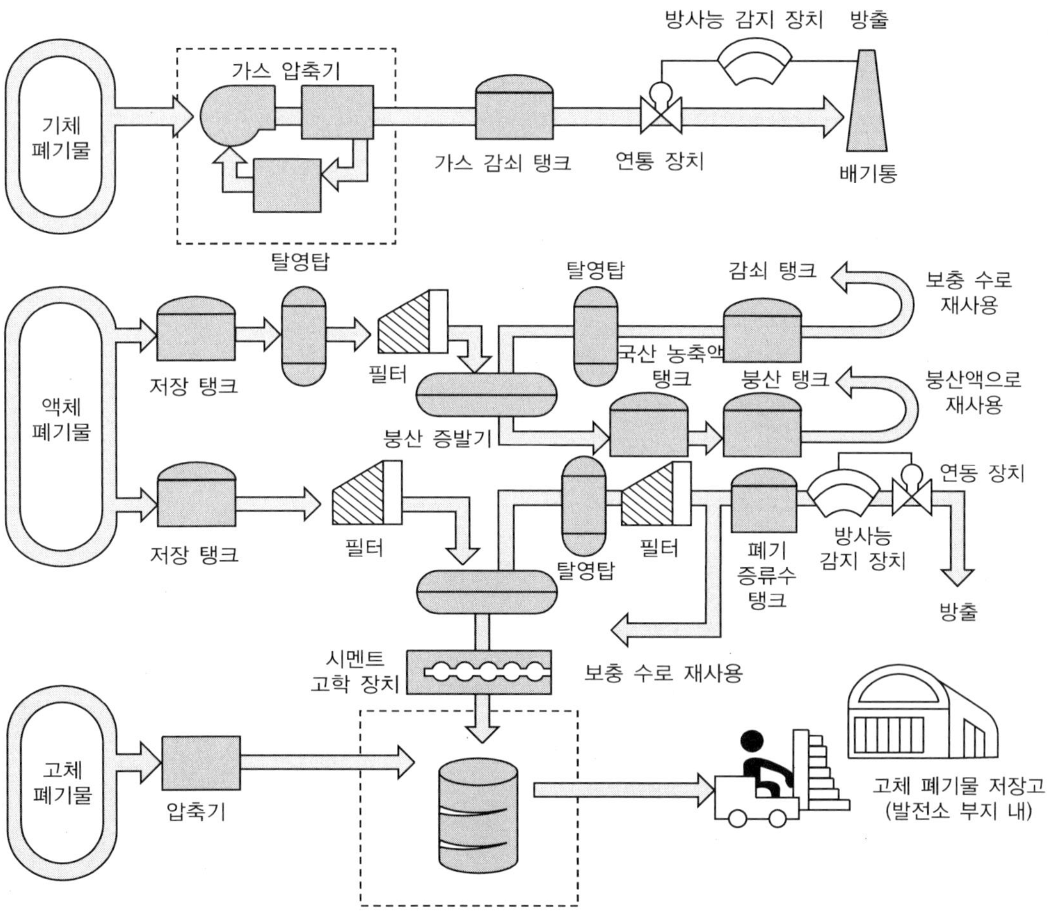

【그림 13-16. 원자력발전소의 방사성 폐기물】

② 액체 폐기물

바닥 배수 탱크에 수집된 액체 폐기물은 많은 처리과정이 필요하므로 별도로 분리처리 액체 폐기물을 증발장치에 의해 찌꺼기를 분리하고 맑은 물은 발전소 내에서 재

사용하게 된다.

㉮ 오염된 액체는 저장 탱크에 저장 → 방사성 감시장치 → 방사선량 법정 규정값 이하 확인 → 대기로 방출(찌꺼기는 고체 폐기물로 처리)

③ 고체 폐기물

㉮ 폐기물 드럼 : 기기의 점검, 정비 등에 사용된 종이 수건, 헝겊, 작업복, 장갑, 덧신 → 특수 제작된 55갤런짜리 드럼에 시멘트를 섞어 고체로 만든 다음 폐기물 저장고에 저장(지중 매몰식의 영구처분 시설을 건설)

㉯ 사용 후 원전 연료 : 높은 방사성 폐기물로 U－235, Pu－239가 각각 약 1[%] 정도 남으므로 재처리를 통하여 이를 추출하기 위해 중간 저장시설에 집중관리계획이나 현재 발전소 내의 저장 탱크에 물을 채워서 보관(중간 저장시설에 집중 관리시설은 원전 부지 이외의 장소)

(5) 원자력발전소의 사후 처리

① 사후 처리시기

원자력발전소의 수명은 30 ~ 40년, 우리나라의 경우 2004년 이후 사후 처리작업을 시작하였다.

② 사후 처리방법

㉮ 밀폐 관리방식 : 원자로의 연료, 제어봉, 냉각재 등을 제거하고, 주요 밸브, 플러그 등을 콘크리트와 같은 것으로 밀폐, 원래 상태로 그대로 보관

㉯ 차폐 격리방식 : 2차 계통은 물론 1차 계통의 일부, 즉 비방사능 설비를 제거하고, 오염 제거 작업을 실시한 후 원자로 용기, 내 구조물 등 방사능이 많은 설비를 콘크리트 등으로 두껍게 차폐 보관관리

㉰ 해체 · 철거방식 : 원자로 및 모든 시설을 완전히 해체하는 방법으로 처분해야 할 방사성 폐기물이 대량 발생하게 된다. 장점은 부지의 재활용 가능

③ 고속 증식로

원자력발전소의 수명은 30 ~ 40년, 우리나라의 경우 2004년 이후 사후 처리 작업을 시작하였다.

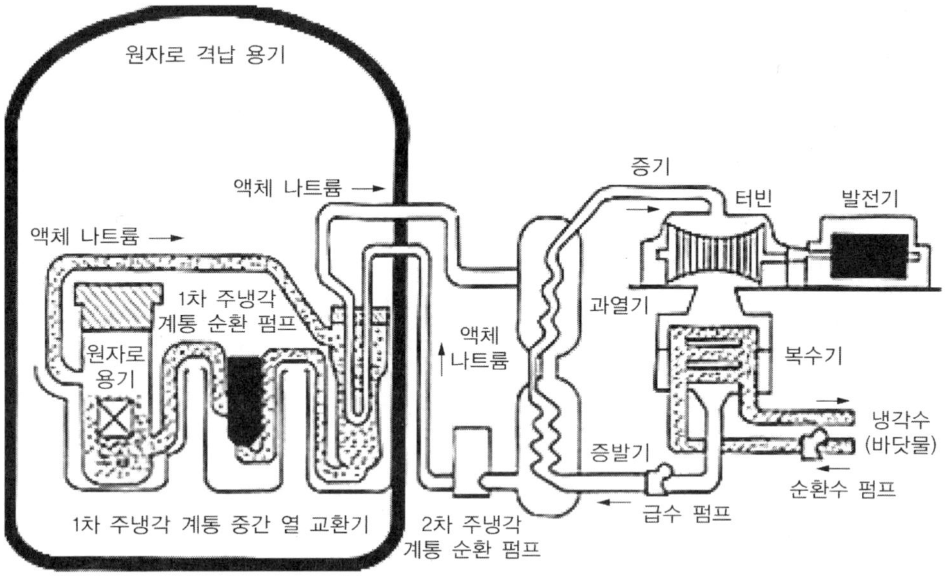

【그림 13-17. 원자력발전소의 고속 증식로】

④ 핵융합로

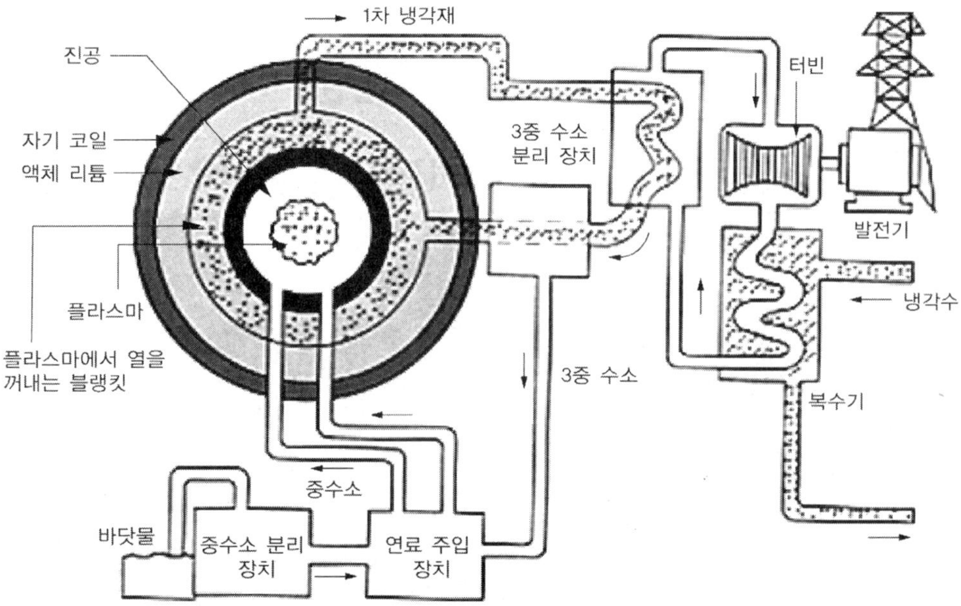

【그림 13-18. 원자력발전소의 핵융합로】

4 그 밖의 발전

(1) 자연에너지 발전

① 태양에너지 발전

㉮ 태양광 발전 : 태양에너지를 전기에너지로 변환시키는 데 태양 전지를 사용(솔라카, 태양 전지 충전의 전기자동차 등)

㉯ 태양열 발전 : 태양에너지를 반사경으로 집광, 집열하여 축열장치에 저장시킨 후 증기로 터빈발전기를 돌려 전기에너지를 발생

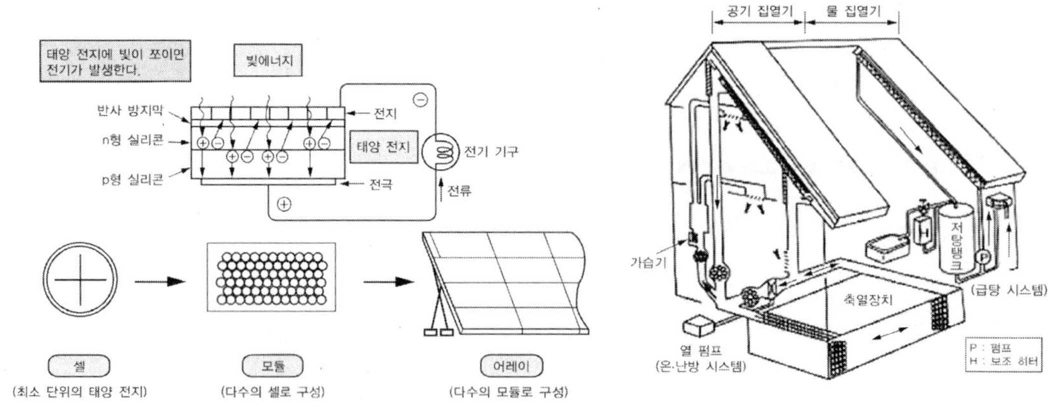

【그림 13-19. 태양광 발전】

② 지열 · 풍력 · 해양발전

㉮ 지열발전 : 땅속에 굴착한 갱정을 통하여 지하에 저류되어 있는 지열유체를 분출시켜, 그 열에너지를 전기에너지로 변환시키는 발전방식

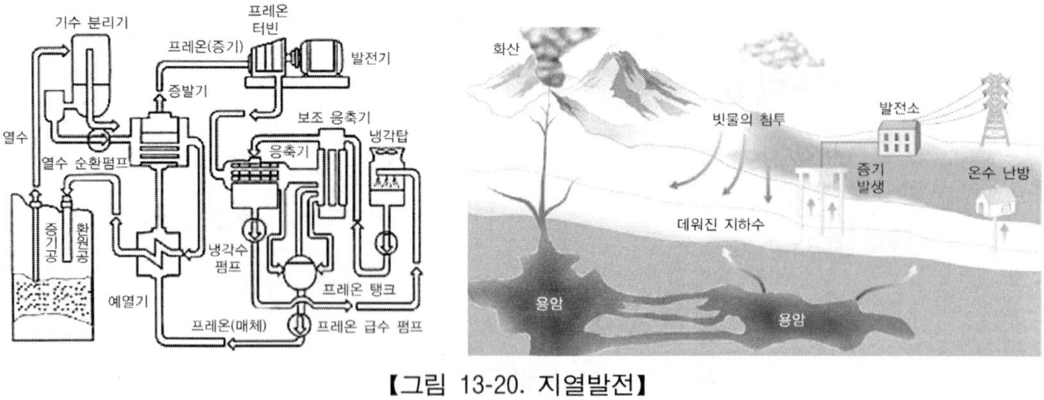

【그림 13-20. 지열발전】

㉯ 풍력발전 : 공기의 유동이 가진 운동에너지의 공기역학적(aerodynamic) 특성을 이용하여 회전자(rotor)를 회전시켜 기계적 에너지로 변환시키고, 이 기계적 에너지로 전기를 얻는 기술

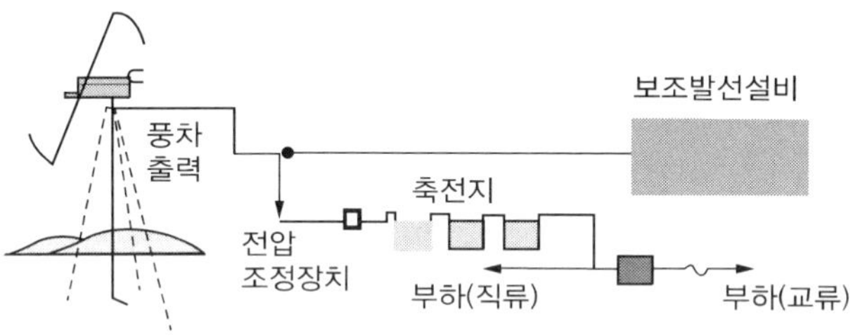

【그림 13-21. 풍력발전】

㉰ 해양발전 : 해양에서 얻을 수 있는 에너지는 조석, 파력, 해류와 조류 등이 있다. 조석에너지는 조력발전에 의해 조석간만의 차를 이용하며, 파력에너지는 파도에 의한 수면의 상승운동으로 터빈을 돌려 발전된다. 그 밖에도 해류와 조류를 이용한 발전, 해수의 온도차에 의한 발전, 해수의 밀도차에 의한 발전 등이 있다.

㉱ 파력발전(wave-force generation) : 파랑(波浪)의 에너지를 이용하는 발전

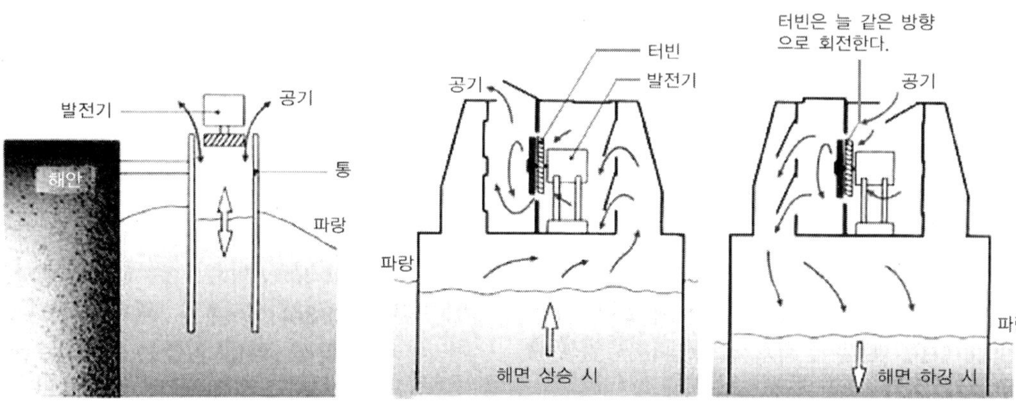

(a) 고정식 (b) 부유식

【그림 13-22. 파력발전】

㉤ 해양 온도차 발전 : 열대해역에서 해면의 해수 온도는 20℃를 넘으나 해면으로부터 500 ~ 1,000[m] 정도 깊이의 심해에서는 4℃에서 거의 변하지 않는다. 이런 표층수와 심층수의 온도차로부터 프레온과 같은 저온 비등 매체를 이용하여 발전하는 기술을 해양 온도차 발전

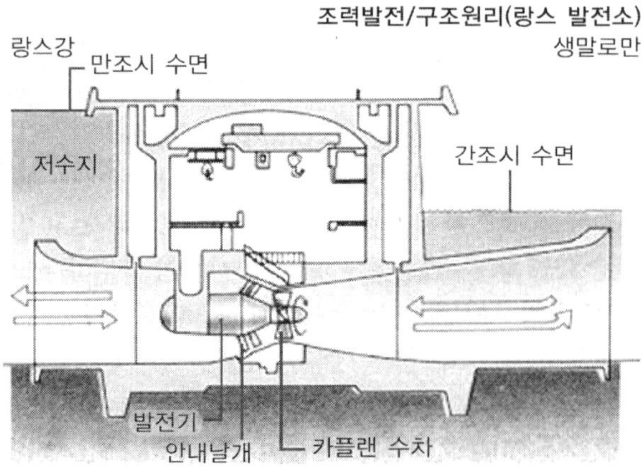

【그림 13-23. 해양 온도차 발전】

㉥ 조력발전(潮力發電, tidal electric power generation) : 조석현상에 의하여 생기는 해면 높이의 위치에너지를 전력으로 변환시키는 발전방식

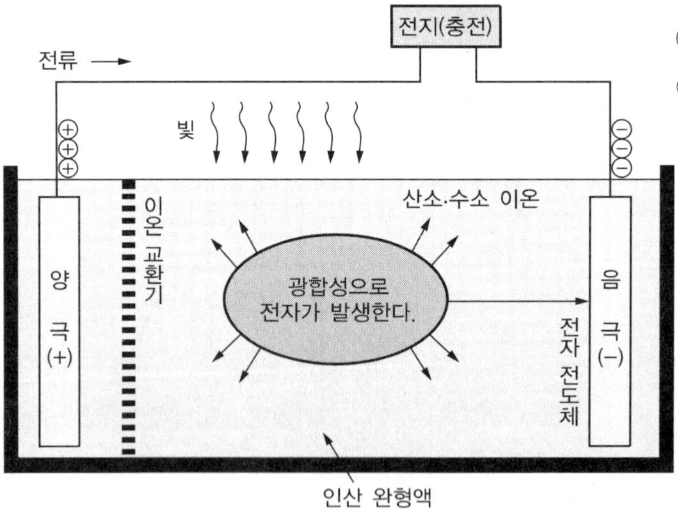

【그림 13-24. 바이오 에너지이용 발전】

③ 바이오 에너지이용 발전

㉮ 바이오 에너지 : 유기 폐기물 등의 바이오 집합체나 태양에너지 등에서 변환 수단을 통하여 생성 또는 배출된 수소, 메탄 등 바이오 에너지를 이용하여 발전하는 방식

(2) 신에너지 개발

① 연료전지발전

㉮ 연료전지 원리 : 연료의 산화 반응과 산소의 환원 반응을 전기화학적으로 처리하여 직접 전기에너지를 얻는 장치

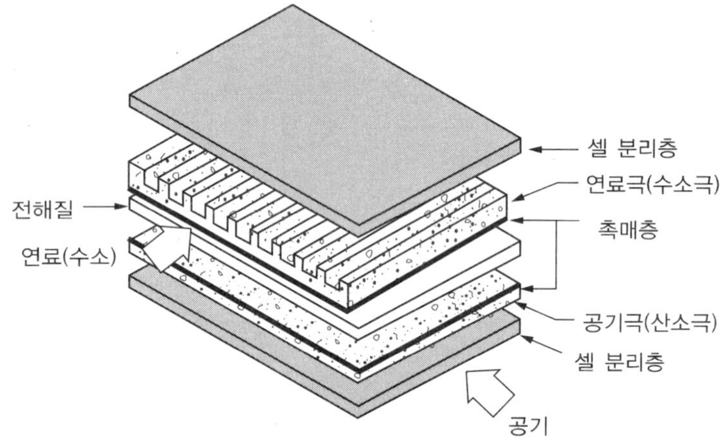

(음극반응) 연료극 : $H_2 \rightarrow 2H^+ + 2e^-$

(양극반응) 공기(산소)극 : $\frac{1}{2}O_2 + 2H^+ + 2e^- \rightarrow H_2O$

【그림 13-25. 연료전지발전】

【표 13-2. 연료전지의 종류】

종 류	사용연료	작동온도	비 고
알칼리형	순수수소	상온 ~ 100	우주선, 군사용
인산형	LNG, 메탄올, LPG	190 ~ 220	실용화
용탄산염형	석탄가스, 탄화 수소의 개질가스	600 ~ 750	실용화
고체전해질형		800 ~ 1,000	실용화

② 석탄가스화 복합 연료전지발전

수 ~ 수백[MW] 규모로 도시나 그 주변의 변전소에 분산형 전원으로 사용

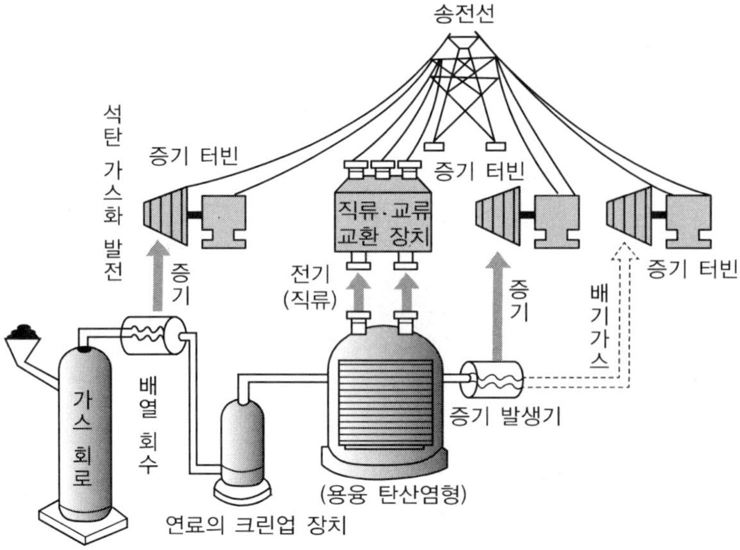

【그림 13-26. 석탄가스화 복합 연료전지발전】

③ 열병합발전

연료를 연소시켜 터빈을 통해 전기를 생산하는 동시에 그 폐열을 유효하게 이용하는 종합적인 발전 시스템이다. 전력 수요와 열 수요를 합하여 에너지 효율을 35[%]에서 70 ~ 80[%] 정도 향상 시킨다.

(3) 그 밖의 새로운 발전방식

① **메탄올 개질형 발전** : 먼저 메탄올(CH_3OH)과 수증기를 배기열 회수장치를 통하여 가열한 다음 개질 반응기로 보내 수소와 이산화탄소로 바꾼다. 그리고 이 연소 가스를 연소기 내에서 연소시켜서 이때 발생한 고온 가스로 터빈을 돌려 발전하는 방식이다.

② **MHD발전** : 자계 중에 도전성 유체를 흘리면 이들과 직각 방향으로 기전력이 발생되는 페러데이의 전자유도법칙에 의한 발전방식이다. 유체의 운동에너지가 기계에너지 과정을 거치지 않고 직접 전기에너지로 변환시키는 방식이다.

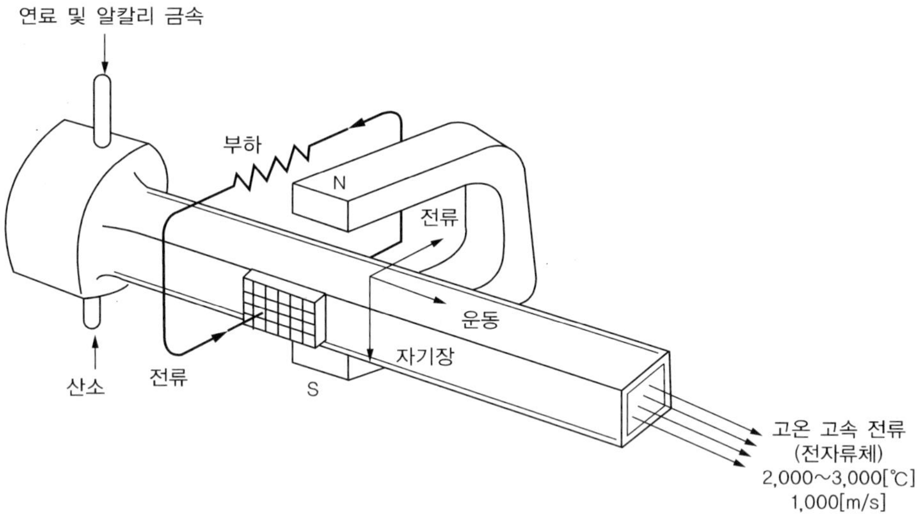

【그림 13-27. MHD발전 원리】

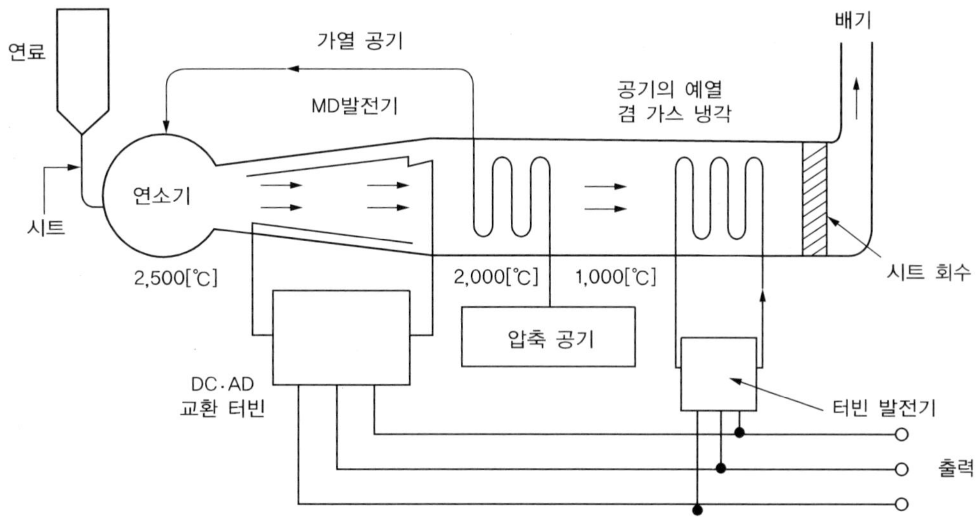

【그림 13-28. MHD발전】

가스 고온부는 MHD발전(전자 유체 역학 : magneto-hydro-dynamic-generation), 저온부는 증기 사이클 발전으로 종합 효율을 약 50[%]까지 높일 수 있다.

PART 13

연 습 문 제

Exercise

01 다음에서 가압수형 원자력발전소에 사용하는 연료, 감속재 및 냉각재로 적당한 것은?

㉮ 천연 우라늄, 흑연 감속, 이산화탄소 냉각
㉯ 농축 우라늄, 중수 감소, 경수 냉각
㉰ 저농축 우라늄, 경수 감속, 경수 냉각
㉱ 저농축 우라늄, 흑연 감속, 경수 냉각

02 비등수형 원자로의 특색 중 틀린 것은?

㉮ 방사능 때문에 증기는 완전히 기수 분리를 해야 한다.
㉯ 열교환기가 필요하다.
㉰ 기포에 의한 자기 제어성이 있다.
㉱ 순환 펌프로서는 급수 펌프뿐이므로 펌프 동력이 작다.

03 다음 경수로의 특징 중 옳지 않은 것은?

㉮ 경수는 입수가 용이하고 취급하는 기술 경험이 풍부하다.
㉯ 경수는 중성자의 흡수 단면적이 작으므로 연료로 농축 우라늄을 사용할 수가 없다.
㉰ 경수는 감속 능력이 크고, 열 전달성이 좋은 까닭에 노를 소형으로 할 수 있다.
㉱ 부(−)의 온도 계수를 가지고, 또 고유의 자기 제어성이 있다.

04 가스 냉각형 원자로에서 사용되는 연료 및 냉각재는?

㉮ 농축 우라늄, 헬륨
㉯ 천연 우라늄, 탄산가스
㉰ 천연 우라늄, 질소
㉱ 농축 우라늄, 수소 가스

05 비등수형 원자로의 특색 중 옳지 않은 것은?

㉮ 방사능 때문에 증기는 완전히 기수 분리를 해야 한다.
㉯ 열 교환기가 필요하다.
㉰ 기포에 의한 자기 제어성이 있다.
㉱ 순환 펌프에서는 급수 펌프뿐이므로 펌프 동력이 작다.

06 다음 중 반사체가 아닌 것은?

㉮ 중수 ㉯ 콘크리트
㉰ 흑연 ㉱ 베릴륨

07 원자로에서 카드뮴(Cd) 막대가 하는 일을 옳게 설명하는 것은?

㉮ 원자로 내의 중성자를 공급한다.
㉯ 원자로 내의 중성자의 운동을 느리게 한다.
㉰ 원자로 내의 핵분열을 일으킨다.
㉱ 원자로 내의 중성자의 수를 감소시켜 핵분열의 연쇄 반응을 제어한다.

08 다음 중 원자로의 제어재가 구비하여야 할 조건 중 맞지 않는 것은?

㉮ 중성자의 흡수 단면적이 적을 것
㉯ 높은 중성자 속 중에서도 장시간 그 효과를 간직할 것
㉰ 열과 방사선에 대하여 안전할 것
㉱ 작동의 신속을 위하여 질량이 크지 않아야 하고, 내식성이 크고 기계적 가공이 용이할 것

09 원자로의 냉각재가 갖추어야 할 조건 중 옳지 않은 것은?

㉮ 열용량이 작을 것
㉯ 중성자의 흡수 단면적이 작을 것
㉰ 냉각재와 접촉하는 재료를 부식하지 않을 것
㉱ 중성자의 흡수 단면적이 큰 불순물을 포함하지 않을 것

10 원자로에서 고속 중성자를 열중성자로 만들기 위하여 사용되는 재료는?

㉮ 제어재 ㉯ 감속재
㉰ 냉각재 ㉱ 반사재

11 감속재에 관한 설명 중 옳지 않은 것은?

㉮ 중성자 흡수 면적이 클 것
㉯ 원자량이 작은 원소이어야 할 것
㉰ 감속능, 감속비가 클 것
㉱ 감속재로는 경수, 중수, 흑연 등이 사용된다.

12 다음 중 감속재로 사용되지 않은 것은?

㉮ 경수 ㉯ 중수
㉰ 흑연 ㉱ 카드뮴

13 핵연료가 가져야 할 특성이 아닌 것은?

㉮ 낮은 열전도율을 가져야 한다.
㉯ 높은 열전도율을 가져야 한다.
㉰ 방사선에 안정하여야 한다.
㉱ 부식에 강해야 한다.

14 원자로에서 열중성자를 U^{235}핵에 흡수시켜 연쇄 반응을 일으키게 함으로써 열에너지를 발생시키는데, 그 방아쇠 역할을 하는 것이 중성자원이다. 다음 중 중성자를 발생시키는 방법이 아닌 것은?

㉮ α 입자에 의한 방법
㉯ β 입자에 의한 방법
㉰ γ 입자에 의한 방법
㉱ 양자에 의한 방법

15 우라늄 235의 1[kg]이 핵분열을 일으킨다고 하면 약 몇 [kWh]의 전력량인가? (단, 우라늄 235가 중성자에 의해서 핵분열하는 경우 그 질량의 1/1,100 이 에너지로 변하는 것으로 한다.)

㉮ 2.3×10^6 ㉯ 23×10^6
㉰ 2.5×10^6 ㉱ 25×10^6

16 다음 원소 중 열중성자 흡수 단면적이 가장 큰 것은?

㉮ ${}_{94}Pu^{239}$ ㉯ ${}_{92}U^{235}$
㉰ ${}_{92}U^{239}$ ㉱ ${}_{92}U^{233}$

17 다음은 원자로에서 흔히 핵연료 물질로 사용되고 있는 것들이다. 이중 열중성자에 의해 핵분열을 일으킬 수 없는 물질은?

㉮ U−235 ㉯ U−238
㉰ U−233 ㉱ Pu−239

PART 13

18 1원자 질량 단위[amu]란?

㉮ 1.66×10^{-24}[g]
㉯ 1.66×10^{-25}[g]
㉰ 1.66×10^{-26}[g]
㉱ 1.66×10^{-27}[g]

19 조력발전소에 대한 다음 설명 중 옳은 것은?

㉮ 간만의 차가 적은 해안에 설치한다.
㉯ 완만한 해안선을 이루고 있는 지점에 설치한다.
㉰ 만조로 되는 동안 바닷물을 받아들여 발전한다.
㉱ 지형적 조건에 따라 수로식과 양수식이 있다.

20 MHD발전이란?

㉮ 수차 직렬 유도발전기에 의한 발전방식이다.
㉯ 2종의 도체의 접점 간에 온도차가 생겼을 때 전기력이 발생되는 발전방식이다.
㉰ 열음극으로부터의 열전자 방출에 의한 발전방식이다.
㉱ 도전성 유체와 자장의 상호 작용에 의한 직접 발전방식이다.

21 다음은 원자력발전소의 원자로와 일반 화력발전소의 보일러(boiler)를 비교하여 원자로의 운전 및 보수상의 특징을 말한 것이다. 틀린 것은?

㉮ 원자로는 포화 증기가 사용되기 때문에 압력을 정하면 온도가 정해져 운전 중 온도, 압력의 폭도 적다.
㉯ 원자로는 열효율이 거의 100[%]에 가깝고 연료의 연소 효율은 운전방법에 따라 크게 좌우된다.
㉰ 원자로는 정지 후에 발생 열이 없어 열 제거가 필요 없으며, 반면에 정지 후 장시간 온도 유지는 불가능하다.
㉱ 원자로의 운전은 전출력의 10^{-10} 정도까지 광범위한 조작을 필요로 한다.

22 원자력발전의 특징에 해당되지 않는 것은?

㉮ 소비 연료량이 적어 연료의 수송 및 저장이 용이하다.
㉯ 연료를 소비하는 동시에 새로운 연료를 생성시킨다.
㉰ 방사선 장해를 막아야 한다.
㉱ 기력발전보다 총 기관의 지름이 작아진다.

부록

부록 A

연습문제 정답 및 해설

PART 01 solution

01 $T = T = T_0 \cos\theta$ 에서

$$T_0 = \frac{T}{\cos\theta} = \frac{\text{인장하중} \times n}{\text{안전율}}$$

$$T_0 = \frac{800}{\frac{6}{\sqrt{8^2+6^2}}} \fallingdotseq 1.333 = \frac{440 \times n}{2.5}$$

$$\therefore\ n = \frac{2.5 \times 1.333}{440} = 7.57 \fallingdotseq 8\text{가닥}$$

정답 ㉯

02 $\frac{V_1}{V_2} = \frac{n_1}{n_2} = \frac{I_2}{I_1} = n$ 에서

• 전압계 지시값

$$V_1 = n \times V_2 = \frac{105}{3,300} \times 2,500 = 79.5[\text{V}]$$

$$I_2 = \omega CE = 2\pi f CE$$
$$= 2 \times 3.14 \times 60 \times 1 \times 10^{-6} \times 5,000$$
$$= 1.884[\text{A}]$$

• 전류계 지시값(변압기, 병렬)

$$I_1 = \frac{1}{n} \times I_2 = \frac{1/105}{3,300} \times 1.884 \times 2$$
$$= 118.4[\text{A}]$$

정답 ㉰

03 정답 ㉮

04 정답 ㉱

05 정답 ㉱

06 정답 ㉰

07 Cable의 전력손실

① 저항손(I^2R)

② 유전체손($\omega CE^2 \times \tan\delta$)

③ 연피손(시즈손)=전자 유도 작용에 의해서 만드는 손실

정답 ㉱

08 정답 ㉣

09 유전체 손실 (절연물 두께가 만드는 손실 δ)

$Pe = WCE^2 \times \tan\delta(\omega = 2\pi f)$

$\therefore\ Pe \propto fE^2$

정답 ㉣

10 정답 ㉯

11 정답 ㉮

12 정답 ㉰

13 전선의 구비 조건

① 도전율이 높을 것
② 기계적 강도가 클 것
③ 신장률이 클 것
④ 내구성이 있을 것
⑤ 비중이 작을 것
⑥ 가격이 저렴할 것
⑦ 가선공사가 용이할 것

정답 ㉮

14 철탑 : 10기마다 내장형 애자장치를 한 철탑 1기 시설

정답 ㉯

15
- 교류 송전방식의 이점
  ① 전압의 승압, 강압이 용이하다.
  ② 교류방식으로 회전자계를 얻을 수 있다.
  ③ 교류방식으로 일관된 운용을 할 수 있다.
- 직류 송전방식의 이점
  ① 손실이 없고 역불이 항상 1이면 송전효율이 좋다.
  ② 계급을 낮출 수 없다.
  ③ 안정도가 좋다.

정답 ㉣

16 $\eta = \dfrac{V_n}{nV}$

$\therefore\ V = \dfrac{V_n}{\eta_n} = \dfrac{590}{10 \times 0.74} \fallingdotseq 80[\text{kV}]$

정답 ㉮

17 전압별 애자 개수

전압	22.9	66	154	345
개수	2 ~ 3	4 ~ 6	9 ~ 11	19 ~ 23

정답 ㉯

18 애자련의 보호대책 : 아킹 혼(소호각, 초호각), 아킹 링(소호환, 초호환)

정답 ㉮

19 정답 ㉮

20 애자의 구비조건

① 절연내력이 클 것
② 절연저항이 클 것
③ 기계적 강도가 클 것
④ 정전용량이 작을 것
⑤ 경제적일 것

정답 ㉯

21 빙설이 많은 지방

정답 ㉰

22 합성하중

$= \sqrt{(\text{전선의자중} + \text{빙설하중})^2 + \text{풍압하중}^2}$

$= \sqrt{W_1^2 + W_2^2}$

정답 ㉮

23 $\text{부하계수} = \dfrac{\text{합성하중}}{\text{전선의 지중}} = \dfrac{\sqrt{W_c^2 + W_w^2}}{W_c}$

정답 ㉮

24 정답 ㉣

25
$$L-S=\frac{8D^2}{3S}$$
$$D=\frac{WS^2}{8T}=\frac{2\times200^2}{8\times4{,}000/2}=5[\mathrm{m}]$$
$$L-S=\frac{8D^2}{3S}=\frac{8\times5^2}{3\times200}=\frac{1}{3}[\mathrm{m}]$$
정답 ㉮

26
$L=S+\dfrac{8D^2}{3S}$에서
$$D=\frac{WS^2}{8T}=D=\frac{3\times100^2}{8\times3{,}500}=1.07[\mathrm{m}]$$
$$\therefore\ L=100+\frac{3\times1.07^2}{3\times100}=100.03[\mathrm{m}]$$
정답 ㉰

27 사고 후 $D=2D$이므로
$\therefore\ D=2\times12=24[\mathrm{m}]$
정답 ㉯

28 온도 변화 시 이도 값은 t[℃]증가했으므로
$$\therefore\ D_2=\sqrt{D_1^2+\frac{3}{8}atS^2}\,[\mathrm{m}]$$
정답 ㉰

29
$D=\dfrac{WS^2}{8T}$ 이므로
$$\therefore\ D=\frac{2\times200^2}{8\times1{,}000}=10[\mathrm{m}]$$
정답 ㉱

30 이도와 수평장력과의 관계
$D=\dfrac{WS^2}{8T}$에서 $\therefore\ D\propto\dfrac{1}{T}$
정답 ㉯

31 정답 ㉯

32 표피효과 : 교류의 경우 단면의 중심부보다 표면에 이를수록 전류밀도가 증가하는 현상으로서 주파수, 도전율, 전선의 외측 부분일수록 표피효과는 커진다.
정답 ㉯

33
$$f=\frac{1}{2l}\sqrt{\frac{Tg}{W}}$$
정답 ㉮

34 정답 ㉮

35 정답 ㉰

36 합성탄성계수(E)
$$E=\frac{A_aE_a+A_sE_s}{A_a+A_s}=\frac{mE_a+E_s}{m+1}$$
정답 ㉮

37 정답 ㉮

38
- DV전선 : 인입용 비닐절연전선(저압 가공인입선)
- IV전선 : 600[V] 비닐절연전선(일반 옥내배선)
- OW전선 : 실외용 비닐절연전선(가공선)
- RB전선 : 부틸고무절연전선

정답 ㉰

39 정답 ㉯

40 19/1.8[km](19 : 총 가닥수, 18 : 소선의 직경)
D(전선의 직경)$=(2n+1)d$
N(총 가닥수)$=3n(1+n)+1=19n=2$
$\therefore\ D=(2\times2+1)1.8=9[\mathrm{mm}]$
정답 ㉰

41 $D=(1+2n)d[\mathrm{mm}]$
(단, n : 승수, d : 소선의 지름)
정답 ㉱

01 정답 ㉱

02 정답 ㉮

03 정답 ㉱

04 정답 ㉯

05 정답 ㉯

06 정답 ㉰

07 정답 ㉰

08 정답 ㉮

09 정답 ㉱

10 정답 ㉱

11 정답 ㉱

12 $I_c = \omega CE$[A], $C = 0.5[\mu F]$, $V = 22{,}000$[V], $f = 60$[Hz], $l = 20$[km]

$$Q_c = 3 \cdot E \cdot I_c \cdot l = 3 \cdot \omega \cdot C \cdot E^2 \cdot l$$
$$= 3 \cdot \omega \cdot C(\frac{V}{\sqrt{3}})^2 \cdot l \text{ [Var]}$$
$$= 3 \cdot 2\pi \cdot 60 \cdot 0.5 \times 10^{-6} \times (\frac{22{,}000}{\sqrt{3}})^2 \times 20 \times 10^{-3} = 1{,}825 \text{ [kVar]}$$

정답 ㉯

13 정답 ㉮

14 $C_3 = C_s + 3C_m$

$$= 0.007 + 3 \times 0.001 = 0.01[\mu F/km]$$

$V = 154 \times 10^3$[V], $f = 60$[Hz], $l = 100$[km]

$$\therefore\ I_c = 2\pi f \cdot C \cdot (\frac{V}{\sqrt{3}}) \cdot l$$
$$= 2\pi \cdot 60 \cdot 0.01 \times 10^{-6} \times \frac{154 \times 10^3}{\sqrt{3}} \times 100 \text{ [A]} = 33.52 \text{ [A]}$$

정답 ㉮

15 $C_3 = C_s + 3C_m$

$$= 0.008 + 3 \times 0.0018 = 0.0134[\mu F/km]$$
$$I_c = \omega C_3 E l = 2\pi f C_3 (\frac{V}{\sqrt{3}}) \cdot l \times 10^{-6} \text{[A]}$$
$$= 2 \cdot \pi \cdot 60 \cdot 0.0134 \times (\frac{154 \times 10^3}{\sqrt{3}}) \times 200 \times 10^{-6} = 89.83 \text{[A]}$$

(단, I_c : 충전전류, E : 상전압, V : 전간전압)

정답 ㉰

16 $r = 1{,}500 \times 4 \times 10^6[\Omega]$, $n = 5$

$$\therefore\ G = \frac{n}{r} = \frac{5}{1{,}500 \times 4 \times 10^6} = 0.833 \times 10^{-9} [℧]$$

정답 ㉮

17 $D = 200$[m], $r' = \sqrt{r \cdot d}$

$$C = \frac{0.02413}{\log \frac{D'}{r}} = \frac{0.02413}{\log \frac{200}{\sqrt{16 \times 1}}} = 0.014[\mu F/km]$$

정답 ㉮

18 $C_3 = 3C_1 + C_2$

정답 ㉯

19 작용 정전용량(C), 대지 정전용량(C_s), 선간 정전용량(C_m)

$C_n = C_s + 2C_m$

정답 ㉯

20 $D' = 20,\quad r = \frac{d}{2},$

$C = \frac{0.02413}{\log\frac{D'}{r}} = \frac{0.02413}{\log\frac{2D}{\frac{d}{2}}}$

$= \frac{0.02413}{\log\frac{4D}{d}}[\mu\text{F/km}]$

정답 ㉮

21 $D = \sqrt[3]{D_1 \cdot D_2 \cdot D_3},\quad C = \frac{0.02413}{\log\frac{D}{r}}$

∴ C는 등가 선간거리(D)에 반비례

정답 ㉯

22 $L_{e3} = L_e + 2L''_e$

$= 0.2V + 0.4605\log_{10}\frac{(2H_e)^3}{rD^2}[\text{mH/km}]$

정답 ㉰

23 $D' = D \cdot \sqrt[3]{2} \times \sqrt[3]{2} = 2.696[\text{m}]$

$r = 0.555 \times 10^{-2}[\text{m}]$

$L = 0.05 + 0.4605\ \log_{10}\frac{D'}{r}[\text{mH/km}]$

$= 0.05 + 0.4605\log_{10}\frac{2.696}{0.00555}[\text{mH/km}]$

$= 1.287[\text{mH/km}]$

정답 ㉯

24 $D = \sqrt[3]{D_1 \cdot D_2 \cdot D_3},\quad r = \frac{a}{2}$

$L = 0.05 + 0.4605\ \log_{10}\frac{D}{r}[\text{mH/km}]$

$= 0.05 + 0.4605\ \log_{10}\frac{\sqrt[3]{D_1 \cdot D_2 \cdot D_3}}{d/2}$

$= 0.05 + 0.4605\ \log_{10}\frac{2 \cdot \sqrt[3]{D_1 \cdot D_2 \cdot D_3}}{d}$

정답 ㉯

25 $D = \sqrt[3]{D \cdot D \cdot \sqrt{2}D} = \sqrt[6]{2} \cdot D$

정답 ㉰

26 복도체 $n = 2$이므로

$r' = \sqrt[n]{r \cdot s^{n-1}} = \sqrt{rs}$

정답 ㉮

27 $\sqrt[3]{50 \times 60 \times 70} = 59.4$

정답 ㉱

28 정답 ㉱

29 정답 ㉱

30 연가 : 3상 3선식 1회전 도체가 비대칭으로 배치되어 있을 때 각 상의 전자 유도되는 크기와 정전 유도되는 크기를 같게 하기 위해 전구간을 3등분하며 각 상의 위치로 바꾸는 대책

1. 목적 : 각 상의 선로정수(L.C)를 평형시켜 각 상의 전압강하와 수전전압을 같게 한다.
2. 효과
   ① 통신선의 유도장해 경감
   ② 직렬공진에 의한 이상전압 발생 방지

정답 ㉯

31 $L = 0.05\mu s + 0.4605\log_{10}\frac{D}{r}[\text{mH/km}]$

비투자율 $\mu s = 1$이므로

∴ $L = 0.05 + 0.4605\log_{10}\frac{2D}{d}[\text{mH/km}]$

정답 ㉱

부록 A

32 $D = 2,800[\text{mm}]$

$r = 14[\text{mm}]$

$$L = 0.05 + 0.4605\log\frac{D}{r}[\text{mH/km}]$$

$$= 0.05 + 0.4605\log\frac{2800}{14}$$

$$= 1.11[\text{mH/km}]$$

정답 ㉮

33 경동선과 ACSR의 비교

	경동선	ACSR
비 중	1	0.8
직 경	1	1.4 ~ 1.6
인장하중	1	1.5 ~ 2
도 진 율	91 ~ 97[%]	61[%]

정답 ㉯

34 $R \fallingdotseq 0$

정답 ㉯

35 정답 ㉯

PART 03 solution

01 $Z_s = \dfrac{1}{K_s}$ 이므로

정답 ㉱

02 정답 ㉮

03 정답 ㉰

04 페란티현상 : 지상전류가 송전선이나 변압기에 흐르게 되면 수전단 전압은 송전단 전압보다 낮지만 부하가 작은 경우, 특히 무부하 시에는 정전용량 때문에 전압보다 위상이 90° 앞선 충전전류의 영향이 커져서 선로를 흐르는 전류가 진상으로 되어 수전단 전압이 오히려 송전단 전압보다 높게 되는 현상을 말하며, 방지책으로는 지상의 무효분만 발생하는 분로 리액터나 동기조상기의 지상용량으로 방지할 수 있다.

정답 ㉯

05 리액터의 종류와 용도를 살펴보면

- (병렬)분로 리액터 : 지상의 무효분으로 페란티 현상 방지
- 직렬 리액터 : 전력용 콘덴서에서 제5고조파를 제거하여 파형개선
- 한류 리액터 : 단락 전류를 제한하여 차단기의 용량을 줄임
- 소호 리액터 : 지락 고장시 지락 아크를 자연 소멸시켜 무정전 송전 가능

정답 ㉱

06 정답 ㉯

07 정답 ㉮

08 동기 임피던스(Z_s),

$Z_s = \dfrac{1}{\text{단락비}(K_s)}$ 이므로 전압변동률은 작아진다.

정답 ㉰

09 정답 ㉮

10 전력용 콘덴서설비규정(1BANK의 3요소)

① 직렬 리액터 : 제5고조파를 제거하여 전압의 파형 개선 리액터 용량은 콘덴서 용량의 5~6[%]일 것

② 방전코일 : 전원 개방 시 잔류 전하를 방전하여 감전사고 예방

③ 전력용 콘덴서

정답 ㉱

11 정답 ㉯

12 리액터와 콘덴서의 공진조건에서($X_L = X_C$)

$2\pi f L = \dfrac{1}{2\pi f c}$

$\therefore\ X_L = 0.04X_C$(수치적),

실제 $X_L = (0.05 \sim 0.06)X_C$

$\therefore\ X_L = 150 \times 0.05 = 7.5$[kVA]

정답 ㉱

13 정답 ㉰

14 정답 ㉰

15

송전계통	배전계통
동기조상기	전력용 콘덴서
진상, 지상 양용=연속회전기이므로 손실이 크다. 시운전 가능	진상 작용=불연속 정기기이므로 손실이 작다. 시운전 불가능

정답 ㉮

16 동기조상기

① 일반 전기 가입자가 송전계통에 전압조정을 위해 만듦.

② 무부하로 운전 중인 동기전동기

③ 시운전이 가능

④ 진상·지상 양용

⑤ 회전기이기 때문에 손실이 크다.

정답 ㉯

17 정답 ㉱

18 전압조정설비(무효분 조정)

• 동기조상기=진상·지상·양용·전력용 콘덴서(병렬 콘덴서)=진상

• 분로 리액터=지상 그 밖에 변압기의 탭, 유도전압조정기 등이 있다.

정답 ㉱

19 정답 ㉯

20 정답 ㉰

21 정답 ㉯

22 송전전력$=\dfrac{V_s V_R}{X}\cdot \sin\delta$이므로

$\therefore\ P = \dfrac{161 \times 155}{50} \times \sin 40 = 321[\text{MW}]$

정답 ㉯

23 부하가 급감할 경우 A점에서 B점으로 이동하게 되어 페란티 현상을 동반할 유려가 있으므로 지상의 무효전력을 A에서 B만큼 공급해주면 된다. 정답 ㉮

24 • 원선도를 구할 수 없는 것

① 코로나 손실

② 과도 안정극한 전력

• 원선도를 구할 수 있는 것(정상운전 시 모든 값)

① 도상 용량

② 정태 안정극한 전력

③ 수전단 역률

④ 선로손실, 송전효율

⑤ 송·수전단 전압상차각

정답 ㉱

25 $E_s = AE_R + BI_R,\ I_s = CE_R + DI_R$

원선도 반지름= $\dfrac{E_s E_R}{B}$

정답 ㉯

26 원선도는 가로축에 유효전력 P를 세로축에 무효전력 Q를 나타내며, 반지름이 $\dfrac{E_s E_R}{B}$ 인 원을 갖는다.

정답 ㉱

27
- 단거리 : 집중 정수회로
- 중거리 : T형, π형 회로
- 장거리 : 분포 정수회로

정답 ㉰

28 특성 임피던스 $Z_0 = \sqrt{\dfrac{Z}{Y}} \fallingdotseq \sqrt{\dfrac{L}{C}}$

전파정수 $r = \sqrt{ZY} \fallingdotseq \sqrt{LC}$일 때

전파속도 $V = \dfrac{1}{\sqrt{LC}}$이므로, $\therefore\ L = \dfrac{Z_0}{V}$

정답 ㉰

29 $Z_0 = \sqrt{\dfrac{L}{C}} = 500[\Omega]$에서

$$Z_0 = \sqrt{\dfrac{0.05 + 0.4605\ \log\dfrac{D}{r}}{\dfrac{0.02413}{\log\dfrac{D}{r}}}}$$

$$\fallingdotseq \sqrt{\dfrac{0.4605\ \log\dfrac{D}{r}}{\dfrac{0.02413}{\log\dfrac{D}{r}}}} \fallingdotseq 138\ \log\dfrac{D}{r}$$

$= 500[\Omega]$

$\therefore\ \log\dfrac{D}{r} = \dfrac{500}{138} \fallingdotseq 3.623$

$\therefore\ L = 0.05 + 0.4605\ \log\dfrac{D}{r}$[mH/km]

$\fallingdotseq 0.4605 \times 3.623 = 1.67$[mH/km]

$\therefore\ C = \dfrac{0.02413}{\log\dfrac{D}{r}} = \dfrac{0.02413}{3.623} = 0.0067[\mu\text{F/km}]$

정답 ㉮

30 전파정수(r)

$r = \sqrt{Z \cdot Y} = \sqrt{(r + j\omega L) \cdot (g + j\omega C)}$

정답 ㉮

31 특성 임피던스(Z_0)

$Z_0 = \sqrt{\dfrac{Z}{T}} = \sqrt{\dfrac{r + j\omega L}{g + j\omega C}} \fallingdotseq \sqrt{\dfrac{L}{C}}$

정답 ㉮

32 정답 ㉮

33 특성 임피던스 $Z_0 = \sqrt{\dfrac{Z}{Y}}$

전파정수$(r) = \sqrt{ZY}$

$V_s = \cos hrl\, V_R + Z_0 \sin hrl\, I_R$

$I_s = Y_0 \sin hrl\, V_R + \cos hrl\, I_R$

개방상태$(I_R = 0,\ V_s = V_R)$

$V_s = \cos hrl\, V_R$

$I_s = \dfrac{1}{Z_0} \sin hrl\, V_R = \dfrac{\sin hrl}{Z_0} \cdot \dfrac{V_s}{\cos hrl}$

$\therefore\ I_s = \sqrt{\dfrac{Y}{Z}} \tan h \sqrt{ZY}\, V_s$

정답 ㉮

34 병렬 접속이므로 $I_s = I_{s1} + I_{s2}$,

$I_r = I_{r1} + I_{r2},\ E_s = AE_r + \dfrac{B}{2} I_r$

$I_s = 2CE_R + DI_r$

$\therefore\ \begin{bmatrix} A_0 & B_0 \\ C_0 & D_0 \end{bmatrix} = \begin{bmatrix} A & \dfrac{B}{2} \\ 2C & D \end{bmatrix}$

정답 ㉰

35 병렬 회로이므로

$E_s = E_R,\ E_s = E_R + 0,\ I_s = YE_R + I_r$

$\therefore \begin{bmatrix} A & B \\ C & D \end{bmatrix} = \begin{bmatrix} 1 & 0 \\ Y & 1 \end{bmatrix}$

정답 ㉮

36 $AD-BC=1$이므로,

$C=\dfrac{AD-1}{B}=\dfrac{0.63-1}{j190}=j1.95\times10^{-3}$

정답 ㉯

37 $\begin{bmatrix} A_0 & B_0 \\ C_0 & D_0 \end{bmatrix} = \begin{bmatrix} A & AZ_r+B \\ C & CZ_r+D \end{bmatrix}$,

$D_0=D+CZ_r$

정답 ㉱

38 $E_s=AE_R+BI_R,\ I_s=CE_R+DI_R$,

$\begin{bmatrix} A & B \\ C & D \end{bmatrix} = \begin{bmatrix} 1 & Z \\ 0 & 1 \end{bmatrix}$

$\therefore\ \dot{B}=Z+1$

정답 ㉯

39 $\begin{bmatrix} A & B \\ C & D \end{bmatrix} = \begin{bmatrix} 1+\dfrac{ZY}{2} & Z(1+\dfrac{ZY}{4}) \\ Y & 1+\dfrac{ZY}{2} \end{bmatrix}$

$I_s=YE_r+(1+\dfrac{ZY}{2})I_r$

정답 ㉮

40 π형 회로의 A·B·C·D정수는

$\therefore \begin{bmatrix} A & B \\ C & D \end{bmatrix} = \begin{bmatrix} 1+\dfrac{ZY}{2} & Z \\ Y(1+\dfrac{ZY}{4}) & 1+\dfrac{ZY}{2} \end{bmatrix}$

$\therefore\ B=Z$

정답 ㉰

41 $I=\dfrac{P}{\sqrt{3}\,V\cos\theta}$, $R=\rho\dfrac{1}{A}$ 에서

$P_1=3I^2R=\dfrac{P^2\rho l}{V^2\cos^2\theta A}$

$\therefore\ A=\dfrac{P^2\rho l}{P_l V^2\cos^2\theta}\,(A\propto\dfrac{1}{V^2})$

정답 ㉱

42 단상 2선식 1선당 전력 $P_2=VI\cos\theta/2$

3상 3선식 1선당 전력 $P_3=\sqrt{3}\,VI\cos\theta/3$

$\therefore\ \dfrac{P_3}{P_2}=\dfrac{\sqrt{3}\,VI\cos\theta/3}{VI\cos\theta/2}=\dfrac{2\sqrt{3}}{3}=1.15$

정답 ㉰

43 전력손실률$(K)=\dfrac{P_l}{P}=\dfrac{P\rho l}{V^2\cos^2\theta A}$

전력손실률(K)이 일정하다면 송전전력

$\therefore\ P=\dfrac{KV^2\cos^2\theta A}{\rho l}\,(P\propto V^2)$이므로

$P_l\propto\dfrac{1}{V^2}$, $P\propto V^2$

정답 ㉮

44 $I=\dfrac{P}{\sqrt{3}\,V\cos\theta}$, $R=\rho\dfrac{1}{A}$,

$P_1=3I^2R=\dfrac{P2\rho l}{V^2\cos^2\theta A}$

$\therefore\ A=\dfrac{P^2\rho l}{V^2\cos^2\theta}\,(A\propto\dfrac{1}{V^2})$

정답 ㉰

45
- 전압강하율(δ)

$\delta=\dfrac{\text{전압강하}}{\text{수전단 전압}}\times100=\dfrac{V_S-V_R}{V_R}\times100$

$=\dfrac{6{,}600-6{,}100}{6{,}100}\times100=8.2[\%]$

- 전압변동률(ε)

$\varepsilon=\dfrac{\text{무부하시 수전단 전압}-\text{수전단 전압}}{\text{수전단 전압}}\times100$

$=\dfrac{V_{R0}-V_R}{V_R}=\dfrac{6{,}300-6{,}100}{6{,}100}\times100$

$=3.28[\%]$

정답 ㉯

부록 A

46 $V_s = V_R(1+\delta) = 30{,}000(1+0.1)$

$= 33{,}000[\text{V}]$

$V_s = V_R + \sqrt{3}\,I(R\cos\theta + X\sin\theta)$ 이므로,

$I = \dfrac{V_S - V_R}{\sqrt{3}(R\cos\theta + X\sin\theta)}$

$= \dfrac{33{,}000 - 30{,}000}{\sqrt{3}(15\times0.8 + 20\times06)} = \dfrac{125}{\sqrt{3}}[\text{A}]$

따라서 3상 수전전력은 $P_R = \sqrt{3}\,V_R I\cos\theta$

$= \sqrt{3}\times30000\times\dfrac{125}{\sqrt{3}}\times0.8\times10^{-3}$

$= 3{,}000[\text{KW}]$

정답 ㈐

47 $e = \sqrt{3}\,I(R\cos\theta + X\sin\theta)$ 이므로

최대 전압강하가 발생할 조건은

$\dfrac{de}{d\theta} = 0$ 이므로

$\dfrac{de}{d\theta} = \dfrac{d\sqrt{3}\,I(r\cos\theta + X\sin\theta)}{d\theta}$

$= r\sin\theta - X\cos\theta = 0$

$\therefore\ \tan\theta = \dfrac{X}{r}$

정답 ㈐

48 정답 ㈑

49 $e = \sqrt{3}\cdot I(R\cos\theta + X\sin\theta)$

정답 ㈐

50 3상 3선식 단거리 송전선로

(E_s : 송전단 전압, E_R : 수전단 전압)

전압강하 $e = E_s - E_R$

$= \sqrt{3}\,I(R\cos + X\sin\theta)[\text{V}]$

수전전력 $P = \sqrt{3}\,VI\cos\theta$ 에서

$I = \dfrac{P}{\sqrt{3}\,V\cos\theta}[\text{A}]$ 이므로

$e = \sqrt{3}\cdot\left(\dfrac{P}{\sqrt{3}\,V\cos\theta}\right)\cdot(R\cos\theta + X\sin\theta)$

$\therefore\ e = \dfrac{P}{E}(R + X\tan\theta)[\text{V}]$

(단, E : 선간전압)

정답 ㈐

51 $\delta = \dfrac{V_S - V_R}{V_R}\times100,\ V_s = V_R(1+\delta)$

$\therefore\ V_s = 3{,}300(1+0.05) = 3{,}465[\text{V}]$

정답 ㈏

52 정답 ㈎

53 $E_s = E_R + \sqrt{3}\,I(R\cos\theta + X\sin\theta)[\text{V}]$

$= 60\times10^3 + \sqrt{3}\cdot100\cdot(10\times0.8 + 15\times0.6)[\text{V}] \fallingdotseq 62.994[\text{V}]$

정답 ㈎

PART 04 solution

01 $E_0 = \sqrt{\dfrac{C_a(C_a - C_b) + C_b(C_b - C_c) + C_c(C_c - C_a)}{C_a + C_b + C + C_0}}$

$\times\dfrac{V}{\sqrt{3}}$ 이므로 통신선의 길이에 관계없다.

정답 ㈑

02 정답 ㈐

03 정답 ㈏

04 정답 ㈎

05 $E_m = 2\pi f Ml(I_a + I_b + I_c)$ 에서

$= 15(220 + j50 - 150 - j300 - 50 + j150)$

$= 15\sqrt{20^2 + (100)^2} \fallingdotseq 1{,}530[\mathrm{V}]$

정답 ㉰

06 정답 ㉮

07 정답 ㉱

08

$$E_0 = \frac{\sqrt{1.1(1.1-1)+1(1-0.9)+0.9(09-1)}}{1.1+1+0.9} \times \frac{66{,}000}{\sqrt{3}} = 2{,}200[\mathrm{V}]$$

정답 ㉰

09 $E_a = E_b = E_c = V_0,\ C_a = C_b = C_c = C,$

$I_a + I_b + I_c + I_0$ 에서 $I_a = j\omega C_a(E_a - E_0)$,

$I_b = j\omega C_b(E_b - E_0)$, $I_c = j\omega C_c(E_c - E_0)$

$j\omega = C_aE_a + C_bE_b + C_cE_c - (C_a + C_b + A_c)E_0$

$= j\omega C_0 E_0$

$$E_0 = \frac{C_aE_a + C_bE_0 + C_cE_c}{C_a + C_b + C_c + C_0}$$

$$E_0 = \frac{CV_0 + CV_0 + CV_0}{C + C + C + C_0} = \frac{3C}{3C + C_0} V_0$$

정답 ㉮

10 그림을 등가적으로 표현하면, 통신선의 대지 정전용량 C_b에 걸린 전압 E_s는

$$E_s = \frac{C_{ab}}{C_{ab} + C_b} \times E$$

정답 ㉱

11 정답 ㉯

12 정전 유도=영상 전압(V_0)

전자 유도=영상 전류(I_0)

정답 ㉮

13 정답 ㉮

14 $I_g = j\sqrt{3}\,\omega C_s V (C_s = [\mathrm{F}])$

$\therefore\ I_g = j\sqrt{3}\,\omega C_s V \times 10^{-6} (C_s = [\mu\mathrm{F}])$

정답 ㉰

15 정답 ㉰

16 정답 ㉮

17 △결선 비접지 선로=비접지방식

비접지 방식의 1선 지락 시 전위 상승=대지 전압 × $\sqrt{3}$ 배

정답 ㉱

18 정답 ㉱

19 정답 ㉮

20 정답 ㉮

21 정답 ㉰

22 정답 ㉰

23 정답 ㉱

24 정답 ㉮

25 ① 직접접지(고장점에 따라 분포와 크기가 달라진다.)

② 단일 소호 리액터 접지(고장 위치와 무관)

③ 저항접지

④ 양단 소호 리액터 접지(고장 위치와 무관)

⑤ 비접지(고장점에 따라 분포가 달라진다.)

정답 ㉯

26 $Q_L = Q_C$

정답 ㉯

부록 A

27 3상 소호 리액터 용량($Q_L = Q_C$)

$Q_L = 3\omega CE^2 \times 10^{-9}$[kVA]

$\therefore\ Q_L = 3 \times 2\pi \times f \times C \times E^2 \times 10^6 \times 10^{-9}$

$= 6\pi f CE^2 \times 10^{-3}$

정답 ㉮

28 L-C 병렬공진 조건

$\omega L = \dfrac{1}{3\omega C_s}$ (C_s =대지 정전용량)

$\therefore\ L = \dfrac{1}{3\omega^2 C_s}$[H]

정답 ㉯

29 L-C 병렬공진

정답 ㉮

30 유효접지=직접접지

정답 ㉯

31 정답 ㉱

32 직접접지방식(200[kV]급 이상에 채용)

1선 지락 시 전위 상승이 1.3배 이상이 되지 않는다는 조건

① 장점
- ㉠ 지락 시 전위 상승이 가장 적다.
- ㉡ 단절연 가능(기기값 저렴)
- ㉢ 보호 계전기의 동작신속
- ㉣ 시설비저렴
- ㉤ 피뢰기효과에 도움을 준다.

② 단점
- ㉠ 지락 시 지락전류가 크다.
- ㉡ 통신선의 유도 장해가 크다.
- ㉢ 2중 고장률이 높다.
- ㉣ 고장전류가 저역률 대전류이므로 과도
- ㉤ 안정극한 전력이 작다.

정답 ㉱

33 정답 ㉰

34 정답 ㉯

35 비접지=저전압 단거리 선로

정답 ㉮

PART 05 solution

01 정상 임피던스(Z_1) = 역상 임피던스(Z_2)

$Z_1 < Z_0$

정답 ㉰

02 $\%Z = \sqrt{\%R + \%X} \fallingdotseq \%X$

$\therefore\ P_s = \dfrac{100}{\%Z} P_n$ ($P \propto \dfrac{1}{\%Z}$)

직렬 리액터 : 제5고조파 제거, 전압파형 개선

정답 ㉯

03 선간 단락 $I_1 = -I_2 \neq 0$, $I_0 = 0$

정답 ㉮

04 정답 ㉮

05 정답 ㉰

06 정답 ㉱

07 각 사고 별 대칭 좌표 해석

사고 종류	정상분	역상분	영상분
1·2선 지락	○	○	○
선간 단락	○	○	×
3상 단락	○	×	×

$I_0 = I_1 = I_2 \neq 0$, $I_1 \neq I_2 \neq 0$,

$I_0 = 0, I_1 \neq 0$, $I_2 = I_0 = 0$

정답 ㉣

08 정답 ㉢

09 중성점 임피던스와 각 상의 임피던스는 직렬이 되고 대지 간의 정전용량은 병렬된다.

$$\therefore\ Z_0 = \frac{1}{X_c + \frac{1}{Z+3Z_n}} = \frac{Z+3Z_n}{1+j\omega C\,(Z+3Z_n)}$$

$Z_1 = Z_2 = Z$에 C가 병렬로 들어가 있으므로

$$\therefore\ Z_1 = Z_2 = \frac{1}{j\omega C + \frac{1}{Z}} = \frac{Z}{1+j\omega CZ}$$

정답 ㉮

10 Z_0 =1선당 선로저항 + 1선당 인덕턴스 + 상호 인덕턴스×2

$$\therefore\ Z_0 = R + j\omega(L+2M) = R + j2\pi f\,(L+2M)$$

정답 ㉢

11 정답 ㉯

12 A상단자가 접지(지락사고 발생)

$V_0 = 0$, $I_b = I_c = 0$, $I_0 = I_1 = I_2 = \frac{1}{3}I_a$

$$V_a = V_0 + V_1 + V_2 = -Z_0 I_0 + E_a - Z_1 I_1 - Z_2 I_2 = E_a - (Z_0 + Z_1 + Z_2) I_0 - 0$$

$$I_0 = \frac{E_0}{Z_0 + Z_1 + Z_2}$$

$$\therefore\ I_a = \frac{3E_a}{Z_0 + Z_1 + Z_2} = 3I_0$$

정답 ㉢

13

$$V_a = V_0 + V_1 + V_2$$

$$V_b = V_0 + a^2 V_1 + a V_2$$

$$V_c = V_0 + a V_1 + a^2 V_2$$

$$V_0 = \frac{1}{3}(V_a + V_b + V_c)$$

$$V_1 = \frac{1}{3}(V_a + a V_b + a^2 V_c)$$

$$V_2 = \frac{1}{3}(V_a + a^2 V_b + a V_c)$$

정답 ㉯

14 정답 ㉣

15 기준용량 10,000[kVA]

$$\frac{1}{(\%ZX_{Total})} = \frac{1}{(\%X_{G1})} + \frac{1}{(\%X_{G2}\times 2)}$$

병렬이므로

$$\%X_{G1} = \frac{10,000}{5,000}\times 12 = 24$$

$$\%Z_{Total} = \frac{1}{\frac{1}{24} + \frac{1}{15}\times 2} = 5.71[\%]$$

$$\therefore\ P_s = \frac{100}{\%X}\times P_n = \frac{100}{5.71}\times 10,000 = 175,131[\text{kVA}] \fallingdotseq 175[\text{MVA}]$$

→ 200 [MVA]로 선정

정답 ㉣

16 $P_s = \frac{100}{\%Z}P_n$ 이므로,

$$P_s = \frac{100}{0.4}\times 10,000 = 2,500,000[\text{kVA}] = 2,500[\text{MVA}]$$

정답 ㉮

17 $P_s = \frac{100}{\%Z}P_n$ 이므로, $P_s = \frac{100}{Z_P}P$[kVA]

$= \frac{100}{Z_P} \times 10^{-3} \times P$[MVA]

$= \frac{0.1}{Z_P} \times P$[MVA]

정답 ㉰

18 $I_s = \frac{E_n}{Z}$, $Z = \sqrt{R^2 + X^2}$ 이므로,

$Z = \sqrt{1^2 + 10^2} \fallingdotseq 10$

$\therefore\ I_s = \frac{P_1}{\sqrt{3}Z} = \frac{22,000}{\sqrt{3} \times 10} = 1,270$[A]

정답 ㉯

19 $P_s = \sqrt{3}\ VI_s$

$\therefore\ I_s = \frac{P_1}{\sqrt{3}\ V} = \frac{250 \times 10^3}{\sqrt{3} \times 7.2} \fallingdotseq 20,000$[A]

정답 ㉯

20 $I_s = \frac{100}{\%Z} \cdot I_n$

($\%Z$: %임피던스, I_n : 정격전류)

정답 ㉰

21 기준용량을 100,000[kVA]로 잡으면 각 단의 $\%Z$는

$\%Z_G = \frac{100,000}{360,000} \times j95 = j26.4$[%]

$\%Z_T = \frac{100,000}{400,000} \times j15 = j3.75$[%]

$\%R = \frac{100,000}{400,000} \times 2 = 0.5$[%]

$\%X = \frac{100,000}{400,000} \times j20 = j5$[%]

$\therefore\ Z_{Total} = \%R + \%X$

$= 0.5 + j(26.4 + 3.75 + 5)$

$= 0.5 + j35.15$[%]

정답 ㉮

22 기준용량 100,000[kVA]일 때 $\%Z$

$\%Z = \frac{100,000}{80,000} \times 8 = 10$[%]

$\therefore\ Z = \frac{10 \cdot \%Z \cdot V_n^2}{P_n} = \frac{10 \times 10 \times 154^2}{80,000}$

$= 29.65$[Ω]

정답 ㉯

23 $\%Z = \frac{PZ}{10\,V^2} = \frac{100 \times 10000}{10 \times 100^2} = 10$[%]

정답 ㉯

24 $\%X = \sqrt{\%R^2 + \%X^2} = \frac{I_n}{E_n} \times 100$

$\%X = \frac{I_n X}{E_n} \times 100$

$\%X = \frac{I_n X}{E_n} \times 100 = \frac{220 \times 30}{66,000/\sqrt{3}}$

$= 10\sqrt{3}$[%]

정답 ㉰

25 $\%X = \frac{XR_n}{10\,V_2^n} = \frac{15 \times 5,000}{10 \times 23^2} = 14.1776$[%]

정답 ㉰

PART 06 solution

01 Still식에서, 송전전압[kV]=

$$5.5\sqrt{0.6\times 송전거리[km]+\frac{송전전력[km]}{100}}$$

$$5.5\sqrt{0.6\times 60+\frac{62,000}{100}}=140[kV]$$

정답 ㉰

02 송전 용량 계수법, 장거리 송전선로의 송전

$$전력[km]=K=\frac{(공칭전압[kV])^2}{총\ 길이[km]}$$

단, K=송전용량계수

$$\therefore\ P=1,200\frac{(154)^2}{154}=184,800[kW]$$

정답 ㉱

03 Still식은, 송전전압[kV]=

$$5.5\sqrt{0.6\times 송전거리[km]+\frac{송전전력[km]}{100}}$$

=경제적인 송전전압의 계산 값

정답 ㉮

04 정답 ㉯

05 정답 ㉯

06 정답 ㉯

07 ① 병렬 리액터 : 지상의 무효분 공급으로 페란티 현상 방지

② 직렬 리액터 : 전력용 콘덴서에서 제5고조파를 제거하여 파형 개선

③ 한류 리액터 : 단락 전류를 제한하여 차단기의 용량을 줄임

④ 소호 리액터 : 지락고장 시 지락아크 소멸, 무정전 송전가능

정답 ㉰

08 정답 ㉯

09 정답 ㉮

10 정답 ㉰

11 정답 ㉱

12 정답 ㉯

13 안정도 향상대책

① 계통의 직렬 리액턴스를 적게 한다. (발전기나 변압기의 리액턴스 감소, 전선로의 병행회선을 증가하거나 복도체 사용, 직렬 콘덴서를 삽입해서 선로의 리액턴스 보장)

② 전압변동을 적게 한다. (속응 여자방식 채용, 계통의 연계, 중간 조상방식 채용)

③ 계통에 주는 충격을 적게 한다. (적당한 중성점 접지방식 채용, 고속 차단방식 채용, 재폐로 방식 채용

④ 고장 시 전력 변동을 억제한다. (조속기 동작을 신속하게, 제동 저항기의 설치)

⑤ 계통 분리방식의 채용

⑥ 전원 제한방식의 채용

정답 ㉰

PART 07 solution

01 정답 ㉮

02 정답 ㉯

03 정답 ㉰

04 정답 ㉮

05 정답 ㉱

06 정답 ㉯

07 정답 ㉮

08 정답 ㉰

09 정답 ㉱

10 정답 ㉱

11 정답 ㉮

12 ① 직접 접지계 : 0.8 ~ 1.0E의 피뢰기
② 저항 및 소호 리액터계 : 1.4 ~ 1.6E의 피뢰기(단, E : 송전선로의 공칭 전압)
정답 ㉰

13 정답 ㉱

14 정답 ㉰

15 정답 ㉰

16 정답 ㉰

17 정답 ㉯

18 정답 ㉱

19 정답 ㉱

20 정답 ㉯

21 정답 ㉱

22 차동 계전기 : 단자 측과 중성점 측의 각 상에 정격이 같은 변류기(CT)를 넣고 2차 측을 차동적으로 접속해서, 계전기를 물려주어 단자 측과 중성점 전류를 비교해서 그 사이에 벡터 차가 생기면 동작하게 된다.
정답 ㉯

23 ① 과전압 계전기(OVR) : 발전기가 무부하로 되었을 경우 과전압 보호용
② 과전류 계전기(OCR) : 발전기, 변압기, 선로 등의 단락 보호용
③ 부족전압 계전기(UVR) : 단락 시 고장검출용 (과전류 방지용)
정답 ㉰

24 정답 ㉯

25 ① 순한시 계전기 : 최소 동작전류 이상의 전류가 흐르면 즉시 동작
② 반한시 계전기 : 전류값에 반비례해서 전류값이 클수록 빨리 동작하고, 전류값이 작을수록 느리게 동작
③ 반한시성 정한시 계전기 : 어느 전류값까지는 반한시성 이지만, 그 이상이 되면 정한시로 되는 계전기
정답 ㉯

26 GPT 2차 측 1상의 전압은 $\frac{110}{\sqrt{3}}$ 이며,

$V_0 + V_0 + V_0 = 3V_0$이므로

$\therefore V_2 = 3 \times \frac{110}{\sqrt{3}} = \sqrt{3} \times 110[V]$

정답 ㉰

27 영상변류기(ZCT) : 지락고장 시 지락 계전기 호율이 좋게 동작하도록 하며 접지 계전기에도 쓰인다.

정답 ㉰

28 정답 ㉮

29 정답 ㉰

30 정답 ㉰

31 정답 ㉰

32 계기용 변류기(CT)의 1차 전류는

$I_1 = \frac{P}{\sqrt{3}\,V\cos\theta}$[A]에 의해서 주어지고

2차 전류는 5[A]로 고정되어 있다.

$I_1 = \frac{700}{\sqrt{3} \times 3 \times 0.85} \times 1.25 = 198[A]$

$\therefore$ 변류비 $= \frac{I_1}{I_2} = \frac{198}{5} \simeq 40$

정답 ㉱

33 위상각 : 1차 전압(전류)의 전압의 벡터와 180° 회전시킨 2차 전압(전류)의 벡터 간에 이루어지는 상차각

정답 ㉮

34 DS : 단로기, CB : 차단기

정답 ㉰

35 정답 ㉮

36 구분 개폐기 : OS, AS, VS

정답 ㉮

37 정답 ㉱

38 ㉮ NFB : 퓨즈

㉯ OCB : 컷아웃 스위치

㉰ VCB : 진공 차단기

㉱ DS : 단로기

정답 ㉱

39 차단기에 의해 차단된 선로를 재투입 시, 전위상승이 6배 이상이 되므로 차단기 내에 저항기를 설치한다. 이 방법을 S.O.V(surge over voltage)억제대책이라 한다.

정답 ㉮

40 정답 ㉰

41 자기 차단기 – 소호 코일

정답 ㉰

42 특징 : 소형, 경량, 저소음, 장수명, 불연성, 보수 용이

정답 ㉰

43 (1) 공기차단기

- 장점
  - ① 화재의 위험이 없고, 보수 점검이 용이
  - ② 경제적이다.
  - ③ 아크 시간이 짧고 차단성능 우수
  - ④ 전용 조작장치가 필요 없다.
- 단점
  - ① 압축공기를 불어낼 때 소음 발생
  - ② 급속한 소호로 인한 전류차단 가능

(2) SF_6 가스차단기

① 강력한 소호 작용

② 밀폐 순환방식이므로 소음이 적다.
③ 신뢰도가 높다.
④ 감전사고 위험의 감소

정답 ㉮

44 자기 차단기의 특징
① 압축공기 설비가 필요 없다.
② 화재위험이 없다.
③ 전류전달에 의한 재기전압(와전압)의 영향을 별로 받지 않는다. 즉, 와전류가 발생하지 않는다.
④ 보수, 점검이 비교적 쉽다.
⑤ 회로의 고유주파수에 차단 성능이 좌우되는 일이 없다.

정답 ㉱

45 정답 ㉱

46 투입 시 파고치가 최대 차단전류의 2.5배가 되는 전류

정답 ㉰

47 $P_s = 3EI_s = \sqrt{3}\, VI_s (E = \dfrac{V}{\sqrt{3}})$[kVA]

정답 ㉯

48 정답 ㉮

49 정답 ㉰

50 자동구간 개폐기(sectionalizer)는 선로가 매우 길어서 라인 퓨즈와 재폐로 차단기(recloser)와의 협조가 곤란할 때 재폐로 차단기의 부하 측에 재폐로 차단기 동작횟수를 적산하여 설치한다.

정답 ㉱

51 정답 ㉰

52 피뢰기 → 전력용 변압기 → S·C − 차단기 − 선로(애자)

정답 ㉮

53 정답 ㉰

54 정답 ㉰

55 정답 ㉮

56 정답 ㉰

57 정답 ㉰

58 정답 ㉰

59 정답 ㉯

60 무반사 조건
입사파 임피던스=투과파 임피던스

$$Z_1 = \frac{Z_2 Z_3}{Z_2 + Z_3}$$

$$Z_1 Z_2 + Z_1 Z_3 = Z_2 + Z_3$$

양변에 $\dfrac{1}{Z_1 Z_2 Z_3}$을 곱하면,

$$\frac{1}{Z_3} + \frac{1}{Z_2} = \frac{1}{Z_1} \quad \therefore \frac{1}{Z_1} = \frac{1}{Z_2} + \frac{1}{Z_3}$$

정답 ㉰

61 피뢰기(1종 접지공사 : 저항값 10[Ω])
① 구성
㉠ 직렬 갭 : 속류차단, 소호, 뇌전류 방전
㉡ 특성요소 : 자체 이상전압 발생 방지
㉢ 널드링 : 방전시간 지연 방지(필요에 따라 부착)
② 기능 : 뇌전압을 줄여 계층의 기계기구의 절연을 보호하고 뇌전류 방전이 끝나는 즉시 속류(기류)를 차단할 것

정답 ㉱

62 정답 ㉯

63 매설지선은 탑각 접지저항을 줄여 역섬락을 방어한다.
정답 ㉱

64 $e_t = re_i = \dfrac{2Z_2}{Z_2+Z_1}e_i$

$= \dfrac{2\times 50}{400+50}\times 800 = 178[\text{kV}]$

정답 ㉮

65
① 반사계수 $\beta = \dfrac{Z_2 - Z_1}{Z_2+Z_1}$

② 투과계수 $r = \dfrac{2Z_2}{Z_2+Z_1}$

③ 반사전압 : $e_r = \beta e_i = \dfrac{Z_2-Z_1}{Z_2+Z_1}e_i$

④ 투과전압 : $e_t = re_i = \dfrac{2Z_2}{Z_2+Z_1}e_i$

정답 ㉯

66 정답 ㉰

67 매설지선은 탑각 접지 저항을 줄여 역섬락 방어를 목적으로 한다.
정답 ㉱

68 댐퍼 : 진동 방지
정답 ㉱

69 정답 ㉰

70 가공지선은 직격뢰 방어를 주목적으로 하며 차폐각은 30° 이하에서 100[%], 45° 이하에서 97[%]까지 차폐효과를 기대할 수 있으며, 유도뢰 파고값을 저감하는 효과도 있다.
정답 ㉰

71 개폐 서지 : 무부하 송전선이나 정전 콘덴서의 충전전류 무부하 변압기의 여자전류를 차단하는 경우(최고 6배 이상)
정답 ㉰

72 (1) 외뢰
① 뇌 서지(유도뢰, 직격뢰).
(2) 내뢰
① 개폐 서지(무부하 선로의 개폐, 유도성 소전류의 차단, 3상 비동기 투입, 재폐로, 아크지락).
② 상용주파 과전압(지락, 부하차단, 공진, 페란티 현상, 발전기의 자기여자)
정답 ㉱

PART 08 solution

01 $I_0 = I_a + aI_b + a^2I_c$이므로, $I_a = 220[\text{A}]$,

$I_b = 180(-\dfrac{1}{2}+j\dfrac{\sqrt{3}}{2}) = -90+j90\sqrt{3}$,

$I_c = 180(-\dfrac{1}{2}-j\dfrac{\sqrt{3}}{2}) = -90+j90\sqrt{3}$,

$\therefore I_0 = (220-90-90) - j(90\sqrt{3}-90\sqrt{3}) = 40\angle 0°$

정답 ㉮

02 정답 ㉮

03 단상 선로이므로 전압강하(e)

$e = 2IR = V_s - V_r$

전압강하율(δ)

$$\delta = \frac{V_s - V_r}{V_r} = \frac{2IR}{V_r}$$

변경 전 전압강하율(δ)

$$\delta = \frac{2IR}{V_r}$$

변경 후 전압 강하율(δ')

$$\delta' = \frac{2 \times \frac{1}{2} IR}{2V_r}$$

전압이 2배가 되고, 전류는 $\frac{1}{2}$이므로

$$\therefore \frac{\delta'}{\delta} = \frac{\frac{IR}{2V_r}}{\frac{2IR}{V_r}} = \frac{1}{4}$$

정답 ㉮

04 ① $P_1 = P_3$(전력과 전압이 같다.)

$VI_1 = \sqrt{3}\, VI_1 (\therefore \frac{I_3}{I_1} = \frac{1}{\sqrt{3}})$

② $2\omega_1 = 3\omega_3$(중량이 같다.)

$\frac{\omega_3}{\omega_1} = \frac{2}{3} (R \propto \frac{1}{A}) \quad \therefore \frac{A_1}{A_3} = \frac{R_3}{R_1} = \frac{3}{2}$

$\therefore P_1 = \frac{3I_3^2 R_3}{2I_1^2 R_1} = \frac{3}{2} \times (\frac{1}{\sqrt{3}})^2 \times \frac{3}{2} = \frac{3}{4}$

정답 ㉯

05 전력손실($3\phi 3\omega$)

$P = \sqrt{3}\, VI\cos\theta,\ I = \frac{P}{\sqrt{3}\, V\cos\theta}$,

$P_1 = 3I^2 R = 3 \times (\frac{P}{\sqrt{3}\, V\cos\theta})^2 \cdot R$

$= \sqrt{3} \cdot \frac{P}{V^2\cos^2\theta} \cdot R$

$\therefore P_1 \propto \frac{1}{V^2} = \frac{1}{(\frac{22.9}{6.6})^2} \times 100 = 8$

정답 ㉯

06 정답 ㉱

07 부하전력 전압이 같으므로($P_1 = P_3$),

$VI_1\cos\theta = \sqrt{3}\, VI_3\cos\theta,\ I_1 = \sqrt{3}\, I_3$

$\therefore \frac{I_1}{I_3} = \frac{1}{\sqrt{3}} \times 100 = 58[\%]$

정답 ㉰

08 정답 ㉱

09 $P = \sqrt{3}\, VI\cos\theta$

$f = \frac{P}{\sqrt{3}\, V\cos\theta}$

$R = \rho\frac{1}{A}$

$P_1 = I^2 R = (\frac{P}{\sqrt{3}\, V\cos\theta})^2 \cdot (\rho\frac{1}{A})$

$(\frac{P_1}{P}) = K \quad \therefore A = \frac{Pl\rho}{k(3V^2\cos_2\theta)}$

정답 ㉯

10 각 전기방식별 비교

전기방식	전력(P)	전력손실(P_1)	전선량(ω)	전압강하(e)
1ø 1ø	$VI\cos\theta$ $2VI\cos\theta$	$2I^2R$ $2I^2R$	2ω 3ω	$2I(R\cos\theta + x\sin\theta)$
3ø 3ø	$\sqrt{3}\ VI\cos\theta$ $3VI\cos\theta$	$3I^2R$ $3I^2R$	3ω 4ω	$\sqrt{3}\, I(R\cos\theta + \sin\theta)$

$\therefore \frac{\sqrt{3}\, VI\cos\theta/3}{VI\cos\theta/2} = \frac{2\sqrt{3}}{3} \times 100 = 115[\%]$

정답 ㉱

11 정답 ㉯

12 ① 벨런서(balancer)
단상 3선식에서 부하전류의 불형형으로 양측 외선과 중성선 사이에 전압의 불평형을 일으키고 중성선 단선이나 외선과 중성선의 단락 시 전압의 이상상승을 일으키게 되는데 이러한 결점을 보완하고 선로손실을 경감하기 위해 고안된 장치
② 특징
㉠ 여자 임피던스가 크다.
㉡ 누설 임피던스가 작다.
㉢ 권수비 1 : 1인 단권변압기이다.
정답 ㉱

13 정답 ㉱

14 환상식(loop) : 전압강하와 전력손실이 수지식보다 적다.
정답 ㉮

15 정답 ㉱

16 정답 ㉰

17 정답 ㉮

18 정답 ㉰

19 정답 ㉯

20 저압 뱅킹방식
① 단상전동기의 기동전류 때문에 생기는 순간전압변동의 경감
② 저압 배전선 각부 전압의 평균화
③ 변압기의 유효 이용으로 공급 능력 증가
④ 부하 증가에 대한 융통성 향상
⑤ 부하가 밀집되는 시가지에 적용
정답 ㉰

PART 09 solution

01 $\dfrac{V_1}{V_2}=\dfrac{I_2}{I_1}=\dfrac{N_1}{N_2}=n\left(n=\dfrac{2{,}400}{240}=10\right)$

$\dfrac{V_1}{V_2}=\dfrac{I_1R_1}{I_2R_2}=\left(\dfrac{1}{N}\right)\dfrac{R_1}{R_2}=n$

$\therefore\ R_1=n^2R_2$

$\therefore\ R_1=10^2\times100=1{,}000[\Omega]$

정답 ㉯

02 • 철손(P_1)=(히스체리시스손+와류손)
=1차 전압이 걸리면 생기는 손실
• 동손(저항손)=부하전류가 흐르므로 생기는 손실
정답 ㉰

03 $P_n=VI_n$에서

$I_n=\dfrac{P_n}{V}=\dfrac{100\times10^3}{6{,}600}=15[\text{A}]$

$I_s=\dfrac{100}{\%Z}I_n\ (\%Z=\%X=18[\%])$

$\therefore\ I_s=\dfrac{100}{18}\times15=84.2[\text{A}]$

정답 ㉮

04 $P_\triangle=\sqrt{3}\times\sqrt{3}\,VI=\sqrt{3}\times100=173.2[\text{kVA}]$
정답 ㉱

05 $P=VI=150[\text{kVA}]$

$P_V=\sqrt{3}\,VI=\sqrt{3}\times150=260[\text{kVA}]$

정답 ㉱

06 정답 ㈐

07 P.F(power factor) : 부하역률 : 0.8

합성 최대 전력(최대 수용전력)

$= \dfrac{\text{개별 수용가의 최대 전력의 합}}{\text{부등률} \times \text{부하역률}}$ 이므로

∴ 최대 수용전력

$= \dfrac{(40 \times 0.55 + 70 \times 0.7 + 100 \times 0.75 + 120 \times 0.75)}{1.1 \times 0.8} \times 0.746 = 200[\text{kVA}]$

정답 ㈐

08 수용률 $= \dfrac{\text{최대 수용전력(수전 설비)}}{\text{설비용량}} \times 100$

이므로

∴ 최대 수용전력=수용률×설비용량

$= 0.8 \times 320 = 256[\text{kW}]$

정답 ㈐

09 수용 설비용량=합성 최대 전력=최대 수용전력이므로

∴ 수전 설비용량 $= \dfrac{\text{수용률} \times \text{설비용량}}{\text{부하역률}}$

$= \dfrac{1{,}800 \times 0.55}{0.9} = 1{,}100$

정답 ㈐

10 부등률 $= \dfrac{\text{개별 수용가의 최대전력의 합 (최대수용전력)}}{\text{합성 최대 전력}}$

수용률 $= \dfrac{\text{최대 수용전력}}{\text{설비용량}}$

최대 수용전력=수용률×설비용량

합성 최대 전력$= \dfrac{\text{최대 수용전력}}{\text{부등률}}$

$= \dfrac{\text{수용률} \times \text{설비용량}}{\text{부등률}}$

∴ 부하율 $= \dfrac{\text{평균전력}}{\text{합성 최대 전력}}$

$= \dfrac{\text{평균전력}}{\dfrac{\text{수용률} \times \text{설비용량}}{\text{부등률}}} = \dfrac{\text{평균전력} \times \text{부등률}}{\text{수용률} \times \text{설비용량}}$

정답 ㈏

11 부등률 $= \dfrac{\text{개별 수용가의 최대전력의 합}}{\text{합성 최대 수용전력}}$

이므로

∴ 부등률$= \dfrac{(2 \times 0.6 + 2.5 \times 0.6 + 3.5 \times 0.5 + 13 \times 0.4 + 15 \times 0.4)}{13.04}$

$= \dfrac{15.65}{13.04} = 1.2$

정답 ㈎

12 부하율(F)과 손실계수(H)의 관계

$H = aF + (1-a)F^2$ (a : 손실정수)

∴ $H = 0.2 \times 0.5 + (1-0.2) \times 0.5^2 = 0.3$

정답 ㈑

13 $F^2 \leq H \leq F$이므로

H는 F와 F^2의 중간치

정답 ㈐

14 부하율 $= \dfrac{\text{평균전력}}{\text{최대 전력}} \times 100$이므로,

∴ 일부하율 $= \dfrac{\text{평균전력}}{\text{최대 전력} \times 24} \times 100$

$= \dfrac{250 \times 8 + 50 \times 16}{250 \times 24} \times 100$

$= 46.7[\%]$

정답 ㈎

15 정답 ㈏

16 부하율$= \dfrac{\text{평균전력}}{\text{최대 전력}} \times 100$

평균전력$= \dfrac{\text{사용전력량의 합}}{\text{시간}}$

$= \dfrac{4 \times 6 + 2 \times 6 + 4 \times 6 + 8 \times 6}{24} = 4.5$

$\therefore$ 부하율 $= \frac{4.5}{8} \times 100 = 56.25[\%]$

정답 ㉰

17 수용설비 용량

$= 250 + 800 + 200 + 150 = 1{,}400[W]$

$\therefore$ 수용률 $= \frac{910}{1{,}400} \times 100 = 65[\%]$

정답 ㉮

18 수용률 $= \frac{\text{최대 수용전력}}{\text{설비용량}} \times 100 < 1$

정답 ㉰

19 부하율(F)

$= \frac{\text{평균전력}}{\text{최대 전력}} = \frac{\frac{\text{사용전력량}}{\text{시간}}}{\text{최대 전력}} \geq 1$

정답 ㉱

20 부등률 $= \frac{\text{개별 수용가의 최저 전력합}}{\text{합성 최대 전력}} \geq 1$

정답 ㉱

21 직류선도

$e_{AB} = R_B(I_B + I_C I_D)$

$= 0.05 \times (50 + 40 + 30) = 6[V]$

$\therefore V_B = V_A - e_{AB} = 94[V]$

$e_{BC} = R_C(I_C + I_D) = 0.2 \times (40 + 30)$

$= 14[V]$

$\therefore V_C = V_B - e_{BC} = 80[V]$

$e_{CD} = R_D I_D = 0.1 \times 30 = 3[V]$

$\therefore V_D = V_C - e_{CD} = 77[V]$

정답 ㉰

22 $R_a = \frac{20 \times 80 + 80 \times 40 + 40 \times 20}{80}$

$= \frac{5{,}600}{80} = 70[\Omega]$

$R_b = \frac{5{,}600}{40} = 140[\Omega]$

$R_c = \frac{5{,}600}{20} = 280[\Omega]$

$P_a = VI = I^2R = \frac{V^2}{R} = \frac{240^2}{70} \fallingdotseq 823[kW]$

$P_b = \frac{240^2}{140} = 560[kW]$

$P_C = \frac{240^2}{280} = 280[kW]$

$P_{Total} = 823 + 560 + 280 = 1663[kW]$

정답 ㉱

23 정답 ㉰

24 정답 ㉱

25 $e = \sqrt{3}\, I(R\cos\theta + X\sin\theta)$이므로,

$\therefore I = \frac{e}{\sqrt{3}(R\ \cos\theta + X\ \sin\theta)}$

$= \frac{866}{\sqrt{3}(10 \times 0.8 + 20 \times 0.6)} = 24.99[A]$

정답 ㉮

26 $P_1 = 2I^2R$이므로, $P_1 \propto I^2 P_1 = (\frac{1}{2})^2 = \frac{1}{4}$

정답 ㉯

27 정답 ㉯

28 $P_1 = I^2R = (\frac{P}{\sqrt{3}\ V\ \cos\theta})^2 \cdot R$에서

$P_1 \propto \frac{1}{V^2} \quad \therefore P_l = \frac{1}{(\frac{52{,}00}{3{,}000})^2} \fallingdotseq \frac{1}{3}$

정답 ㉰

29 전력손실률$(\frac{P_1}{P} = K) = \frac{PR}{V^2\cos^2\theta} = 0.1$,

$P = \frac{KV^2\cos^2\theta}{r}$

부록 A

$\therefore P \propto KV^2$(단, 역률, 저항일정),

$\therefore P = \frac{0.05}{0.1} \times (\frac{200}{100})^2 = 2$

정답 ㉰

30 정답 ㉰

31 정답 ㉯

32 정답 ㉯

33 전선 1가닥의 저항이 R인 경우
전압강하 $e = 2RI$

정답 ㉱

PART 10 solution

01 정답 ㉯

02 절연저항 측정=메거,
접지저항 측정=어드테스터

정답 ㉱

03 $v = 2I\rho\frac{1}{A}$, $A = \frac{2I\rho l}{v}(A = \frac{\pi}{4}d_2)$,

$d = \sqrt{\frac{8Il\rho}{\pi v}} \quad \therefore \propto \sqrt{\frac{Il}{v}}$

정답 ㉱

04 정답 ㉯

05 정답 ㉱

06 정답 ㉱

07 정답 ㉯

08 유효전력 $P_1 = V_1I_1\cos\theta_1$[kW]
$P_2 = V_2I_2\cos\theta_2$[kW]

피상전력(VI)= K라 할때,

무효전력 $\begin{pmatrix} Q_1 = V_1I_1\sin\theta_1 = P_1\tan\theta_1[\text{kW}] \\ Q_2 = V_2I_2\sin\theta_2 = P_2\tan\theta_2[\text{kW}] \end{pmatrix}$

피상전력(K)= $\sqrt{유효전력^2 + 무효전력^2}$

$= \sqrt{P^2 + Q^2}$ 이므로 합성 피상전력 K

$\therefore K = \sqrt{(P_1+P_2)^2 + (P_1\tan\theta_1 + P_2\tan\theta_2)^2}$

합성 유효전력(P) $P = P_1 + P_2$

$\therefore$ 합성역률 $= \frac{합성\ 유효전력(P)}{합성\ 피상전력(K)}$

$= \frac{P_1 + P_2}{\sqrt{(P_1+P_2)^2 + (P_1\tan\theta_1 + P_1\tan\theta_1)^2}}$

정답 ㉱

09 $P_1 = I^2R$, $P = VI\cos\theta$,

$\therefore I = \frac{P}{V\cos\theta}$, $P_1 = (\frac{P^2}{V^2\cos^2\theta}) \times R$,

$P_1 \propto \frac{1}{\cos^2\theta}$($P$, V, R일정)

$\therefore \frac{P_{12}}{P_{11}} = \frac{\frac{1}{\cos^2\theta_2}}{\frac{1}{\cos^2\theta_1}} = \frac{\frac{1}{\cos^2\theta_2}}{\frac{1}{1}} = \frac{1}{\cos^2\theta}$

정답 ㉱

10 콘덴서 설치 전
$Q_1 = P_r\sin\theta = 6,000$[kVA]
$P = 8,000$[kVA]

콘덴서 설치 후

$Q_2 = Q_1 - Q_C = 6,000 - 2,000$
$= 4,000[kVA]$

$\therefore P_r = \sqrt{8,000^2 + 4,000^2} = 8,944[kVA]$

정답 ㉯

11 $\begin{pmatrix} \cos\theta_1 = 0.75, & \cos\theta_1 = 0.9 \\ \sin\theta_1 = \sqrt{1-0.75^2}, & \sin\theta_1 = \sqrt{1-0.9^2} \end{pmatrix}$

$P = 1,000[kW]$

$\therefore Q_C = P(\frac{\sin\theta_1}{\cos\theta_1} - \frac{\sin\theta_2}{\cos\theta_2})$

$= 1,000 \times (\frac{\sqrt{1-0.75^2}}{0.75} - \frac{\sqrt{1-0.9^2}}{0.9})$

$= 398[kVA]$

정답 ㉯

12 정답 ㉰

13 정답 ㉯

14 전등 : 역률=1
전동기 : 뒤진 역률(지상 역률)
선로 충전전류 : 진상 역률

정답 ㉯

15 정답 ㉯

16 정답 ㉯

17 $I = \frac{P}{V_2 \cos\theta} = \frac{120 \times 10^3}{3,200 \times 0.85} = 44[A]$

$\therefore$ 변압기 용량 $= I_2 e_2 = 44 \times 220 \times 10^{-3}$
$= 10[kVA]$

정답 ㉰

18 $\therefore E_2 = E_1 + (\frac{e_2}{e_1})E_1$ 이므로,

$\therefore E_2 = 6,600 + (\frac{210}{6,600})6,600 = 6,500[V]$

정답 ㉯

19 권수비 $n = \frac{N_1}{N_2} = \frac{V_1}{V_2} = \frac{I_2}{I_1} = \frac{e_1}{e_2}$ 이므로,

$V_2 = \frac{e_1}{e_2} \cdot \frac{1}{V} = \frac{e_2}{e_1} V_1$ 이다.

$\therefore E_2 = E_1 + (\frac{e_2}{e_1})E_1$

정답 ㉰

20 정답 ㉱

21 정답 ㉱

22 정답 ㉯

23 정답 ㉱

PART 11 solution

01 전동기 출력 $P = \frac{9.8 Q_p H_p}{\eta_p}[kV]$

(Q_p : 양수량, H_p : 총 양정, η_p : 펌프 효율)

$\therefore Q_p = \frac{P\eta_p}{9.8H_p} = \frac{20 \times 0.75}{9.8 \times 10}[m^3/s]$

$[m^3/s] \rightarrow [m^3/min]$

$= \frac{20 \times 0.75}{9.8 \times 10} \times 60 = 9.18[m^3/s]$

정답 ㉮

부 록 A

02 • 속도조정률(δ), $\delta = \frac{N_0 - N_e}{N} \times 100[\%]$

• 속도변동률(δ_m), $\delta_m = \frac{N_m - N_n}{N_n} \times 100[\%]$

N_m : 최대 회전속도[rpm]

N_n : 정격 회전속도[rpm]

정답 ㉰

03 $N = \frac{120f}{P}$ [rpm]에서, $f = 50[c/s] = [Hz]$,

$N = 167$[rpm]일 때,

$P = \frac{120f}{N} = \frac{120 \times 50}{167} = 35.9$[극]

$f = 60[c/s]$, $N = 200$[rpm]일 때,

$P = \frac{120f}{N} = \frac{120 \times 60}{200} = 36$[극]

정답 ㉯

04 정답 ㉱

05 $\delta = \frac{(N_2 - N_1)N_0}{(P_1 - P_2)P_0} \times 100$에서,

$$\delta = \frac{\frac{60.6 - 60}{60}}{\frac{200 - 150}{200}} \times 100 = 4[\%]$$

정답 ㉰

06 정답 ㉱

07 정답 ㉰

08 폐쇄시간을 길게 하고 부하를 차단하면 수차의 회전수가 증가, 수추작용 감소

정답 ㉮

09 조속기는 스피더(평속기), 배압 밸브, 서보 모터, 복원기구 압유장치 등으로 구성된다.

정답 ㉰

10 캐비테이션 장해

① 수차의 효율, 출력, 낙차의 저하

② 유수에 접한 러너나 버킷 등에 침식이 일어난다.

③ 수차에 진동을 일으켜서 소음을 발생한다.

④ 흡출관 입구에서의 수압의 변동이 현저해진다.

정답 ㉱

11 캐비테이션 방지책

① 수차의 특유속도를 너무 크게 잡지 않을 것

② 흡출수두를 너무 높게 취하지 않을 것

③ 침식에 강한 재료로 러너를 제작하든지 부분적으로 보강할 것

④ 러너 표면을 매끄럽게 가공 정도를 높일 것

⑤ 과도한 부분 부하, 과부하 운전을 가능한 한 피할 것

정답 ㉮

12 유효 낙차 변화에 대한 출력의 변화는,

$\frac{P_2}{P_1} = (\frac{H_2}{H_1})^{3/2}$이므로,

낙차 변화 후의 출력 P_2

$P_2 = P_1 \times (\frac{H_2}{H_1})^{3/2} = 7,500 \times (\frac{47.5}{50})^{3/2}$

$= 6.975$[kW]

정답 ㉱

13 $\frac{N_2}{N^1} = \sqrt{\frac{H_2}{H_1}}$

$\therefore\ N_2 = N^1 = \sqrt{\frac{H_2}{H_1}} = 500 \times \sqrt{\frac{225}{290}}$

$\fallingdotseq 440$[rpm]

정답 ㉯

14 정답 ㉮

15 수차의 종류와 특유 속도(N_s)

종 류	특유속도(N_s)
펠톤 수차	12 ~ 23
프란시스 수차	65 ~ 150, 150 ~ 250, 250 ~ 350
사류 수차	150 ~ 250
카플란 수차	350 ~ 800
프로펠러 수차	350 ~ 800

정답 ㉱

※ 특유속도 N_s, 출력 P[kW], 유효낙차 H[m], 회전속도 N[rpm],

$$N_s = N\frac{P^{1/2}}{H^{5/4}}[\mathrm{m-kW}]\text{단위}$$

16 취수구의 설비는 최대 사용유량을 안전하게 취수함과 동시에 필요에 따라서는 취수량을 적당히 조절할 수 있어야 한다. 따라서 취수구 설비는 ① 제수 및 도수 설비(유량 조절) ② 유지설비(토사유입 방지 및 부유물 제거 장치)로 이루어진다.

정답 ㉱

17 고낙차 소수량=슬루스 밸브(sluice value)
고낙차 대수량=존슨 밸브
중낙차용=버터플라이 밸브
기타(특수용)=코터리 밸브

정답 ㉮

18 제동권선 → 난조방지 → 안정도 증진

정답 ㉯

19 정답 ㉰

20 정답 ㉮

21 흡출관은 반동수차의 러너 출구로부터 방수면까지의 접속관인데 단순한 도수로서 사용할 뿐 아니라, 관 내에 충만하는 수주의 무게를 이용해서 러너 출구의 압력을 대기압 이하로 유지하여 러너와 방수면 사이의 낙차를 유용하게 이용하고, 아울러 러너로부터 방출된 물이 갖는 운동에너지를 위치에너지로서 회수하는 것이다.

정답 ㉯

22
- 펠톤수차 : 비속도가 높아 고낙차 지점에 적합하다.(고낙차용 350[m] 이상)
- 프란시스수차 : 적용할 수 있는 낙차 범위가 가장 넓다 (중낙차용 30 ~ 400[m])
- 프로펠러수차 : 비속도가 높아 저낙차 지점에 적합하다(저낙차용 45[m] 이하)
- 원통형수차 : 저낙차용으로서 용도가 넓고 조력발전소에도 쓰이며, 또한 가역식으로서 양수식 발전소의 펌프수차에도 사용되고 있다.

정답 ㉱

23 사용유량 $Q[\mathrm{m^3/s}]$는 단면적을 $A[\mathrm{m^2}]$, 유속률 $v[\mathrm{m/s}]$라 할 때 $Q = Av = \frac{\pi}{4}D^2 \cdot v$

정답 ㉯

24 속도수두 $= \frac{V^2}{2g} = \frac{35^2}{2\times 9.8} = 62.5[\mathrm{m}]$

정답 ㉮

25 정답 ㉰

26 조압수조는 ① 단동 ② 차동 ③ 수설 ④ 제수공 조압수조로 나뉘며, 차동 조압수조의 구조는 복잡한 대신 수격의 감쇠가 빠르며, 서징은 천천히 진정된다.

정답 ㉰

27 수조는 도수로와 수압 철관의 접속부에 설치되는 것으로서 상수조와 조압수조로 나

뉘어진다.

- 상수조 기능
  ① 유수의 정화(유하토사의 최정적인이다.
  ② 최대 사용수량의 1~2분 정도의 조정 용량을 가지므로 부하의 급격한 변동 시 유량의 과부족을 조정
- 과부족을 조정
  ① 수격작용 흡수
  ② 서징작용 흡수(수위의 이상 상승)

정답 ㉱

28 댐을 역학적인 구조에 따라 분류하면 ① 중력댐 ② 아치댐 ③ 종공댐 등으로 분류하며 주로 콘크리트로 축조되는 중력댐은 둑 자체의 중량으로 외력에 대하여 안정도를 유지한다. 그러나 밑바닥에 걸리는 외력과 자체 중량의 합력이 중앙 1/3을 벗어나면 댐 자체에 장력이 작용하는 부분이 생기는데 콘크리트 구조상 강하고 장력에는 약하므로 댐 자체에 장력이 강해지지 않도록 힘의 합력이 댐 저부의 중앙 1/3 이내에 들어야 한다.

정답 ㉮

29 유속 측정방법

① 유속계법 ② 부표법 ③ 염수속도법 ④ 수압시간법, ⑤ 피토우관법이 있으며, 유속계법에서의 평균 유속은 수심 60[%]인 곳의 유속이며, 2점법의 경우는 수심 20[%]와 80[%]인 곳의 유속을 측정하여 얻은 그 평균을 평균유속이라 한다.

정답 ㉰

30 직접 유량을 측정하는 방법

① 염분법(쓰이지 않음.)
② 언측법(소하천, 수로용)
③ 수위관측법($Q=a+bH+cH^2\,[\mathrm{m^3/s}]$, $H=$ 수위 [m], a, b, $c=$계수)

정답 ㉮

31 발전소 출력, $P_g=9.8QH\eta_t\eta_g$

$\left(Q=\dfrac{\text{유효저수량}}{T}=\dfrac{200{,}000}{T\times 3{,}600}\,[\mathrm{m^3/h}]\right)$

$7{,}500\times 1=9.8\times\dfrac{200{,}000}{T\times 3{,}600}\times 100\times 0.85$

$\therefore\ T=\dfrac{9.8\times 200{,}000\times 100\times 0.85}{7{,}500\times 3{,}600}\fallingdotseq 6.2\,[\mathrm{h}]$

정답 ㉰

32 $H=48\,[\mathrm{m}]$, $Q=1{,}000\,[\mathrm{m^3}]$, $\eta=85\,[\%]$

$P=9.8QH\eta=9.8\times 1{,}000\times 48\times 0.85$

$=399{,}840\,[\mathrm{kW}]$, [kW] → [kWh]으로

$W=P\times h=399{,}840\times\dfrac{1}{3{,}600}$

$\fallingdotseq 111\,[\mathrm{kWh}]$

정답 ㉮

33 $H=100\,[\mathrm{m}]$, $u70[\%]$, $Q=20\,[\mathrm{m^3/s}]$, $\eta=85\,[\%]$

연간 발생 전력량

$P=9.8QH\eta u\times 365\times 24\,[\mathrm{kWh}]$

$=9.8\times 20\times 100\times 0.85\times 0.7\times 365\times 24$

$=102{,}159.120\fallingdotseq 100\times 10^6\,[\mathrm{kWh}]$

정답 ㉰

34 유황곡선이란 유량도를 사용해서 가로축에 1년의 일수를, 세로축에 유량을 취하여 매일의 유량 중이다.

정답 ㉮

35 $Q=40\,[\mathrm{m^3/sec}]$, $H=50\,[\mathrm{m}]$, $\eta=\eta_t\eta_g=80\,[\%]$, $P_g=9.8QH\eta_t\eta_g\,[\mathrm{kW}]$

$\therefore\ P_g=9.8\times 40\times 50\times 0.8=15{,}680\,[\mathrm{kW}]$

정답 ㉯

36 • 유량도 : 1년을 통한 하천 유량의 변동 상황 파악

• 유황곡선 : 발전 계획을 수립할 경우 유용하게 사용
• 적산 유량곡선(유량 누가곡선) : 저수지의 소요 저수용량 파악

정답 ㉣

37 유량의 변동과 그 표현
• 갈수량
– 1년 365일 중 355일은 이것보다 내려 가지 않는 유량 또는 수위 저수량 : 1년
– 365일 중 275일은 이것보다 내려 가지 않는 유량 또는 수위 평수량 : 1년 365일 중 95일은 이것보다 내려 가지 않는 유량 또는 수위
• 고수량 : 매년 1 ~ 2회 생기는 출수의 유량 또는 수위
• 홍수량 : 3 ~ 4년에 한 번 생기는 출수의 유량 또는 수위

정답 ㉮

38 유출 계수(k)는 강수량과 하천유출량과의 비이며, k는 대략 0.4 ~ 0.8 정도이다.

정답 ㉮

39 $p=1[\text{kg/cm}^2]=10{,}000[\text{kg/m}^2]$이므로
$=1.25[\text{kg/cm}^2]=12{,}500[\text{kg/m}^2]$

$p=HW,\ H=\dfrac{p}{W}=\dfrac{12{,}500}{1{,}000}=12.5[\text{m}]$

정답 ㉮

40 위치에너지=운동에너지, $mgh=\dfrac{1}{2}mv^2$

$\therefore\ h=\dfrac{v^2}{2g}[\text{m}]$

정답 ㉯

41 w : 물의 단위 체적당의 중량$[\text{kg/m}^3]$
P : 수주의 밑바닥 면에 작용하는 압력[kg]
p : 압력의 세기$[\text{kg/m}^2]$

$p=\dfrac{P}{A}WH[\text{kg/m}^2]$ (단위 체적의 물이 갖는 압력에너지)
수력학에서는 압력의 세기(압력수두)

$H=\dfrac{p}{W}=\dfrac{10{,}000}{1{,}000}=10[\text{m}]$

정답 ㉯

42 수력, 화력, 원자력의 부하 변도에 대한 운용은
• 첨두 부하발전소 : 양수, 저수식 수력
• 중간 부하발전소 : 석유, LNG, 석탄 화력
• 기저 부하발전소 : 원자력

정답 ㉯

43 • 낙차를 얻기 위한 발전 방식 : 댐식, 댐 수로식, 유역 변경식, 양수식
• 구배를 이용하여 낙차를 얻기 위한 방식 : 수로식

정답 ㉰

44 토리첼리의 정리에서 ($v_1 \fallingdotseq 0$),

$H+\dfrac{P_a}{W}+\dfrac{O^2}{2g}=\dfrac{P_a}{W}+\dfrac{V_2^2}{2g}$

$\therefore\ V_2=\sqrt{2gH}[\text{m/s}]$

정답 ㉯

45 물의 단위 체적당의 중량 $W[\text{kg/m}^3]$과 수심 H인 곳의 압력은 $WH[\text{kg/m}^2]$
그러므로 수문 전체에 걸리는 수압 P[kg]는?

$\therefore\ P=\displaystyle\int_0^H WhBdh=\frac{1}{2}H^2WB[\text{kg}]$

정답 ㉯

46 정답 ㉰

47 첨두 출력 발전량은 유량 $5.5[\text{m}^3/\text{s}]$에 의한 출력 P_1 ± 조정지의 유효 저수량에 의한 유량 Q_2에 의해 발생하는 출력 P_2이므로,

부록 A

$P_1 = 9.8 Q_2 H_\eta$

$P_1 = 9.8 QH\eta_g$

$= 9.8 \times 5.5 \times 46 \times 0.8 = 1{,}983.5[\text{kW}]$

Q : 평균 사용유량

Q_2 : 오후 8시부터 10시까지 43,000$[\text{m}^3]$을 사용할 때의 유량

$Q_2 = \dfrac{43{,}000}{2 \times 60 \times 60} = 5.972[\text{m}^3/\text{s}]$

$P_2 = 9.8 \times 5.972 \times 46 \times 0.8 = 2{,}153.7[\text{kw}]$

$\therefore\ P = P_1 + P_2 = 1{,}983.5 + 2{,}153.7$

$= 4{,}137.2[\text{kW}]$

정답 ㉯

48 $P = 9.8 QH\eta_t\eta_g[\text{kW}]$

(η_t : 수차 효율, η_g : 발전기 효율)

$\therefore\ Q = \dfrac{P}{9.8 QH\eta_t\eta_g}$

$= \dfrac{2{,}000[\text{kW}]}{9.8 \times 15[\text{m}] \times 0.86 \times 0.96}$

$= 16.5[\text{m}^3/\text{s}]$

정답 ㉰

49 $W[\text{kg/m}^3]$: 단위 부피의 물의 중량 수력은, $WQH[\text{kg/m}]$,

$1[\text{HP}] = 746[\text{W}] = 76.12[\text{kg/m}]$

$\therefore$ 수력마력 $= \dfrac{WQH}{76.12}\eta = \dfrac{1{,}000QH}{76.12}\eta[\text{HP}]$

정답 ㉮

50 베르누이의 정리에서,

$WQH = Qp + \dfrac{WQv^2}{2g} = WQH[\text{kg} \cdot \text{m/s}]$,

$= 1{,}000QH[\text{kg} \cdot \text{m/s}] = 9.8QH[\text{kW}]$

정답 ㉰

PART 12 solution

01 정답 ㉰

02 정답 ㉯

03 증기 터빈 : 과열 증기나 고진공인 때의 효율이 매우 높으며, 과부하 용량이 크고 효율이 높으며, 높은 효율을 얻기 위해서는 용량이 큰 복수기가 필요하고, 고속기이므로 날개 및 축수 등의 손상이 심하다.

정답 ㉮

04 정답 ㉮

05 정답 ㉮

06 회전수 N은

$N = \dfrac{120f}{P} = \dfrac{120 \times 60}{2} = 3{,}600[\text{rpm}]$

회전수의 한도는 정격의 110[%] 이하에서 이루어져야 하므로 ∴ 2,600× = 3,960[rpm]

정답 ㉯

07 정답 ㉱

08 정답 ㉯

09 복수설비의 구성은 복수기, 공기 추출기, 순환펌프, 복수 펌프로 구성되어 있다.

정답 ㉱

10 배압식 터빈은 복수기가 없는 터빈이다.

정답 ㉱

11 정답 ㉱

12 공기예열기는 절탄기를 나온 연소 가스의 열을 회수해서 공기를 예열하고 이것을 화로로 보내어 연소 효율을 높여서 보일러 효율을 높이기 위한 장치이며 연도 맨 끝에 설치한다.

- 장점
  ① 연료의 연소효율 향상
  ② 보일러 효율 향상
  ③ 연소실 체적을 작게 할 수 있다.
  ④ 완전연소 가능
  ⑤ 석탄 건조용 고온 공기를 쉽게 얻는다.

정답 ㉱

13 복수기에서 완전히 제거되지 못하고 급수 중에 산소, 탄산가스 등의 비응축성 가스가 존재하는 경우, 이것이 보일러와 배관 등의 부속 장치에 전기적 및 화학적 부식을 일으키는 원인이 되므로 이것을 완전히 제거하기 위해 탈기기를 설치한다.

정답 ㉯

14 정답 ㉰

15 정답 ㉰

16 절탄기는 보일러 본테, 과열기를 통과한 배기 가스의 예열을 이용해서 보일러에 공급되는 급수를 예열함으로써 연료 소비량을 줄이거나 증발량을 증가시키기 위해서 설치하는 예열회수장치

정답 ㉰

17 정답 ㉯

18 증기 터빈발전소의 대용량화로 사용 증기가 고압으로 됨에 따라 터빈 추기단에서 습도가 증가하여 터빈 날개를 부식시키고 마찰 손실을 증가시킬 유려가 있으므로 이것을 방지하기 위하여, 고압 터빈 내에서 팽창한 증기를 도중 과정에서 일부 추출, 보일러에서 등압 재가열함으로써 건조도를 높여 적당한 과열도를 갖도록 하는 과열기를 설치하는데 보통 이것을 재열기라고 한다.

정답 ㉰

19 정답 ㉰

20 $W_1 = 5{,}000 \times 10 = 50{,}000\,[\mathrm{kcal}]$

$W_2 = 10 \times 860 \times T$

전열기 발생열량(W_2)=석탄이 발생하는 열량(W_1)

$5{,}000 \times 10 = 10 \times 860 \times T$,

$$\therefore\ T = \frac{5{,}000 \times 10}{10 \times 860} = 5.81 \fallingdotseq 6$$

정답 ㉰

21
$$\eta = \frac{860 \times P}{BH} \times 100 = 37[\%]$$

$$P = \frac{BH\eta}{860} = \frac{1 \times 1{,}000 \times 0.37}{860}$$

$= 0.43\,[\mathrm{kWh/L}] = 430\,[\mathrm{kWh/kL}]$

$1\,[\mathrm{kL}] = 74{,}000$[원]이므로,

$1\,[\mathrm{kWh}]$당 연료비$= 74{,}000/430 = 172$[원]

정답 ㉰

22
$$\eta = \frac{860P}{BH} \times 100$$

$$\therefore\ B = \frac{860 \times 1}{0.35 \times 600} = 0.41\,[\mathrm{kg}]$$

정답 ㉱

23 포밍 프라이밍의 원인은 급수중에 포함되어 있는 불순물

정답 ㉰

24 답㉯

25 ABC란 Automatic Boiler Control로서 기존의 ACC(Automatic Combustion Control) 방식에서는 연소 제어만 하던 것을 연소 제어뿐만 아니라 온도 제어, 급수 제어, 석탄 분쇄기 계통의 제어까지 결합된 방식을 말한다.

정답 ㉮

26 정답 ㉯

27 정답 ㉯

28 정답 ㉮

29 $\eta = \dfrac{860P}{BH} \times 100 = \dfrac{860 \times 24{,}000}{10 \times 10^3 \times 5{,}500} \times 100$

$= 37.5[\%]$

정답 ㉱

30 화력발전의 열효율(η)

W : 연료의 소비량[kg/h]

C : 연료의 발열량[kcal/kg]

E : 발전기의 출력[kW]

$1[\text{kWh}] = 860[\text{kcal}]$, $\eta = \dfrac{860E}{WC} \times 100[\%]$

정답 ㉮

31 조속기 : 출력 증감에 관계없이 회전수를 일정하게 유지하며 무부하로 되었을 때 속도 변화와 정격 속도비는 보통 2.5 ~ 4[%] 조정

정답 ㉱

32 정답 ㉰

33 열 손실의 개략 값[%]

보일러 손실	12
터빈 기계 손실	1
복수기 손실	47
보기동력 손실	2

※ 송전단 열효율 38[%]의 예

정답 ㉱

34 급수펌프가 여러 개 터빈이 2개 있으므로 재생 재열 사이클

정답 ㉱

35 재열 사이클에서 재열 증기는 그 압력은 낮지만 온도가 비교적 높아지기 때문에 팽창 종점에서의 습도가 작아져서 어느 정도 열효율을 개선할 수 있다.

정답 ㉮

36 열 사이클 효율(η_c)

$$\eta_c = \frac{i_1 - i_2}{i_1 - i_4} \times 100[\%]$$

$$= \frac{\text{터빈에 전달된 열량}}{\text{보일러에 가해진 열량}} \times 100[\%]$$

$$= \frac{830 - 550}{830 - 130} \times 100 = 40[\%]$$

정답 ㉯

37 기본 사이클(랭킨 사이클)

급수펌프에 의해 압축되어 공급된 물은 보일러에 의해 과열되어 과열기에 보내지고, 과열기에 의해 과열된 과열증기는 터빈에서 단열 팽창해서 압력, 온도를 강하하여 습증기가 된다. 습증기는 복수기 내에서 냉각되어 급수펌프로 보내지면 1사이클이 완료한다.

정답 ㉯

38 정답 ㉱

39 재생 사이클은 증기 터빈에서 팽창 도중에 있는 증기를 일부 추가하여 그것이 갖는 열을 급수 가열에 이용하여 열효율을 향상시킨다.
정답 ㉰

40 정답 ㉰

41 카르노 사이클의 동온 과정을 등압 과정으로 바꾼 것이 랭킨 사이클이다.
정답 ㉮

42 정답 ㉱

43 정답 ㉱

44 정답 ㉮

45 화력발전소의 열효율은 발생전력량을 열량으로 환산한 값과 이것을 발생하기 위하여 소비된 연료의 보유 열량비를 말한다.
정답 ㉰

46 과열도=포화증기 온도와 과열증기 온도와의 차
정답 ㉱

47 ㉮ 액화열, ㉯ 엔탈피, ㉰ 증발열, ㉱ 절대온도로 나누어 주면 엔트로피
정답 ㉯

48 열량의 단위 1[kWh] = 860[kcal],
1[kcal] = 3.968[B.T.U],
1[B.T.U] = 0.252[kcal]
정답 ㉯

49 정답 ㉯

PART 13 solution

01 정답 ㉰

02 정답 ㉯

03 정답 ㉯

04 원자로의 종류

원자로의 종류		연료	감속재	냉각제
가스냉각로 (GCR)		천연 우라늄	흑연	탄산가스
경수로	비등수형 (BWR)	농축 우라늄	경수	경수
경수로	가압수형 (PWR)	농축 우라늄	경수	경수
중수로 (CANDU)		천연, 농축 우라늄	중수	탄산가스, 경수, 중수
고속 증식로 (FBR)		플루토늄, 농축 우라늄	없음	나트륨, 칼륨합금

정답 ㉯

05 BWR형 원자로의 특성

① 원자로의 내부 증기를 직접 터빈에서 이용하기 때문에 증기 발생기(열교환기)가 필요없다.

② 증기가 직접 터빈으로 들어가기 때문에 증기 누출을 철저히 방지해야 한다.

③ 순환 펌프로서는 급수 펌프만 있으면 되므로 소내용 동력이 적다.

④ 노심의 출력 밀도가 낮기 때문에 같은 노출력의 원자로에서는 노심 및 압력용기가 커진다.

⑤ 원자력 용기 내에 기수분리기와 증기건조기가 설치되므로 용기의 높이가 커진다.

⑥ 그 밖의 연료로는 저농축 우라늄(2 ~ 3[%]) 을 필요로 한다.

정답 ㈏

06 반사체는 핵분열로 발생한 고속 중성자 또는 열중성자가 원자로의 외부에 누출되는 것을 방지하는 것으로써 반사체에 요구되는 성질은 감속재와 같으며 반사재로서는 경수, 중수, 흑연, 베릴륨(Be)이 사용된다.

정답 ㈏

07 정답 ㈑

08 정답 ㈎

09 냉각재는 원자로 내에서 발생한 열에너지를 외부로 배출시키기 위한 열매체이며, 냉각재는 노심을 통과해서 열에너지를 배출시킴과 동시에 노 내의 온도를 적당한 값으로 유지할 필요가 있기 때문에 구비조건으로서는 열전달 특성이 좋고, 중성자 흡수가 적으며, 열용량이 큰 것이 요구된다. 종류로는 물(경수, 중소), 액체금속(Na, Nak, Bi 등), 가스(He, CO_2) 및 용해염 등이 사용된다.

정답 ㈎

10 감속재는 핵분열로 발생한 고속 중성자(약 2[Mev])의 에너지(속도)를 낮추어서 열중성자(0.025[eV])로 바꾸는 작용을 한다. 따라서 감속재로서는 감속효과가 크고, 중성자 흡수가 작은 물질이 적당하다(경수, 중수, 흑연, 산화베릴륨 등).

정답 ㈏

11 정답 ㈎

12 정답 ㈑

13 핵연료는 원자로에 사용되는 냉각재(물, 액체금속, 가스)에 의해서 부식되기 쉬우므로 그것을 보호하기 위해서 다른 재료로 피복하고 있다. 피복재로서는 보통 알루미늄을 사용한다. 그러나 이것은 온도가 높아지면 내식성과 강도면에서 불안이 있으므로 대개는 지르코늄을 사용한다. 요구성질은 ① 고온에 견딜 수 있을 것, ② 열전도가 좋을 것

정답 ㈎

14 중성자 발생 방법

① 양자, 중성자에 의한 방법

② α입자에 의한 방법

③ γ선에 의한 방법

정답 ㈏

15 우라늄 $1[\text{kg}] = 1.965 \times 10^7[\text{kcal}]$,

$1[\text{kWh}] = 860[\text{kcal}]$,

$$\frac{1.965 \times 10^7}{860} \fallingdotseq 2.285 \times 10^7$$

$$= 22.85 \times 10^6[\text{kWh}]$$

정답 ㈏

16

종류	흡수 단면적 [barn]	종류	흡수 단면적 [barn]
$_{94}Pu^{239}$	1,029	$_{92}U^{235}$	687
$_{92}U^{233}$	2.75	$_{24}U^{233}$	583

정답 ㉮

17 $_{92}U^{238}$은 직접 핵분열을 일으키지 못하지만 이것이 중성자를 흡수하면 $_{94}Pu^{239}$로 바뀌고, 이 프루토늄이 핵분열을 일으키게 되어 핵연료로서 사용된다.

정답 ㉯

18 원자핵의 질량과 전하

입자	질량[amu]	질량[g]	전하[c]
양자	1.00758	1.67260×10^{24}	1.6021×10^{-19}
중성자	1.00897	1.67491×10^{-24}	0
전자	0.00055	0.000913×10^{24}	-1.6021×10^{-19}

정답 ㉮

19 정답 ㉱

20 MHD발전이란 Magnet Hydro Dynamic GENERATION(전자 유체역학 발전)의 약칭으로서 이 발전의 원리는 석탄이나 중유 등을 연소해서 얻어지는 고온 연소 가스를 전기도체 대신에 강력한 자계속을 통과시켜 자석을 끊음으로써 패러데이의 전자 유도 법칙에 따라 발전하는 것을 이용한 것이다.

정답 ㉱

21 정답 ㉰

22 원자력발전의 특징(화력발전과 비교)

① 원자력발전은 출력 밀도가 크므로 같은 출력이라면 소형화가 가능하다.

② 열효율은 38 ~ 40[%], 화력의 38 ~ 40[%]에 비해 33 ~ 35[%] 정도로 낮은 편이다.

③ 연료의 수송, 저장, 장소에 관한 문제는 거의 없다고 할 수 있다.

④ 연료 소모량이 적다.

⑤ 핵분열에 의해서 생기는 방사능이 원자로 주변에 누출되거나 환경을 오염시킬 우려가 있으므로 안전성과 방사능 대책이 필요하다.

정답 ㉱

부록 A

부록 B

실전연습문제

Q 001

우리나라에서 사용하는 공칭전압 22,000(22,000/38,000)에서 괄호안의(22,000/38,000)의 의미는?

① (선간전압/상전압)
② (비접지전압/접지전압)
③ (상전압/선간전압)
④ (접지전압/비접지전압)

풀이

Y 결선에서
22,000 → 1상당 전압(상전압)
38,000 → 선과 선 전압(선간 전압)

Q 002

전선 및 기계기구를 보호하기 위한 목적으로 전로 중 필요한 개소에는 과전류 차단기를 시설하여야 하는데 다음 중 필요한 개소가 아닌 곳은?

① 인입구
② 간선의 전원측
③ 평형 부하의 말단
④ 분기점

풀이

과전류 차단기 시설개소

- 전선 및 기계기구를 보호하기 위한 인입구
- 간선의 전원측
- 분기점

Q 003

반지름 16mm의 강심 알루미늄 연선으로 구성된 완전 연가된 3상 1회선 송전선로가 있다. 각 상간의 등가 선간 거리가 3000mm라고 할 때, 이 선로의 작용 인덕턴스는 약 몇 mH/km인가?

① 0.8　　② 1.1
③ 1.5　　④ 1.8

풀이

인덕턴스

$$L = 0.05 + 0.4605 \log_{10} \frac{3000}{16} \fallingdotseq 1.1 \ \ \text{mH/km}$$

Q 004

전력 계통의 주파수 변동은 주로 무엇의 변화에 기인하는가?

① 유효 전력　　② 무효 전력
③ 계통 전압　　④ 계통 임피던스

풀이

- 전압 조정 : 무효전력을 조정한다.
- 주파수 조정 : 유효전력을 조정한다.

정답　001 ③　002 ③　003 ②　004 ①

Q 005

다음 중 감전 방지 대책으로 적절하지 못한 것은?

① 회로 전압의 승압
② 누전 차단기를 설치
③ 이중 절연 기기를 사용
④ 기계 기구류의 외함을 접지

풀이

감전 방지 대책
- 인체 보호용 누전차단기 설치
- 기계기구 외함 접지
- 기기 절연강화
- 절연 변압기 사용

Q 006

다음 중 송전선로에서 이상 전압이 가장 크게 발생하기 쉬운 경우는?

① 무부하 송전선로를 폐로하는 경우
② 무부하 송전선로를 개로하는 경우
③ 부하 송전선로를 폐로하는 경우
④ 부하 송전선로를 개로하는 경우

풀이

부하시보다는 무부하시, 선로를 폐로할 때보다는 개로시 가장 큰 이상 전압이 발생한다.

Q 007

그림과 같이 수심이 5m 인 수조가 있다. 이 수조의 측면에 미치는 수압 P_0[kg/m^2]는 얼마인가?

① 2500
② 3000
③ 3500
④ 4000

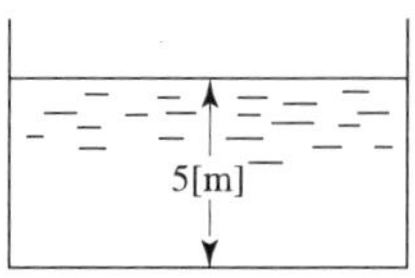

풀이

바닥면 단위 면적당 압력 $P = \omega H$ [kg/m^2]

수조 측면 압력 $P_0 = \frac{1}{2}\omega H$ 에서

$P_0 = \frac{1}{2} \times 1000 \times 5 = 2500$ kg/m^2

Q 008

그림의 F점에서 3상 단락 고장이 생겼다. 발전기 쪽에서 본 3상 단락 전류는 몇 kA 가 되는가? (단, 154kV 송전선의 리액턴스는 1000MVA를 기준으로 하여 2%/km 이다.)

① 43.7
② 47.7
③ 53.7
④ 59.7

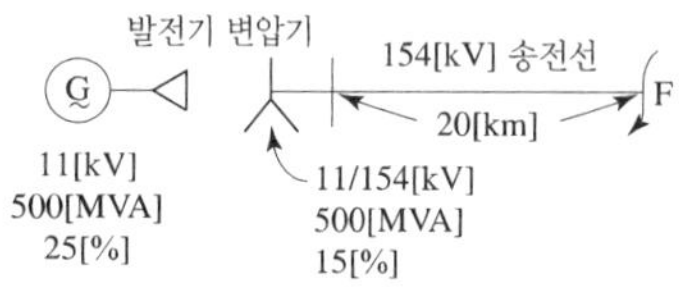

풀이

$I_s = \frac{100}{\%Z} \times \frac{P_n}{\sqrt{3}\,V}$ 에서

기준용량 $P_n = 1000$ MVA 으로 하고 $\%Z$를 환산한다.

발전기 $\%Z = \frac{1000}{500} \times 25 = 50$ %

변압기 $\%Z = \frac{1000}{500} \times 15 = 30$ %

선로 $\%Z = 2$ %/km $\times 20 = 40$ %

∴ 전체 $\%Z = 50 + 30 + 40 = 120$ %

$I_s = \frac{100}{120} \times \frac{1000}{\sqrt{3} \times 11} = 43.7$ kA

* 송전선 단락시 발전기 쪽에서 바라볼 때 이므로 정격전압은 11kV 이다.

Q 009

한류 리액터를 사용하는 가장 큰 목적은?

① 충전 전류의 제한 ② 접지 전류의 제한
③ 누설 전류의 제한 ④ 단락 전류의 제한

풀이

한류 리액터 설치 목적 : 단락전류 제한(차단기 용량 삼소)

정답 005 ① 006 ② 007 ① 008 ① 009 ④

Q 010

계전기의 반한시 특성이란?

① 동작 전류가 클수록 동작 시간이 길어진다.
② 동작 전류가 흐르는 순간에 동작한다.
③ 동작 전류에 관계없이 동작 시간은 일정하다.
④ 동작 전류가 크면 동작 시간은 짧아진다.

풀이

계전기 동작시한 분류
- 순한시 계전기 : 즉시 동작
- 정한시 계전기 : 전류크기와 관계없이 일정시간 후 동작
- 반한시 계전기 : 시간과 전류가 반대로 동작
- 반-정한시 계전기 : 반한시 특성 후 정한시 동작

Q 011

전력계통의 과도안정도 향상 대책과 관련 없는 것은?

① 속응 여자 방식의 채용
② 계통의 연계
③ 중간 조상 방식의 채용
④ 빠른 역률 조정

풀이

안정도 향상대책
- 직렬리액턴스를 작게 한다.(단락비 크게)
- 전압 변동률을 작게 한다.
- 계통을 연계한다.
- 속응여자방식 채용
- 중간 조상방식 채용
- 고속차단 및 재폐로 방식을 채택한다.

Q 012

피뢰기의 충격 방전 개시 전압은 무엇으로 표시하는가?

① 직류 전압의 크기 ② 충격파의 평균치
③ 충격파의 최대치 ④ 충격파의 실효치

풀이

충격 방전 개시 전압 : 충격 전압이 가해져 뇌전류를 방전할 때 도달하는 최고 전압값을 의미하며 최대값으로 표시한다.

Q 013

전력용 콘덴서를 변전소에 설치할 때 직렬 리액터를 설치하려고 한다. 직렬 리액터의 용량을 결정하는 식은? (단, f_0는 전원의 기본 주파수, C는 역률개선용 콘덴서의 용량, L은 직렬 리액터의 용량이다.)

① $L = \frac{1}{(2\pi f_0)^2 C}$ ② $L = \frac{1}{(6\pi f_0)^2 C}$

③ $L = \frac{1}{(10\pi f_0)^2 C}$ ④ $L = \frac{1}{(14\pi f_0)^2 C}$

풀이

직렬 리액터 : 제 5 고조파를 제거한다.

Q 014

네트워크 배전 방식의 장점이 아닌 것은?

① 정전이 적다.
② 전압 변동이 적다.
③ 인축의 접촉 사고가 적어진다.
④ 부하 증가에 대한 적응성이 크다.

풀이

네트워크 배전방식 단점
- 인축접지사고가 많다.
- 고장시 고장전류가 역류한다.

네트워크 배전방식 장점
- 무정전 공급 가능
- 신뢰성 우수
- 전압강하 및 전력손실이 적다.
- 부하 증가에 대한 적응성이 크다.

정답 010 ④ 011 ④ 012 ③ 013 ③ 014 ③

Q 015

단로기에 대한 설명으로 적합하지 않은 것은?

① 소호장치가 있어서 아크를 소멸시킨다.
② 무부하 및 여자 전류의 개폐에 사용된다.
③ 배전용 단로기는 보통 디스커넥팅바로 개폐한다.
④ 회로의 분리 또는 계통의 접속 변경 시에 사용한다.

풀이

단로기	무부하 전류 개폐	전류 차단능력이 없다.(소호매질無) ➡ 회로 접속변경
개폐기	무부하 전류 개폐 부하 전류 개폐	배전선로 고장 또는 보수점검시 정전구간 축소
차단기	무부하 전류 개폐 부하 전류 개폐 고장전류 차단	정격 차단 전류(단락전류) 제한 ➡ 차단기 용량 감소(한류리액터)

Q 016

3상 선로의 전압이 V[V]이고 P[W], 역률 $\cos\theta$인 부하에서 한 선의 저항이 $R[\Omega]$ 이라면 이 3상 선로의 전체 전력손실은 몇 W 가 되겠는가?

① $\dfrac{PR}{\sqrt{3}\,V^2\cos^2\theta}$ ② $\dfrac{P^2R^2}{V^2\cos^2\theta}$

③ $\dfrac{PR^2}{V\cos^2\theta}$ ④ $\dfrac{P^2R}{V^2\cos^2\theta}$

풀이

전력손실

$$P_\ell = 3I^2R = 3\times\left(\frac{P}{\sqrt{3}\,V\cos\theta}\right)^2\times R = \frac{P^2R}{V^2\cos^2\theta}$$

Q 017

화력 발전이 점유하는 비중이 수력 발전에 비하여 대단히 큰 전력계통에서 수력 발전의 운전 방법으로 가장 적절한 것은?

① 일정 출력 운전 ② 기저 부하 운전
③ 예비 출력 운전 ④ 첨두 부하 운전

풀이

수력발전 : 효율이 좋고, 부하 변동에 대한 속응성이 우수하여 첨두 부하용 발전소로서 운전하고 있다.

Q 018

가공 지선에 대한 설명으로 틀린 것은?

① 직격뢰에 대해서는 특히 유효하며, 탑 상부에 시설하므로 뇌는 주로 가공지선에 내습한다.
② 가공지선 때문에 송전 선로의 대지 용량이 감소하므로 대지 사이에 방전할 때 유도전압이 특히 커서 차폐 효과가 좋다.
③ 송전선 지락시 지락전류의 일부가 가공지선에 흘러 차폐작용을 하므로 전자유도장해를 적게 할 수도 있다.
④ 유도뢰 서지에 대하여도 그 가설구간 전체에 사고방지의 효과가 있다.

풀이

가공지선 : 직격뇌, 유도뢰 차폐, 유도장해 경감
차폐각 $\theta = 30^\circ \sim 45^\circ$ 이며 각이 작을수록 차폐효과가 크지만 시설비는 고가이다.

Q 019

경간이 200m 인 가공 전선로가 있다. 사용 전선의 길이는 경간보다 몇 m 더 길게 하면 되는가? (단, 사용 전선의 1m 당 무게는 2.0kg, 인장 하중은 4000kg이고 전선의 안전율은 2로 하고 풍압하중은 무시한다.)

① $\dfrac{1}{2}$ ② $\sqrt{2}$

③ $\dfrac{1}{3}$ ④ $\sqrt{3}$

풀이

$$D = \frac{WS^2}{8T} = \frac{2\times200^2}{8\times\frac{4000}{2}} = 5$$

$L = S + \dfrac{8D^2}{3S}$ 에서

$$\frac{8D^2}{3S} = \frac{8\times5^2}{3\times200} = 0.333 = \frac{1}{3}\text{m}$$

정답 015 ① 016 ④ 017 ④ 018 ② 019 ③

부록 B

Q 020

수력발전소에서 낙차를 취하기 위한 방식이 아닌 것은?

① 댐식　② 수로식
③ 역조정지식　④ 유역 변경식

풀이

- 낙차에 의한 분류 : 수로식, 댐식, 댐수로식, 유역 변경식
- 유량에 의한 분류 : 유입식, 저수지식, 조정지식, 양수식

Q 021

변압기 보호용 비율차동계전기를 사용하여 △-Y 결선의 변압기를 보호하려고 한다. 이 때 변압기 1, 2 차측에 설치하는 변류기의 결선 방식은?

① △ - △　② △ - Y
③ Y - △　④ Y - Y

풀이

변압기 1차와 2차간 변위를 보정하기 위해 변류기는 반대로 결선한다.
변압기 결선 △ - Y ⇒ 변류기 결선 Y - △

Q 022

그림과 같은 선로에서 A점의 차단기 용량은 몇 MVA가 적당한가?

① 50　② 100
③ 150　④ 200

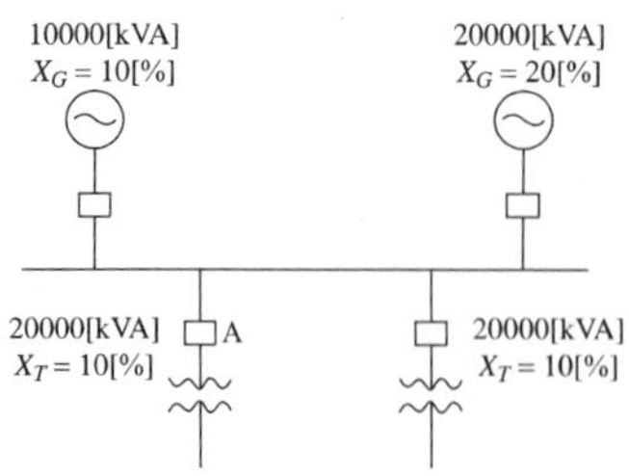

풀이

$P_s = \frac{100}{\%Z}P$ 에서 기준용량 $P = 20000$ kVA로 설정 시 $\%Z$를 환산하면

$\%X_G = \frac{20000}{10000} \times 10 = 20\ \%$

합성 $\%Z = \frac{20 \times 20}{20+20} = 10\ \%$

$\therefore\ P_s = \frac{100}{\%Z}P = \frac{100}{10} \times 20000 \times 10^{-3} = 200\ \text{MVA}$

Q 023

선로 고장발생시 타 보호기기와의 협조에 의해 고장 구간을 신속히 개방하는 자동구간 개폐기로서 고장전류를 차단할 수 없어 차단 기능이 있는 후비보호장치와 직렬로 설치되어야 하는 배전용 개폐기는?

① 배전용 차단기　② 부하 개폐기
③ 컷아웃 스위치　④ 섹셔널라이저

풀이

배전선로에 고장이 발생할 경우 리클로저의 동작으로 선로가 무전압 상태가 되면 이를 감지하여 무전압 상태의 횟수를 기억하였다가 정해진 횟수에 도달하면 선로의 무전압 상태에서 선로를 개방하여 고장 구간을 분리시킨다. 섹셔널라이저는 고장 전류를 차단할 수 있는 능력이 없으므로 리클로저와 직렬로 조합하여 사용한다.

* 배전선로 보호협조 순서
: 리클로저 - 섹셔널라이저 - 라인퓨즈

Q 024

유효접지계통에서 피뢰기의 정격전압을 결정하는데 가장 중요한 요소는?

① 선로 애자련의 충격섬락전압
② 내부 이상전압 중 과도이상전압의 크기
③ 유도뢰의 전압의 크기
④ 1선지락고장시 건전상의 대지전위 즉, 지속성 이상전압

정답 020 ③ 021 ③ 022 ④ 023 ④ 024 ④

풀이

피뢰기 정격 전압이란 선로단자와 접지단자간에 인가할 수 있는 상용주파 최대허용전압으로 그 크기 결정은 $V=\alpha\beta V_m$ [V] 로 표시하며 여기서, α: 접지계수, β: 유도계수, V_m : 공칭 전압

Q 025

송전단 전압이 66kV, 수전단 전압이 61kV 인 송전선로에서 수전단의 부하를 끊은 경우 수전단 전압이 63kV 라면 전압 변동률은 약 몇 % 인가?

① 2.55 ② 2.90
③ 3.17 ④ 3.28

풀이

전압 변동률

$$\delta=\frac{\text{무부하시 수전단전압}-\text{부하시 수전단전압}}{\text{부하시 수전단전압}}\times 100$$

$$=\frac{63-61}{61}\times 100=3.28\ \%$$

Q 026

접지봉을 사용하여 희망하는 접지저항까지 줄일 수 없을 때 사용하는 것은?

① 차폐선 ② 가공지선
③ 크로스본드선 ④ 매설지선

풀이

매설지선 : 철탑의 접지저항값을 감소시켜 역섬락을 방지한다. 아연도금 철선을 사용하여 30~60cm 깊이에 30~50m 정도의 길이로 매설한다.

Q 027

그림과 같은 T-S 선도를 갖는 열사이클은?

① 카르노사이클
② 랭킨사이클
③ 재생사이클
④ 재열사이클

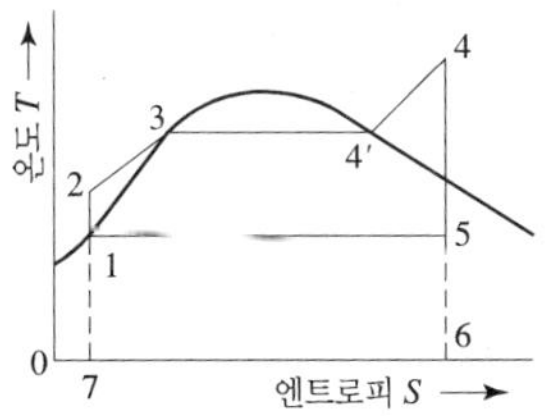

Q 028

장거리 송전선로는 일반적으로 어떤 회로로 취급하여 회로를 해석하는가?

① 분산부하회로 ② 집중정수회로
③ 분포정수회로 ④ 특성 임피던스회로

풀이

- 단거리 송전선로 : 집중 정수 회로
- 중거리 송전선로 : 집중 정수 회로(T형, π형)
- 장거리 송전선로 : 분포 정수 회로

Q 029

전력계통을 연계시켜서 얻는 이득이 아닌 것은?

① 배후 전력이 커져서 단락용량이 작아진다.
② 부하의 부등성에서 오는 종합첨두부하가 저감된다.
③ 공급 예비력이 절감된다.
④ 공급 신뢰도가 향상된다.

풀이

전력계통의 연계방식의 장·단점 비교

(1) 장 점
- 계통 전체로서의 신뢰도가 증가
- 부하 변동의 영향이 작아져서 안정된 주파수 유지가 가능
- 전력의 융통으로 설비용량이 절감
- 경제 급전이 용이

(2) 단 점
- 연계설비를 신설해야 한다.
- 사고시 타계통으로 사고가 파급 확대
- 병렬회로 수가 많아지므로 단락전류가 증대하고 통신선의 전자유도 장해 증가

Q 030

코로나 방지에 가장 효과적인 방법은?

① 선간거리를 증가시킨다.
② 선로의 이도를 작게 한다.
③ 신로의 높이를 가급적 낮춘다.
④ 전선의 외경을 크게 한다.

정답 025 ④ 026 ④ 027 ② 028 ③ 029 ① 030 ④

풀이

코로나 방지 대책
- 임계전압을 높인다.
$\left(E_0 = 24.3 m_0 m_1 \delta d \log_{10} \frac{D}{r}\right)$
- 전선 직경을 크게 한다.
- 복도체 방식 채용
- 가선금구 개량
- 선간거리 증가는 득보다 실이 많으므로 대책이 될 수 없다.

Q 031

송전선로에서 1선 지락시에 건전상의 전압 상승이 가장 적은 접지방식은?

① 비접지방식 ② 직접접지방식
③ 저항접지방식 ④ 소호리액터접지방식

풀이

직접 접지방식 특징
- 장점 : 전위상승 최소, 변압기 단절연 가능, 계전기 동작 신속 확실
- 단점 : 지락전류 최대, 유도장해 최대, 안정도가 나쁘다.

Q 032

지상역률 0.6, 출력 480KW인 부하에 병렬로 용량 400kVA의 전력용콘덴서를 설치하면 합성역률은 어느 정도로 개선되는가?

① 0.75 ② 0.86
③ 0.89 ④ 0.94

풀이

개선 후 역률

$$\cos\theta_2 = \frac{\text{유효전력}}{\sqrt{\text{유효전력}^2 + (\text{개선전 무효전력} - \text{콘덴서 용량})^2}}$$

$$= \frac{480}{\sqrt{480^2 + \left(480 \times \frac{0.8}{0.6} - 400\right)^2}} = 0.894$$

* 무효전력 = 유효전력 × $\tan\theta$ = 유효전력 × $\frac{\sin\theta}{\cos\theta}$

Q 033

환상선로의 단락보호에 사용하는 계전방식은?

① 비율차동계전기
② 방향거리계전방식
③ 과전류계전방식
④ 선택접지계전방식

풀이

방향 계전기+단락 계전기=방향 단락 계전기(방향 거리 계전기)
* 환상선로 : 이 표현을 쓰면 보기에 "방향"을 의심하자!!

Q 034

저압 뱅킹(banking) 방식에 대한 설명으로 옳은 것은?

① 깜박임(light flicker) 현상이 심하게 나타난다.
② 저압 간선의 전압강하는 줄어지나 전력손실은 줄일 수 없다.
③ 캐스케이딩(cascading) 현상의 염려가 있다.
④ 부하의 증가에 대한 융통성이 없다.

풀이

저압뱅킹 방식 특징
: 2대 이상 변압기의 저압측 병렬연결
- 부하가 밀집된 시가지에 적당
- 전력손실 및 전압강하 감소
- 부하 변동에 대한 탄력성 향상
- 변압기 용량 및 저압선 동량이 절감
- 저압선의 고장으로 인한 변압기 일부 또는 전부가 차단될 수 있다(캐스케이딩 현상)

Q 035

다음 중 모선의 종류가 아닌 것은?

① 단모선 ② 2중모선
③ 3중모선 ④ 환상모선

풀이

모선의 종류에는 단모선, 이중모선, 환상모선 등이 있다.

정답 031 ② 032 ③ 033 ② 034 ③ 035 ③

Q 036

다음 중 송전계통의 절연협조에 있어서 절연레벨을 가장 낮게 잡고 있는 기기는?

① 피뢰기　② 단로기
③ 변압기　④ 차단기

풀이
절연협조는 계통을 설계시 상호간 적당한 절연강도를 가지는 것을 의미하며 절연 협조 순서는 피뢰기 → 변압기(코일, 부싱) → 결합콘덴서 → 애자 이다.

Q 037

현수애자에 대한 설명이 잘못된 것은?

① 애자를 연결하는 방법에 따라 클래비스형과 볼소켓형이 있다.
② 2~4층의 갓 모양의 자기편을 시멘트로 접착하고 그 자기를 주철제 베이스로 지지한다.
③ 애자의 연결 갯수를 가감함으로서 임의의 송전전압에 사용할 수 있다.
④ 큰 하중에 대하여는 2연 또는 3연으로 하여 사용할 수 있다.

풀이
②번은 핀애자의 설명이다.

Q 038

옥내배선의 굵기를 설계하는 요령으로 가장 적당하게 설명한 것은?

① 부하의 위치와 전압강하를 고려하여 결정하여야 한다.
② 승강기 등의 부하와 동일 굵기로 사용할 수 있도록 하여야 한다.
③ 부하의 수용률과 허용전류를 고려하여 결정하여야 한다.
④ 전압강하, 허용전류, 기계적강도 등을 고려하여 결정하여야 한다.

풀이
- 전선 굵기 결정 3요소 : 허용전류(가장 중요), 전압강하, 기계적 강도
- 전선 굵기 결정 5요소 : 허용전류(가장 중요), 전압강하, 기계적 강도, 코로나 손, 경제성

Q 039

선로의 길이가 50km인 66kV 3상 3선식 1회선 송전선의 1선당 대지정전용량은 0.0058μF/km이다. 여기에 시설할 소호리액터의 용량은 약 몇 kVA인가? (단, 소호리액터의 용량은 10%의 여유를 주도록 한다.)

① 386　② 435
③ 524　④ 712

풀이
소호리액터 용량

$$Q_L = Q_c = 3\omega C_s E^2 \times \ell \times 1.1$$
$$= 3 \times 2\pi \times 60 \times 0.0058 \times 10^{-6} \times 50 \times \left(\frac{66000}{\sqrt{3}}\right)^2 \times 1.1 \times 10^{-3}$$
$$= 523.8$$

Q 040

설비용량 600kW, 부등률 1.2, 수용률 60%일 때의 합성 최대 수용전력은 몇 kW인가?

① 240　② 300
③ 432　④ 833

풀이
합성최대전력[kW]

$$= \frac{설비용량 \times 수용률}{부등률} = \frac{600 \times 0.6}{1.2} = 300 \text{ kW}$$

정답　036 ①　037 ②　038 ④　039 ③　040 ②

부 록 B

Q 041

배전계통에서 전력용콘덴서를 설치하는 목적으로 다음 중 가장 타당한 것은?

① 전력손실 감소
② 개폐기의 차단 능력 증대
③ 고장시 영상전류 감소
④ 변압기 손실 감소

풀이
역률 개선 시 효과
- 전력손실 및 전압강하 감소
- 설비용량 여유분 증가(변압기·개폐기 등의 용량 감소)
- 전기요금 절약

Q 042

송전선로에서 단선 고장 시 이상 전압이 가장 큰 접지 방식은?

① 비접지방식　② 직접접지방식
③ 저항접지방식　④ 소호리액터접지방식

풀이
소호리액터접지 : 단선사고 시 전위상승 최대(직렬 공진), 지락전류와 유도장해는 최소
* 항상 직접접지와 반대로 생각할 것

Q 043

선로의 단위 길이당의 분포 인덕턴스를 L, 저항을 r, 정전용량을 C, 누설 콘덕턴스를 각각 g라 할 때 전파정수는 어떻게 표현되는가?

① $\sqrt{g+\dfrac{j\omega C}{r}}+j\omega L$
② $\sqrt{r+\dfrac{j\omega L}{g}}+j\omega C$
③ $\sqrt{(r+j\omega L)(g+j\omega C)}$
④ $(r+j\omega L)(g+j\omega C)$

풀이
전파정수
$\gamma=\sqrt{Z\cdot Y}=\sqrt{(r+j\omega L)(g+j\omega C)}$

Q 044

3상 3선식 가공 송전선로의 선간거리가 각각 D_{12}, D_{23}, D_{31}일 때 등가선간거리는 어떻게 표현되는가?

① $\sqrt{D_{12}\cdot D_{23}+D_{23}\cdot D_{31}+D_{31}\cdot D_{12}}$
② $\sqrt[3]{D_{12}\cdot D_{23}\cdot D_{31}}$
③ $\sqrt{D_{12}^2+D_{23}^2+D_{31}^2}$
④ $\sqrt[3]{D_{12}^3\cdot D_{23}^3\cdot D_{31}^3}$

풀이
등가선간거리=평균 선간거리
$D'=\sqrt[n]{D_1\cdot D_2\cdot D_3\ldots D_n}$

Q 045

불평형 3상 전압을 V_a, V_b+V_c라 하고 $a=\epsilon^{j\frac{2\pi}{3}}$라 할 때 $V_x=\dfrac{1}{3}(V_a+aV_b+a^2V_c)$이다. 여기에서 V_x는 어떤 전압을 나타내는가?

① 정상전압　② 단락전압
③ 영상전압　④ 지락전압

풀이
- 영상분 $V_0=\dfrac{1}{3}(V_a+V_b+V_c)$
- 정상분 $V_1=\dfrac{1}{3}(V_a+aV_b+a^2V_c)$
- 역상분 $V_2=\dfrac{1}{3}(V_a+a^2V_b+aV_c)$

Q 046

3상용 차단기의 용량은 그 차단기의 정격전압과 정격 차단전류와의 곱을 몇 배로 한 것인가?

① $\dfrac{1}{\sqrt{2}}$　② $\dfrac{1}{\sqrt{3}}$
③ $\sqrt{2}$　④ $\sqrt{3}$

풀이
차단기 정격용량(3상)= $\sqrt{3}$ ×정격전압×정격차단전류

정답 041 ① 042 ④ 043 ③ 044 ② 045 ① 046 ④

Q 047

그림과 같은 전력계통에서 A 점에 설치된 차단기의 단락 용량은 몇 MVA인가? (단, 각 기기의 % 리액턴스는 발전기 G_1, G_2는 정격용량 15MVA 기준 각각 15%이고, 변압기의 정격용량 20MVA 기준 8%, 송전선은 정격용량 10MVA 기준 11%이며, 기타 다른 정수는 무시한다.)

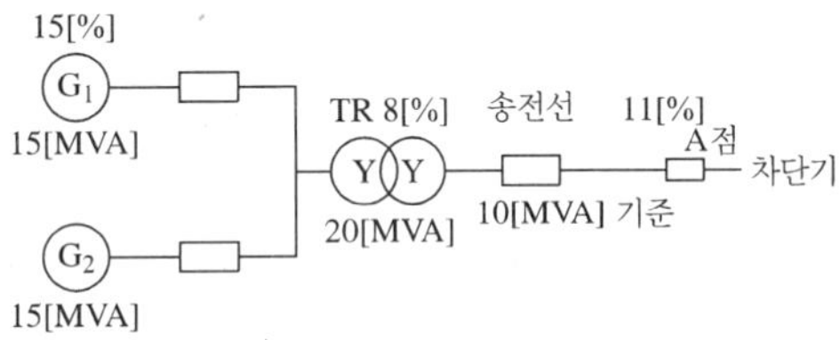

① 20 ② 30 ③ 40 ④ 50

풀이

단락용량 $P_s = \dfrac{100}{\%Z} P_n$ 에서 기준용량

$P_n = 20$MVA로 하고 $\%Z$를 환산하면

G_1 에서 $\%X = \dfrac{20}{15} \times 15 = 20\%$,

G_2 에서 $\%X = \dfrac{20}{15} \times 15 = 20\%$

TR에서 $\%X = 8\%$

송전선에서 $\%X = \dfrac{20}{10} \times 11 = 22\%$

합성 $\%X = \dfrac{20 \times 20}{20+20} + 8 + 22 = 40\ \%$

$\therefore\ P_s = \dfrac{100}{40} \times 20 = 50$MVA

Q 048

MHD 발전에 대한 설명으로 옳은 것은?

① 수차 직결 유도발전기에 의한 발전방식이다.
② 2종의 도체의 접점간에 온도차가 생겼을 때 기전력이 발생되는 발전방식이다.
③ 열음극으로부터 열전자 방출에 의한 발전방식이다.
④ 도전성 유체와 자장의 상호작용에 의한 직접발전방식이다.

풀이

MHD(Magnato-Hydro Dynamic) 발전 : 전자 유도 작용을 이용한 발전 방식으로 도전성 유체와 자속의 양자에 직각 방향으로 기전력이 발생한다.

Q 049

송전선로에서 가공지선을 설치하는 목적이 아닌 것은?

① 뇌(雷)의 직격을 받을 경우 송전선 보호
② 유도에 의한 송전선의 고전위 방지
③ 통신선에 대한 차폐효과 증진
④ 철탑의 접지저항 경감

풀이

철탑의 접지저항 경감 ⇒ 매설지선

Q 050

망상(Network) 배전방식에 대한 설명으로 옳은 것은?

① 부하 증가에 대한 융통성이 적다.
② 전압 변동이 대체로 크다.
③ 인축에 대한 감전사고가 적어서 농촌에 적합하다.
④ 환상식보다 무정전 공급의 신뢰도가 더 높다.

풀이

(1) 네트워크 배전방식 단점
- 인축접지사고가 많다.
- 고장 시 고장전류가 역류한다.

(2) 네트워크 배전방식 장점
- 무정전 공급 가능
- 신뢰성 우수
- 전압강하 및 전력손실이 적다.
- 부하 증가에 대한 적응성이 크다.

부록 B

정답 047 ④ 048 ④ 049 ④ 050 ④

Q 051

전력계통의 안정도 향상대책으로 직렬 리액턴스를 작게 하기 위한 방법이 아닌 것은?

① 발전기의 리액턴스를 작게 한다.
② 변압기의 리액턴스를 작게 한다.
③ 복도체를 사용한다.
④ 계통을 연계한다.

풀이

안정도 향상 대책

구분	대책
계통의 직렬 리액턴스 작게	발전기,변압기 리액턴스 작게
	단락비 크게
	복도체 및 다회선 방식채용
	직렬 콘덴서 설치
전압 변동을 작게	속응 여자방식(AVR) 채용
	계통을 연계
	중간 조상방식 채용
계통에 주는 충격을 작게	중성점 접지방식 채용
	고속 차단방식 채용
	재폐로 방식 채용
고장 시 전력변동의 억제	조속기 동작을 신속
	제동 저항기 설치

Q 052

다음 중 켈빈(Kelvin) 의 법칙이 적용되는 경우는?

① 전력 손실량을 축소시키고자 하는 경우
② 전압 강하를 감소시키고자 하는 경우
③ 부하 배분의 균형을 얻고자 하는 경우
④ 경제적인 전선의 굵기를 선정하고자 하는 경우

Q 053

배전반에 접속되어 운전 중인 PT 와 CT 를 점검할 때의 조치사항으로 옳은 것은?

① CT 는 단락시킨다.
② PT 는 단락시킨다.
③ CT 와 PT 모두를 단락시킨다.
④ CT 와 PT 모두를 개방시킨다.

풀이

PT → 개방, CT → 단락(이유 : 2차측 절연보호)

Q 054

송배전선로에서 전선의 장력을 2배로 하고 또 그 경간을 2배로 하면 전선의 이도는 처음의 몇 배가 되는가?

① $\frac{1}{4}$　　② $\frac{1}{2}$
③ 2　　④ 4

풀이

이도 $D = \dfrac{WS^2}{8T}$ 에서 $D \propto \dfrac{S^2}{T} = \dfrac{2^2}{2} = 2$

Q 055

변압기의 내부 고장시 동작하는 것으로서 단락 고장의 검출등에 사용되는 계전기는?

① 부족전압계전기　　② 비율차동계전기
③ 재폐로계전기　　④ 선택계전기

풀이

발전기, 변압기 내부 고장 검출용 : 차동 계전기, 비율차동 계전기, 부흐홀쯔 계전기(변압기만 적용)

* 발전기나 변압기 내부고장 검출 문제는 보기에서 우선적으로 "차동"을 찾자!!

정답 051 ④ 052 ④ 053 ① 054 ③ 055 ②

Q 056

한 대의 주상변압기에 역률(뒤짐) $\cos\theta_1$, 유효전력 P_1[kW] 의 부하와 역률(뒤짐) $\cos\theta_2$, 유효전력 P_2[kW]의 부하가 병렬로 접속되어 있을 때 주상변압기 2차측에서 본 부하의 종합 역률은 어떻게 되는가?

① $\dfrac{P_1+P_2}{\sqrt{(P_1+P_2)^2+(P_1\tan\theta_1+P_2\tan\theta_2)^2}}$

② $\dfrac{P_1+P_2}{\sqrt{(P_1+P_2)^2+(P_1\sin\theta_1+P_2\sin\theta_2)^2}}$

③ $\dfrac{P_1+P_2}{\dfrac{P_1}{\cos\theta_1}+\dfrac{P_2}{\cos\theta_2}}$

④ $\dfrac{P_1+P_2}{\dfrac{P_1}{\sin\theta_1}+\dfrac{P_2}{\sin\theta_2}}$

풀이

부하 병렬 접속 시

합성 유효전력 $= P_1+P_2$

합성 무효전력 $= P_1\tan\theta_1+P_2\tan\theta_2$

무효전력(P_r) = 피상전력$(P_a)\times\sin\theta$

= 유효전력$(P)\times\tan\theta$

∴ 합성 역률

$$\cos\theta=\frac{P}{P_a}=\frac{P_1+P_2}{\sqrt{(P_1+P_2)^2+(P_1\tan\theta_1+P_2\tan\theta_2)^2}}$$

Q 057

직류송전방식에 비하여 교류송전방식의 가장 큰 이점은?

① 선로의 리액턴스에 의한 전압강하가 없으므로 장거리 송전에 유리하다.

② 지중송전의 경우, 충전전류와 유전체손을 고려하지 않아도 된다.

③ 변압이 쉬워 고압송전에 유리하다.

④ 같은 절연에서 송전전력이 크게 된다.

풀이

송전방식

(1) 직류
- 절연계급을 낮출 수 있다.
- 리액턴스에 의한 전압강하가 없다.

(2) 교류
- 회전자계를 쉽게 얻을 수 있다.
- 승압, 강압이 쉽다.
- 고압 대전류 차단이 용이하다.

Q 058

직접접지방식이 초고압 송전선에 채용되는 이유 중 가장 적당한 것은?

① 지락고장시 병행 통신선에 유기되는 유도전압이 작기 때문에

② 지락시의 지락전류가 적으므로

③ 계통의 절연을 낮게 할 수 있으므로

④ 송전선의 안정도가 높으므로

풀이

1선 지락 시 전위상승이 낮아 계통절연을 낮게 할 수 있다.

Q 059

200kVA 단상변압기 2대를 V-V 결선하여 사용하면 약 몇 kVA 부하까지 걸 수 있겠는가?

① 200 ② 283

③ 346 ④ 400

풀이

$P_v=\sqrt{3}\times$ 1대 용량$=\sqrt{3}\times200=346\,\text{kVA}$

Q 060

특고 수용가가 근거리에 밀집하여 있을 경우, 설비의 합리화를 가할 수 있고, 경제적으로 유리한 지중 송전계통의 구성 방식은?

① 루프(loop) 방식 ② 수지상 방식

③ 방사상 방식 ④ 유니드(unit) 방식

정답. 056 ① 057 ③ 058 ③ 059 ③ 060 ①

Q 061

계통 연계의 이점이 아닌 것은?

① 고장 시 단락용량이 줄어든다.
② 공급 신뢰도가 증대된다.
③ 공급 예비력이 절감된다.
④ 부하율이 향상된다.

풀이
계통을 연계하면 %Z가 감소하여 단락용량은 증가한다.

Q 062

송전계통의 안정도 증진방법으로 틀린 것은?

① 직렬리액턴스를 작게 한다.
② 중간조상방식을 채용한다.
③ 계통을 연계한다.
④ 원동기의 조속기 작동을 느리게 한다.

풀이
안정도 향상 대책

계통의 직렬 리액턴스 작게	발전기,변압기 리액턴스 작게
	단락비 크게
	복도체 및 다회선 방식채용
	직렬 콘덴서 설치
전압 변동을 작게	속응 여자방식(AVR) 채용
	계통을 연계
	중간 조상방식 채용
계통에 주는 충격을 작게	중성점 접지방식 채용
	고속 차단방식 채용
	재폐로 방식 채용
고장시 전력변동의 억제	조속기 동작을 신속
	제동 저항기 설치

Q 063

전압 66kV, 주파수 60Hz, 길이 12km의 3상 3선식 1회선 지중 송전선로가 있다. 케이블의 심선 1선당의 정전용량이 0.04μF/km라고 할 때 이 선로의 3상 무부하 충전용량은 약 몇 kVA인가?

① 5,569 ② 788.26
③ 11,138 ④ 13,642

풀이

$Q_c = 3\omega CE^2\ell$

$= 3\times 2\pi \times 60 \times 0.04 \times 10^{-6} \times 12 \times \left(\frac{66000}{\sqrt{3}}\right)^2 \times 10^{-3}$

$\fallingdotseq 788.26[\text{kVA}]$

Q 064

길이가 35km인 단상 2선식 전선로의 유도리액턴스는 약 몇 Ω인가? (단, 전선로의 단위길이당 인덕턴스는 1.3mH/km/선, 주파수는 60Hz이다.)

① 18 ② 26
③ 34 ④ 40

풀이
$X_L = \omega L = 2\pi \times 60 \times 1.3 \times 10^{-3} \times 35 \times 2 = 34.3\,\Omega$

Q 065

어느 발전소에 주발전기로서 3상 93,000kVA인 것이 4기 있다. 이들은 50Hz에 대해서는 167rpm, 60Hz에 대해서는 200rpm으로 회전한다. 이 발전기는 몇 극인가?

① 18 ② 36
③ 54 ④ 72

풀이

- $N_s = \frac{120f}{P}$ 에서 $P = \frac{120\times 60}{200} = 36$
- $N_{s2} = \frac{120f}{P}$ 에서 $P = \frac{120\times 50}{167} \fallingdotseq 36$

정답 061 ① 062 ④ 063 ② 064 ③ 065 ②

Q 066

송전계통의 접지에 대한 설명으로 옳은 것은?

① 소호리액터 접지방식은 선로의 정전용량과 직렬공진을 이용한 것으로 지락전류가 타방식에 비해 좀 큰 편이다.
② 고저항 접지방식은 이중고장을 발생시킨 확률이 거의 없으나, 비접지식보다는 많은 편이다.
③ 직접접지방식을 채용하는 경우 이상전압이 낮기 때문에 변압기 선정 시 단절연이 가능하다.
④ 비접지방식을 택하는 경우, 지락전류의 차단이 용이하고 장거리 송전을 할 경우 이중고장의 발생을 예방하기 좋다.

풀이

직접 접지방식 특징
- 장점 : 전위상승 최소, 변압기 단절연 가능, 계전기 동작 신속 확실
- 단점 : 지락전류 최대, 유도장해 최대, 안정도가 나쁘다.

Q 067

다음 중 무부하시의 전류 차단을 목적으로 사용하는 것은?

① 진공차단기 ② 유입차단기
③ 단로기 ④ 자기차단기

풀이

단로기 : 무부하 전류, 여자 전류 개폐만 가능

Q 068

변압기를 보호하기 위한 계전기로 사용되지 않는 것은?

① 비율차동계전기 ② 온도계전기
③ 부흐홀쯔계전기 ④ 선택접지계전기

풀이

선택접지계전기 : 2회선 이상의 지락사고 선택차단

Q 069

우리나라의 154kV 송전계통에서 채택하는 접지방식은?

① 비접지방식 ② 직접접지방식
③ 고저항접지방식 ④ 소호리액터접지방식

풀이

우리나라 초고압 송전선로는 직접접지방식(단절연 가능)을 사용한다.

Q 070

유도장해를 방지하기 위한 전력선측의 대책으로 옳지 않은 것은?

① 소호리액터를 채용한다.
② 차폐선을 설치한다.
③ 중성점 전압을 가능한 높게 한다.
④ 중성점 접지에 고저항을 넣어서 지락전류를 줄인다.

풀이

유도 장해 방지 대책

전력선측	통신선측
• 연가를 충분히 한다. • 이격 거리 크게 한다. • 소호 리액터 접지 방식 • 고장시 신속한 제거 • 수직 교차 • 차폐선 설치(30~50% 경감) • 전력선 케이블화	• 절연 변압기 • 연피 케이블 • 성능 우수한 피뢰기 사용 • 배류 코일 설치 • 통신선 및 기기 절연 강화

Q 071

옥내배선의 전선의 굵기를 결정할 때 고려되는 사항이 아닌 것은?

① 절연저항 ② 전압강하
③ 허용전류 ④ 기계적강도

풀이

전선굵기 선정 3요소 : 허용전류, 전압강하, 기계적 강도이다. 이중 가장 중요요소는 허용 전류이다.

정답 066 ④ 067 ③ 068 ④ 069 ② 070 ③ 071 ①

Q 072

다음 계전기 특성곡선에서 D가 의미하는 특성은?

① 반한시성 정한시특성
② 반한시특성
③ 정한시특성
④ 순한시특성

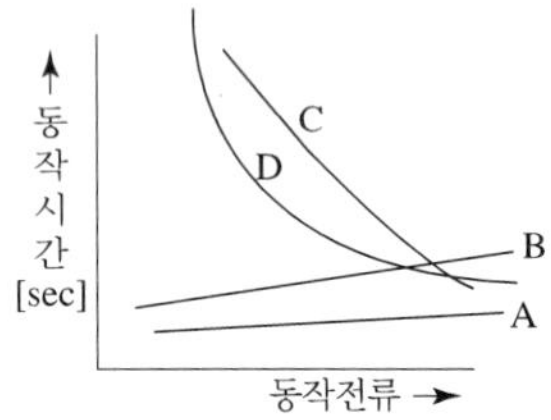

풀이

동직시간 분류

- 순한시 계전기 : 즉시 동작
- 정한시 계전기 : 전류 크기와 관계없이 일정 시간 후 동작
- 반한시 계전기 : 시간과 전류가 반대로 동작
- 반-정 계전기 : 반한시 특성 후 정한시 동작

Q 073

가공전선의 구비조건으로 옳지 않은 것은?

① 도전률이 클 것　② 기계적 강도가 클 것
③ 비중이 클 것　④ 신장률이 클 것

풀이

비중은 작을 것

Q 074

다음 중 부하 전류의 차단에 사용되지 않는 것은?

① NFB　② OCB
③ VCB　④ DS

풀이

단로기(DS) : 무부하 전류, 여자 전류 개폐만 가능

Q 075

변전소에서 비접지 선로의 접지보호용으로 사용되는 계전기에 영상전류를 공급하는 것은?

① CT　② GPT
③ ZCT　④ PT

풀이

- ZCT(영상 변류기) : 영상전류 공급
- GPT(접지 변압기) : 영상전압 공급

Q 076

송전선로에 매설지선을 설치하는 주된 목적은?

① 직격뢰로부터 송전선을 차폐보호하기 위하여
② 철탑 기초의 강도를 보강하기 위하여
③ 현수애자 1연의 전압분담을 균일화하기 위하여
④ 철탑으로부터 송전선로로의 역섬락을 방지하기 위하여

풀이

매설지선 : 철탑의 접지저항값을 감소시켜 역섬락을 방지한다. 아연도금 철선을 사용하여 30~60cm 깊이에 30~50m 정도의 길이로 매설한다.

Q 077

150kVA 단상변압기 3대를 △-△ 결선으로 사용하다가 1대의 고장으로 V-V 결선하여 사용하면 약 몇 kVA 부하까지 걸 수 있겠는가?

① 200　② 220
③ 240　④ 260

풀이

V 결선 시 출력 P_V =1대 용량× $\sqrt{3}$ 이므로

$P_V = 150 \times \sqrt{3} = 260\text{kVA}$

정답 072 ① 073 ③ 074 ④ 075 ③ 076 ④ 077 ④

Q 078

다음 (ⓐ), (ⓑ), (ⓒ)에 알맞은 것은?

> 원자력이란 일반적으로 무거운 원자핵이 핵분열하여 가벼운 핵으로 바뀌면서 발생하는 핵분열 에너지를 이용하는 것이고, (ⓐ) 발전은 가벼운 원자핵을(과) (ⓑ)하여 무거운 핵으로 바꾸면서 (ⓒ) 전후의 질량결손에 해당하는 방출 에너지를 이용하는 방식이다.

① ⓐ 원자핵융합 ⓑ 융합 ⓒ 결합
② ⓐ 핵결합 ⓑ 반응 ⓒ 융합
③ ⓐ 핵융합 ⓑ 융합 ⓒ 핵반응
④ ⓐ 핵반응 ⓑ 반응 ⓒ 결합

Q 079

송전거리, 전력, 손실률 및 역률이 일정하다면 전선의 굵기는?

① 전류에 비례한다.
② 전압에 제곱에 비례한다.
③ 전류에 반비례한다.
④ 전압의 제곱에 반비례한다.

풀이

전력손실 $P_\ell = \dfrac{P^2 \rho \ell}{A V^2 \cos^2\theta}$ 에서 $A \propto \dfrac{1}{V^2}$

Q 080

이상전압에 대한 설명 중 옳지 않은 것은?

① 송전선로의 개폐 조작에 따른 과도 현상 때문에 발생하는 이상전압을 개폐 서지라 부른다.
② 충격파를 서지라 부르기도 하며 극히 짧은 시간에 파고값에 도달하고 극히 짧은 시간에 소멸한다.
③ 일반적으로 선로에 차단기를 투입할 때가 개방할 때 보나 더 높은 이상전압을 발생한다.
④ 충격파는 보통 파고값과 파두 길이와 파미 길이로 나타낸다.

풀이

개폐서지 전압은 부하시보다 무부하시가 크고, 회로를 폐로 때보다 개방 시가 크다.

Q 081

60Hz, 154kV, 길이 100km인 3상 송전선로에서 대지 정전용량 Cs=0.005μF/km, 전선간의 상호정전용량 Cm=0.0014μF/km일 때 1선에 흐르는 충전전류는 약 몇 A인가?

① 17.8 ② 30.8
③ 34.4 ④ 53.4

풀이

$$I_c = \frac{E}{X_c} = \omega C E \ell = \omega (C_s + 3C_m) \times \ell \times \frac{V}{\sqrt{3}}$$

$$I_c = 2\pi \times 60 \times (0.005 + 3 \times 0.0014) \times 10^{-6} \times 100 \times \frac{154000}{\sqrt{3}} = 30.8\text{A}$$

Q 082

반지름 0.6cm인 경동선을 사용하는 3상 1회선 송전선에서 선간거리를 2m로 정삼각형 배치할 경우, 각 선의 인덕턴스는 약 몇 mH/km인가?

① 0.81 ② 1.21
③ 1.51 ④ 1.81

풀이

인덕턴스 $L = 0.05 + 0.4605\log_{10}\dfrac{D}{r}$ 에서

정삼각형 배치인 경우 $D' = \sqrt[3]{2 \cdot 2 \cdot 2} = 2\text{m}$

$\therefore\ L = 0.05 + 0.4605\log 10\left(\dfrac{2 \times 10^2}{0.6}\right) = 1.21\text{mH/km}$

정답 078 ③ 079 ④ 080 ③ 081 ② 082 ②

Q 083

그림과 같은 회로의 영상, 정상, 역상 임피던스 Z_0, Z_1, Z_2는?

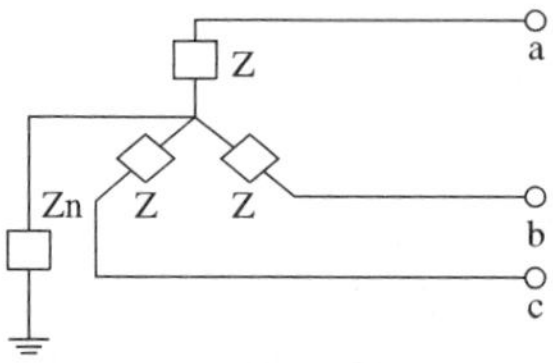

① $Z_0 = 3Z + Z_n$, $Z_1 = 3Z$, $Z_2 = Z$
② $Z_0 = 3Z_n$, $Z_1 = Z$, $Z_2 = 3Z$
③ $Z_0 = Z + Z_n$, $Z_1 = Z_2$, $Z_2 = Z + 3Z_n$
④ $Z_0 = Z + 3Z_n$, $Z_1 = Z_2 = Z$

풀이

영상, 정상, 역상 임피던스 모두 1상만 계산한다.
영상 임피던스(Z_0)는
$Z_0 = Z + 3Z_n$

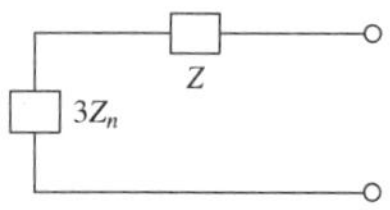

정상 임피던스와
역상 임피던스는 변압기와
선로가 정지상태이므로 같다.
$\therefore\ Z_1 = Z_2 = Z$

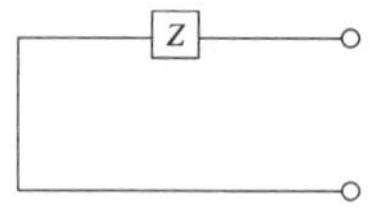

Q 084

다음 중 배전 선로의 손실을 경감하기 위한 대책으로 적절하지 않은 것은?

① 전력용 콘덴서 설치
② 배전 전압의 승압
③ 전류 밀도의 감소와 평형
④ 누전 차단기 설치

Q 085

소호리액터접지의 합조도가 점(+)인 경우에는 어느 것과 관련이 있는가?

① 공진 ② 과보상
③ 접지저항 ④ 아크전압

풀이

- **과보상** : 소호리액터 접지에서 단선시 직렬 공진에 의한 이상전압이 발생하므로 10% 정도 여유를 준다.
  합조도 $P = \dfrac{I_L - I_c}{I_c}$, $P > 0$
- 조건 : $I_L > I_c$, $\omega L < \dfrac{1}{3\omega C}$

Q 086

전선의 표피효과에 관한 설명으로 옳은 것은?

① 전선이 굵을수록, 주파수가 낮을수록 커진다.
② 전선이 굵을수록, 주파수가 높을수록 커진다.
③ 전선이 가늘수록, 주파수가 낮을수록 커진다.
④ 전선이 가늘수록, 주파수가 높을수록 커진다.

풀이

- **표피효과** : 교류에서 전류가 도체 표면에 집중적으로 흐르는 현상
- 주파수, 굵기, 전압이 클수록 크다.

Q 087

전원이 양단에 있는 환상선로의 단락보호에 사용되는 계전기는?

① 방향거리계전기 ② 부족전압계전기
③ 선택접지계전기 ④ 부족전류계전기

풀이

- 전원이 2군데 이상 환상 선로 단락보호
  : 방향거리 계전기
- 전원이 2군데 이상 방사 선로 단락보호
  : 방향단락 계전기+과전류 계전기

정답 083 ④ 084 ④ 085 ② 086 ② 087 ①

Q 088

수력발전소에서 조속기의 작동을 민감하게 하면, 수압 상승률 α와 속도상승률 β는 어떻게 변화하는가?

① α는 감소하고, β는 증가한다.
② α는 증가하고, β는 감소한다.
③ α, β 모두 증가한다.
④ α, β 모두 감소한다.

풀이

조속기의 작동을 민감하게 하면 부하 변화에 대해 주파수 변화가 적으므로 속도 상승률은 감소한다.

Q 089

송전계통의 안정도 향상 대책이 아닌 것은?

① 계통의 직렬 리액턴스를 증가시킨다.
② 전압 변동을 적게 한다.
③ 고장시간, 고장전류를 적게 한다.
④ 계통분리방식을 적용한다.

풀이

안정도 향상 대책

대책	방법
계통의 직렬 리액턴스 작게	발전기, 변압기 리액턴스 작게
	단락비 크게
	복도체 및 다회선 방식채용
	직렬 콘덴서 설치
전압 변동을 작게	속응 여자방식(AVR) 채용
	계통을 연계
	중간 조상방식 채용
계통에 주는 충격을 작게	중성점 접지방식 채용
	고속 차단방식 채용
	재폐로 방식 채용
고장시 전력변동의 억제	조속기 동작을 신속
	제동 저항기 설치

Q 090

경간 200m, 전선의 자체무게 2kg/m, 인장하중 5000kg, 안전율 2인 경우, 전선의 이도(dip)는 약 몇 m인가?

① 2　　② 4
③ 6　　④ 8

풀이

이도 $D=\frac{WS^2}{8T}$에서 $D=\frac{2\times 200^2}{8\times\frac{5000}{2}}=4\text{m}$

Q 091

3상 배전선로의 말단에 지상역률 80%, 160kW인 평형 3상 부하가 있다. 부하점에 전력용콘덴서를 접속하여 선로손실을 최소가 되게 하려면 전력용콘덴서의 용량은 몇 kVA가 필요한가? (단, 부하단 전압은 변하지 않는 것으로 한다.)

① 100　　② 120
③ 160　　④ 200

풀이

- 선로 손실 최소 → 역률 100% 개선
- 콘덴서 용량

$$Q_c = P_a \cdot \sin\theta = P \cdot \tan\theta = 160\times\frac{0.6}{0.8} = 120[\text{kVA}]$$

Q 092

재점호가 가장 일어나기 쉬운 차단전류는?

① 동상(同相) 전류　　② 지상전류
③ 진상전류　　④ 단락전류

풀이

재점호는 C(정전용량)에 의해 일어난다.

Q 093

코로나 방지에 가장 효과적인 방법은?

① 선간거리를 증가시킨다.
② 전선의 높이를 가급적 낮게 한다.
③ 선로의 절연을 강화한다.
④ 복도체를 사용한다.

정답 088 ②　089 ①　090 ②　091 ②　092 ③　093 ④

풀이

코로나 방지 대책

- 임계전압을 높인다.

$$\left(E_0 = 24.3 m_0 m_1 \delta d \log_{10}\frac{D}{r}\right)$$

- 전선 직경을 크게 한다.
- 복도체 방식 채용
- 가선금구 개량
- 선간거리 증가는 득보다 실이 많으므로 대책이 될 수 없다.

Q 094

154kV 송전선로의 전압을 345kV로 승압하고 같은 손실율로 송전한다고 가정하면 송전전력은 승압전의 약 몇 배정도 되겠는가?

① 2　② 3
③ 4　④ 5

풀이

전력손실율 일정 시 $P \propto V^2$이므로

$$P = \left(\frac{345}{154}\right)^2 = 5$$

Q 095

차단기의 정격 차단시간은?

① 가동 접촉자의 동작시간부터 소호까지의 시간
② 고장 발생부터 소호까지의 시간
③ 가동 접촉자의 개극부터 소호까지의 시간
④ 트립코일 여자부터 소호까지의 시간

풀이

정격차단시간 : 트립코일 여자부터 아크소호까지의 시간(개극시간+아크시간)으로 3~8Hz이다.

Q 096

저압뱅킹배전방식에서 캐스케이딩(cascading) 현상이란?

① 저압선이나 변압기에 고장이 생기면 자동적으로 고장이 제거되는 현상
② 변압기의 부하배분이 균일하지 못한 현상
③ 저압선의 고장에 의하여 건전한 변압기의 일부 또는 전부가 차단되는 현상
④ 전압동요가 적은 현상

풀이

캐스케이딩 현상 : 저압선의 고장으로 건전한 변압기의 일부 또는 전부가 차단되는 현상

Q 097

22kV, 60Hz 1회선의 3상 송전선에서 무부하 충전전류를 구하면 약 몇 A인가? (단, 송전선의 길이는 20km이고, 1선 1km 당 정전용량은 0.5μF이다.)

① 12　② 24
③ 36　④ 48

풀이

$$\text{충전전류 } I_c = \frac{E}{X_c} = \omega C E \ell$$

$$= 2\pi \times 60 \times 0.5 \times 10^{-6} \times 20 \times \frac{22000}{\sqrt{3}}$$

$$= 47.9[\text{A}]$$

Q 098

그림과 같은 3상 송전계통에서 송전단 전압은 3300V이다. 지금 1점 P에서 3상 단락사고가 발생했다면 발전기에 흐르는 단락전류는 약 몇 A가 되는가?

① 320
② 330
③ 380
④ 410

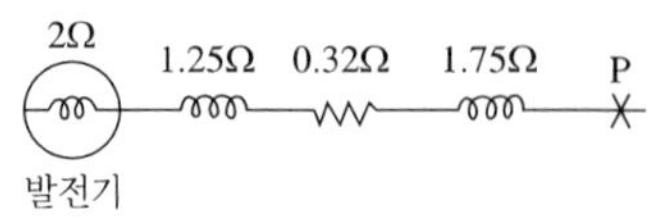

정답 094 ④ 095 ④ 096 ③ 097 ④ 098 ③

풀이

단락전류 $I_s = \dfrac{E}{Z} = \dfrac{E}{\sqrt{R^2+X^2}}$ 에서

$$I_s = \frac{\dfrac{3300}{\sqrt{3}}}{\sqrt{0.32^2+(2+1.25+1.75)^2}} = 380 \text{ A}$$

Q 099

전선의 반지름 r[m], 소도체간의 거리 ℓ[m], 선간거리 D[m] 인 복도체의 인덕턴스 L 은 $L = 0.4605\,P + 0.025$ mH/km이다. 이 식에서 P에 해당되는 값은?

① $\log_{10}\dfrac{D}{\sqrt{r\ell}}$　② $\log_e\dfrac{D}{\sqrt{r\ell}}$

③ $\log_{10}\dfrac{\ell}{\sqrt{rD}}$　④ $\log_e\dfrac{\ell}{\sqrt{rD}}$

풀이

복도체$(n=2)$이므로 등가반지름 $r_e = \sqrt{r\cdot\ell}$

$\therefore\ L = 0.025 + 0.4605\log_{10}\dfrac{D}{\sqrt{r\cdot\ell}}$ [mH/km]

Q 100

전력원선도의 가로축과 세로축을 나타내는 것은?

① 전압과 전류　② 전압과 전력

③ 전류와 전력　④ 유효전력과 무효전력

Q 101

그림과 같은 수용설비용량과 수용률을 갖는 부하의 부등률이 1.5이다. 평균부하 역률을 75%라 하면 변압기 용량은 약 몇 kVA인가?

① 45

② 30

③ 20

④ 15

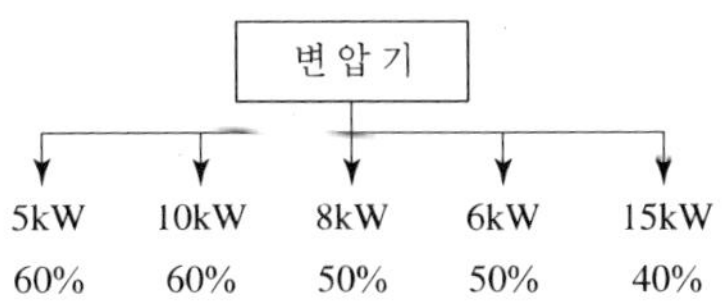

풀이

변압기 용량[kVA]

$= \dfrac{\sum(\text{설비용량}\times\text{수용률})}{\text{부등률}\times\text{역률}}$

$= \dfrac{(5\times0.6+10\times0.6+8\times0.5+6\times0.5+15\times0.4)}{1.5\times0.75}$

$= 19.56\,\text{kVA}$

Q 102

송전계통에서 절연 협조의 기본이 되는 사항은?

① 애자의 섬락전압

② 권선의 절연내력

③ 피뢰기의 제한전압

④ 변압기 붓싱의 섬락전압

풀이

피뢰기 제한전압 : 뇌전류 방전 중 피뢰기 양단자에 나타나는 전압으로 절연협조의 기준이 된다.

Q 103

다음 중 지락사고시의 건전상의 전압 상승이 가장 적은 접지방식은?

① 소호리액터접지식　② 고저항접지식

③ 비접지식　④ 직접접지식

풀이

직접 접지방식 특징

- 장점 : 전위상승 최소, 변압기 단절연 가능, 계전기 동작 신속 확실
- 단점 : 지락전류 최대, 유도장해 최대, 안정도가 나쁘다.

Q 104

가공지선을 설치하는 목적이 아닌 것은?

① 뇌해 방지　② 정전 차폐 효과

③ 전자 차폐 효과　④ 코로나의 발생 방지

정답 099 ① 100 ④ 101 ③ 102 ③ 103 ④ 104 ④

부록 B

풀이

가공지선 : 직격뢰, 유도뢰 차폐, 유도장해 경감차폐각 $\theta = 30^\circ \sim 45^\circ$ 이며 각이 작을수록 차폐효과가 크지만 시설비는 고가이다.

Q 105

모선 보호에 사용되는 계전방식이 아닌 것은?

① 전류차동 보호방식 ② 방향거리 계전방식
③ 위상 비교방식 ④ 선택접지 계전방식

풀이

모선보호에 사용되는 계전 방식 : 전류차동 보호방식, 방향거리 계전방식, 위상비교방식, 전압차동 보호방식, 환상모선 보호방식이 있다.

Q 106

정격전압 154kV, 1선의 유도리액턴스가 10Ω인 3상 3선식 송전선로에서 154kV, 100MVA 기준으로 환산한 이 선로의 리액턴스는 약 몇 %인가?

① 1.41 ② 2.16
③ 4.22 ④ 6.48

풀이

$$\%X = \frac{P \cdot X}{10\,V^2} \text{ 에서}$$

$$\%X = \frac{100 \times 10^3 \times 10}{10 \times 154^2} \fallingdotseq 4.22\%$$

Q 107

송전선의 특성 임피던스는 저항과 누설 리액턴스를 무시하면 어떻게 표시되는가? (단, L은 선로의 인덕턴스, C는 선로의 정전용량이다.)

① $\sqrt{\frac{L}{C}}$ ② $\sqrt{\frac{C}{L}}$
③ $\frac{L}{C}$ ④ $\frac{C}{L}$

풀이

특성 임피던스

$$Z_0 = \sqrt{\frac{Z}{Y}} = \sqrt{\frac{R + j\omega L}{G + j\omega C}} \text{ 에서}$$

$$R = G = 0 \text{일 때 } Z_0 = \sqrt{\frac{L}{C}}$$

Q 108

다음 중 이상 전압에 대한 방호장치가 아닌 것은?

① 병렬콘덴서 ② 가공지선
③ 피뢰기 ④ 서지흡수기

풀이

이상전압 방호대책

- 가공지선을 설치 : 차폐각(30°~45°)이 작을수록 효과 크다.
- 매설지선을 설치 : 철탑 접지저항값을 감소시켜 역섬락 방지
- 피뢰기 설치 : 이상전압에 대한 기계기구 보호
- 서지 흡수기 설치 : 회전기보호(발전기)

Q 109

송배전 선로는 저항 R, 인덕턴스 L, 정전용량(커패시턴스) C, 누설콘덕턴스 g라는 4개의 정수로 이루어진 연속된 전기회로이다. 이들 정수를 선로정수(Line Constant) 라고 부르는데 이것을 (ⓐ), (ⓑ)등에 따라 정해진다. 다음 중 (ⓐ), (ⓑ)에 알맞은 내용은?

① ⓐ 전압·전선의 종류
ⓑ 역률
② ⓐ 전선의 굵기·전압
ⓑ 전류
③ ⓐ 전선의 배치·전선의 종류
ⓑ 전류
④ ⓐ 전선의 종류·전선의 굵기
ⓑ 전선의 배치

풀이

선로정수(R, L, C, G)는 전선의 종류, 굵기, 배치에 따라 변하고 전압, 전류, 역률 등과 무관하다.

정답 105 ④ 106 ③ 107 ① 108 ① 109 ④

Q 110

다음 중 모선보호용 계전기로 사용하면 가장 유리한 것은?

① 재폐로계전기　② 옴형계전기
③ 역상계전기　④ 차동계전기

풀이

모선보호에 사용되는 계전 방식 : 전류차동 보호방식, 방향거리 계전방식, 위상비교방식, 전압차동 보호방식, 환상모선 보호방식이 있다.

Q 111

각 수용가의 수용설비용량이 50kW, 100kW, 80kW, 60kW, 150kW이며, 각각의 수용률이 0.6, 0.6, 0.5, 0.5, 0.4일 때 부하의 부등률이 1.3이라면 변압기 용량은 약 몇 kVA가 필요한가? (단, 평균 부하역률은 80%라고 한다.)

① 142　② 165
③ 183　④ 212

풀이

변압기 용량[kVA]

$$= \frac{\sum(\text{설비용량} \times \text{수용률})}{\text{부등률} \times \text{역률}}$$

$$= \frac{50\times0.6+100\times0.6+80\times0.5+60\times0.5+150\times0.4}{1.3\times0.8}$$

$= 211.5\,[\text{kVA}]$

Q 112

다음 중 플리커 경감을 위한 전력 공급측의 방안이 아닌 것은?

① 단락 용량이 큰 계통에서 공급한다.
② 공급전압을 낮춘다.
③ 전용 변압기로 공급한다.
④ 단독 공급 계통을 구성한다.

풀이

플리커 경감 대책

- 전력 공급측 : 공급전압 승압, 단락용량이 큰 계통에서 공급, 전용 변압기로 공급
- 수용가 측 : 전압강하 보상, 리액터 보상, 부하의 무효전력 변동분을 흡수

Q 113

다음 중 고속도 재투입용 차단기의 표준 동작 책무 표기로 가장 옳은 것은? (단, t는 임의의 시간 간격으로 재투입하는 시간을 말하며, O은 차단동작, C는 투입동작, CO는 투입 동작에 계속하여 차단동작을 하는 것을 말함)

① O – 1분 – CO
② CO – 15초 – CO
③ CO – 1분 – CO – t초 – CO
④ O – t초 – CO – 1분 – CO

풀이

차단기 동작 책무

- 일반형 갑 O – 1분 – CO – 3분 – CO
  을 CO – 15초 – CO
- 고속형 O – θ(t 초) – CO – 1분 – CO

Q 114

다음 중 코로나 손실에 대한 설명으로 옳은 것은?

① 전선의 대지전압의 제곱에 비례한다.
② 상대공기밀도에 비례한다.
③ 전원주파수의 제곱에 비례한다.
④ 전선의 대지전압과 코로나 임계전압의 차의 제곱에 비례한다.

풀이

코로나 손실

$$P_c = \frac{241}{\delta}(f+25)\sqrt{\frac{d}{2D}}(E-E_0)^2\times10^{-5}$$

[km/km/선]에서 δ : 상대공기밀도, f : 주파수, d : 전선직경, D : 선간거리, E : 대지전압, E_0 : 코로나 임계전압

정답 110 ④ 111 ④ 112 ② 113 ④ 114 ④

Q 115

아래의 충격파형은 직격뇌에 의한 파형이다. 여기에서 T_f와 T_t는 무엇을 표시한 것인가?

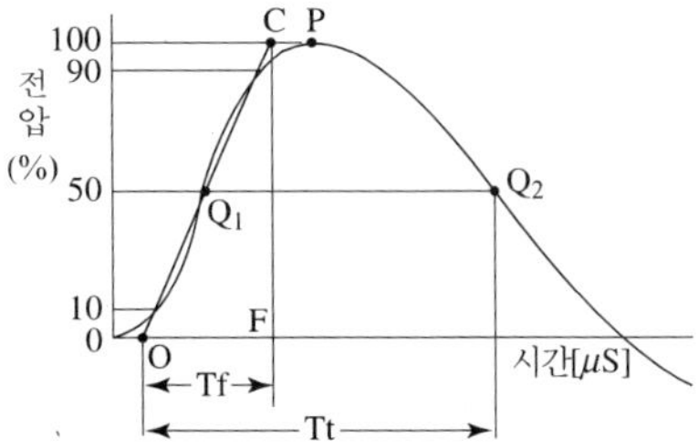

① T_f = 파고값, T_t = 파미 길이
② T_f = 파두 길이, T_t = 충격파 길이
③ T_f = 파미 길이, T_t = 충격반파 길이
④ T_f = 파두 길이, T_t = 파미 길이

풀이

충격파는 파고값과 파두길이(파고값에 달하기까지의 시간)와 파미길이(파미의 부분으로서 파고값의 50%로 감쇠할 때까지의 시간)으로 나타낸다.

* 국제표준 충격파 : $1.0 \times 40[\mu sec]$, $1.2 \times 50[\mu sec]$

Q 116

선로 고장발생시 타 보호기기와의 협조에 의해 고장 구간을 신속히 개방하는 자동구간 개폐기로서 고장전류를 차단할 수 없어 차단 기능이 있는 후비보호장치와 직렬로 설치되어야 하는 배전용 개폐기는?

① 배전용 차단기 ② 부하 개폐기
③ 컷아웃 스위치 ④ 섹셔널라이저

풀이

섹셔널라이저는 고장전류 차단능력이 없으므로 리클로저와 직렬로 설치한다.

Q 117

공통 중성선 다중접지 3상4선식 배전선로에서 고압측(1차측) 중성선과 저압측(2차측) 중성선을 전기적으로 연결하는 주 목적은?

① 저압측의 단락사고를 검출하기 위함
② 저압측의 접지사고를 검출하기 위함
③ 주상변압기의 중성선측 붓싱(bushing)을 생략하기 위함
④ 고저압 혼촉시 수용가에 침입하는 상승전압을 억제하기 위함

풀이

고저압 혼촉 시 수용가의 전위상승을 억제하여 기계기구 절연보호를 한다.

Q 118

다음 중 전동기 등 기계 기구류 내의 전로의 절연 불량으로 인한 감전 사고를 방지하기 위한 방법으로 거리가 먼 것은?

① 외함 접지 ② 저 전압 사용
③ 퓨즈 접지 ④ 누전 차단기 설치

풀이

퓨즈(Fuse) : 절연 불량으로 인한 감전사고를 방지할 수 없다.(과전류로부터 보호)

Q 119

그림과 같이 평지에서 동일 장력으로 가설된 두 경간의 이도가 각각 4m, 9m이다. 지금 중앙의 지지점에서 전선이 풀어졌을 경우 지표상의 최저 높이는 약 몇 m인가? (단, 지지점의 높이는 16m라 하고 전선의 신장은 무시하는 것으로 한다.)

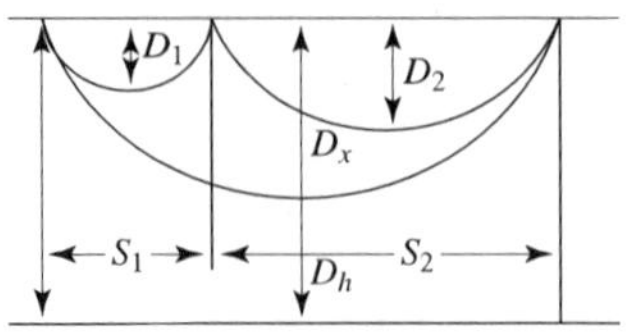

① 2.43
② 2.77
③ 3.45
④ 3.86

정답 115 ④ 116 ④ 117 ④ 118 ③ 119 ②

풀이

(1) $L_1 = S_1 + \dfrac{8D_1^2}{3S_1}$, $L_2 = S_2 + \dfrac{8D_2^2}{3S_2}$,

전체길이 $L = S + \dfrac{8D_r^2}{3S}$

(2) $L = L_1 + L_2$ 이므로

$$(S_1 + S_2) + \frac{8}{3}\left(\frac{D_1^2}{S_1} + \frac{8D_2^2}{S_2}\right)$$

(3) $S = S_1 + S_2$ 이므로

$$\frac{8D_r^2}{3(S_1 + S_2)} = \frac{8}{3}\left(\frac{D_1^2}{S_1} + \frac{D_2^2}{S_2}\right),$$

$$D_r^2 = \left(\frac{D_1^2}{S_1} + \frac{D_2^2}{S_2}\right)(S_1 + S_2)$$

(4) 장력은 같으므로 $T = \dfrac{WS_1^2}{8D_1} = \dfrac{WS_2^2}{8D_2}$ 에서

$$\frac{S_2}{S_1} = \sqrt{\frac{D_2}{D_1}} = \sqrt{\frac{9}{4}} = 1.5, \quad S_2 = 1.5S_1$$

(5) (3)번 결과식에 (4)번 결과식을 대입하면

$$D_r^2 = \left(\frac{D_1^2}{S_1} + \frac{D_2^2}{1.5S_1}\right)(S_1 + 1.5S_1),$$

$$D_r = \sqrt{\left(\frac{4^2}{1} + \frac{9^2}{1.5}\right)(1 + 1.5)} \fallingdotseq 13.23 \text{ m}$$

(6) 지표상 최저높이 $D_h = 16 - 13.23 = 2.77\text{m}$

Q 120

3상 3선식 송전선이 있다. 1선당의 저항은 8Ω, 리액턴스는 12Ω이며, 수전단의 전력이 1000kW, 전압이 10kV, 역률이 0.8일 때, 이 송전선의 전압강하률은 몇 %인가?

① 14	② 15
③ 17	④ 19

풀이

전압강하율 $\epsilon = \dfrac{e}{V_r} \times 100\%$이고,

$$e = \frac{P}{V_r}(R + X\tan\theta) \text{ 이므로}$$

$$\epsilon = \frac{P}{V_r^2}(R + X\tan\theta) \times 100\%$$

$$= \frac{1000 \times 10^3}{(10 \times 10^3)^2} \times \left(8 + 12 \times \frac{0.6}{0.8}\right) \times 100 = 17\%$$

Q 121

배전계통을 구성할 때 저압 뱅킹배전방식의 캐스케이딩(cascading) 현상이란?

① 전압 동요가 적은 현상
② 변압기의 부하 배분이 불균일한 현상
③ 저압선이나 변압기에 고장이 생기면 자동적으로 고장이 제거되는 현상
④ 저압선의 고장에 의하여 건전한 변압기의 일부 또는 전부가 회로로부터 차단되는 현상

풀이

캐스케이딩 현상 : 저압선의 고장으로 건전한 변압기의 일부 또는 전부가 차단되는 현상

Q 122

모선전압이 6600V인 변전소에서 저항 6Ω, 리액턴스 8Ω의 송전선을 통해서 역률 0.8의 부하에 급전할 때 부하점 전압을 6000V로 하면 몇 kW의 전력이 전송되는가?

① 300	② 400
③ 500	④ 600

풀이

전압강하 $e = V_s - V_r = \dfrac{P}{V}(R + X\tan\theta)$ 에서

$$P = \frac{(V_s - V_r) \cdot V}{(R + X\tan\theta)} \times 10^{-3} \text{ kW}$$

$$P = \frac{(6600 - 6000) \times 6000}{\left(6 + 8 \times \dfrac{0.6}{0.8}\right)} \times 10^{-3} = 300 \text{ kW}$$

부록 B

정답 120 ③ 121 ④ 122 ①

Q 123

"전선의 단위길이 내에서 연간에 손실되는 전력량에 대한 전기요금과 단위길이의 전선값에 대한 금리, 감가상각비 등의 년간 경비의 합계가 같게 되는 전선 단면적이 가장 경제적인 전선의 단면적이다." 이 법칙은?

① 뉴크의 법칙　② 켈빈의 법칙
③ 플레밍의 법칙　④ 스틸의 법칙

풀이

- 경제적인 전선 굵기 : 켈빈의 법칙
- 경제적인 전선 굵기 요소 : 허용전류, 전압강하, 기계적 강도

Q 124

다음 중 송전선로의 특성 임피던스와 전파정수를 구하기 위한 시험으로 가장 적절한 것은?

① 무부하시험과 단락시험
② 부하시험과 단락시험
③ 부하시험과 충전 시
④ 충전시험과 단락시험

Q 125

전선의 굵기가 균일하고 부하가 균등하게 분산되어 있는 배전선로의 전력손실은 전체 부하가 선로 말단에 집중되어 있는 경우에 비하여 어느 정도가 되는가?

① $\frac{1}{2}$　② $\frac{1}{3}$
③ $\frac{2}{3}$　④ $\frac{3}{4}$

풀이

부하별 전압강하와 전력손실

	전압 강하	전력 손실
말단 집중 부하	$e = IR$	$P_\ell = I^2R$
평등 분산 부하	$e' = \frac{1}{2}e$	$P_\ell' = \frac{1}{3}P_\ell$
송전단일수록 커지는 분산부하	$e' = \frac{1}{3}e$	$P_\ell' = \frac{1}{5}P_\ell$

Q 126

그림과 같은 배전선에서 부하중심점의 위치는 급전점 F로부터 몇 m 지점인가? (단, 부하역률은 모두 1이다.)

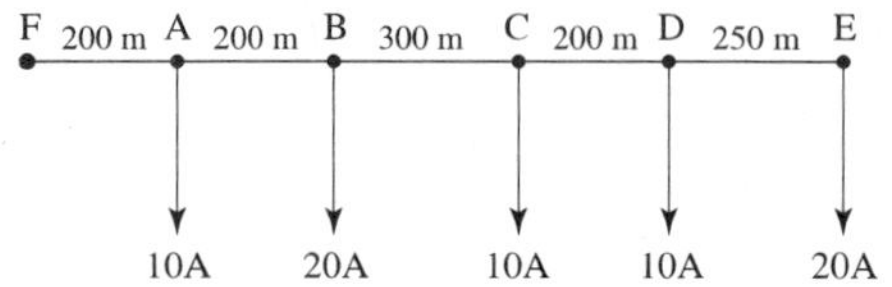

① 300　② 500
③ 700　④ 900

풀이

부하중심점 $x = \frac{\sum L_i I_i}{\sum I_i}$

$= \frac{200\times 70 + 200\times 60 + 300\times 40 + 200\times 30 + 250\times 20}{(10+20+10+10+20)}$

$= 700\text{m}$

Q 127

직렬콘덴서를 선로에 삽입할 때의 이점이 아닌 것은?

① 선로의 인덕턴스를 보상한다.
② 수전단의 전압변동률을 줄인다.
③ 정태안정도를 증가한다.
④ 수전단의 역률을 개선한다.

풀이

- 역률 개선 : 병렬 (전력용) 콘덴서

Q 128

단로기의 사용 목적은?

① 과전류의 차단　② 단락사고의 차단
③ 부하의 차단　④ 선로의 개폐

풀이

- 단로기(D·S) : 무부하 전류 개폐

정답 123 ② 124 ① 125 ② 126 ③ 127 ④ 128 ④

Q 129

다음 중 가공 송전선로에 사용되는 전선의 구비조건으로 적절하지 않은 것은?

① 도전율이 높을 것
② 기계적인 강도가 클 것
③ 비중이 클 것
④ 내구성이 있을 것

풀이

가공전선로 전선의 구비조건

- 경제성이 있을 것
- 기계적 강도가 클 것
- 도전율이 클 것
- 비중(밀도)가 작을 것
- 가요성이 있을 것
- 부식성이 작을 것
- 내구성이 있을 것

Q 130

직접접지방식에 대한 설명 중 옳지 않은 것은?

① 이상전압 발생의 우려가 적다.
② 계통의 절연수준이 낮아지므로 경제적이다.
③ 변압기의 단절연이 가능하다.
④ 보호계전기가 신속히 동작하므로 과도안정도가 좋다.

풀이

직접접지방식 특징

- 장점 : 전위상승 최소, 변압기 단절연 가능, 계전기 동작 신속 확실
- 단점 : 지락전류 최대, 유도장해 최대, 안정도가 나쁘다.

Q 131

충전 전류에 의해 수전단의 전압이 송전단의 전압보다 높아지는 현상은?

① 페란티 현상　② 코로나 현상
③ 기르노 현상　④ 부어 현상

풀이

- 페란티 현상 : 경(무)부하시 $V_s < V_r$
- 페란티 현상 방지 : 분로(병렬)리액터

Q 132

계전기의 반한시 특성이란?

① 동작전류가 클수록 동작시간이 길어진다.
② 동작전류가 흐르는 순간에 동작한다.
③ 동작전류에 관계없이 동작시간은 일정하다.
④ 동작전류가 크면 동작시간은 짧아진다.

풀이

반한시 특성 : 전류가 작으면 동작시간은 길어지고 전류가 커지면 동작시간은 짧아진다.

Q 133

역률 80%의 3상 평형부하에 공급하고 있는 선로길이 2km의 3상 3선식 배전선로가 있다. 부하의 단자전압을 6000V로 유지하였을 경우, 선로의 전압강하율이 10%를 넘지 않게 하기 위해서는 부하전력을 약 몇 kW까지 허용할 수 있는가? (단, 전선 1선당의 저항은 0.82Ω/km, 리액턴스는 0.38Ω/km라 하고, 그 밖의 정수는 무시한다.)

① 1303　② 1629
③ 2257　④ 2821

풀이

$\epsilon = \frac{P}{V^2}(R + X\tan\theta)$ 에서

$$P = \epsilon \times \frac{V^2}{R + X\tan\theta}$$

$$= 0.1 \times \frac{6000^2}{\left(0.82 \times 2 + 0.38 \times 2 \times \frac{0.6}{0.8}\right)} \times 10^{-3}$$

$$= 1629\text{kW}$$

부록 B

정답 129 ③ 130 ④ 131 ① 132 ④ 133 ②

Q 134

전력수용의 수용률은?

① 수용률 $= \dfrac{\text{평균전력[kW]}}{\text{설비용량[kW]}} \times 100\%$

② 수용률 $= \dfrac{\text{설비용량[kW]}}{\text{평균전력[kW]}} \times 100\%$

③ 수용률 $= \dfrac{\text{최대수용전력[kW]}}{\text{부하설비합계[kW]}} \times 100\%$

④ 수용률 $= \dfrac{\text{부하설비합계[kW]}}{\text{최대수요전력[kW]}} \times 100\%$

Q 135

다음 중 자기여자를 방지하기 위한 충전용 발전기의 조건으로 가장 적절한 것은?

① 발전기 용량은 선로의 충전용량보다 작아야 한다.
② 발전기 용량은 3배의 선로 충전용량보다 작아야 한다.
③ 발전기 용량은 선로의 충전용량보다 커야 한다.
④ 발전기 용량은 3배의 선로 충전용량과 같아야 한다.

풀이

자기여자현상을 방지하기 위해서는 발전기용량은 선로 충전용량보다 커야 한다.

Q 136

네트워크 배전방식의 장점이 아닌 것은?

① 정전이 적다.
② 전압변동이 적다.
③ 인축의 접촉사고가 적어진다.
④ 부하증가에 대한 적응성이 크다.

풀이

네트워크 방식 : 무정전 공급 가능. 부하증가에 대한 적응성이 크다. 입축접지사고가 많다.

Q 137

배전선로의 고장전류를 차단할 수 있는 것으로 가장 알맞은 것은?

① 단로기
② 구분개폐기
③ 컷아웃스위치(COS)
④ 차단기

풀이

차단기(CB) : 고장전류 차단이 가능하다.

Q 138

다음 중 가공 송전선로에 있는 애자련 중 전압부담이 가장 큰 것은?

① 전선에 가장 가까운 것
② 중앙에 있는 것
③ 철탑에 가장 가까운 것
④ 철탑에서 $\frac{1}{3}$ 지점의 것

풀이

- 전압분담 최대 : 전선로에 가장 가까운 것
- 전압분담 최소 : 철탑으로부터 $\frac{1}{3}$ 지점의 것

Q 139

개폐 서지의 이상전압을 감쇄 할 목적으로 설치하는 것은?

① 단로기 ② 차단기
③ 리액터 ④ 개폐 저항기

풀이

개폐저항기 : 개폐 서지 억제

정답 134 ③ 135 ③ 136 ③ 137 ④ 138 ① 139 ④

Q 140

1대의 주상변압기에 역률(늦음) $\cos\theta_1$, 유효전력 P_1[kW]의 부하와 역률(늦음) $\cos\theta_2$, 유효전력 P_2[kW]의 부하가 병렬로 접속되어 있을 경우 주상변압기에 걸리는 피상전력은 어떻게 나타내는가?

① $\dfrac{P_1}{\cos\theta_1}+\dfrac{P_2}{\cos\theta_2}$ [kVA]

② $\sqrt{\left(\dfrac{P_1}{\cos\theta_1}\right)^2+\left(\dfrac{P_2}{\cos\theta_2}\right)^2}$ [kVA]

③ $\sqrt{(P_1+P_2)^2+(P_1\tan\theta_1+P_2\tan\theta_2)^2}$ [kVA]

④ $\sqrt{\left(\dfrac{P_1}{\sin\theta_1}\right)+\left(\dfrac{P_2}{\sin\theta_2}\right)}$ [kVA]

풀이

- 합성 유효전력 $P=P_1+P_2$
- 합성 무효전력 $Q=Q_1+Q_2$

$Q_1=P_1\tan\theta_1$, $Q_2=P_2\tan\theta_2$

∴ 피상전력

$P_a=\sqrt{(P_1+P_2)^2+(P_1\tan\theta_1+P_2\tan\theta_2)^2}$

Q 141

3상 4선식 배전방식에서 1선당의 최대전력은? (단, 상전압 : V, 선전류 : I라 한다.)

① $0.5\,VI$ ② $0.57\,VI$
③ $0.75\,VI$ ④ $1.0\,VI$

풀이

$3\phi4\omega$에서 전력 $P=3VI$이므로 1선당 전력

$P'=\dfrac{P}{4}=\dfrac{3VI}{4}=0.75\,VI$

Q 142

154/22.9kV, 40MVA인 3상 변압기의 % 리액턴스가 14%라면 1차측으로 환산한 리액턴스는 약 몇 요인가?

① 5Ω ② 18Ω
③ 83Ω ④ 560Ω

풀이

$\%X=\dfrac{PX}{10V^2}$에서

$X=\%X\times\dfrac{10V_1^2}{P}=14\times\dfrac{10\times154^2}{40\times10^3}\fallingdotseq 83\,\Omega$

Q 143

전력계통의 전압조정과 무관한 것은?

① 발전기의 조속기
② 발전기의 전압조정장치
③ 전력용콘덴서
④ 전력용 분로리액터

풀이

발전기를 계통과 병렬운전하는 경우 발전기의 조속기는 유효전력을 조정한다.

Q 144

그림은 유입차단기(탱크형)의 구조도이다. A의 명칭은?

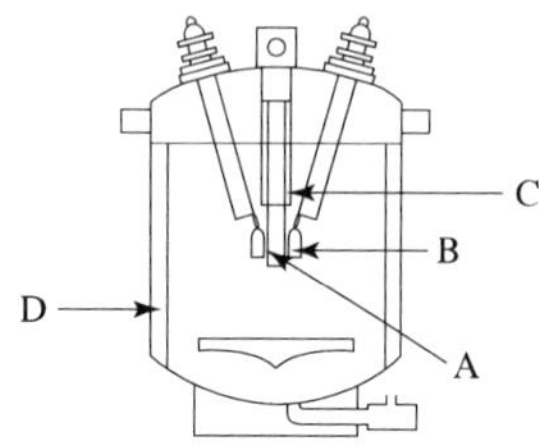

① 절연 liner
② 승강간
③ 가동 접촉자
④ 고정 접촉자

풀이

- A : 가동접촉자 • B : 고정접촉자
- C : 승강간 • D : 절연라이너

부록 B

정답 140 ③ 141 ③ 142 ③ 143 ① 144 ③

Q 145

3상 송전선로에서 선간단락이 발생하였을 때 다음 중 옳은 것은?

① 정상전류와 역상전류가 흐른다.
② 정상전류, 역상전류 및 영상전류가 흐른다.
③ 역상전류와 영상전류가 흐른다.
④ 정상전류와 영상전류가 흐른다.

풀이

	정상분	역상분	영상분	영상분
1선 지락	○	○	○	$I_0 = I_1 = I_2 \neq 0$
선간 단락	○	○	×	$I_0 = 0$
3상 단락	○	×	×	$I_1 \neq 0,\ I_2 = I_0 = 0$

Q 146

환상선로의 단락보호에 사용하는 계전방식은?

① 비율차동계전방식 ② 방향거리계전방식
③ 과전류계전방식 ④ 선택접지계전방식

풀이

방향 계전기+단락 계전기=방향 단락 계전기(방향 거리 계전기)

Q 147

송전계통의 중성점 접지용 소호리액터의 인덕턴스 L은? (단, 선로 한 선의 대지정전용량을 C라 한다.)

① $L=\dfrac{1}{C}$ ② $L=\dfrac{C}{2\pi f}$
③ $L=\dfrac{1}{2\pi f C}$ ④ $L=\dfrac{1}{3(2\pi f)^2 C}$

풀이

소호리액터 접지방식 $\omega L=\dfrac{1}{3\omega C}[\Omega]$에서

$L=\dfrac{1}{3\omega^2 C}=\dfrac{1}{3(2\pi f)^2 C}$

Q 148

직접접지방식에 대한 설명으로 옳지 않은 것은?

① 변압기 절연이 낮아진다.
② 지락전류가 커진다.
③ 지락고장시의 중성점 전위가 높다.
④ 통신선의 유도장해가 크다.

풀이

직접접지방식 특징

- 장점 : 전위상승 최소, 변압기 단절연 가능, 계전기 동작 신속 확실
- 단점 : 지락전류 최대, 유도장해 최대, 안정도가 나쁘다.

Q 149

송전선로의 코로나 임계전압이 높아지는 경우가 아닌 것은?

① 상대 공기밀도가 적다.
② 전선의 반지름과 선간거리가 크다.
③ 날씨가 맑다.
④ 낡은 전선을 새 전선으로 교체하였다.

풀이

임계전압 $E_0 = 24.3 m_0 m_1 \delta d \log_{10}\dfrac{D}{r}$ (m_0 : 전선표면계수, m_1 : 날씨계수, δ : 상대공기밀도, d: 전선직경)에서 ②, ③, ④는 해당되지만, ①의 상대공기밀도가 커야 한다.

정답 145 ① 146 ② 147 ④ 148 ③ 149 ①

Q 150

루프(loop) 배전방식에 대한 설명으로 옳은 것은?

① 전압강하가 적은 이점이 있다.
② 시설비가 적게 드는 반면에 전력손실이 크다.
③ 부하밀도가 적은 농·어촌에 적당하다.
④ 고장 시 정전범위가 넓은 결점이 있다.

풀이
루프배선의 이점은 선로의 도중에 고장 발생시, 고장 개소의 분리 조작이 용이하여 그 부분을 빨리 분리시킬 수 있고 전류의 통로에 융통성이 있으므로 전력 손실과 전압 강하가 적다.

Q 151

피뢰기의 충격방전 개시전압은 무엇으로 표시하는가?

① 직류전압의 크기 ② 충격파의 평균치
③ 충격파의 최고치 ④ 충격파의 실효치

풀이
피뢰기 단자간에 충격 전압을 인가할 경우 방전을 개시하는 전압으로 충격파의 최고치로 표시한다.

Q 152

다음 중 부하전류의 차단능력이 없는 것은?

① 단로기 ② 가스차단기
③ 유입개폐기 ④ 진공차단기

풀이
단로기는 무부하 전류 개폐만 가능하다.

Q 153

역율 0.8(지상)의 2800kW 부하에 전력용콘덴서를 병렬로 접속하여 합성역률을 0.9로 개선하고자 할 경우, 필요한 전력용콘덴서의 용량은 약 몇 kVA인가?

① 372kVA ② 558kVA
③ 744kVA ④ 1116kVA

풀이

$$Q_c = P\left(\frac{\sin\theta_1}{\cos\theta_1} - \frac{\sin\theta_2}{\cos\theta_2}\right)$$

$$= 2800\left(\frac{0.6}{0.8} - \frac{\sqrt{1-0.9^2}}{0.9}\right) \fallingdotseq 744 \text{ kVA}$$

Q 154

파동 임피던스 Z_1=500Ω인 선로의 종단에 파동 임피던스 Z_2=1000Ω의 변압기가 접속되어 있다. 지금 선로에서 파고 e_i=600kV의 전압이 진입할 경우, 접속점에서의 전압의 반사파 파고는 몇 kV인가?

① 200kV ② 300kV
③ 400kV ④ 500kV

풀이

$$e_2 = \frac{Z_2 - Z_1}{Z_1 + Z_2}e_i = \frac{1000-500}{500+1000} \times 600 = 200 \text{ kV}$$

Q 155

단상 2선식(110V) 저압 배전선로를 단상 3선식(110/220V)으로 변경하였을 때 전선로의 전압 강하율은 변경전에 비해서 어떻게 되는가? (단, 부하용량은 변경 전후에 같고 역률은 1.0이며 평형부하이다.)

① $\frac{1}{4}$로 된다. ② $\frac{1}{3}$로 된다.
③ $\frac{1}{2}$로 된다. ④ 변하지 않는다.

정답 150 ① 151 ③ 152 ① 153 ③ 154 ① 155 ①

풀이

전압강하율 $\epsilon \propto \frac{1}{V^2}$ 이고, $V=2$배이므로 $\epsilon = \frac{1}{4}$ 이다.

Q 156

송전선로의 페란티 효과에 관한 설명으로 옳지 않은 것은?

① 송전선로에 충전전류가 흐르면 수전단 전압이 송전단 전압보다 높아지는 현상을 말한다.
② 페란티 효과를 방지하기 위하여 선로에 분로리액터를 설치한다.
③ 장거리 송전선로에서 정전용량으로 인하여 발생한다.
④ 페란티 현상을 방지하기 위해서는 진상 무효전력을 공급하여야 한다.

풀이

페란티 현상을 방지하기 위해서는 지상 무효전력을 공급하여야 한다.

Q 157

다음 중 송전계통에서 안정도 증진과 관계 없는 것은?

① 리액턴스 감소
② 재폐로방식의 채용
③ 속응여자방식의 채용
④ 차폐선의 채용

풀이

안정도 향상 대책
- 계통의 직렬 리액턴스 감소
- 전압 변동률을 적게 한다.(속응 여자 방식 채용, 계통의 연계, 중간 조상 방식)
- 계통에 주는 충격을 적게 한다.(소호리액터 접지 방식), 고속 차단 방식, 재폐로 방식)
- 고장 시 발전기 입력과 출력의 불평형을 적게 한다.

Q 158

배전선로에서 수용가에의 공급 전압을 허용 범위 내에 유지하기 위해서 적용하는 방법이 아닌 것은?

① 배전변압기에서의 전압조정에는 고압선 각부의 전압에 따라서 배전변압기의 사용 탭을 적정하게 선정한다.
② 66kV 이하의 변전소에서의 전압조정에는 모선 또는 급전선 마다 정지형 전압 조정기를 설치해서 조정한다.
③ 우리나라에서는 배전선로에서의 전압강하 한도를 10%로 잡고 적정한 전압강하 값을 설비별로 부담하는 방법으로 전압 조정용 기기와 병용해서 사용한다.
④ 배전선로의 부하는 중부하시와 경부하시에 크게 변화하므로 변전소 수전측의 송전선로에 대해서는 소호리액터를 사용해서 조정한다.

풀이

전압조정 : 전압조정기, 배전변압기 탭 변환 등이 있다.

Q 159

전력선에 의한 통신선로의 전자유도장해의 주된 발생요인으로 가장 알맞은 것은?

① 전력선의 연가가 충분하기 때문에
② 전력선의 전압이 통신선로보다 높기 때문에
③ 영상전류가 흐르기 때문에
④ 전력선과 통신선로 사이의 차폐효과가 충분하기 때문에

풀이

전자 유도 전압 $E_m = j\omega Ml3I_0$

정답 156 ④ 157 ④ 158 ④ 159 ③

Q 160

66kV 3상 1회선 송전선로에서 1선의 리액턴스가 22Ω, 전류가 300A일 때 % 리액턴스는?

① $10\sqrt{3}$　　② $10\sqrt{3}$

③ $\frac{10}{\sqrt{2}}$　　④ $\frac{10}{\sqrt{3}}$

풀이

$$\%X = \frac{I \cdot X}{E} \times 100\%$$

$$= \frac{300 \times 22}{\frac{66000}{\sqrt{3}}} \times 100 = 17.32 = 10\sqrt{3}$$

Q 161

22.9kV 가공배전선로에서 주 공급선로의 정전사고 시 예비 전원 선로로 자동 전환되는 개폐장치는?

① 고장구간 자동 개폐기
② 자동선로 구분 개폐기
③ 자동부하 전환 개폐기
④ 기중부하 개폐기

풀이

자동 부하전환개폐기(A.L.T.S) : 수용가의 수전선로에 설치되어 주전원의 정전시 예비전원으로 신속히 전환하여 정전시간을 최소화함으로써 수용가가 항상 안정된 전원을 공급받을 수 있도록 하는 SF_6가스절연방식의 개폐기

Q 162

동기조상기에 대한 설명 중 옳지 않은 것은?

① 무부하로 운전되는 동기전동기로 역률을 개선한다.
② 전압조정이 연속적이다.
③ 중부하시에는 과여자로 운전하여 뒤진 전류를 취한다.
④ 진상, 지상 무효전력을 모두 얻을 수 있다.

풀이

- 동기 조상기 : 연속적, 진상 · 지상 공급, 시충전 가능
- 전력용 콘덴서 : 계단적, 진상 공급, 시충전 불가능

Q 163

어느 수차의 정격회전수가 450rpm이고 유효낙차가 220m일 때 출력은 6000kW이었다. 이 수차의 특유속도는 약 몇 m·kW인가?

① 35m · kW　　② 38m · kW

③ 41m · kW　　④ 47m · kW

풀이

$$N_s = N \cdot \frac{P^{\frac{1}{2}}}{H^{\frac{5}{4}}} = 450 \times \frac{6000^{\frac{1}{2}}}{220^{\frac{5}{4}}} \fallingdotseq 41\text{m} \cdot \text{kW}$$

Q 164

송전전력, 선간전압, 부하역률, 전력손실 및 송전거리를 동일하게 하였을 경우 단상 2선식에 대한 3상 3선식의 총 전선량(중량)비는 얼마인가?

① 0.75　　② 0.94

③ 1.15　　④ 1.33

풀이

각 전기 방식별 비교

전기 방식	전력	1선당 공급전력		전력 손실	전선 중량비 (전력 손실비)
$1\phi 2w$	$VI\cos\theta$	$\frac{VI}{2}$	1	$2I^2R$	1(100)
$1\phi 3w$	$2VI\cos\theta$	$\frac{2VI}{3}$	1.33		$\frac{3}{8}$(37.5)
$3\phi 3w$	$\sqrt{3}\,VI\cos$	$\frac{\sqrt{3}\,VI}{3}$	1.15	$3I^2R$	$\frac{3}{4}$(75)
$3\phi 4w$	$3VI\cos\theta$	$0.75VI$	1.5		$\frac{1}{3}$(33.3)

정답 160 ② 161 ③ 162 ③ 163 ③ 164 ①

Q 165

송전선로에 매설지선을 설치하는 목적으로 알맞은 것은?

① 직격뇌로부터 송전선을 차폐보호하기 위하여
② 철탑 기초의 강도를 보강하기 위하여
③ 현수애자 1연의 전압 분담을 균일화하기 위하여
④ 철탑으로부터 송전선로로의 역섬락을 방지하기 위하여

풀이

매설지선은 뇌해방지 및 역섬락을 방지한다.

Q 166

저압뱅킹 배전방식에서 캐스케이딩현상을 방지하기 위하여 인접 변압기를 연락하는 저압선의 중간에 설치하는 것으로 알맞은 것은?

① 구분퓨즈 ② 리클로우저
③ 섹셔널라이저 ④ 구분개폐기

풀이

캐스케이딩현상 방지 : 변압기 1차측에 퓨즈를 설치하고 인접 변압기를 연락하는 저압선의 중간에 구분퓨즈를 설치한다.

Q 167

직류송전방식이 교류송전방식에 비하여 유리한 점을 설명한 것으로 옳지 않은 것은?

① 표피효과에 의한 송전손실이 없다.
② 통신선에 대한 유도잡음이 적다.
③ 선로의 절연이 쉽다.
④ 정류가 필요 없고 승압 및 강압이 쉽다.

풀이

송전방식
(1) 직류
- 절연계급을 낮출 수 있다.
- 리액턴스에 의한 전압강하가 없다.

(2) 교류
- 회전자계를 쉽게 얻을 수 있다.
- 승압, 강압이 쉽다.
- 고압 대전류 차단이 용이하다.

Q 168

송전단전압 161kV, 수전단전압 154kV, 상차각 40°, 리액턴스 45Ω일 때 선로손실을 무시하면 전송전력은 약 몇 MW인가?

① 323MW ② 443MW
③ 354MW ④ 623MW

풀이

$$P=\frac{E_s E_r}{X}\sin\delta=\frac{161\times154}{45}\times\sin 40=354\text{MW}$$

Q 169

66kV, 60Hz 3상 1회선 송전선이 통신선과 나란히 가선되어 있다. 송전선의 1선지락사고로 영상전류가 80A 흐를 때 통신선에 유기되는 전자 유도 전압은 약 몇 V인가? (단, 영상전류는 전 전선에 걸쳐 같은 크기이고 상호 인덕턴스는 0.05mH/km이며, 송전선과 통신선의 병행길이는 40km이다.)

① 75V ② 136V
③ 150V ④ 181V

풀이

$$E_s=j\omega M\ell 3I_0$$
$$=2\pi\times60\times0.05\times10^{-3}\times40\times3\times80\fallingdotseq181\text{V}$$

정답 165 ④ 166 ① 167 ④ 168 ③ 169 ④

Q 170

복도체에 있어서 소도체의 반지름을 r[m], 소도체사이의 간격을 S[m] 라고 할 때 2개의 소도체를 사용한 복도체의 등가 반지름은?

① $\sqrt{r \cdot S}$[m]　② $\sqrt{r^2 \cdot S}$[m]
③ $\sqrt{r \cdot S^2}$[m]　④ $r \cdot S$[m]

풀이

$r_e = r^{\frac{1}{n}} \cdot S^{\frac{n-1}{n}} = \sqrt{r \cdot S}$

Q 171

다음 중 무부하시의 충전전류 차단만이 가능한 기기는?

① 진공차단기　② 유입차단기
③ 단로기　④ 자기차단기

풀이

단로기 : 무부하 전류만 개폐가능

Q 172

다음 중 코로나 임계전압에 직접 관계가 없는 것은?

① 전선의 굵기　② 기상조건
③ 애자의 강도　④ 선간거리

풀이

$E_0 = 24.3 m_0 m_1 \delta \cdot d \log_{10} \frac{D}{r}$ 이므로 애자의 강도와 관계없다.

Q 173

한류리액터를 사용하는 가장 큰 목적은?

① 충전전류의 제한　② 접지전류의 제한
③ 누설전류의 제한　④ 단락전류의 제한

풀이

한류리액터 : 단락전류 제한, 차단기 용량 감소

Q 174

20kV 미만의 옥내 변류기로 주로 사용되는 것은?

① 유입식 권선형　② 부싱형
③ 관통형　④ 건식 권선형

풀이

- 건식 : 20kV 미만
- 유입식 : 110kV 이하
- 애자형 : 110kV 초과

Q 175

154kV 3상 1회선 송전선로 1선의 리액턴스가 25Ω이고 전류가 400A일 때 % 리액턴스는 약 얼마인가?

① 6.49%　② 10.22%
③ 11.25%　④ 19.48%

풀이

$$\%X = \frac{I \cdot X}{E} \times 100\%$$

$$= \frac{400 \times 25}{\frac{154000}{\sqrt{3}}} \times 100 \fallingdotseq 11.25\%$$

Q 176

3상 3선식 송전선로를 연가(transposition) 하는 주된 목적은?

① 전압강하를 방지하기 위하여
② 송전선을 절약하기 위하여
③ 고도를 표시하기 위하여
④ 선로정수를 평형시키기 위하여

풀이

연가의 효과
- 직렬 공진의 방지
- 통신선의 유도장해 감소
- 선로정수의 평형

정답 170 ① 171 ③ 172 ③ 173 ④ 174 ④ 175 ③ 176 ④

Q 177

다음 중 현재 널리 사용되고 있는 GCB(Gas Circuit Breaker)용 가스는?

① SF_6 가스　② 알곤가스
③ 네온가스　④ N_2 가스

풀이

절연내력과 소호능력이 우수한 SF_6가스(육불화유황)를 사용한다.

Q 178

발전기나 변압기의 내부고장 검출에 가장 많이 사용되는 계전기는?

① 역상계전기　② 비율차동계전기
③ 과전압계전기　④ 과전류계전기

풀이

내부고장 검출용 : 부흐홀쯔계전기, 차동계전기, 비율차동계전기

Q 179

정격 10kVA의 주상변압기가 있다. 이것의 2차측 일부하 곡선이 그림과 같을 때 1일의 부하율은 몇 %인가?

① 52.35
② 54.35
③ 56.25
④ 58.25

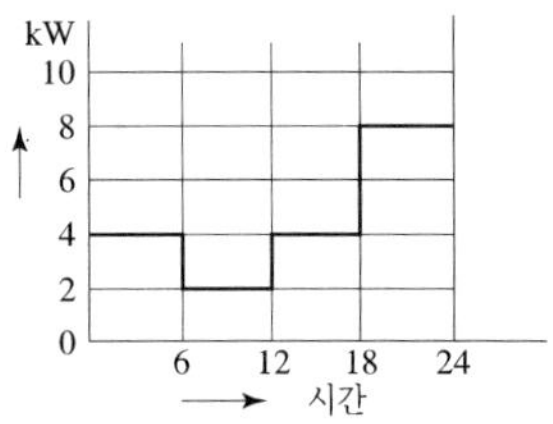

풀이

$$\text{일부하율} = \frac{\text{소비전력량/시간}}{\text{최대전력}} \times 100$$

$$= \frac{(24+12+24+48)/24}{8} \times 100 = 56.25\%$$

Q 180

가공전선의 구비조건으로 옳지 않은 것은?

① 도전율이 높을 것
② 기계적인 강도가 클 것
③ 비중이 클 것
④ 신장률이 클 것

풀이

비중은 작을수록 좋다.

Q 181

파동임피던스가 500Ω인 가공송전선 1km 당의 인덕턴스는 약 몇 mH/km인가?

① 1.67　② 2.67
③ 3.67　④ 4.67

풀이

$$L = 0.4605 \times \frac{Z_0}{138} = 0.4605 \times \frac{500}{138} \fallingdotseq 1.67\text{mH/km}$$

Q 182

송전단전압이 3.4kV, 수전단전압이 3kV인 배전선로에서 수전단의 부하를 끊은 경우 수전단전압이 3.2kV로 되었다면 전압변동률은 약 몇 %인가?

① 6.25　② 6.67
③ 12.5　④ 13.3

풀이

$$\delta = \frac{V_{r0} - V_{rn}}{V_{rn}} \times 100\,\%$$

$$= \frac{3200 - 3000}{3000} \times 100 = 6.67\,\%$$

정답 177 ①　178 ②　179 ③　180 ③　181 ①　182 ②

Q 183

교류 송전방식에 비교하여 직류 송전방식을 설명할 때 옳지 않은 것은?

① 선로의 리액턴스가 없으므로 안정도가 높다.
② 유전체손은 없지만 충전용량이 커지게 된다.
③ 코로나손 및 전력손실이 적다.
④ 표피효과나 근접효과가 없으므로 실효저항의 증대가 없다.

풀이

직류송전방식은 주파수가 0 이므로 유전체손과 충전용량이 없다.

Q 184

피뢰기가 구비하여야 할 조건으로 옳지 않은 것은?

① 속류의 차단 능력이 충분할 것
② 충격 방전 개시 전압이 높을 것
③ 상용 주파 방전 개시 전압이 높을 것
④ 방전 내량이 크면서 제한 전압이 낮을 것

풀이

피뢰기의 구비조건
- 충격 방전 개시 전압이 낮을 것
- 사용 주파 방전 개시 전압이 높을 것
- 제한 전압이 낮을 것
- 속류 차단성능이 클 것

Q 185

선택접지(지락)계전기의 용도를 옳게 설명한 것은?

① 단일 회선에서 접지고장 회선의 선택 차단
② 단일 회선에서 접지전류의 방향 선택 차단
③ 병행 2회선에서 접지고장 회선의 선택 차단
④ 병행 2회선에서 접지사고의 지속시간 선택 차단

풀이

SGR : 2회선이상 지락사고선 선택 차단

Q 186

경간이 200m인 가공 전선로가 있다. 사용전선의 길이는 경간보다 몇 m 더 길게 하면 되는가? (단, 사용전선의 1m 당 무게는 2kg, 인장하중은 4000kg, 전선의 안전율은 2 로 하고 풍압하중은 무시한다.)

① $\frac{1}{2}$　　② $\sqrt{2}$
③ $\frac{1}{3}$　　④ $\sqrt{3}$

풀이

$$D=\frac{WS^2}{8T}=\frac{2\times200^2}{8\times\frac{4000}{2}}=5$$

$$\therefore\ \frac{8D^2}{3S}=\frac{8\times5^2}{3\times200}=0.33=\frac{1}{3}\text{m}$$

Q 187

송전선로에 복도체를 사용하는 이유로 가장 알맞은 것은?

① 선로의 진동을 없앤다.
② 철탑의 하중을 평형화 한다.
③ 코로나를 방지하고 인덕턴스를 감소시킨다.
④ 선로를 뇌격으로부터 보호한다.

풀이

복도체 사용 : 코로나 방지, 인덕턴스 감소, 정전용량 증가

Q 188

중성점 비접지방식에서 가장 많이 사용되는 변압기의 결선 방법은?

① V−V　　② Y−Y
③ Δ−Y　　④ Δ−Δ

풀이

비접지이므로 중성점이 없는 Δ−Δ이나.

정답 183 ② 184 ② 185 ③ 186 ③ 187 ③ 188 ④

Q 189

다음 중 부하 전류의 차단에 사용되지 않는 것은?

① NFB ② OCB
③ VCB ④ DS

풀이

DS(단로기) : 무부하전류만 개폐가능하다.

Q 190

다음 중 모선방식의 종류에 속하지 않는 것은?

① 단일 모선 ② 2중 모선
③ 3중 모선 ④ 환상 모선

Q 191

다음 중 송배전선로에 대한 설명으로 옳지 않은 것은?

① 송·배전선로는 저항, 인덕턴스, 정전용량, 누설컨덕턴스라는 4개의 정수로 이루어진 연속된 전기회로이다.
② 송·배전선로의 전압강하, 수전전력, 송전손실, 안정도 등을 계산하는데 선로정수가 필요하다.
③ 장거리 송전선로에 대해서 정밀한 계산을 할 경우에는 분포 정수 회로로 취급한다.
④ 송·배전선로의 선로정수는 원칙적으로 송전전압, 전류 또는 역률 등에 의해서 영향을 많이 받게 된다.

풀이

선로정수는 전압, 전류와 무관하다.

Q 192

무효전력 흡수 능력면에서 동기조상기가 전력용 콘덴서보다 유리한 점으로 가장 알맞은 것은?

① 필요에 따라 용량을 수시로 변경할 수 있다.
② 진상전류 이외에 지상전류를 취할 수 있다.
③ 전력손실이 적다.
④ 선로의 유도리액턴스를 보상하여 전압강하를 줄인다.

풀이

- 동기 조상기 : 연속적, 진상·지상 공급, 시충전 가능
- 전력용 콘덴서 : 계단적, 진상 공급, 시충전 불가능

Q 193

송전선의 통신선에 대한 유도장해 방지대책이 아닌 것은?

① 전력선과 통신선과의 상호인덕턴스를 크게 한다.
② 전력선의 연가를 충분히 한다.
③ 고장 발생시의 지락전류를 억제하고, 고장구간을 빨리 차단한다.
④ 차폐선을 설치한다.

풀이

유도 장해 방지 대책

전력선측	통신선측
• 연가를 충분히 한다. • 이격 거리 크게 한다. • 소호 리액터 접지 방식 • 고장시 신속한 제거 • 수직 교차 • 차폐선 설치(30~50[%] 경감) • 전력선 케이블화	• 절연 변압기 • 연피 케이블 • 성능 우수한 피뢰기 사용 • 배류 코일 설치 • 통신선 및 기기 절연강화

정답 189 ④ 190 ③ 191 ④ 192 ② 193 ①

Q 194

다음 중 배전선로의 손실 경감과 관계가 없는 것은?

① 배전 전압의 승압
② 다중접지방식 채용
③ 역률 개선
④ 부하의 불평형 방지

풀이

$P_\ell \propto \frac{1}{V^2}$, $P_\ell \propto \frac{1}{\cos^2\theta}$ 이므로 다중접지방식 채용과는 관계없다.

Q 195

100kW, 역률 0.8(뒤짐)인 부하를 역률 0.95(뒤짐)로 개선하는데 필요한 전력용콘덴서의 용량은 약 몇 kVA인가?

① 22 ② 32
③ 42 ④ 52

풀이

$$Q_c = P\left(\frac{\sin\theta_1}{\cos\theta_1} - \frac{\sin\theta_2}{\cos\theta_2}\right)$$
$$= 100\left(\frac{0.6}{0.8} - \frac{\sqrt{1-0.95^2}}{0.95}\right) = 42.13\ \text{kVA}$$

Q 196

그림과 같은 66kV 선로의 송전전력이 20,000kW, 역률이 0.8lag일 때 a상에 완전 지락사고가 발생하였다. 지락계전기 DG에 흐르는 전류는 약 몇 A인가? (단, 부하의 정상, 역상임피던스 및 기타 정수는 무시한다.)

① 2.1
② 2.9
③ 3.7
④ 5.5

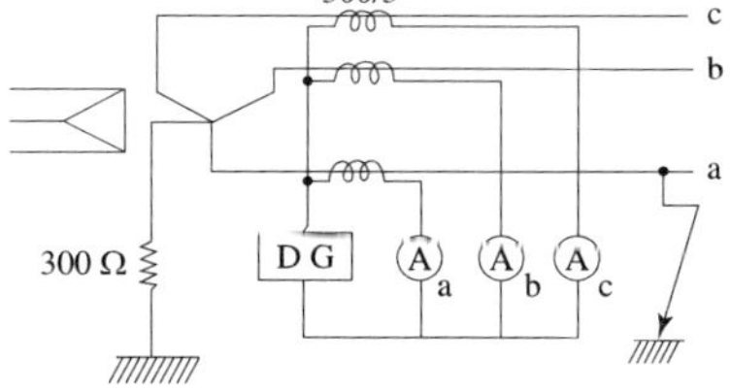

풀이

$$I_g = \frac{V}{R} = \frac{\frac{66000}{\sqrt{3}}}{300} = 127\text{A}$$

지락계전기에 흐르는 전류는 2차 이므로

$$I_2 = I_1(I_g) \times \frac{1}{\text{CT비}} = 127 \times \frac{5}{300} = 2.1\text{A}$$

Q 197

60Hz, 154kV, 길이 100km인 3상 송전선로에서 1선의 대지 정전용량 $C_s = 0.005\mu$F/km, 선간 상호정전용량 $C_m = 0.0014\mu$F/km일 때 1선에 흐르는 충전전류는 약 몇 A인가?

① 21 ② 31
③ 37 ④ 53

풀이

$$I_c = \omega CE \cdot \ell = \omega(C_s + 3C_m) \times E \times \ell$$
$$= 2\pi \times 60 \times (0.005 + 3 \times 0.0014) \times 10^{-6} \times \frac{154000}{\sqrt{3}} \times 100 \fallingdotseq 30.84\text{A}$$

Q 198

발전기의 부하가 불평형이 되어 발전기의 회전자가 과열 소손되는 것을 방지하기 위해 설치하는 계전기는?

① 과전압계전기 ② 계자상실계전기
③ 비율차동계전기 ④ 과전류계전기

풀이

계자상실계전기(40) : 동기기의 계자회로에 이상(단락, 단선 등)이 발생되어 계자자속이 상실되었을 때 동작되어 기기를 보호할 목적으로 사용되며 최근에는 전기자 권선이 연결된 주회로에 off set mho 형 거리 계전기를 이용한다.

정답 194 ② 195 ③ 196 ① 197 ② 198 ②

Q 199

화력발전소에서 절탄기(절탄기)의 용도는?

① 보일러에 공급되는 급수를 예열한다.
② 포화증기를 과열한다.
③ 연소용 공기를 예열한다.
④ 석탄을 건조한다.

풀이

절탄기 : 배기가스 여열을 이용하여 급수가열(연료가열 4~11%)

Q 200

다음 중 송전선로의 코로나 임계전압이 높아지는 경우가 아닌 것은?

① 날씨가 맑다.
② 상대공기밀도가 작다.
③ 기압이 높다.
④ 전선의 반지름과 선간거리가 크다.

풀이

$$E_0 = 24.3 m_0 m_1 \delta \cdot d \log_{10} \frac{D}{r}$$

m_0 : 전선표면계수, m_1 : 날씨계수, δ : 상대공기밀도, d: 전선 직경, r : 도체 반지름, D: 등가 선간거리

Q 201

유효낙차 100m, 최대 유량 $20m^3/s$의 수차에서 낙차가 81m로 감소하면 유량은 몇 m^3/s가 되겠는가? (단, 수차 안내날개의 열림은 불변이라고 한다.)

① 15　　② 18
③ 24　　④ 30

풀이

$$\frac{Q_2}{Q_1} = \left(\frac{H_2}{H_1}\right)^{\frac{1}{2}} \text{ 에서}$$

$$Q_2 = 20 \times \left(\frac{81}{100}\right)^{\frac{1}{2}} = 18m^3/s$$

Q 202

3상 배전선로의 말단에 역률 80%(lag)인 평형 3상의 집중부하가 있다. 변전소 인출구의 전압이 3300V일 때 부하의 단자전압을 최소 3000V로 유지하려면 부하전력은 약 몇 kW까지 허용할 수 있는가? (단, 전선 1선의 저항을 2Ω, 리액턴스를 1.8Ω이라 하고 그 밖의 선로 정수는 무시한다.)

① 156　　② 269
③ 367　　④ 487

풀이

$$e = 3300 - 3000 = 300$$

$$e = \frac{P}{V}(R + X\tan\theta) \text{ 에서}$$

$$P = \frac{e \cdot V}{R + X \cdot \tan\theta} \times 10^{-3}$$

$$= \frac{300 \times 3000}{2 + 1.8 \times \frac{0.6}{0.8}} \times 10^{-3} = 268.7\text{kW}$$

Q 203

직류 송전에 대한 설명으로 옳지 않은 것은?

① 직류 송전에서는 유효전력과 무효전력을 동시에 보낼 수 있다.
② 역률이 항상 1로 되기 때문에 그 만큼 송전 효율이 좋아진다.
③ 직류 송전에서는 리액턴스라든지 위상각에 대해서 고려할 필요가 없기 때문에 안정도상의 난점이 없어진다.
④ 직류에 의한 계통 연계는 단락용량이 증대하지 않기 때문에 교류 계통의 차단용량보다 작아도 된다.

풀이

직류 송전방식은 주파수 0이므로 무효분이 존재하지 않는다.

정답 199 ① 200 ② 201 ② 202 ② 203 ①

Q 204

전자계산기에 의한 전력조류 계산에서 슬랙(slack) 모선의 지정값은? (단, 슬랙모선을 기준모선으로 한다.)

① 유효전력과 무효전력
② 모선 전압의 크기와 유효전력
③ 모선 전압의 크기와 무효전력
④ 모선 전압의 크기와 모선 전압의 위상각

풀이

슬랙 모선(slack bus) : 모선내 흐르는 무효전력과 유효전력 정확히 파악하기 위해 측정장치를 이용. 모선의 전압과 위상각을 구하여 전력 조류 계산한다.

Q 205

다음 중 원자력발전소에서 감속재로 사용되지 않는 것은?

① 경수 ② 중수
③ 흑연 ④ 카드뮴

풀이

감속재 : 핵분열 시 고속 중성자를 열 중성자로 감소
- 온도계수 : 감속재 온도 1℃ 변화에 대한 반응도의 변화
- 재료 : 경수(H_2O), 중수(D_2O), 흑연(C), 베릴륨(Be)
  ↳ 감속비 가장 크다.

Q 206

다음 중 단로기에 대한 설명으로 바르지 못한 것은?

① 선로로부터 기기를 분리, 구분 및 변경할 때 사용되는 개폐기구로 소호 기능이 없다.
② 충전 전류의 개폐는 가능하나 부하 전류 및 단락 전류의 개폐 능력을 가지고 있지 않다.
③ 부하측의 기기 또는 케이블 등을 점검할 때에 선로를 개방하고 시스템을 절화하기 위해 사용된다.
④ 차단기와 직렬로 연결되어 전원과의 분리를 확실하게 하는 것으로 차단기 개방 후 단로기를 열고 차단기를 닫은 후 단로기를 닫아야 한다.

풀이

단로기 : 무부하 전류만 개폐 가능하다.
* 조작순서 – 정전 : CB(off) → D·S(off)
– 급전 : D·S(on) → C·B(on)

Q 207

송전선로의 송전용량을 결정할 때 송전용량계수법에 의한 수전전력[kW]을 나타낸 식으로 알맞은 것은? (단, 수전단선간전압은 [kV]이고, 송전거리는 [km]이다.)

① 송전용량계수 $\times \dfrac{(\text{수전단선간전압})^2}{\text{송전거리}}$

② 송전용량계수 $\times \dfrac{\text{수전단선간전압}}{\text{송전거리}}$

③ 송전용량계수 $\times \dfrac{(\text{송전거리})^2}{\text{수전단선간전압}}$

④ 송전용량계수 $\times \dfrac{\text{송전거리}}{\text{수전단선간전압}}$

풀이

$$P_r = k\frac{V_r^2}{\ell}$$

Q 208

어떤 고층건물의 부하 총 설비전력이 800kW 이고, 수용률이 0.5이며, 역률이 0.8(뒤짐)일 때 이 건물의 변전시설용량의 최저값은 몇 kVA인가?

① 350 ② 500
③ 750 ④ 900

풀이

$$\text{변전시설용량} = \frac{800 \times 0.5}{0.8} = 500\,\text{kVA}$$

정답 204 ④ 205 ④ 206 ④ 207 ① 208 ②

Q 209

차단기의 고속도 재폐로의 목적으로 가장 알맞은 것은?

① 고장의 신속한 제거
② 안정도 향상
③ 기기의 보호
④ 고장전류 억제

풀이

재폐로 : 고장 시 신속히 차단하여 제거한 후 즉시 재투입하는 방식(안정도 증진)

Q 210

수전단을 단락한 경우 송전단에서 본 임피던스가 300Ω이고, 수전단을 개방한 경우 송전단에서 본 어드미턴스가 1.875×10^{-3} ℧일 때, 이 송전선의 특성 임피던스는 몇 Ω인가?

① 200　　② 300
③ 400　　④ 500

풀이

$$Z_0=\sqrt{\frac{Z}{Y}}=\sqrt{\frac{300}{1.875\times10^{-3}}}=400\,\Omega$$

Q 211

통신선과 병행인 60Hz의 3상 1회선 송전선에서 1선 지락으로 110A의 영상 전류가 흐르고 있을 때 통신선에 유기되는 전자 유도전압은 약 몇 V인가? (단, 영상전류는 송전선 전체에 걸쳐 같은 크기이고, 통신선과 송전선의 상호 인덕턴스는 0.05mH/km이고, 양선로의 병행 길이는 55km이다.)

① 252　　② 293
③ 342　　④ 365

풀이

$$E_s=\omega M\cdot\ell\times3I_0$$
$$=(2\pi\times60\times0.05\times10^{-3})\times55\times3\times110=342.12\text{V}$$

Q 212

송배전 계통에 발생하는 이상전압의 내부적 원인이 아닌 것은?

① 직격뢰　　② 선로의 개폐
③ 아크 접지　　④ 선로의 이상상태

풀이

- 외부적 원인 : 직격뇌, 유도뇌
- 내부적 원인 : 개폐써어지, 잔류전압에 의한 전위상승, 1선지락시 전위상승, 무부하시 전위상승

Q 213

변압기를 보호하기 위한 계전기로 사용되지 않는 것은?

① 비율차동계전기　　② 온도계전기
③ 부흐홀쯔계전기　　④ 주파수계전기

풀이

변압기 보호계전기 : 비율차동계전기, 온도계전기, 압력계전기, 부흐홀쯔계전기

Q 214

송전선이 통신선에 미치는 유도장해를 억제 및 제거하는 방법이 아닌 것은?

① 송전선에 충분한 연가를 실시한다.
② 송전계통의 중성점 접지개소를 택하여 중성점을 리액터 접지한다.
③ 송전선과 통신선의 상호 접근거리를 크게 한다.
④ 송전선측에 특성이 양호한 피뢰기를 설치한다.

풀이

피뢰기 설치는 송전선측 대책이 아니라 통신선측 대책이다.

정답 209 ② 210 ③ 211 ③ 212 ① 213 ④ 214 ④

Q 215

다음 중 보상 변류기에 대한 설명으로 알맞은 것은?

① 변압기의 고·저압간의 전류, 위상을 보상한다.
② 계전기의 오차와 위상을 보상한다.
③ 전압강하를 보상한다.
④ 역률을 보상한다.

풀이

변압기 1차, 2차 상차각을 감소하기 위한 보조권선이다.

Q 216

최소동작전류 이상의 전류가 흐르면 한도를 넘는 양(量)과는 상관없이 즉시 동작하는 계전기는?

① 반한시계전기 ② 정한시계전기
③ 순한시계전기 ④ Notting 한시계전기

풀이

- **순한시성 계전기** : 최소동작전류 이상의 전류가 흐르면 즉시 동작하는 특성
- **정한시성 계전기** : 규정된 이상의 전류가 흐를 때 전류의 크기와 관계없이 정해진 시간 후에 동작
- **반한시성 계전기** : 전류크기와 시간이 반대로 동작

Q 217

변압기 중성점의 비접지방식을 직접접지방식과 비교한 것 중 옳지 않은 것은?

① 전자유도장해가 경감된다.
② 지락전류가 작다.
③ 보호계전기의 동작이 확실하다.
④ 선로에 흐르는 영상전류는 없다.

풀이

보호계전기의 동작이 신속하고 확실한 것은 직접접지방식의 특징이다.

Q 218

저압 밸런서를 필요로 하는 방식은 ?

① 3상 3선식 ② 3상 4선식
③ 단상 2선식 ④ 단상 3선식

풀이

단상3선식에서의 전압불평형을 방지시켜준다.

Q 219

각 수용가의 수용설비용량이 50kW, 100kW, 80kW, 60kW, 150kW이며, 각각의 수용률이 0.6, 0.6, 0.5, 0.5, 0.4일 때 부하의 부등률이 1.3 이라면 변압기 용량은 약 몇 kVA가 필요한가? (단, 평균 부하역률은 80%라고 한다.)

① 142kVA ② 165kVA
③ 183kVA ④ 212kVA

풀이

$$\text{변압기용량} = \frac{\sum(\text{설비용량} \times \text{수용률})}{\text{부등률} \times \text{역률}}$$

$$= \frac{50 \times 0.6 + 100 \times 0.6 + 80 \times 0.5 + 60 \times 0.5 + 150 \times 0.4}{1.3 \times 0.8}$$

$\fallingdotseq 212\text{kVA}$

Q 220

송전방식에는 교류송전과 직류송전방식이 있다. 교류에 비하여 직류송전방식의 장점은?

① 전압변경이 쉽다.
② 송전효율이 좋다.
③ 회전자계를 쉽게 얻을 수 있다.
④ 설비비가 싸다.

풀이

직류송전방식의 특징 : 절연레벨 경감, 안정도가 좋고 무효전력이 없으며, 리액턴스에 의한 전압강하가 없다. 송전효율이 좋다.

부록 B

정답 215 ① 216 ③ 217 ③ 218 ④ 219 ④ 220 ②

Q 221

통신선과 평행된 주파수 60Hz의 3상 1회선 송전선에서 1선지락으로 영상전류가 100A 흐르고 있을 때 통신선에 유기되는 전자유도전압은 약 몇 V인가? (단, 영상전류는 송전선 전체에 걸쳐 있으며, 통신선과 송전선의 상호 인덕턴스는 0.05mH/km이고, 양 선로의 병행 길이는 50km이다.)

① 94V ② 163V
③ 242V ④ 283V

풀이

$E_s = j\omega M \cdot \ell \times 3 \cdot I_0$

$= 0.05 \times 10^{-3} \times 2\pi \times 60 \times 50 \times 3 \times 100 \fallingdotseq 283$

Q 222

다음 그림은 변류기의 접속도이다. 이와 같은 접속을 무슨 접속이라 하는가 ?

① 교차접속
② 직렬접속
③ 병렬접속
④ 차동접속

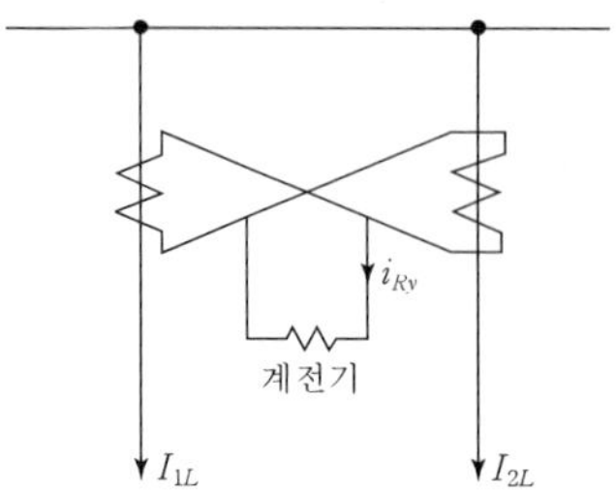

Q 223

중거리 송전선로의 T형 회로에서 일반 회로 정수 C는 무엇을 나타내는가?

① 저항 ② 어드미턴스
③ 임피던스 ④ 리액턴스

풀이

- B : 임피던스 차원
- C : 어드미턴스 차원

Q 224

3상 송전선로에서 지름 5mm의 경동선을 간격 1m로 정삼각형 배치를 한 가공전선의 1선 1km 당의 작용인덕턴스는 약 몇 mH/km인가?

① 1.0mH/km ② 1.25mH/km
③ 1.5mH/km ④ 2.0mH/km

풀이

$L = 0.05 + 0.4605\ \log_{10}\left(\frac{1000}{2.5}\right) = 1.25\text{mH/km}$

Q 225

선로 전압 강하 보상기(LDC)에 대하여 옳게 설명한 것은?

① 분로 리액터로 전압 상승을 억제 하는 것
② 직렬 콘덴서로 선로 리액턴스를 보상하는 것
③ 승압기로 저하된 전압을 보상하는 것
④ 선로의 전압 강하를 고려하여 모선 전압을 조정하는 것

Q 226

다음 중 직격뢰에 대한 방호설비로 가장 적당한 것은?

① 가공지선 ② 서지흡수기
③ 복도체 ④ 정전방전기

풀이

직격뇌에 대한 방호장치 : 가공지선, 피뢰기, 피뢰침, 소호각 등이 있다.

Q 227

400kVA 단상 변압기 3대를 △-△ 결선으로 사용하다가 1대의 고장으로 V-V 결선을 하여 사용하면 대략 몇 kW 부하까지 걸 수 있겠는가?

① 133kW ② 577kW
③ 690kW ④ 866kW

풀이

$P_v = 1\text{대 용량} \times \sqrt{3} = 400\sqrt{3}$

정답 221 ④ 222 ④ 223 ② 224 ② 225 ④ 226 ① 227 ③

Q 228

다음 중 송전선로의 역섬락을 방지하기 위한 대책으로 가장 알맞은 방법은?

① 가공지선을 설치함
② 피뢰기를 설치함
③ 탑각저항을 낮게 함
④ 소호각을 설치함

풀이
매설지선을 설치하여 철탑의 탑각 접지저항을 감소시켜 역섬락을 방지

Q 229

배전선로의 고장전류를 차단할 수 있는 것으로 가장 알맞은 것은?

① 단로기
② 구분개폐기
③ 컷아웃스위치(COS)
④ 차단기

풀이
차단기 : 고장전류(단락전류)차단 가능

Q 230

송전선에 복도체를 사용할 경우, 같은 단면적의 단도체를 사용하였을 경우와 비교할 때 옳지 않은 것은?

① 전선의 인덕턴스는 감소되고 정전용량은 증가된다.
② 고유 송전용량이 증대되고 정태안정도가 증대된다.
③ 전선 표면의 전위경도가 증가한다.
④ 전선의 코로나 개시전압이 높아진다.

풀이
복도체 사용 시 등가직경이 증가하므로 전위경도가 감소하여 코로나 방지에 좋다.

Q 231

전원이 양단에 있는 환상선로의 단락보호에 사용되는 계전기는?

① 방향거리계전기 ② 부족전압계전기
③ 선택접지계전기 ④ 부족전류계전기

풀이
방향 거리 계전기 : 환상선로 단락보호용

Q 232

다음 중 송전선로의 특성 임피던스와 전파정수를 구하기 위한 시험으로 가장 적절한 것은?

① 무부하시험과 단락시험
② 부하시험과 단락시험
③ 부하시험과 충전시험
④ 충전시험과 단락시험

Q 233

이상전압의 파고치를 저감시켜 기기를 보호하기 위하여 설치하는 것은?

① 리액터
② 아아모 로드(Armour rod)
③ 피뢰기
④ 아킹 호온(Arcing horn)

Q 234

3상 3선식 송전선로가 있다. 전선 한 가닥의 저항은 10Ω, 리액턴스는 20Ω이고 수전단의 선간전압은 60kV, 부하역율은 0.8(늦음)이다. 전압강하율은 5%로 하면 이 송전선로로 약 몇 kW까지 수전할 수 있는가?

① 6200kW ② 7200kW
③ 8200kW ④ 9200kW

부록 B

정답 228 ③ 229 ④ 230 ③ 231 ① 232 ① 233 ③ 234 ②

풀이

- 전압강하율이 5%이므로 전압강하

$e = \epsilon \times V = 60,000 \times 0.05 = 3000\,\text{V}$

$e = \dfrac{P}{V}(R + X\tan\theta)$에서 $P = \dfrac{eV}{R + X\tan\theta}$

$= \dfrac{3000 \times 60000}{10 + 20 \times \dfrac{0.6}{0.8}} \times 10^{-3} = 7200\text{kW}$

Q 235

코로나 현상에 대한 설명으로 거리가 먼 것은?

① 소호리액터의 소호능력이 저하된다.
② 전선 지지점 등에서 전선의 부식이 발생한다.
③ 공기의 절연성이 파괴되어 나타난다.
④ 전선의 전위경도가 40kV/cm 이상일 때부터 나타난다.

풀이

공기절연파괴 극한전압
- 교류 : 21kV/cm
- 직류 : 30kV/cm

Q 236

그림과 같은 3상 3선식 전선로의 단락점에 있어서의 3상 단락전류는 약 몇 A인가? (단, 66kV에 대한 %리액턴스 10%이고, 저항분은 무시한다.)

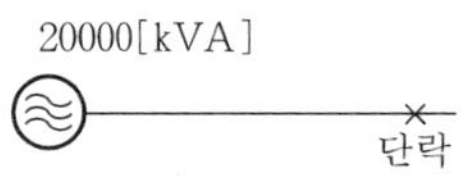

① 1750A ② 2000A
③ 2500A ④ 3030A

풀이

- $I_s = \dfrac{100}{10} \times \dfrac{20000}{\sqrt{3} \times 66} ≒ 1750\text{A}$

Q 237

승압기에 의하여 전압 V_e에서 V_h로 승압할 때, 2차 정격 전압 e, 자기 용량 W인 단상 승압기가 공급할 수 있는 부하 용량은 어떻게 표현되는가?

① $\dfrac{V_h}{e} \times W$ ② $\dfrac{V_e}{e} \times W$
③ $\dfrac{V}{V_h - V_e} \times W$ ④ $\dfrac{V_h - V_e}{V_e} \times W$

풀이

- 자기용량 $W = e \times I_2 = e \times \dfrac{\text{부하용량}}{V_h}$
- 부하용량$= \dfrac{V_h}{e} = W$

Q 238

3상 송전선로의 고장에서 1선 지락사고 등 3상 불평형 고장 시 사용되는 계산법은?

① 옴[Ω] 법에 의한 계산
② %법에 의한 계산
③ 단위(PU)법에 의한 계산
④ 대칭좌표법

풀이

대칭좌표법 : 3상 불평형 고장계산

Q 239

부하역률이 $\cos\theta$인 경우의 배전선로의 전력손실은 같은 크기의 부하전력으로 역률이 1인 경우의 전력손실에 비하여 몇 배인가?

① $\dfrac{1}{\cos^2\theta}$ ② $\dfrac{1}{\cos\theta}$
③ $\cos\theta$ ④ $\cos^2\theta$

풀이

$P_l = \dfrac{\dfrac{1}{\cos^2\theta}}{1} = \dfrac{1}{\cos^2\theta}$

정답 235 ④ 236 ① 237 ① 238 ④ 239 ①

Q 240

정전압 송전방식에서 전력원선도를 그리려면 무엇이 주어져야 하는가?

① 송·수전단 전압, 선로의 일반회로정수
② 송·수전단 전류, 선로의 일반회로정수
③ 조상기 용량, 수전단 전압
④ 송전단 전압, 수전단 전류

풀이

전력원선도를 그리려면 반지름 $\left(\dfrac{E_s E_r}{B}\right)$이 주어져야 한다.

Q 241

선로의 길이가 250km인 3상 3선식 송전선로가 있다. 중성선에 대한 1선 1km의 리액턴스는 0.5Ω, 용량 서셉턴스는 3×10^{-6}[℧]이다. 이 선로의 특성 임피던스는 약 몇 Ω인가?

① 366Ω ② 408Ω
③ 424Ω ④ 462Ω

풀이

$$Z_0=\sqrt{\frac{Z}{Y}}=\sqrt{\frac{0.5}{3\times10^{-6}}}=408\,\Omega$$

Q 242

선로 고장발생시 타 보호기기와의 협조에 의해 고장 구간을 신속히 개방하는 자동구간 개폐기로서 고장전류를 차단할 수 없어 차단 기능이 있는 후비보호장치와 직렬로 설치되어야 하는 배전용 개폐기는?

① 배전용 차단기 ② 부하 개폐기
③ 컷아웃 스위치 ④ 섹셔널라이저

풀이

섹셔널라이저 : 선로 고장발생시 타 보호기기와의 협조에 의해 고장 구간을 신속히 개방하는 자동구간 개폐기로서 고장전류를 차단할 수 없어 차단기능이 있는 리클로져와 직렬로 설치한다.

Q 243

배전계통을 구성할 때 저압 뱅킹배전방식의 케스케이딩(cascading) 현상이란?

① 전압 동요가 적은 현상
② 변압기의 부하 배분이 불균일한 현상
③ 저압선이나 변압기에 고장이 생기면 자동적으로 고장이 제거되는 현상
④ 저압선의 고장에 의하여 건전한 변압기의 일부 또는 전부가 회로로부터 차단되는 현상

풀이

- 캐스케이딩 현상 : 저압선의 고장에 의하여 건전한 변압기의 일부 또는 전부가 회로로부터 차단되는 현상
- 방지대책 : 구분 퓨즈 설치

Q 244

전력용 피뢰기에서 직렬 갭(gap) 의 주된 사용 목적은 ?

① 방전내량을 크게 하고 장시간 사용하여도 열화를 적게 하기 위함
② 충격방전 개시전압을 높게 하기 위함
③ 상시는 누설전류를 방지하고 충격파 방전 종료 후에는 속류를 즉시 차단하기 위함
④ 충격파가 침입할 때 대지에 흐르는 방전전류를 크게 하여 제한전압을 낮게 하기 위함

풀이

직렬 갭 : 이상 전압 내습 시 뇌전류를 대지로 방전하고 속류를 차단한다.

Q 245

전력손실이 없는 송전선로에서 서지파(진행파)가 진행하는 속도는? (단, L : 단위선로 길이당 인덕턴스, C : 단위선로 길이당 커패시턴스이다.)

① $\sqrt{\dfrac{L}{C}}$ ② $\sqrt{\dfrac{C}{L}}$
③ $\dfrac{1}{\sqrt{LC}}$ ④ $\sqrt{LC}$

정답 240 ① 241 ② 242 ④ 243 ④ 244 ③ 245 ③

풀이

$$v = \frac{\omega}{\beta} = \frac{\omega}{\omega\sqrt{LC}} = \frac{1}{\sqrt{LC}}$$

Q 246

다음 중 가공 지선의 설치 목적으로 볼 수 없는 것은?

① 유도뢰에 대한 정전차폐
② 전압강하의 방지
③ 직격뢰에 대한 차폐
④ 통신선에 대한 전자유도 장해 경감

풀이

가공지선 : 직격뇌, 유도뢰차폐 및 통신선 유도장해 경감

Q 247

불평형 3상 전압을 V_a, V_b, V_c라 하고 $a = \epsilon^{j\frac{2\pi}{3}}$라 할 때 $V_x = \frac{1}{3}(V_a + aV_b + a^2 V_c)$ 이다. 여기에서 V_x는?

① 정상전압 ② 단락전압
③ 영상전압 ④ 지락전압

풀이

- 영상분 $V_0 = \frac{1}{3}(V_a + V_b + V_c)$
- 정상분 $V_1 = \frac{1}{3}(V_a + aV_b + a^2 V_c)$
- 역상분 $V_2 = \frac{1}{3}(V_a + a^2 V_b + aV_c)$

Q 248

다음 중 무부하시의 충전전류 차단만이 가능한 것은?

① 진공차단기 ② 유입차단기
③ 단로기 ④ 자기차단기

풀이

단로기 : 무부하 전류 개폐가능

Q 249

다음 중 재점호가 가장 일어나기 쉬운 차단전류는?

① 동상전류 ② 지상전류
③ 진상전류 ④ 단락전류

풀이

재점호를 일으키기 쉬운 전류는 충전전류(진상)이다.

Q 250

3상 배전선로의 말단에 지상역률 80%, 160kW인 평형 3상 부하가 있다. 부하점에 전력용콘덴서를 접속하여 선로 손실을 최소가 되게 하려면 전력용콘덴서의 필요한 용량은? (단, 부하단 전압은 변하지 않는 것으로 한다.)

① 100kVA ② 120kVA
③ 160kVA ④ 200kVA

풀이

$$Q_c = P\tan\theta = 160 \times \frac{0.6}{0.8} = 120\text{kVA}$$

Q 251

다음 중 송전선로에 복도체를 사용하는 이유로 가장 알맞은 것은 ?

① 선로를 뇌격으로부터 보호한다.
② 선로의 진동을 없앤다.
③ 철탑의 하중을 평형화한다.
④ 코로나를 방지하고 인덕턴스를 감소시킨다.

풀이

복도체 특징 : 코로나를 방지하고 인덕턴스를 감소, 송전용량 증가

정답 246 ② 247 ① 248 ③ 249 ③ 250 ② 251 ④

Q 252

다음 중 동작 시간에 따른 보호 계전기의 분류와 그 설명으로 틀린 것은?

① 순한시 계전기는 설정된 최소작동전류 이상의 전류가 흐르면 즉시 작동하는 것으로 한도를 넘은 양과는 관계가 없다.
② 정한시 계전기는 설정된 값 이상의 전류가 흘렀을 때 작동 전류의 크기와는 관계없이 항상 일정한 시간 후에 작동하는 계전기이다.
③ 반한시 계전기는 작동시간이 전류값의 크기에 따라 변하는 것으로 전류값이 클수록 느리게 동작하고 반대로 전류값이 작아질수록 빠르게 작동하는 계전기이다.
④ 반한시성 정한시 계전기는 어느 전류값가지는 반한시성이지만 그 이상이 되면 정한시로 작동하는 계전기이다.

풀이

반한시 계전기 : 전류값이 작으면 동작시간은 길어지고 전류값이 커지면 동작시간은 짧아진다.

Q 253

송전용량계수법에 의하여 송전선로의 송전용량을 결정할 때 수전 전력의 관계를 옳게 표현한 것은?

① 수전전력의 크기는 송전거리와 송전전압에 비례한다.
② 수전전력의 크기는 송전거리에 비례하고 수전단 선간전압의 제곱에 비례한다.
③ 수전전력의 크기는 송전거리에 반비례하고 수전단 선간전압에 비례한다.
④ 수전전력의 크기는 송전거리에 반비례하고 수전단 선간전압의 제곱에 비례한다.

풀이

$$P_r = k\frac{V_r^2}{\ell} = \frac{(\text{송전용량계수})\times(\text{수전단선간전압})^2}{\text{송전거리}}$$

Q 254

복도체의 선로가 있다. 소도체의 지름이 8mm, 소도체 사이의 간격이 40cm일 때 등가 반지름은?

① 2.8cm　② 3.6cm
③ 4.0cm　④ 5.7cm

풀이

$r_e = \sqrt{r\cdot s} = \sqrt{0.4\times 40} = 4\text{cm}$

Q 255

다음 중 수차의 캐비테이션의 방지책으로 옳지 않은 것은?

① 과부하 운전을 가능한 한 피한다.
② 흡출수두를 증대시킨다.
③ 수차의 비속도를 너무 크게 잡지 않는다.
④ 침식에 강한 금속재료로 러너를 제작한다.

풀이

- 캐비테이션(공동현상) : 유수 중에 저압부가 생겨 기포가 생기는 현상
- 방지 대책 : 적당한 회전수 선정, 낙차 감소, 스테인리스강 사용

Q 256

전력계통의 안정도 향상대책으로 직렬 리액턴스를 적게 하기 위한 방법이 아닌 것은?

① 발전기의 리액턴스를 적게 한다.
② 변압기의 리액턴스를 적게 한다.
③ 복도체를 사용한다.
④ 단락비가 작은 발전기를 사용한다.

풀이

직렬 리액턴스를 감소시키는 대책
- 발전기, 변압기 리액턴스 작게 한다.
- 단락비를 크게 한다.
- 복도체 및 다회선 방식을 채용한다.
- 직렬 콘덴서를 설치한다.

정답 252 ③ 253 ④ 254 ③ 255 ② 256 ④

Q 257

원자로에서 핵분열로 발생한 고속중성자를 열중성자로 바꾸는 작용을 하는 것은?

① 제어재 ② 냉각재
③ 감속재 ④ 반사체

풀이
감속재 : 고속중성자를 열중성자(저속중성자)로 감속 (경수, 중수, 흑연, 베릴륨)

Q 258

임피던스 Z_1, Z_2 및 Z_3를 그림과 같이 접속한 선로의 A쪽에서 전압파 E가 진행해 왔을 때 접속점 B에서 무반사로 되기 위한 조건은?

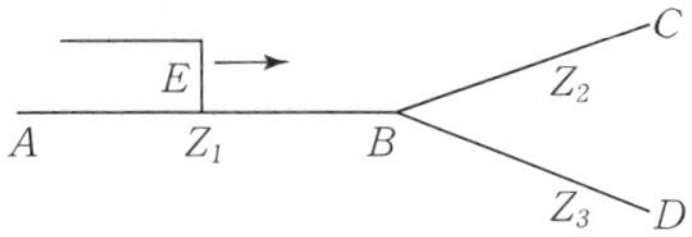

① $Z_1 = Z_2 + Z_3$ ② $\frac{1}{Z_3} = \frac{1}{Z_1} + \frac{1}{Z_2}$
③ $\frac{1}{Z_1} = \frac{1}{Z_2} + \frac{1}{Z_3}$ ④ $\frac{1}{Z_2} = \frac{1}{Z_1} + \frac{1}{Z_3}$

풀이
무반사 조건 : B점(변이점)을 기준으로 양쪽의 임피던스 또는 어드미턴스가 같으면 된다.
따라서 $\frac{1}{Z_1} = \frac{1}{Z_2} + \frac{1}{Z_3}$ 이다.

Q 259

설비 A가 150kW, B가 350kW, 수용률이 각각 0.6 및 0.7일 때 합성최대전력이 279kW이면 부등률은?

① 1.1 ② 1.2
③ 1.3 ④ 1.4

풀이
$$부등률 = \frac{150 \times 0.6 + 350 \times 0.7}{279} = 1.2$$

Q 260

송전전압 154kV, 주파수 60Hz, 선로의 작용정전용량 0.01μF/km, 길이 100km인 1회선 송전선을 충전시킬 때 자기 여자를 일으키지 않는 최소발전기용량은 약 몇 kVA인가? (단, 발전기의 단락비는 1.1이고, 포화율은 0.1이라고 한다.)

① 5162kVA ② 8941kVA
③ 15486kVA ④ 26822kVA

풀이
$Q_c = 3\omega CE^2 \ell \times 10^{-3} \fallingdotseq 8941$

Q 261

주변압기 등에서 발생하는 제 5 고조파를 줄이는 방법은?

① 전력용콘덴서에 직렬리액터를 접속
② 변압기 2차측에 분로리액터 연결
③ 모선에 방전코일 연결
④ 모선에 공심 리액터 연결

풀이
직렬리액터 : 제 5 고조파를 제거하여 전압의 파형을 개선

Q 262

그림과 같이 일직선 배치로 완전 연가한 경우의 등가 선간 거리는?

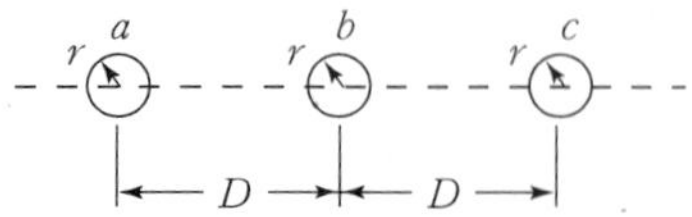

① $\sqrt[3]{2}D$ ② $\sqrt{2}D$
③ $\sqrt{D}$ ④ $\sqrt{3}D$

풀이
수평배열이므로
$D' = \sqrt[3]{D \cdot D \cdot 2D} = D \cdot \sqrt[3]{2}$

정답 257 ③ 258 ③ 259 ② 260 ② 261 ① 262 ①

Q 263

전원으로부터 합성임피던스가 0.25%(10000 kVA 기준)인 곳에 설치하는 차단기의 용량은?

① 250MVA ② 400MVA
③ 2500MVA ④ 4000MVA

풀이

$P_s = \frac{100}{0.25} \times 10000 \times 10^{-3} = 4000\text{MVA}$

Q 264

탑각의 접지와 관련이다. 접지봉으로써 희망하는 접지저항치까지 줄일 수 없을 때 사용하는 것은?

① 가공지선 ② 매설지선
③ 크로스본드선 ④ 차폐선

풀이

매설지선 : 철탑의 탑각접지저항을 감소시켜 역섬락을 방지한다.

Q 265

직류 2선식 대비 전선 1가닥당 송전 전력이 최대가 되는 전송 방식은? (단, 선간전압, 전송전류, 역률 및 전송거리가 같고 중성선은 전력선과 동일한 굵기이며 전선은 같은 재료를 사용하고, 교류 방식에서 $\cos\theta = 1$ 로 한다.)

① 단상 2선식 ② 단상 3선식
③ 3상 3선식 ④ 3상 4선식

풀이

직류 2선식(1선당 공급전력 $P = 0.5VI$) 을 기준으로 송전전력이 최대가 되는 것은 3상 3선식이다. (1선당 공급전력 $P = 0.57VI$)

* 1선당 공급전력이 최대전기방식 : 3상 4선식(1선당 공급전력 $P = 0.75VI$)

Q 266

한류 리액터를 사용하는 가장 큰 목적은?

① 충전전류의 제한 ② 접지전류의 제한
③ 누설전류의 제한 ④ 단락전류의 제한

풀이

한류 리액터 설치목적 : 단락전류제한(차단기용량 감소)

Q 267

송전선로에서 송수전단 전압 사이의 상차각이 몇 [°]일 때 최대 전력으로 송전할 수 있는가?

① 30° ② 45°
③ 60° ④ 90°

풀이

$P_s = \frac{E_s \cdot E_r}{X} \sin\delta$에서 $\sin\delta = 1$일 때 최대전력이므로 90°이다.

Q 268

파동임피던스 $Z_1 = 600\,\Omega$인 선로 종단에 파동임피던스 $Z_2 = 1300\,\Omega$의 변압기가 접속되어 있다. 지금 선로에서 파고 $e_i = 900\text{kV}$의 전압이 진입되었다면 접촉점에서의 전압 반사파는 약 몇 kV인가?

① 192kV ② 332kV
③ 524kV ④ 988kV

풀이

반사파 $e_2 = \frac{Z_2 - Z_1}{Z_1 + Z_2} e_1$

$= \frac{1300 - 600}{600 + 1300} \times 900 \fallingdotseq 332\text{ kV}$

정답 263 ④ 264 ② 265 ③ 266 ④ 267 ④ 268 ②

Q 269

저압뱅킹 배전방식에서 캐스케이딩(cascading) 현상이란?

① 저압선이나 변압기에 고장이 생기면 자동적으로 고장이 제거되는 현상
② 변압기의 부하배분이 균일하지 못한 현상
③ 저압선의 고장에 의하여 건전한 변압기의 일부 또는 전부가 차단되는 현상
④ 전압동요가 적은 현상

풀이
- 캐스케이딩현상 : 저압선의 고장에 의하여 건전한 변압기 일부 또는 전부가 차단되는 현상
- 방지대책 : 구분퓨즈설치

Q 270

초호각(arcing horn)의 역할은?

① 애자의 파손을 방지한다.
② 풍압을 조절한다.
③ 송전 효율을 높인다.
④ 고주파수의 섬락전압을 높인다.

풀이
초호각(아킹혼) : 섬락으로부터 애자련 보호 및 애자련의 전압분담 균등화

Q 271

3상 3선식 송전선을 연가 할 경우 일반적으로 몇의 배수(培數)의 구간으로 등분하여 연가 하는가?

① 2 ② 3
③ 5 ④ 6

풀이
- 연가 : 각상의 전자유도되는 크기와 각상의 정전유도되는 크기를 같게 하기 위해 선로를 3등분한다.
- 연가 주목적 : 선로정수평형
- 연가 효과 : 유도장해방지, 직렬공진에 의한 이상전압방지

Q 272

다음 중 보호대상과 사용되는 계전기의 연결로 옳지 않은 것은 ?

① 발전기 내부 단락 검출용 – 비율차동 계전기
② 발전기 계자보호 및 직류기 기동용 – 부족전류계전기
③ 발전기 부하불평형 회전자 과열소손 – 역상과전류계전기
④ 과부하 단락사고 – 과전압계전기

풀이
과부하 단락사고 – 과전류 계전기

Q 273

전력계통의 절연협조 계획에서 채택되어야 하는 모선 피뢰기와 변압기의 관계에 대한 그래프로 옳은 것은 ?

①
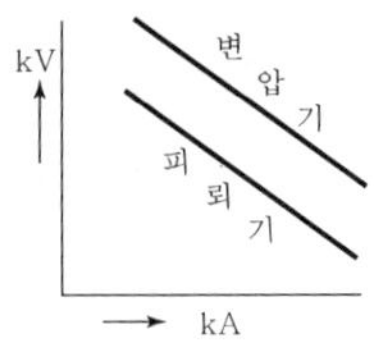

②
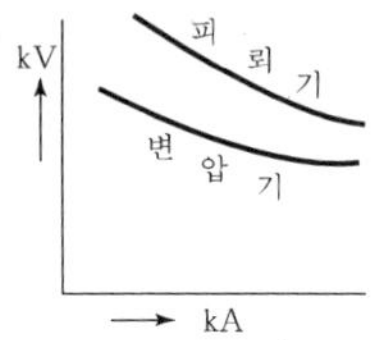

③
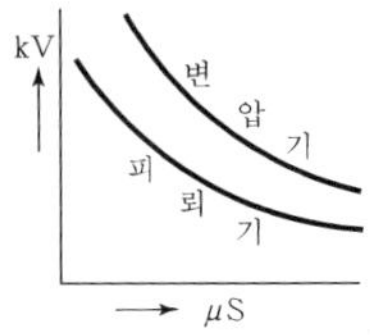

④
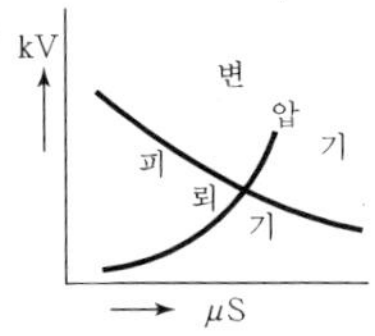

풀이
절연협조 : 계통 내의 각 기계기구 상호간 적정한 절연강도를 지니게 하는 것이며 피뢰기 제한전압을 기준으로 한다.

Q 274

변전소에서 비접지 선로의 접지보호용으로 사용되는 계전기에 영상전류를 공급하는 것은?

① CT ② GPT
③ ZCT ④ PT

풀이
ZCT(영상 변류기) : 영상전류를 계전기에 공급

정답 269 ③ 270 ① 271 ② 272 ④ 273 ③ 274 ③

Q 275

전압 66000V, 주파수 60Hz, 길이 20km, 심선 1선당 작용 정전용량 0.3464μF/km인 3상 지중 전선로의 3상 무부하 충전 전류는 약 몇 A인가? (단, 정전 용량 이외의 선로정수는 무시한다.)

① 83.5A ② 91.5A
③ 99.5A ④ 107.5A

풀이

- $I_c = \omega CE \cdot \ell$

$$= 2\pi \times 60 \times 0.3464 \times 10^{-6} \times 20 \times \frac{66000}{\sqrt{3}} = 99.5\text{A}$$

Q 276

전선 4개의 도체가 정4각형으로 그림과 같이 배치되어 있을 때 소도체간 기하 평균거리는 약 몇 m인가?

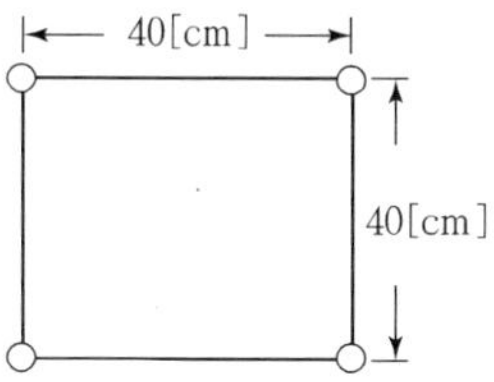

① 0.40m
② 0.45m
③ 0.50m
④ 0.57m

풀이

- 등가선간거리$= \sqrt[n]{D_1 \cdot D_2 \cdot D_3 \cdots D_n}$,
- 4도체방식=한변길이$\times \sqrt[6]{2}$ 이므로
$D = 0.4 \sqrt[6]{2} = 0.45\ \text{m}$

Q 277

3상 3선식 1회선 배전 선로의 말단에 역률 0.8(늦음)의 평형 3상 부하가 있다. 변전소 인출구(송전단)전압이 6600V, 부하의 단자전압이 6000V일 때 부하 전력은 몇 kW인가? (단, 전선 1가닥당의 저항은 4Ω, 리액턴스는 3Ω이라 하고 기타 선로 정수는 고려하지 않는다.)

① 333kW ② 576kW
③ 998kW ④ 1728kW

풀이

$$e = \frac{P}{V}(R + X\tan\theta) = V_s - V_r \text{ 에서}$$

$$P = \frac{e \cdot V}{(R + X\tan\theta)} \times 10^{-3}$$

$$= \frac{600 \times 6000}{\left(4 + 3 \times \frac{0.6}{0.8}\right)} \times 10^{-3} = 576\ \text{kW}$$

Q 278

고압배전선로 구성방식 중에서 수요 분포에 따라 임의의 각 장소에서 분기선을 끌어서 공급하는 방식은?

① 가지식(수지식) ② 환상식
③ 망상식 ④ 뱅킹식

풀이

환상식 : 수요 분포에 따라 임의의 각 장소에서 분기선을 끌어서 공급하는 방식

Q 279

가공배전선로에서 부하용량 4000kVA 이하의 분기점에 설치하여 후비보호장치인 차단기 또는 리클로우저와 협조하여 고장구간을 자동으로 구분 분리하는 개폐장치는 ?

① 고장구간 자동 개폐기
② 자동 선로 구분 개폐기
③ 자동 부하 전환 개폐기
④ 기중부하 개폐기

풀이

고장구간 자동 개폐기 : 22.9kV-Y 배전 선로에서 부하용량 4000kVA(또는 특수부하는 2000[kVA]) 이하인 지점에 설치하여 고장구간을 후비보호장치와 협조하여 자동으로 구분 분리하는 개폐기로서 고장으로 인한 계통의 사고확대를 방지하여 주는 보호장치이다.

정답 275 ③ 276 ② 277 ② 278 ② 279 ①

Q 280

전선 a, b, c가 일직선으로 배치되어 있다. a와 b, b와 c 사이의 거리가 각각 5m일 때 이 선로의 등가선간거리는 몇 m인가?

① 5　　② 10

③ $5^3\sqrt{2}$　　④ $5\sqrt{2}$

풀이

일직선 배열 등가 선간거리

$D' = \sqrt[3]{D \cdot D \cdot 2D} = D \cdot \sqrt[3]{2}$ 이다.

Q 281

전력용 퓨즈의 장점으로 틀린 것은?

① 소형으로 큰 차단용량을 갖는다.

② 밀폐형 퓨즈는 차단 시에 소음이 없다.

③ 가격이 싸고 유지 보수가 간단하다.

④ 과도 전류에 의해 쉽게 용단되지 않는다.

풀이

전력용 퓨즈 특징

- 소형, 경량이며 저렴하다.
- 고속차단, 차단용량이 크다.
- 재투입이 불가능하며, 과도전류에 용단되기 쉽다.

Q 282

충전전류는 일반적으로 어떤 전류를 말하는가?

① 앞선전류　　② 뒤진전류

③ 유효전류　　④ 누설전류

풀이

- 충전전류 : 진상전류 = 앞선전류
- 단락전류 : 지상전류 = 뒤진전류

Q 283

전선로의 지지물 양쪽의 경간의 차가 큰 장소에 사용되며, 일명 E 철탑이라고도 하는 표준 철탑의 일종은?

① 직선형 철탑　　② 내장형 철탑

③ 각도형 철탑　　④ 인류형 철탑

Q 284

3상용 차단기의 정격차단용량은?

① 정격전압 × 정격차단전류

② 3 × 정격전압 × 정격전류

③ 3 × 정격전압 × 정격차단전류

④ $\sqrt{3}$ × 정격전압 × 정격차단전류

Q 285

케이블의 전력손실과 관계가 없는 것은?

① 도체의 저항손　　② 유전체손

③ 연피손　　④ 철손

풀이

케이블 전력손실

- 저항손 – 도체
- 유전체손 – 절연물
- 시즈손 – 연피(전자유도작용)

Q 286

3,300V 배전선로의 전압을 6,600V로 승압하고 같은 손실율로 송전하는 경우 송전전력은 승압전의 몇 배인가?

① $\sqrt{3}$　　② 2

③ 3　　④ 4

풀이

$P \propto V^2$ 에서 $P = \left(\frac{6600}{3300}\right)^2 = 4$

정답 280 ③　281 ④　282 ①　283 ②　284 ④　285 ④　286 ④

Q 287

페란티 효과의 발생 원인은?

① 선로의 저항　② 선로의 인덕턴스
③ 선로의 정전용량　④ 선로의 누설컨덕턴스

풀이
페란티 현상 : 경부하 또는 무부하시 선로 정전용량에 의해 송전단 전압보다 수전단 전압이 높아지는 현상(방지-분로 리액터 설치)

Q 288

후비보호계전방식의 설명으로 틀린 것은?

① 주보호계전기가 보호할 수 없을 경우 동작하며, 주보호계전기와 정정값은 동일하다.
② 주보호계전기가 그 어떤 이유로 정지해 있는 구간의 사고를 보호한다.
③ 주보호계전기에 결함이 있어 정상 동작할 수 없는 상태에 있는 구간 사고를 보호한다.
④ 송전선로에서 거리계전기의 후비보호계전기로 고장선택계전기를 많이 사용한다.

풀이
후비보호 계전방식 : 주 보호기가 고장제거를 실패한 경우 일정 시간을 두고 동작하는 백업 계전방식이다.

Q 289

불평형 부하에서 역률은 어떻게 표현되는가?

① $\dfrac{\text{유효전력}}{\text{각 상의 피상전력의 산술 합}}$

② $\dfrac{\text{유효전력}}{\text{각 상의 피상전력의 벡터 합}}$

③ $\dfrac{\text{무효전력}}{\text{각 상의 피상전력의 산술 합}}$

④ $\dfrac{\text{무효전력}}{\text{각 상의 피상전력의 벡터 합}}$

Q 290

고압 배전선로의 보호방식에서 고장 전류의 차단방식이 아닌 것은?

① 퓨즈에 의한 보호방식
② 리클로저(recloser)에 의한 방식
③ 섹셔널라이저(sectionalizer)에 의한 방식
④ 자동부하 전환스위치(ALTS : auto load transfer switch)에 의한 방식

Q 291

장거리 대전력 송전에서 교류 송전방식에 비교한 직류 송전방식의 장점이 아닌 것은?

① 송전 효율이 높다.
② 안정도의 문제가 없다.
③ 선로 절연이 더 수월하다.
④ 변압이 쉬워 고압송전이 유리하다.

풀이
직류 송전방식 장점
- 절연 계급을 낮출 수 있다.
- 유전체손이 없다.
- 리액턴스에 의한 전압 강하가 없다.
- 비동기 연계가 가능하며 임의 크기의 교류 계통을 연계할 수 있다.

Q 292

3상 3선식 소호리액터접지방식에서 1선의 대지정전용량을 $C[\mu F]$, 상전압 E[kV], 주파수 f[Hz]라 하면, 소호리액터의 용량은 몇 kVA 인가?

① $\pi f CE^2 \times 10^{-3}$　② $2\pi f CE^2 \times 10^{-3}$
③ $3\pi f CE^2 \times 10^{-3}$　④ $6\pi f CE^2 \times 10^{-3}$

풀이
3상 1회선 소호 리액터 용량

$$Q_L = Q_C = 3 \times 2\pi f CE^2 \times 10^{-3}\ \text{kVA}$$

정답 287 ③ 288 ① 289 ② 290 ④ 291 ④ 292 ④

부록 B

Q 293

배전선의 전압조정 방법이 아닌 것은?

① 승압기 사용　　② 유도전압조정기 사용
③ 병렬콘덴서 사용　　④ 주상변압기 탭 전환

Q 294

역률개선용 콘덴서를 부하와 병렬로 연결할 때 △ 결선방법을 채택하는 이유로 가장 타당한 것은?

① 부하저항을 일정하게 유지할 수 있기 때문이다.
② 콘덴서의 정전용량[μF]의 소요가 적기 때문이다.
③ 콘덴서의 관리가 용이하기 때문이다.
④ 부하의 안정도가 높기 때문이다.

풀이

△ 결선 시 $(E=V)$ $Q_c = 3\omega CV^2$

Y 결선 시$\left(E=\dfrac{V}{\sqrt{3}}\right)$

$Q_c = 3\omega C\left(\dfrac{V}{\sqrt{3}}\right)^2 = \omega CV^2$에서 용량이 같을 경우

$3\omega C_\triangle V^2 = \omega C_Y V^2$에서 $C_\triangle = \dfrac{1}{3}C_Y$

Q 295

변전소 구내에서 보폭전압을 저감하기 위한 방법으로 잘못된 것은?

① 접지선을 얕게 매설한다.
② mesh 식 접지방법을 채용하고 mesh 간격을 좁게 한다.
③ 자갈 또는 콘크리트를 타설한다.
④ 철구, 가대 등의 보조 접지를 한다.

Q 296

그림과 같은 회로의 영상, 정상, 역상 임피던스 Z_0, Z_1, Z_2는?

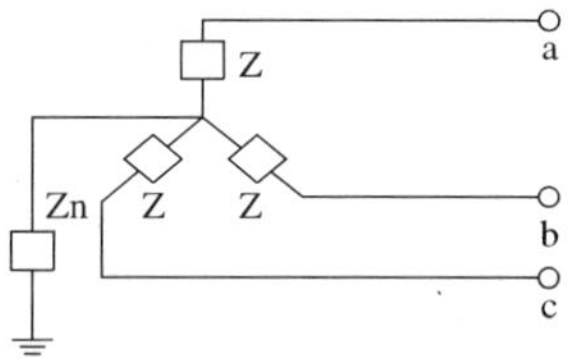

① $Z_0 = Z + 3Z_n$, $Z_1 = Z_2 = Z$
② $Z_0 = 3Z + Z_n$, $Z_1 = 3Z$, $Z_2 = Z$
③ $Z_0 = 3Z_n$, $Z_1 = Z$, $Z_2 = 3Z$
④ $Z_0 = Z + Z_n$, $Z_1 = Z_2 = 3Z_n$

풀이

영상, 정상, 역상 임피던스 모두 1상만 계산한다.
영상 임피던스(Z_0)는
$Z_0 = Z + 3Z_n$
정상 임피던스와 역상 임피던스는 변압기와 선로가 정지상태이므로 같다.
$\therefore\ Z_1 = Z_2 = Z$

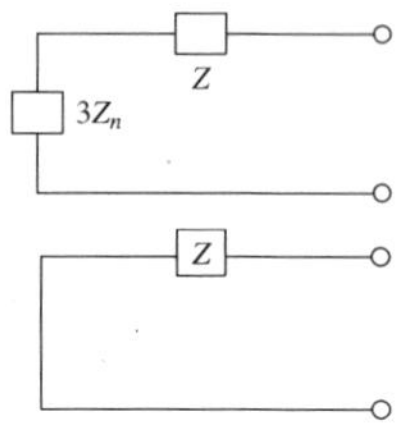

Q 297

송전선로에 근접한 통신선에서 발생하는 유도장해에 관한 설명으로 틀린 것은?

① 정전유도의 원인은 전력선의 영상전압에 의해 발생한다.
② 전자유도의 원인은 전력선의 영상전류에 의해 발생한다.
③ 유도장해를 억제하기 위하여 송전선에 충분한 연가를 한다.
④ 유도되는 전압은 통신선의 길이에 비례한다.

풀이

전자유도 $E_n = j\omega M\ell \times 3I_0$ 는 길이에 비례하지만,
정전유도 전압

$$E_n = \frac{\sqrt{C_a(C_a - C_b) + C_b(C_b - C_c) + C_c(C_c - C_a)}}{C_a + C_b + C_c + C_0} \times \frac{V}{\sqrt{3}}$$

은 관계없다.

정답 293 ③ 294 ② 295 ① 296 ① 297 ④

Q 298

일반적인 경우 그 값이 1 이상인 것은?

① 수용률　② 전압강하율
③ 부하율　④ 부등률

풀이

$$부등률 = \frac{\sum(설비용량 \times 수용률)}{합성\ 최대전력} \geq 1$$

Q 299

중성점 접지방식에서 직접접지방식을 다른 접지방식과 비교하였을 때 그 설명이 틀린 것은?

① 보호계전기의 동작이 확실하여 신뢰도가 높다.
② 변압기의 저감절연이 가능하다.
③ 다중접지사고로의 진전성이 대단히 크다.
④ 단선고장시의 이상전압이 최저이다.

풀이

직접접지방식 특징

- 장점 : 전위상승 최소, 변압기 단절연 가능, 계전기 동작 신속 확실
- 단점 : 지락전류 최대, 유도장해 최대, 안정도가 나쁘다.

Q 300

송전단 전압 161kV, 수전단 전압 155kV, 상차각 60도, 리액턴스가 50Ω일 때 선로손실을 무시하면 송전전력은 약 몇 MW인가?

① 300　② 321
③ 432　④ 580

풀이

$$P = \frac{E_s E_r}{X}\sin\delta = \frac{161 \times 155}{50} \times \sin 60^\circ = 432\text{MW}$$

Q 301

재폐로 차단기에 대한 설명으로 옳은 것은?

① 배전선로용은 고장구간을 고속 차단하여 제거한 후 다시 수동조작에 의해 배전이 되도록 설계된 것이다.
② 재폐로계전기와 함께 설치하여 계전기가 고장을 검출하여 이를 차단기에 통보, 차단하도록 될 것이다.
③ 3상 재폐로 차단기는 1상의 차단이 가능하고 무전압 시간을 약 20~30초로 정하여 재폐로 하도록 되어 있다.
④ 송전선로의 고장구간을 고속 차단하고 재송전하는 조작을 자동적으로 시행하는 재폐로 차단장치를 장비한 자동차단기이다.

풀이

계통의 안정도를 향상시킬 목적으로 차단기가 차단되어 사고가 소멸된 후 자동적으로 송전선을 투입하는 일련의 동작을 재폐로라 한다.

Q 302

전력선과 통신선과의 상호인덕턴스에 의하여 발생되는 유도장해는?

① 정전유도장해　② 전자유도장해
③ 고조파유도장해　④ 전력유도장해

풀이

- 전자유도 장해 : 상호인덕턴스(M), 영상전류(I_0)
- 정전유도 장해 : 선간정전용량(C_m), 영상전압(V_0)

Q 303

모선의 보호계전방식에 해당되는 것은?

① 전력평형 보호방식　② 전압차동 보호방식
③ 표시선 계전방식　④ 위상비교 반송방식

풀이

모선부호에 사용되는 계전방식 : 전류차동 보호방식, 전압차동 보호방식, 환상모선 보호방식, 방향거리 계전방식, 위상비교방식

정답 298 ④ 299 ③ 300 ③ 301 ④ 302 ② 303 ②

Q 304

과전류계전기(OCR)의 탭(tap) 값을 옳게 설명한 것은?

① 계전기의 최소동작전류
② 계전기의 최대부하전류
③ 계전기의 동작시한
④ 변류기의 권수비

풀이
과전류 계전기 탭 설정 전류부터 동작하므로 최소동작전류가 된다.

Q 305

정전용량 C[F]의 콘덴서를 △ 결선해서 3상 전압 V[V]를 가했을 때의 충전용량과 같은 전원을 Y 결선으로 했을 때의 충전용량의 비(△결선/Y결선)는?

① $\frac{1}{3}$　② 3
③ $\frac{1}{\sqrt{3}}$　④ $\sqrt{3}$

풀이
$\frac{\triangle}{Y} = 3$, $\frac{Y}{\triangle} = \frac{1}{3}$

Q 306

정격전압 1차 6600V, 2차 220V의 단상변압기 2대를 승압기로 V 결선하여 6300V의 3상 전원에 접속하면 승압된 전압은 약 몇 V인가?

① 6,410　② 6,460
③ 6,510　④ 6,560

풀이
승압된 전압
$= E_1\left(1+\frac{e_2}{e_1}\right) = 6300\left(1+\frac{220}{6600}\right) = 6510$ V

Q 307

절연내력을 시험하기 위해 시험용변압기를 사용하였다. 이 때 전압조정을 하기 위하여 일반적으로 가장 많이 사용되는 것은?

① 한류리액터
② 유도전압조정기
③ 소형 발전기의 변속장치
④ 다단식 저항 전압조정기

Q 308

기력발전소에서 탈기기의 설치 목적으로 가장 타당한 것은?

① 급수 중의 용존 산소 및 이산화탄소 분리
② 급수의 습증기 건조
③ 물때의 부착 방지
④ 염류 및 부유물질 제거

풀이
탈기기 : 급수기에 포함된 산소를 분리하여 급수계통 표면부식을 방지한다.

Q 309

수기에 냉각수를 보내는 펌프는?

① 순환펌프　② 급수펌프
③ 배출펌프　④ 복수펌프

정답 304 ① 305 ② 306 ③ 307 ② 308 ① 309 ①

Q 310

가공송전선로를 가선할 때에는 하중조건과 온도조건 등을 고려하여 적당한 이도(dip)를 주도록 하여야 한다. 다음 중 이도에 대한 설명으로 옳은 것은?

① 이도가 작으면 전선이 좌우로 크게 흔들려서 다른 상의 전선에 접촉하여 위험하게 된다.
② 전선을 가선할 때 전선을 팽팽하게 가선하는 것을 이도를 크게 준다고 한다.
③ 이도를 작게 하면 이에 비례하여 전선의 장력이 증가되며, 심할 때는 전선 상호간이 꼬이게 된다.
④ 이도의 대소는 지지물의 높이를 좌우한다.

풀이

이도는 지지물의 높이를 결정한다.

Q 311

교류 저압 배전방식에서 밸런서를 필요로 하는 방식은?

① 단상 2선식 ② 단상 3선식
③ 3상 3선식 ④ 3상 4선식

풀이

$1\phi 3\omega$은 부하 불평형시 전압 불평형이(경부하측 전위 상승) 발생하므로 저압 밸런서를 설치한다.

Q 312

송전선의 4 단자정수가 $A=D=0.92$, $B=j80$ Ω일 때 C의 값은 몇 ℧인가?

① $j1.92\times10^{-4}$ ② $j2.47\times10^{-4}$
③ $j1.92\times10^{-3}$ ④ $j2.47\times10^{-3}$

풀이

$AD-BC=1$ 에서

$$C=\frac{AD-1}{B}=\frac{0.92^2\quad 1}{j80}=j1.92\times10^{-3}\ ℧$$

Q 313

송전선로에서 역섬락이 생기기 쉬운 때는?

① 선로손실이 클 때
② 코로나 현상이 발생할 때
③ 선로정수가 균일하지 않을 때
④ 철탑각부의 접지저항이 클 때

풀이

매설지선

- 철탑의 접지저항값을 감소시켜 역섬락을 방지한다.
- 아연도금 철선을 사용하여 30~60cm 깊이에 30~50m 정도의 길이로 매설한다.

Q 314

차단기와 차단기의 소호매질이 틀리게 연결된 것은?

① 공기차단기 – 압축공기
② 가스차단기 – SF6 가스
③ 자기차단기 – 진공
④ 유입차단기 – 절연유

풀이

자기차단기 – 전자력

Q 315

현수애자 4개를 1련으로 한 66kV 송전선로가 있다. 현수애자 1개의 절연저항이 1,500MΩ이라면 표준경간을 200m로 할 때 1km 당의 누설컨덕턴스는 몇 ℧인가?

① 0.83×10^{-9} ② 1.66×10^{-9}
③ 0.83×10^{-6} ④ 1.66×10^{-6}

풀이

애자 1련 절연저항 $=1500\times4=6000$ MΩ,

1km 당 절연저항 $\frac{6000}{5}=1200$ MΩ

∴ 누설 콘덕턴스

$$=\frac{1}{\text{절연저항}}=\frac{1}{1200\times10^6}=0.83\times10^{-9}\ ℧/\text{km}$$

정답 310 ④ 311 ② 312 ③ 313 ④ 314 ③ 315 ①

부록 B

Q 316

전력계통에서 전력용콘덴서와 직렬로 연결하는 리액터로 제거되는 고조파는?

① 제 5 고조파 ② 제 4 고조파
③ 제 3 고조파 ④ 제 2 고조파

풀이

직렬 리액터 : 제 5 고조파 제거

Q 317

조상설비가 있는 1차 변전소에서 주변압기로 주로 사용되는 변압기는?

① 승압용 변압기 ② 누설 변압기
③ 3권선 변압기 ④ 단권 변압기

풀이

3권선 변압기 : Y − Y − △
↳ 3차(안정권선)

Q 318

전력용콘덴서 회로에 방전코일을 설치하는 주된 목적은?

① 합성 역률의 개선
② 전원 개방시 잔류 전하를 방전시켜 인체의 위험방지
③ 콘덴서의 등가 용량 증대
④ 전압의 개선

풀이

전력용 콘덴서 Bank 구성요소
- 직렬리액터 : 제 5 고조파 제거
- 방전코일 : 잔류전하 방전(인체 감전사고 방지)
- 전력용 콘덴서 : 역률 개선

Q 319

소도체의 반지름이 r[m], 소도체간의 선간거리가 d[m]인 2개의 소도체를 사용한 345kV 송전선로가 있다. 복도체의 등가 반지름은 어떻게 표현되는가?

① $\sqrt{rd}$ ② $\sqrt{rd^2}$
③ $\sqrt{r^2 d}$ ④ rd

풀이

등가반지름 $r_e = r^{\frac{1}{n}} \cdot d^{\frac{n-1}{n}}$ 에서 $n=2$이므로
$r_e = \sqrt{r \cdot d}$

Q 320

π형 회로의 일반회로정수에서 B는 무엇을 의미하는가?

① 저항 ② 리액턴스
③ 임피던스 ④ 어드미턴스

풀이

- B : 임피던스[Ω]
- C : 어드미턴스[℧]

Q 321

송전선로에서 역섬락을 방지하는 가장 유효한 방법은?

① 피뢰기를 설치한다.
② 가공지선을 설치한다.
③ 소호각을 설치한다.
④ 탑각 접지저항을 작게 한다.

풀이

매설지선
- 철탑의 접지저항값을 감소시켜 역섬락을 방지한다.
- 아연도금 철선을 사용하여 30~60cm 깊이에 30~50m 정도의 길이로 매설한다.

정답 316 ① 317 ③ 318 ② 319 ① 320 ③ 321 ④

Q 322

변전소에서 수용가에 공급되는 전력을 끊고 소내 기기를 점검할 필요가 있을 경우와, 점검이 끝난 후 차단기와 단로기를 개폐시키는 동작을 설명한 것으로 옳은 것은?

① 점검 시에는 차단기로 부하회로를 끊고 단로기를 열어야 하며, 점검 후에는 차단기로 부하회로를 연결한 후 단로기를 넣어야 한다.
② 점검 시에는 단로기를 열고 난 후 차단기를 열어야 하며, 점검 후에는 단로기를 넣고 난 다음에 차단기로 부하회로를 연결하여야 한다.
③ 점검 시에는 단로기를 열고 난 후 차단기를 열어야 하며, 점검히 끝난 경우에는 차단기를 부하에 연결한 다음에 단로기를 넣어야 한다.
④ 점검 시에는 차단기로 부하회로를 끊고 난 다음에 단로기를 열어야 하며, 점검 후 에는 단로기를 넣은 후 차단기를 넣어야 한다.

풀이

- 정전 시 조작 순서 : 차단기 개방 → 단로기 개로
- 급전 시 조작 순서 : 단로기 폐로 → 차단기 투입

Q 323

길이가 35km인 단상 2선식 전선로의 유도리액턴스는 약 몇 Ω인가? (단, 전선로의 단위길이당 인덕턴스는 1.3mH/km/선이고, 주파수는 60Hz이다.)

① 17.6　　② 26.5
③ 34.3　　④ 68.5

풀이

$X_L = \omega L \cdot \ell = 2\pi \times 60 \times 1.3 \times 10^{-3} \times 2 \times 35 = 34.3\Omega$

Q 324

직접접지방식을 다른 접지방식에 비교하였을 때 틀린 것은?

① 통신선에 미치는 유도장해가 최소이다.
② 기기의 절연수준 저감이 가능하다.
③ 보호계전기의 동작이 확실하여 신뢰도가 높다.
④ 접지고장 시 건전상의 이상전압이 최저이다.

풀이

직접 접지방식 특징

- 장점 : 전위상승 최소, 변압기 단절연 가능, 계전기 동작 신속 확실
- 단점 : 지락전류 최대, 유도장해 최대, 안정도가 나쁘다.

Q 325

유입차단기에 대한 설명으로 틀린 것은?

① 기름이 분해하여 발생되는 가스의 주성분은 수소가스이다.
② 붓싱 변류기를 사용할 수 없다.
③ 기름이 분해하여 발생된 가스는 냉각작용을 한다.
④ 보통 상태의 공기 중에서보다 소호능력이 크다.

풀이

유입차단기 특징

- 공기보다 소호능력이 크다.
- 방음설비가 필요 없다.
- 붓싱형 변류기를 사용할 수 있다.
- 보수가 어렵다.

Q 326

유도장해의 방지책으로 차폐선을 이용하면 유도전압을 몇 % 정도 줄일 수 있는가?

① 30~50　　② 60~70
③ 80~90　　④ 90~100

정답　322 ④　323 ③　324 ①　325 ②　326 ①

부록 B

Q 327

저압 네트워크 배전방식에 대한 설명으로 틀린 것은?

① 전압강하가 적다.
② 부하밀도가 적은 곳에 유용하다.
③ 무정전 공급의 신뢰도가 높다.
④ 부하의 증가에 대한 적응성이 크다.

풀이

네트워크 배전방식
(1) 단점
- 인축접지사고가 많다.
- 고장 시 고장전류가 역류한다.

(2) 장점
- 무정전 공급 가능
- 신뢰성 우수
- 전압강하 및 전력손실이 적다.
- 부하 증가에 대한 적응성이 크다.

Q 328

전주사이의 경간이 80m인 가공 전선로에서 전선 1m의 하중이 0.37kgf, 전선의 딥이 0.8m 이라면 전선의 수평장력은 몇 kgf인가?

① 330 ② 350
③ 370 ④ 390

풀이

$D = \dfrac{WS^2}{8T}$ 에서

$T = \dfrac{WS^2}{8D} = \dfrac{0.37 \times 80^2}{8 \times 0.8} = 370\text{kg}$

Q 329

송전단 전압이 3300V, 수전단 전압이 3000V인 3상 배전선에서 부하전력이 1200kW, 역률이 0.9일 때 선로 저항은 약 몇 Ω인가? (단, 선로의 리액턴스는 무시한다.)

① 0.68 ② 0.75
③ 0.83 ④ 0.95

풀이

전압강하 $e = V_s - V_r = \dfrac{P}{V}(R + X\tan\theta)$ 에서

$X\tan\theta \fallingdotseq 0$, $e = 3300 - 3000 = 300$

$300 = \dfrac{1200 \times 10^3}{3000} \times R$

$R = \dfrac{300 \times 3000}{1200 \times 10^3} = 0.75\,\Omega$

Q 330

설비 A가 150kW, 수용률 0.5, 설비 B가 250kW, 수용률 0.8일 때 합성최대전력이 235kW이면 부등률은 약 얼마인가?

① 1.10 ② 1.13
③ 1.17 ④ 1.22

풀이

$$\text{부등률} = \dfrac{\sum(\text{설비용량} \times \text{수용률})}{\text{합성 최대 전력}} = \dfrac{(150 \times 0.5 + 250 \times 0.8)}{235} = 1.17$$

Q 331

피뢰기의 제한전압이란?

① 상용주파수의 방전개시전압
② 충격파의 방전개시전압
③ 충격방전 종료 후 전력계통으로부터 피뢰기에 사용 주파 전류가 흐르고 있는 동안의 피뢰기 단자전압
④ 충격방전전류가 흐르고 있는 동안의 피뢰기의 단자 전압의 파고값

풀이

피뢰기 제한전압 : 피뢰기 동작 중 양단자 사이 전압

정답 327 ② 328 ③ 329 ② 330 ③ 331 ④

Q 332

송전선로를 연가하는 주된 목적은?

① 페란티효과의 방지 ② 직격뢰의 방지
③ 선로정수의 평형 ④ 유도뢰의 방지

풀이

연가의 효과
- 직렬 공진의 방지
- 통신선의 유도장해 감소
- 선로정수의 평형

Q 333

송전선에 낙뢰가 가해져서 애자에 섬락이 생기면 아크가 생겨 애자가 손상되는 경우가 있다. 이것을 방지하기 위하여 사용되는 것은?

① 댐퍼
② 아아모로드(armour rod)
③ 가공지선
④ 아킹혼(arcing horn)

풀이

소호환(아킹링), 소호각(아킹혼) : 뇌로부터 애자련 보호 애자련의 전압 분담 균일화

Q 334

지중 케이블에서 고장점을 찾는 방법이 아닌 것은?

① 머리 루프(Murray loop) 시험기에 의한 방법
② 메거(Megger)에 의한 측정 방법
③ 수색 코일(Search coil)에 의한 방법
④ 펄스에 의한 측정법

풀이

메거 : 절연저항 측정

Q 335

전력선 1선의 대지전압을 E, 통신선의 대지정전용량을 C_b, 전력선과 통신선사이의 상호정전용량을 C_{ab}라고 하면 통신선의 정전유도전압은?

① $\dfrac{C_{ab}+C_b}{C_b}\cdot E$

② $\dfrac{C_{ab}+C_b}{C_{ab}}\cdot E$

③ $\dfrac{C_b}{C_{ab}+C_b}\cdot E$

④ $\dfrac{C_{ab}}{C_{ab}+C_b}\cdot E$

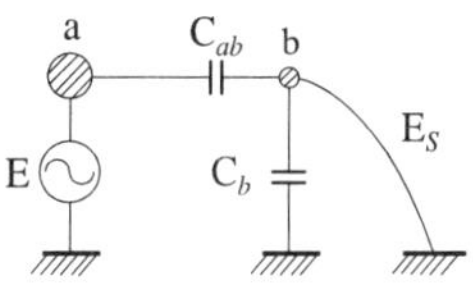

풀이

$$E_s=\frac{\text{상호정전용량}}{\text{대지정전용량}+\text{상호정전용량}}\times \text{대지전압}$$

Q 336

수소냉각발전기에 대한 설명 중 옳지 않은 것은?

① 풍손이 감소하고 발전기 효율이 상승한다.
② 수소는 열전도가 크고 냉각효과가 높다.
③ 수소는 공기보다 코로나 발생전압이 낮다.
④ 발전기는 전폐형으로 습기의 침입이 적다.

풀이

코로나 임계전압이 증가한다.

Q 337

피뢰기의 구비조건으로 적합하지 않은 것은?

① 충격방전 개시전압이 높을 것
② 상용주파 방전개시전압이 높을 것
③ 속류의 차단능력이 충분할 것
④ 방전내량이 크고, 제한전압이 낮을 것

풀이

충격방전 개시전압은 낮을수록 좋다.

정답 332 ③ 333 ④ 334 ② 335 ④ 336 ③ 337 ①

Q 338

송전계통에서 지락보호계전기의 동작이 가장 확실한 접지방식은?

① 직접접지방식 ② 비접지방식
③ 고저항접지방식 ④ 소호리액터접지방식

풀이

직접 접지방식 특징
- 장점 : 전위상승 최소, 변압기 단절연 가능, 계전기 동작 신속 확실
- 단점 : 지락전류 최대, 유도장해 최대, 안정도가 나쁘다.

Q 339

송전선에 복도체를 사용하는 경우, 같은 단면적의 단도체를 사용하는 것에 비하여 우수한 점으로 알맞은 것은?

① 전선의 코로나 개시전압은 변화가 없다.
② 전선의 인덕턴스와 정전용량은 감소한다.
③ 전선 표면의 전위 경도가 증가한다.
④ 송전용량과 안정도가 증대된다.

풀이

복도체 : 코로나가 방지되며, L 감소, C 증가, 송전용량 증가, 전위경도 감소, 임계전압 증가, 안정도 증가

Q 340

전선지지점에 고저차가 없는 경우 경간 300m인 송전선로가 있다. 이도를 10m로 유지할 경우 지지점 간의 전선 길이는 약 몇 m인가?

① 300.0 ② 300.3
③ 300.6 ④ 300.9

풀이

$$L=S+\frac{8D^2}{3S}=300+\frac{8\times10^2}{3\times300}\fallingdotseq 300.9$$

Q 341

변전소 구내의 지표면에 자갈을 포설하는 이유는?

① 배수를 쉽게 하기 위해서
② 변전소 미관을 위해서
③ 잡초 억제를 위해서
④ 보폭전압을 저감하기 위해서

풀이

보폭전압 저감방법
- 접지선을 깊게 매설
- 자갈 포설
- 메시접지방식 채택
- 철구 등의 보호장치

Q 342

단선 고장시의 이상전압이 가장 큰 접지방식은? (단, 비공진 탭이나 2회선을 사용하지 않은 경우이다.)

① 비접지식 ② 직접접지식
③ 소호리액터접지식 ④ 고저항접지식

풀이

소호 리액터 접지방식은 지락전류는 가장 작고 이상전압은 가장 크다.

Q 343

코로나 방지에 가장 효과적인 방법은?

① 전선의 바깥지름을 크게 한다.
② 선간거리를 증가시킨다.
③ 선로절연을 강화한다.
④ 선로의 높이를 가급적 낮춘다.

풀이

코로나 방지 대책
- 전선의 지름을 크게 한다.
- 복도체를 사용한다.
- 가선 금구를 개량한다.

선간 거리를 증가시키려면 철탑을 보강하여야 하므로 경제적 측면에서 부적당하다.

정답 338 ① 339 ④ 340 ④ 341 ④ 342 ③ 343 ①

Q 344

1선 지락 시 전압상승을 상규대지 전압의 1.3배 이하로 억제하기 위한 유효 접지에서는 다음과 같은 조건을 만족하여야 한다. 옳은 것은? (단, R_0 : 영상저항, X_0 : 영상리액턴스, X_1 : 정상리액턴스이다.)

① $\frac{R_0}{X_1} \leq 1,\ 0 \geq \frac{X_0}{X_1} \geq -3$

② $\frac{R_0}{X_1} \geq 1,\ 0 \geq \frac{X_0}{X_1} \geq -3$

③ $\frac{R_0}{X_1} \leq 1,\ 0 \leq \frac{X_0}{X_1} \leq 3$

④ $\frac{R_0}{X_1} \geq 1,\ 0 \leq \frac{X_0}{X_1} \leq 3$

풀이

유효접지 조건 : $R_0 \leqq X_1$

$X_0 \leqq 3X_1$

Q 345

송전선로의 단락보호계전방식이 아닌 것은?

① 과전류계전방식 ② 방향단락계전방식

③ 거리계전방식 ④ 과전압계전방식

풀이

단락사고 시에 전압은 낮아지므로 과전압 계전기로 보호할 수 없다.

Q 346

부하가 말단에만 집중되어 있는 3상 배전선로의 선간 전압강하가 866V, 1선당의 저항이 10Ω, 리액턴스가 20Ω, 부하역률이 80%(지상)인 경우 부하 전류(또는 선로전류)는 약 몇 A인가?

① 25 ② 50

③ 75 ④ 125

풀이

$e = \sqrt{3}\,I(R\cos\theta + X\sin\theta)$ 에서

$$I = \frac{866}{\sqrt{3}(10\times 0.8 + 20\times 0.6)} = 25\text{A}$$

Q 347

인터록(interlock) 의 설명으로 옳은 것은?

① 차단기가 열려 있어야만 단로기를 닫을 수 있다.

② 차단기가 닫혀 있어야만 단로기를 닫을 수 있다.

③ 차단기가 열려 있으면 단로기가 닫히고, 단로기가 열려 있으면 차단기가 닫힌다.

④ 차단기의 접점과 단로기의 접점이 기계적으로 연결되어 있다.

풀이

인터록 : 차단기가 열려있어야 단로기 조작가능

Q 348

3상 3선식 송전선로 1선 1[km] 의 임피던스를 z, 어드미턴스를 y 라 하면 특성 임피던스는?

① $\sqrt{\frac{y}{z}}$ ② $\sqrt{\frac{z}{y}}$

③ $\sqrt{zy}$ ④ $\sqrt{z+y}$

풀이

특성 임피던스 : 병렬 어드미턴스에 대한 직렬임피던스 비

Q 349

송전선로의 안정도를 증진시키는 방법이 아닌 것은?

① 선로의 회선수 감소

② 재폐로방식의 채용

③ 속응여자방식의 채용

④ 리액턴스 감소

정답 344 ③ 345 ④ 346 ① 347 ① 348 ② 349 ①

부록 B

풀이

안정도 향상 대책

계통의 직렬 리액턴스 작게	발전기,변압기 리액턴스 작게
	단락비 크게
	복도체 및 다회선 방식채용
	직렬 콘덴서 설치
전압 변동을 작게	속응 여자방식(AVR) 채용
	계통을 연계
	중간 조상방식 채용
계통에 주는 충격을 작게	중성점 접지방식 채용
	고속 차단방식 채용
	재폐로 방식 채용
고장 시 전력변동의 억제	조속기 동작을 신속
	제동 저항기 설치

Q 350

옥내배선에서 생기는 전압강하의 허용범위를 정할 때 고려하지 아니하여도 되는 사항은?

① 부하로 사용하는 기계기구가 정상 작동될 수 있도록 한다.
② 부하의 이용률을 높이도록 한다.
③ 배선에서 생기는 전력손실을 최소화하도록 한다.
④ 각 부하에 걸리는 전압이 가능한 한 균일하게 유지되도록 한다.

풀이

부하의 이용률은 변압기 용량과 관계

Q 351

연가를 하는 주된 목적은?

① 미관상 필요
② 선로정수의 평형
③ 전압강하 방지
④ 전선로의 비틀림 방지

풀이

연가의 효과
- 직렬 공진의 방지
- 통신선의 유도장해 감소
- 선로정수의 평형

Q 352

어떤 건물의 총 설비용량이 850kW 부등률이 1.2, 수용률이 60%일 때, 이 설비에 이용되는 변압기 용량은 최저 약 몇 kVA 이상이어야 하는가? (단, 역률은 90% 이상 유지되어야 한다.)

① 395 ② 433
③ 473 ④ 555

풀이

변압기 용량

$$= \frac{\text{설비용량} \times \text{수용률}}{\text{부등률} \times \text{역률}} = \frac{850 \times 0.6}{1.2 \times 0.9} \fallingdotseq 473\text{kVA}$$

Q 353

공기차단기에 비해 SF_6 가스차단기의 특징으로 볼 수 없는 것은?

① 절연내력이 공기의 2~3배이다.
② 밀폐구조이므로 소음이 없다.
③ 소전류 차단시 이상전압이 높다.
④ 아크에 SF_6 가스는 부해되지 않고 무독성이다.

풀이

대전류 및 소전류 차단 시 이상전압이 낮다.

Q 354

다음 중 조상설비가 아닌 것은?

① 동기 조상기
② 진상 콘덴서
③ 상순 표시기
④ 분로 리액터

정답 350 ② 351 ② 352 ③ 353 ③ 354 ③

Q 355

송전선로에서 단선고장 시 이상전압이 가장 큰 접지 방식은?

① 비접지방식
② 직접접지방식
③ 소호리액터 접지방식
④ 저항접지방식

풀이

소호리액터접지 : 단선사고 시 전위상승 최대(직렬 공진), 지락전류와 유도장해는 최소
* 항상 직접접지와 반대로 생각할 것

Q 356

그림과 같은 3상 발전기가 있다. a 상이 지락한 경우 지락전류는 어떻게 표현되는가? (단, Z_0 : 영상임피던스, Z_1 : 정상임피던스, Z_2 : 역상임피던스이다.)

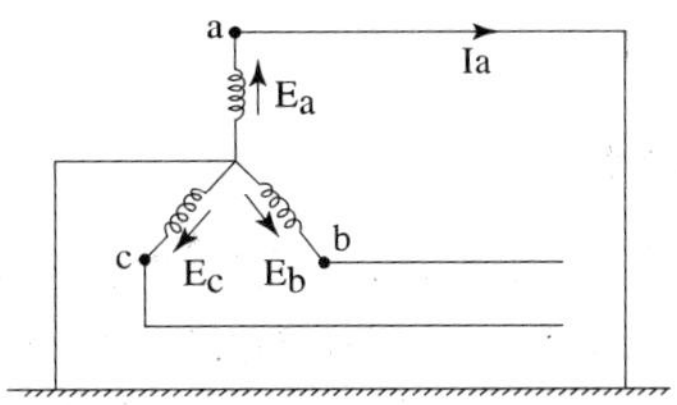

① $\dfrac{E_a}{Z_0+Z_1+Z_2}$　② $\dfrac{3E_a}{Z_0+Z_1+Z_2}$

③ $\dfrac{-Z_0E_a}{Z_0+Z_1+Z_2}$　④ $\dfrac{2Z_2E_a}{Z_1+Z_2}$

풀이

대칭 좌표법과 발전기의 기본식을 이용하여 풀면

$I_0 = I_1 = I_2 = \dfrac{E_a}{Z_0+Z_1+Z_2}$

$I_a = I_0+I_1+I_2 = 3I_0 = \dfrac{3E_a}{Z_0+Z_1+Z_2}$

Q 357

분산부하의 배전선로에서 선로의 전력손실은?

① 전압강하에 비례한다.
② 전압강하에 반비례한다.
③ 전압강하의 제곱에 비례한다.
④ 전압강하의 제곱에 반비례한다.

풀이

전압강하는 전류에 비례, 전력 손실은 전류 제곱에 비례이므로 $P_l \propto e^2$

Q 358

송전선로에서 연가를 하는 주된 목적은?

① 유도뢰의 방지　② 직격뢰의 방지
③ 선로의 미관상　④ 선로정수의 평형

풀이

연가의 효과
- 직렬 공진의 방지
- 통신선의 유도장해 감소
- 선로정수의 평형

Q 359

다음 중 플리커 예방을 위한 수용가 측의 대책이 아닌 것은?

① 공급 전압을 승압한다.
② 전원계통에 리액터분을 보상한다.
③ 전압 강하를 보상한다.
④ 부하의 무효전력 변동분을 흡수한다.

풀이

플리커 경감 대책
- 전력 공급측 : 공급전압 승압, 단락용량이 큰 계통에서 공급, 전용 변압기로 공급
- 수용가 측 : 전압강하 보상, 리액터 보상, 부하의 무효전력 변동분을 흡수

부록 B

정답 355 ③ 356 ② 357 ③ 358 ④ 359 ①

Q 360

총단면적이 같은 경우 단도체와 비교해 볼 때 복도체의 이점으로 옳지 않은 것은?

① 정전용량이 증가한다.
② 안전전류가 증가한다.
③ 송전전력이 증가한다.
④ 코로나 임계전압이 낮아진다.

풀이

복도체 특징
- 코로나 방지(코로나 임계전압 증가)
- L 감소, C 증가
- 송전용량 증가

*복도체 단점 : 소도체간 흡인력 발생(방지 – 스페이서)

Q 361

피뢰기의 정격전압이란?

① 상용주파수의 방전개시전압
② 속류를 차단할 수 있는 최고의 교류전압
③ 방전을 개시할 때 단자전압의 순시값
④ 충격방전전류를 통하고 있을 때 단자전압

풀이

피뢰기의 정격 전압은 속류 차단이 되는 교류의 최고 전압을 말한다.

Q 362

전력계통의 안정도 향상대책으로 옳은 것은?

① 송전계통의 전달 리액턴스를 증가시킨다.
② 재폐로 방식을 사용한다.
③ 전원측 원동기용 조속기의 부동시간을 크게 한다.
④ 고장을 줄이기 위하여 각 계통을 분리시킨다.

풀이

안정도 향상대책
- 직렬리액턴스를 작게 한다.(단락비 크게)
- 전압 변동률을 작게 한다.
- 계통을 연계한다.
- 속응여자방식 채용
- 중간 조상방식 채용
- 고속차단 및 재폐로 방식을 채택한다.

Q 363

송전 거리 50km, 송전 전력 5000kW일 때의 경제적인 송전전압은 몇 kV 정도로 적당한가? (단, Still의 식에 의하여 구한다.)

① 29 ② 39
③ 49 ④ 59

풀이

$$V_s = 5.5\sqrt{0.6\ell + \frac{P}{100}}$$

$$= 5.5\sqrt{0.6 \times 50 + \frac{5000}{100}} \fallingdotseq 49.2\,\text{kV}$$

Q 364

수전단을 단락한 경우 송전단에서 본 임피던스는 300Ω이고 수전단을 개방한 경우에는 1200Ω일 때 이 선로의 특성 임피던스는 몇 Ω인가?

① 300 ② 500
③ 600 ④ 800

풀이

$$Z_0 = \sqrt{\frac{Z}{Y}} = \sqrt{Z_{ss} \cdot Z_{s0}} = \sqrt{300 \times 1200} = 600\,\Omega$$

Z_{ss} : 수전단을 단락하고 송전단에서 본 임피던스
Z_{s0} : 수전단을 개방하고 송전단에서 본 임피던스

정답 360 ④ 361 ② 362 ② 363 ③ 364 ③

Q 365

정격용량 20000kVA, 임피던스 8%인 3상 변압기가 2차측에서 3상 단락되었을 때 단락용량은 몇 MVA인가?

① 160 ② 200
③ 250 ④ 320

풀이

$P_s = \frac{100}{\%Z}P$에서

$P_s = \frac{100}{8} \times 20000 \times 10^{-3} = 250\text{MVA}$

Q 366

전주 사이의 경간이 50m인 가공전선로에서 전선 1m의 중량이 0.37kg, 전선의 이도가 0.8m이라면 전선의 수평장력은 약 몇 kg인가?

① 80 ② 120
③ 145 ④ 165

풀이

$D = \frac{WS^2}{8T}$ 에서

$T = \frac{WS^2}{8D} = \frac{0.37 \times 50^2}{8 \times 0.8} \fallingdotseq 145\text{kg}$

Q 367

역률 개선을 통해 얻을 수 있는 효과로 옳지 않은 것은?

① 전력 손실의 경감
② 설비 용량의 여유분 증가
③ 전압 강하의 경감
④ 고조파 제거

풀이

역률 개선 시 효과
- 전력손실 및 전압강하 감소
- 설비용량 여유분 증가(변압기·개폐기 등의 용량 감소)
- 전기요금 절약

Q 368

정사각형으로 배치된 4도체 송전선이 있다. 소도체의 반지름이 1cm이고, 한 변의 길이가 32cm일 때, 소도체간의 기하학적 평균거리는 몇 cm인가?

① $32 \times 2^{\frac{1}{3}}$ ② $32 \times 2^{\frac{1}{4}}$
③ $32 \times 2^{\frac{1}{5}}$ ④ $32 \times 2^{\frac{1}{6}}$

풀이

$d' = \sqrt[6]{2}\,d = \sqrt[6]{2} \times 32 = 32 \times 2^{\frac{1}{6}}$

Q 369

전력선에 의한 통신선로의 전자유도 장해의 발생 요인은 주로 무엇 때문인가?

① 영상전류가 흘러서
② 부하전류가 크므로
③ 전력선의 교차가 불충분하여
④ 상호 정전용량이 크므로

풀이

- 전자유도 장해 : 상호인덕턴스(M), 영상전류(I_0)
- 정전유도 장해 : 선간정전용량(C_m), 영상전압(V_0)

Q 370

이상전압의 발생 우려가 가장 적은 중성점 접지방식은?

① 저항접지방식 ② 소호리액터접지방식
③ 직접접지방식 ④ 비접지방식

풀이

직접 접지방식 특징
- 장점 : 전위상승 최소, 변압기 단절연 가능, 계전기 동작 신속 확실
- 단점 : 지락전류 최대, 유도장해 최대, 안정도가 나쁘다.

정답 365 ③ 366 ③ 367 ④ 368 ④ 369 ① 370 ③

Q 371

부하의 선간전압 3300V, 피상전력 330kVA, 역률 0.7인 3상 부하가 있다. 부하의 역률을 0.85로 개선하는데 필요한 전력용콘덴서의 용량은 약 몇 kVA인가?

① 63 ② 73
③ 83 ④ 93

풀이

$Q_c = P(\tan\theta_1 - \tan\theta_2)$

$= 330 \times 0.7\left(\dfrac{\sqrt{1-0.7^2}}{0.7} - \dfrac{\sqrt{1-0.85^2}}{0.85}\right)$

$= 92.5\text{kVA}$

Q 372

송전선로의 코로나 손실을 나타내는 Peek 식에서 E_0에 해당하는 것은? (단, Peek 식 $P = \dfrac{241}{\delta}(f+25)\sqrt{\dfrac{d}{2D}}(E-E_0)^2 \times 10^{-5}$ kW/km/선이다.)

① 코로나 임계전압
② 전선에 걸리는 대지전압
③ 송전단 전압
④ 기준충격 절연강도 전압

풀이

δ : 상대공기 밀도, f : 주파수, d : 전선 직경, D : 선간거리, E : 대지전압, E_0 : 코로나 임계전압

Q 373

고압 배전선로의 선간전압을 3300V에서 5700V로 승압하는 경우, 같은 전선으로 전력손실을 같게 한다면 약 몇 배의 전력을 공급할 수 있겠는가?

① 1.5 ② 2
③ 3 ④ 4

풀이

$P \propto V^2$에서 $P = \left(\dfrac{5700}{3300}\right)^2 = 3$

Q 374

전송전력이 400MW, 송전거리가 200km인 경우의 경제적인 송전전압은 약 몇 kV인가? (단, Still의 식에 의하여 산정한다.)

① 57 ② 173
③ 353 ④ 645

풀이

$V_s = 5.5\sqrt{0.6\ell + \dfrac{P}{100}}$

$= 5.5\sqrt{0.6 \times 200 + \dfrac{400 \times 10^3}{100}} = 353\,\text{kV}$

Q 375

송전계통의 안정도 증진방법에 대한 설명으로 옳지 않은 것은?

① 고장 시 발전기 입·출력의 불평형을 작게 한다.
② 전압변동을 작게 한다.
③ 고장전류를 줄이고 고장구간을 신속하게 차단한다.
④ 직렬리액턴스를 크게 한다.

풀이

안정도 향상대책

- 직렬리액턴스를 작게 한다.(단락비 크게)
- 전압 변동률을 작게 한다.
- 계통을 연계한다.
- 속응여자방식 채용
- 중간 조상방식 채용
- 고속차단 및 재폐로 방식을 채택한다.

정답 371 ④ 372 ① 373 ③ 374 ③ 375 ④

Q 376

전력용콘덴서에 직렬로 콘덴서 용량의 5% 정도의 유도리액턴스를 삽입하는 목적은?

① 제 3 고조파를 제거시키기 위하여
② 제 5 고조파를 제거시키기 위하여
③ 이상전압의 발생을 방지하기 위하여
④ 정전용량을 조절하기 위하여

풀이

직렬 리액터 : 제 5 고조파 제거 → $5\omega L = \frac{1}{5\omega C}$, $10\pi f L = \frac{1}{10\pi f C}$

Q 377

전력선과 통신선과의 상호인덕턴스에 의하여 발생되는 유도장해는?

① 전력유도장해 ② 고조파 유도장해
③ 전자유도장해 ④ 정전유도장해

풀이

- 전자유도 장해 : 상호인덕턴스(M), 영상전류(I_0)
- 정전유도 장해 : 선간정전용량(C_m), 영상전압(V_0)

Q 378

압축된 공기를 아크에 불어 넣어서 차단하는 차단기는?

① ABB ② MBB
③ VCB ④ ACB

풀이

- ABB(공기 차단기) : 압축공기로 차단
- MBB(자기 차단기) : 전자력을 이용
- VCB(진공 차단기) : 진공을 이용
- ACB(기중 차단기) : 대기상태를 이용

Q 379

3상 3선식 배전선로서 역률이 0.8(지상)인 3상 평형 부하 40kW를 연결했을 때 전압 강하는 약 몇 V인가? (단, 부하의 전압은 200V, 전선 1조의 저항은 0.02Ω이고, 리액턴스는 무시한다.)

① 2 ② 3
③ 4 ④ 5

풀이

전압강하 $e = \frac{P}{V}(R + X\tan\theta)$ 에서

$X \cdot \tan\theta = 0$이므로 $e = \frac{40 \times 10^3}{200} = 0.02 = 4\text{V}$

Q 380

계통의 기기 절연을 표준화하고 통일된 절연체계를 구성하는 목적으로 절연계급을 설정하고 있다. 이 절연계급에 해당하는 내용을 무엇이라 부르는가?

① 제한전압 ② 기준충격절연강도
③ 상용주파 내전압 ④ 보호계전

Q 381

송전단 전압 161kV, 수전단 전압 154kV, 상차각 60도, 리액턴스 45Ω일 때 선로손실을 무시하면 전송전력은 약 몇 MW인가?

① 397 ② 477
③ 563 ④ 624

풀이

$P = \frac{E_s E_r}{X}\sin\delta = \frac{161 \times 154}{45} \times \sin 60^\circ = 477\text{MW}$

부록 B

정답 376 ② 377 ③ 378 ① 379 ③ 380 ② 381 ②

Q 382

중거리 송전선로의 T형 회로에서 송전단 전류 I_s는? (단, Z, Y는 선로의 직렬임피던스와 병렬어드미턴스이고, E_r은 수전단 전압, I_r은 수전단 전류이다.)

① $I_r\left(1+\frac{Z\cdot Y}{2}\right)+Y\cdot E_r$

② $E_r\left(1+\frac{Z\cdot Y}{2}\right)+Z\cdot I_r\left(1+\frac{Z\cdot Y}{4}\right)$

③ $E_r\left(1+\frac{Z\cdot Y}{2}\right)+Z\cdot I_r$

④ $I_r\left(1+\frac{Z\cdot Y}{2}\right)+Y\cdot E_r\left(1+\frac{Z\cdot Y}{4}\right)$

풀이

T형 회로 $\begin{bmatrix} 1+\frac{ZY}{2} & Z\left(1+\frac{ZY}{4}\right) \\ Y & 1+\frac{ZY}{2} \end{bmatrix}$ 에서

$I_s = CE_r + DI_r$

$I_s = Y\cdot E_r + \left(1+\frac{ZY}{2}\right)I_r$

Q 383

소호 원리에 따른 차단기의 종류 중에서 소호실에서 아크에 의한 절연유 분해 가스의 흡부력(흡부력)을 이용하여 차단하는 것은?

① 유입차단기
② 기중차단기
③ 자기차단기
④ 가스차단기

Q 384

가공 왕복선 배치에서 지름이 d[m]이고 선간거리가 D[m]인 선로 한 가닥의 작용 인덕턴스는 몇 mH/km인가? (단, 선로의 투자율은 1이라 한다.)

① $0.5+0.4605\log_{10}\frac{D}{d}$

② $0.05+0.4605\log_{10}\frac{D}{d}$

③ $0.5+0.4605\log_{10}\frac{2D}{d}$

④ $0.05+0.4605\log_{10}\frac{2D}{d}$

풀이

$L=0.05+0.4605\log_{10}\frac{D}{r}=0.05+0.4605\log_{10}\frac{D}{\left(\frac{d}{2}\right)}$

Q 385

3상 수직배치인 선로에서 오프셋을 주는 이유로 가장 알맞은 것은?

① 단락 방지
② 철탑 중량 감소
③ 난조 방지
④ 유도장해 감소

풀이

상·하선간 절연간격을 유지하여 단락사고(혼촉사고) 방지

Q 386

단상승압기 1대를 사용하여 승압할 경우 승압 전의 전압을 E_1이라 하면, 승압 후의 전압 E_2는 어떻게 되는가? (단, 승압기의 변압비는 $\frac{\text{전원측전압}}{\text{부하측전압}}=\frac{e_1}{e_2}$이다.)

① $E_2=E_1+\frac{e_1}{e_2}E_1$

② $E_2=E_1+e_2$

③ $E_2=E_1+\frac{e_2}{e_1}E_1$

④ $E_2=E_1+e_1$

정답 382 ① 383 ① 384 ④ 385 ① 386 ③

Q 387

연간 최대수용전력이 70kW, 75kW, 85kW, 100kW인 4개의 수용가를 합성한 연간 최대수용전력이 250kW이다. 이 수용가의 부등률은 얼마인가?

① 1.11 ② 1.32
③ 1.38 ④ 1.43

풀이

$$\text{부등률} = \frac{\sum(\text{설비용량} \times \text{수용률})}{\text{합성최대전력}} = \frac{70+75+85+100}{250} = 1.32$$

Q 388

다음 중 지락전류의 크기가 최소인 중성점 접지방식은?

① 비접지방식 ② 소호 리액터접지방식
③ 직접접지방식 ④ 고저항접지방식

풀이

소호리액터접지 : 단선사고 시 전위상승 최대(직렬 공진), 지락전류와 유도장해는 최소

* 항상 직접접지와 반대로 생각할 것

Q 389

총 설비부하가 120kW, 수용률이 65%, 부하역률이 80%인 수용가에 공급하기 위한 변압기의 최소용량은 약 몇 kVA인가?

① 40 ② 60
③ 80 ④ 100

풀이

변압기 최소용량[kVA]

$$= \frac{\text{설비용량} \times \text{수용률}}{\text{부하역률}} = \frac{120 \times 0.65}{0.8} = 97.5\text{kVA}$$

Q 390

저항 2Ω, 유도리액턴스 10Ω의 단상 2선식 배전선로의 전압강하를 보상하기 위하여 용량 리액턴스 5Ω의 콘덴서를 삽입하였을 때 부하단 전압은 몇 V인가? (단, 전원은 7000V, 부하전류 200A, 역률은 0.8(뒤짐)이다.)

① 6080 ② 7000
③ 7080 ④ 8080

풀이

$$V_r = V_s - e = V_s - I(R\cos\theta + X\sin\theta)$$
$$= 7000 - 200(2 \times 0.8 + (10-5) \times 0.6) = 6080\text{V}$$

Q 391

보호계전기에서 동작 전류가 적은 동안에는 동작 전류가 커질수록 동작 시간이 짧게 되고, 그 이상이면 동작 전류의 크기에 관계없이 일정한 시간에서 동작하는 특성을 무슨 특성이라 하는가?

① 정한시성 특성
② 반한시성 특성
③ 순한시성 특성
④ 반한시성 정한시성 특성

풀이

반한시성 특성 : 동작 전류와 시간이 반대이다.

Q 392

다음 중 동일전력을 수송할 때 다른 조건은 그대로 두고 역률을 개선한 경우의 효과로 옳지 않은 것은?

① 선로변압기 등의 저항손이 역률의 제곱에 반비례하여 감소한다.
② 변압기, 개폐기 등의 소요 용량은 역률에 비례하여 감소한다.
③ 선로의 송전용량이 그 허용전류에 의하여 제한될 때는 선로의 송전 용량도 증가한다.
④ 전압 강하는 $1 + \frac{X}{R}\tan\theta$에 비례하여 감소한다.

부록 B

정답 387 ② 388 ② 389 ④ 390 ① 391 ④ 392 ②

풀이

변압기 용량은 역률에 반비례하여 감소한다.

Q 393

전선에서 전류의 밀도가 도선의 중심으로 들어갈수록 작아지는 현상은?

① 페란티효과 ② 표피효과
③ 근접효과 ④ 접지효과

풀이

표피효과 : 교류에서 전류가 도체 표면에 집중적으로 흐르는 현상

* 주파수, 굵기, 전압이 클수록 크다.

Q 394

다음 중 송전선로의 안정도 향상 대책으로 적합하지 않은 것은?

① 계통의 전달 리액턴스를 증가시킨다.
② 계통의 전압 변동을 작게 한다.
③ 계통에 주는 충격을 작게 한다.
④ 고장 시 발전기 입·출력의 불평형을 작게 한다.

풀이

안정도 향상대책

- 직렬리액턴스를 작게 한다.(단락비 크게)
- 전압 변동률을 작게 한다.
- 계통을 연계한다.
- 속응여자방식 채용
- 중간 조상방식 채용
- 고속차단 및 재폐로 방식을 채택한다.

Q 395

전원이 양단에 있는 방사상 송전선로의 단락보호에 사용되는 계전기의 조합 방식은?

① 방향거리계전기와 과전압계전기의 조합
② 방향단락계전기와 과전류계전기의 조합
③ 선택접지계전기와 과전류계전기의 조합
④ 부족전류계전기와 과전압계전기의 조합

풀이

- 전원이 2군데 이상 환상 선로의 단락 보호 : 방향거리 계전기(DZ)
- 전원이 2군데 이상 방사 선로의 단락 보호 : 방향단락 계전기(DS)와 과전류 계전기(OC)를 조합

Q 396

전원으로부터의 합성 임피던스가 0.5%(15000 kVA 기준)인 곳에 설치하는 차단기 용량은 몇 MVA 이상이어야 하는가?

① 2000 ② 2500
③ 3000 ④ 3500

풀이

$$P_s = \frac{100}{\%Z}P = \frac{100}{0.5} \times 15000 \times 10^{-3} = 3000\,\text{MVA}$$

Q 397

송전선로의 중성점을 접지하는 목적으로 가장 옳은 것은?

① 전선 동량의 절약 ② 전압강하의 감소
③ 유도장해의 감소 ④ 이상전압의 방지

풀이

중성점 접지의 목적

- 이상전압의 경감 및 방지
- 보호계전기의 신속 확실한 동작
- 선로 및 기기의 절연 비용 경감

Q 398

다음 중 배전 계통에서 전력용 콘덴서를 설치하는 목적은?

① 기기의 보호 ② 전력 손실의 감소
③ 이상전압 방지 ④ 안정도 향상

풀이

전력용콘덴서 : 역률 개선시켜 전력손실 감소

$$P_\ell = \frac{1}{\cos^2\theta}$$

정답 393 ② 394 ① 395 ② 396 ③ 397 ④ 398 ②

Q 399

66kV 송전계통에서 3상 단락고장이 발생하였을 경우 고장점에서 본 등가 정상임피던스가 100MVA 기준으로 25%라고 하면 고장 피상전력은 몇 MVA가 되는가?

① 250 ② 300
③ 400 ④ 500

풀이

$$P_s = \frac{100}{\%Z} \times P = \frac{100}{25} \times 100 = 400\text{ MVA}$$

Q 400

다음 중 가스차단기(GCB)의 보호장치가 아닌 것은?

① 가스압력계 ② 가스밀도검출계
③ 조작압력계 ④ 가스성분표시계

풀이

가스차단기의 보호장치 : 가스압력계, 조작압력계, 가스밀도검출계

Q 401

지락 고장시의 이상전압이 최저인 접지방식은?

① 소호리액터 접지식 ② 비접지식
③ 고저항접지식 ④ 직접접지식

풀이

직접 접지방식 특징
- 장점 : 전위상승 최소, 변압기 단절연 가능, 계전기 동작 신속 확실
- 단점 : 지락전류 최대, 유도장해 최대, 안정도가 나쁘다.

Q 402

수전용 변전설비의 1차측에 설치하는 차단기의 용량은 어느 것에 의하여 정하는가?

① 수전전력과 부하율
② 수전계약용량
③ 공급측 전원의 단락용량
④ 부하설비용량

풀이

단락용량 $P_s = \frac{100}{\%Z} \times P_n$ 이 차단기 최소용량이다.

Q 403

송전선로는 장시간 연속 사용할 경우에 전선 접속 장소의 열화 등을 고려해서 허용 온도를 억제하고 있다. 다음 중 전선의 연속 사용 최고 온도로 가장 적절한 것은?

① 90℃ ② 120℃
③ 150℃ ④ 200℃

Q 404

보호계전기의 필요한 특성으로 옳지 않은 것은?

① 소비전력이 적고 내구성이 있을 것
② 고장구간의 선택차단을 정확히 행할 것
③ 적당한 후비보호능력을 가질 것
④ 동작은 느리지만 감도가 확실할 것

풀이

보호계전기 구비조건
- 고장개소, 정도, 위치를 정확히 파악할 것
- 소비 전력이 작을 것
- 후비 보호 능력이 있을 것
- 동작이 예민하고 오동작이 없을 것

정답 399 ③ 400 ④ 401 ④ 402 ③ 403 ① 404 ④

Q 405

송전계통에 복도체가 사용되는 주된 목적은?

① 전력손실을 경감시키기 위하여
② 역률을 개선시키기 위하여
③ 선로정수를 평형시키기 위하여
④ 코로나를 방지하기 위하여

풀이
복도체 특징 : 코로나 방지, L 감소, C 증가, 송전용량 증가

Q 406

초고압용 차단기에서 개폐저항을 사용하는 이유는?

① 차단전류 감소 ② 이상전압 감쇄
③ 차단속도 증진 ④ 차단전류의 역률개선

풀이
개폐 서지를 억제시켜 이상전압을 방지한다.

Q 407

배전선에서 균등하게 분포된 부하일 경우 배전선 말단의 전압 강하는 모든 부하가 배전선의 어느 지점에 집중되어 있을 때의 전압 강하와 같은가?

① $\frac{1}{5}$ ② $\frac{2}{3}$
③ $\frac{1}{2}$ ④ $\frac{1}{3}$

풀이
부하별 전압강하와 전력손실

	전압 강하	전력 손실
말단 집중 부하	$e=IR$	$P_\ell=I^2R$
평등 분산 부하	$e'=\frac{1}{2}e$	$P_\ell'=\frac{1}{3}P_\ell$
송전단일수록 커지는 분산부하	$e'=\frac{1}{3}e$	$P_\ell'=\frac{1}{5}P_\ell$

Q 408

비접지식 송전선로에서 1선지락 고장이 생겼을 경우 지락점에 흐르는 전류는?

① 직류 전류이다.
② 고장 지점의 영상전압보다 90도 빠른 전류이다.
③ 고장 지점의 영상전압보다 90도 늦은 전류이다.
④ 고장 지점의 영상전압과 동상의 전류이다.

풀이
비접지식 $I_g=\sqrt{3}\omega C_s\cdot V\cdot \ell$에서 대지정전용량($C_s$)을 통하므로 진상전류이다.

Q 409

T형 회로에서 4단자 정수 A는? (단, Z는 선로의 직렬 임피던스, Y는 선로의 병렬 어드미턴스이다.)

① Z ② Y
③ $1+\frac{ZY}{2}$ ④ $Z\left(1+\frac{ZY}{4}\right)$

풀이
$A=D=1+\frac{ZY}{2}$, $B=Z\left(1+\frac{ZY}{4}\right)$, $C=Y$

Q 410

루프(loop) 배전의 이점은?

① 전선이 경제적이다.
② 증설이 쉽다.
③ 농촌에 적당하다.
④ 전압변동이 적다.

풀이
①, ②, ③는 가지식이다.

정답 405 ④ 406 ② 407 ③ 408 ② 409 ③ 410 ④

Q 411

3상 4선식 고압선로의 보호에 있어서 중성선 다중접지 방식의 특성 중 옳은 것은?

① 합성 접지 저항이 매우 높다.
② 건전상의 전위 상승이 매우 높다.
③ 통신선에 유도장해를 줄 우려가 있다.
④ 고장시 고장전류가 매우 작다.

풀이
다중접지방식 : 합성 접지저항이 작고, 지락전류가 크다. 사고시 전위상승이 낮다.

Q 412

다음 중 배전 선로의 손실 경감책이 아닌 것은?

① 전류밀도의 감소와 평형
② 전력용콘덴서의 설치
③ 배전전압의 승압
④ 누전차단기 설치

풀이
누전차단기는 보호장치이다.

Q 413

송전선로에서 매설지선의 설치 목적은?

① 코로나 전압의 감소
② 뇌해의 방지
③ 기계적 강도의 증가
④ 절연강도의 증가

풀이
매설지선 : 철탑의 접지저항을 감소시켜 역섬락을 방지

Q 414

장거리 경간을 갖는 송전선로에서 전선의 단선을 방지하기 위하여 사용하는 전선은?

① 경알루미늄선 ② 경동선
③ 중공전선 ④ ACSR

풀이
ACSR(= 강심알루미늄 연선) : 기계적 강도가 크고 비중이 작다.

Q 415

전력용콘덴서에서 방전코일의 역할은?

① 잔류전하의 방전 ② 고조파의 억제
③ 역률의 개선 ④ 콘덴서의 수명 연장

풀이
방전코일 : 잔류전하를 방전시켜 인체 감전사고 방지

Q 416

동일 송전선로에 있어서 1선 지락의 경우 지락전류가 가장 적은 중성점 접지방식은?

① 비접지방식 ② 직접접지방식
③ 저항접지방식 ④ 소호리액터접지방식

풀이
- 직접접지방식 : 지락전류 최대,
- 소호리액터접지방식 : 지락전류 최소

Q 417

송전선에 댐퍼(damper) 를 다는 목적은?

① 전선의 진동방지
② 전자유도 감소
③ 코로나의 방지
④ 현수애자의 경사 방지

풀이
댐퍼, 아머로드 : 전선진동방지

정답 411 ③ 412 ④ 413 ② 414 ④ 415 ① 416 ④ 417 ①

Q 418

애자가 갖추어야 할 구비 조건으로 옳은 것은?

① 온도의 급변에 잘 견디고 습기도 잘 흡수해야 한다.
② 지지물에 전선을 지지할 수 있는 충분한 기계적 강도를 갖추어야 한다.
③ 비, 눈, 안개 등에 대해서도 충분한 절연저항을 가지며 누설전류가 많아야 한다.
④ 선로전압에는 충분한 절연내력을 가지며, 이상전압에는 절연내력이 매우 적어야 한다.

풀이

내습성이 있어야 한다.

Q 419

부하역률이 $\cos\phi$인 배전선로의 저항손실은 같은 크기의 부하전력에서 역률 1일 때의 저항손실과 비교하면? (단, 역률 1일 때의 저항손실을 1로 한다.)

① $\cos^2\theta$ ② $\cos\phi$
③ $\dfrac{1}{\cos\phi}$ ④ $\dfrac{1}{\cos^2\phi}$

풀이

$$P_\ell \propto \frac{1}{\cos^2\theta}$$

Q 420

변전소의 역할에 대한 설명으로 옳지 않은 것은?

① 유효전력과 무효전력을 제어한다.
② 전력을 발생하고 분배한다.
③ 전압을 승압 또는 강압한다.
④ 전력조류를 제어한다.

풀이

변전소 역할 : 전압 변성, 전력의 집중과 분배, 전압 조정, 전압 조류의 제어, 송배전선 보호

Q 421

송전선로에서 복도체를 사용하는 주된 이유는?

① 많은 전력을 보내기 위하여
② 코로나 발생을 억제하기 위하여
③ 전력손실을 적게하기 위하여
④ 선로정수를 평형시키기 위하여

풀이

복도체를 사용하면 임계전압이 증가되고 코로나가 방지된다.

Q 422

3상 3선식 가공 송전선로가 있다. 전선 한 가닥의 저항은 15Ω, 리액턴스는 20Ω이고, 부하전류는 100A, 부하역률은 0.8로 지상이다. 이때 선로의 전압강하는 약 몇 V인가?

① 2400V ② 4157V
③ 6062V ④ 10500V

풀이

$$e = \sqrt{3} \cdot I(R\cos\theta + X\sin\theta)\,[\mathrm{V}]$$
$$= \sqrt{3} \times 100(15 \times 0.8 + 20 \times 0.6) \fallingdotseq 4157$$

Q 423

고압 가공 배전선로에서 고장, 또는 보수 점검시, 정전 구간을 축소하기 위하여 사용되는 것은?

① 구분개폐기 ② 컷아웃스위치
③ 캐치홀더 ④ 공기차단기

풀이

문제를 충족시키는 것은 구분 개폐기(section switch)이며 종류로는 유입 개폐기(OS), 기중 개폐기(AS), 진공 개폐기(VS) 등이 있다.

정답 418 ② 419 ④ 420 ② 421 ② 422 ② 423 ①

Q 424

공통 중성선 다중접지방식인 22.9kV 계통에 있어서 사고가 생기면 정전이 되지 않도록 선로 도중이나 분기선에 보호장치를 설치하여 상호 보호협조로 사고 구간만을 제거할 수 있도록 각종 개폐기의 설치순서를 옳게 나열한 것은?

① 변전소 차단기 → 섹셔너라이저 → 리클로저 → 라인퓨즈
② 변전소 차단기 → 리클로저 → 라인퓨즈 → 섹셔너라이저
③ 변전소 차단기 → 섹셔너라이저 → 라인퓨즈 → 리클로저
④ 변전소 차단기 → 리클로저 → 섹셔너라이저 → 라인퓨즈

풀이

리클로저는 차단기의 일종이며 섹셔너라이저는 유중에서 동작하는 주접촉자와 사고전류가 흐르는 것을 계산하는 카운터로 구성되어 있으며, 리클로저는 변전소측, 섹셔너라이저는 부하측에 설치한다.

Q 425

송전 계통에서 1선 지락 고장 시 인접 통신선의 유도 장해가 가장 큰 중성점 접지 방식은?

① 비접지 ② 소호리액터 접지
③ 직접접지 ④ 고저항 접지

풀이

직접접지방식의 특징
- 장점 : 전위상승 최소, 변압기 단절연 가능, 계전기 동작 신속 확실
- 단점 : 지락전류 최대, 유도장해 최대, 안정도가 나쁘다.

Q 426

다음 중 송전선의 1선 지락 시 선로에 흐르는 전류를 바르게 나타낸 것은?

① 영상전류만 흐른다.
② 영상전류 및 정상전류만 흐른다.
③ 영상전류 및 역상전류만 흐른다.
④ 영상전류, 정상전류 및 역상전류가 흐른다.

풀이

	정상분	역상분	영상분	영상분
1선 지락	○	○	○	$I_0 = I_1 = I_2 \neq 0$
선간 단락	○	○	×	$I_0 = 0$
3상 단락	○	×	×	$I_1 \neq 0,\ I_2 = I_0 = 0$

Q 427

송전선로의 안정도 향상 대책으로 옳지 않은 것은?

① 고속도 재폐로방식을 채용한다.
② 계통의 전달 리액턴스를 증가시킨다.
③ 중간조상방식을 채용한다.
④ 조속기의 작동을 빠르게 한다.

풀이

안정도 향상 대책
- 계통의 직렬 리액턴스 감소
- 전압 변동률을 적게 한다.(속응 여자 방식 채용, 계통의 연계, 중간 조상 방식)
- 계통에 주는 충격을 적게 한다.(소호리액터 접지 방식), 고속 차단 방식, 재폐로 방식)
- 고장 시 발전기 입력과 출력의 불평형을 적게 한다.

Q 428

피뢰기의 구비조건으로 옳지 않은 것은?

① 충격 방전 개시 전압이 낮을 것
② 상용 주파수 방전 개시 전압이 높을 것
③ 방전 내량이 작으면서 제한 전압이 높을 것
④ 속류 차단 능력이 충분할 것

풀이

피뢰기의 구비조건
- 충격 방전 개시 전압이 낮을 것
- 사용 주파 방전 개시 전압이 높을 것
- 제한 전압이 낮을 것
- 속류 차단성능이 클 것

정답 424 ④ 425 ③ 426 ④ 427 ② 428 ③

Q 429

전압이 정정값 이하로 되었을 때 동작하는 것으로서 단락 고장검출 등에 사용되는 계전기는?

① 접지 계전기 ② 부족전압 계전기
③ 역전력 계전기 ④ 과전압 계전기

Q 430

차단기의 정격차단 시간은?

① 고장발생부터 소호까지의 시간
② 가동접촉자 시동부터 소호까지의 시간
③ 트립 코일 여자부터 가동접촉자 시동까지의 시간
④ 트립 코일 여자부터 소호까지의 시간

풀이

정격차단시간 : 개극시간+아크시간(3~8Hz)

Q 431

원자로 내에서 발생한 열에너지를 외부로 끄집어내기 위한 열매체를 무엇이라고 하는가?

① 반사체 ② 감속재
③ 냉각재 ④ 제어봉

Q 432

교류송전에서는 송전거리가 멀어질수록 동일 전압에서의 송전 가능전력이 적어진다. 다음 중 그 이유로 가장 알맞은 것은?

① 선로의 어드미턴스가 커지기 때문이다.
② 선로의 유도성 리액턴스가 커지기 때문이다.
③ 코로나 손실이 증가하기 때문이다.
④ 표피효과가 커지기 때문이다.

풀이

$P=\dfrac{E_s E_r}{X}\sin\delta$에서 $P\propto\dfrac{1}{X}$이다.

Q 433

배전선의 전압조정 방법이 아닌 것은?

① 승압기 사용 ② 저전압계전기 사용
③ 병렬콘덴서 사용 ④ 주상변압기 탭 전환

풀이

병렬 콘덴서는 조상설비이다.

Q 434

다음 중 피뢰기를 가장 적절하게 설명한 것은?

① 동요전압의 파두, 파미의 파형의 준도를 저감하는 것
② 이상전압이 내습하였을 때 방전에 의한 이상전압을 경감 시키는 것
③ 뇌동요 전압의 파고를 저감하는 것
④ 1선이 지락할 때 아크를 소멸시키는 것

풀이

피뢰기 : 이상전압 내습 시 뇌전류를 방전하고 속류를 차단하며 피뢰기 단자 전압을 제한하여 기계기구의 절연을 보호한다.

Q 435

원자력 발전에서 제어봉에 사용되는 제어재로 알맞은 것은?

① 하프늄 ② 베릴륨
③ 나트륨 ④ 경수

풀이

제어재 : 붕소, 카드뮴, 하프늄

Q 436

다음 중 뇌해방지와 관계가 없는 것은?

① 댐퍼 ② 소호각
③ 가공지선 ④ 매설지선

풀이

댐퍼 : 전선 진동방지

정답 429 ② 430 ④ 431 ③ 432 ② 433 ② 434 ② 435 ① 436 ①

Q 437

전선의 지지점 높이가 31m이고, 전선의 이도가 9m라면 전선의 평균 높이는 몇 m가 적당한가?

① 25.0m ② 26.5m
③ 28.5m ④ 30.0m

풀이

$h = H - \frac{2}{3}D = 31 - \frac{2}{3} \times 9 = 25\text{m}$

Q 438

정정된 값 이상의 전류가 흘렀을 때 동작 전류의 크기와 관계 없이 항시 정해진 시간이 경과한 후에 동작하는 계전기는?

① 순한시계전기
② 정한시계전기
③ 반한시계전기
④ 반한시성정한시계전기

풀이

동작시간 분류
- 순한시 계전기 : 즉시 동작
- 정한시 계전기 : 전류 크기와 관계없이 일정 시간 후 동작
- 반한시 계전기 : 시간과 전류가 반대로 동작
- 반 – 정 계전기 : 반한시 특성 후 정한시 동작

Q 439

다음 중 3상용 차단기의 정격차단용량으로 알맞은 것은?

① 정격전압 × 정격차단전류
② $\sqrt{3}$ × 정격전압 × 정격차단전류
③ 3 × 정격전압 × 정격차단전류
④ 3 $\sqrt{3}$ × 정격전압 × 정격차단전류

풀이

정격차단용량 : 상계수, 회복전압, 차단전류

Q 440

복도체를 사용하면 송전용량이 증가하는 주된 이유로 알맞은 것은?

① 코로나가 발생하지 않는다.
② 선로의 작용인덕턴스가 감소한다.
③ 전압강하가 적어진다.
④ 무효전력이 적어진다.

풀이

복도체를 사용하면 임계전압이 증가되고 코로나가 방지된다.

Q 441

역률 80%, 10000kVA의 부하를 갖는 변전소에 2000kVA의 콘덴서를 설치하여 역률을 개선하면 변압기에 걸리는 부하는 몇 kVA정도 되는가?

① 8000kVA ② 8500kVA
③ 9000kVA ④ 9500kVA

풀이

$$\cos\theta_2 = \frac{P}{\sqrt{P^2 + (P_r - Q_c)^2}} = \frac{8000}{\sqrt{8000^2 + (6000 - 2000)^2}} \fallingdotseq 0.9$$

역률이 80%에서 90%로 개선되면 8000kVA에서 9000kVA로 된다.

Q 442

장거리 송전선로의 특성을 정확하게 다루기 위한 회로로 알맞은 것은?

① 분포정수회로 ② 분산부하회로
③ 집중정수회로 ④ 특성 임피던스회로

풀이

- 단거리 송전선로 : 집중정수회로
- 장기리송전선로 : 부포정수회로

부록 B

정답 437 ① 438 ② 439 ② 440 ② 441 ③ 442 ①

Q 443

가공 송전선에 사용되는 애자 1연 중 전압부담이 최대인 애자는?

① 철탑에 제일 가까운 애자
② 전선에 제일 가까운 애자
③ 중앙에 있는 애자
④ 철탑과 애자연 중앙의 그 중간에 있는 애자

풀이

전압분담최대 : 전선에 가장 가까운 애자

Q 444

직접접지 방식이 초고압 송전선에 채용되는 이유 중 가장 타당한 것은?

① 지락고장시 병행 통신선에 유기되는 유도전압이 작기 때문에
② 지락시의 지락전류가 적으므로
③ 계통의 절연을 낮게 할 수 있으므로
④ 송전선의 안정도가 높으므로

풀이

타접지방식에 비해 지락시 전위상승이 낮다.

Q 445

어느 빌딩 부하의 총설비 전력이 400kW, 수용률이 0.5라 하면 이 빌딩의 변전설비용량은 몇 kVA 이상 이어야 하는가? (단, 부하역률은 80%라 한다.)

① 180kVA　② 250kVA
③ 300kVA　④ 360kVA

풀이

$$\text{변전설비용량[kVA]} = \frac{400 \times 0.5}{0.8} = 250\text{kVA}$$

Q 446

차단기의 개폐에 의한 이상전압은 대부분 송전선 대지전압의 몇 배 정도가 최고인가?

① 2배　② 4배
③ 8배　④ 10배

풀이

개폐써지에 의한 이상전압은 상규대지전압의 3~5배 정도이다.

Q 447

수전단 전압이 3300V이고, 전압강하율이 4%인 송전선의 송전단 전압은 몇 V인가?

① 3395V　② 3432V
③ 3495V　④ 5678V

풀이

$$\epsilon = \frac{V_s - V_r}{V_r} \text{에서}$$

$$V_s = V_r(1+\epsilon) = 3300(1+0.04) = 3432\text{ V}$$

Q 448

동일한 2대의 단상변압기를 V 결선하여 3상 전력을 100kVA까지 배전할 수 있다면 똑같은 단상변압기 1대를 추가하여 △ 결선하게 되면 3상 전력을 약 몇 kVA까지 배전할 수 있겠는가?

① 57.7kVA　② 70.5kVA
③ 141.4kVA　④ 173.2kVA

풀이

V 결선 시 $100 = \sqrt{3} \times P_1$(1대 용량)이므로 1대 용량

$$P_1 = \frac{100}{\sqrt{3}}$$

$$\therefore\ P_\triangle = 3 \times P_1 = 3 \times \frac{100}{\sqrt{3}} = 100\sqrt{3} = 173.2\text{kVA}$$

정답 443 ② 444 ③ 445 ② 446 ② 447 ② 448 ④

Q 449

복도체를 사용한 송전선로를 단도체를 사용한 선로와 비교할 때 알맞은 것은? (단, 복도체의 총단면적과 단도체의 단면적이 같은 경우이다.)

① 작용 인덕턴스와 작용 정전용량이 모두 감소한다.
② 작용 인덕턴스와 작용 정전용량이 모두 증가한다.
③ 작용 인덕턴스는 감소하고, 작용 정전용량은 증가한다.
④ 작용 인덕턴스는 증가하고, 작용 정전용량은 감소한다.

풀이
복도체 방식 : 코로나 방지, 인덕턴스 감소, 정전용량 증가

Q 450

전압이 정정치 이하로 되었을 때 동작하는 것으로서 단락시 고장 검출용으로도 사용되는 계전기는?

① 재폐로 계전기　② 역상 계전기
③ 부족 전류 계전기　④ 부족 전압 계전기

풀이
부족전압 계전기(UVR) : 전압이 정정치 이하로 되면 동작한다.

Q 451

동일전력을 동일 선간전압, 동일 역률로 동일 거리에 보낼 때 사용하는 전선의 총중량이 같으면, 단상 2선식과 3상 3선식의 전력 손실비(3상 3선식/단상 2선식)는?

① $\frac{1}{3}$　② $\frac{1}{2}$
③ $\frac{3}{4}$　④ 1

풀이
복도체를 사용하면 임계전압이 증가되고 코로나가 방지된다.

Q 452

3상 3선식 수직배치인 선로에서 오프셋(off-set)을 주는 주된 이유는?

① 단락방지　② 전선진동 억제
③ 전선의 풍압감소　④ 철탑 중량감소

풀이
오프셋 : 상·하선간 혼촉(단락)사고 방지
⇒ 절연간격 유지

Q 453

수용률 80%, 부하율 60%, 설비용량 320kW라면, 최대 수용전력은 몇 kW인가?

① 192　② 233
③ 247　④ 256

풀이
최대수용전력 = 설비용량 × 수용률 = $320 \times 0.8 = 256$kW

Q 454

저압 뱅킹배전방식에서 캐스케이딩 현상이란?

① 전압 동요가 적은 현상
② 변압기의 부하 배분이 불균일한 현상
③ 저압선이나 변압기에 고장이 생기면 자동적으로 고장이 제거되는 현상
④ 저압선의 고장에 의하여 건전한 변압기의 일부 또는 전부가 차단되는 현상

풀이
- 캐스케이딩 현상 : 저압선의 고장에 의하여 건전한 변압기의 일부 또는 전부가 차단되는 현상
- 캐스케이딩 방지대책 : 구분퓨즈 설치

정답 449 ③ 450 ④ 451 ③ 452 ① 453 ④ 454 ④

부록 B

Q 455

전선 지지점간의 고저차가 없는 가공 전선로에서 경간이 100m, 전선 1m의 무게 0.2kg, 인장하중 550kg, 안전율 2.2인 경우 이도는 몇 m인가?

① 0.8 ② 0.85
③ 0.9 ④ 1.0

풀이

$$D=\frac{WS^2}{8T}=\frac{0.2\times100^2}{8\times\frac{500}{2.2}}=1\text{m}$$

Q 456

송전단전압 154kV, 수전단전압 134kV, 상차각 60도, 리액턴스 39.8Ω일 때 선로손실을 무시하면 전송전력은 약 몇 MW인가?

① 322 ② 449
③ 559 ④ 689

풀이

$$P=\frac{E_sE_r}{X}\sin\delta=\frac{154\times134}{39.8}\times\sin60°=449\text{MW}$$

Q 457

송전계통에서 지락보호계전기의 동작이 가장 확실한 접지방식은?

① 비 접지 ② 고저항 접지
③ 직접 접지 ④ 소호 리액터 접지

풀이

직접 접지방식 특징
- 장점 : 전위상승 최소, 변압기 단절연 가능, 계전기 동작 신속 확실
- 단점 : 지락전류 최대, 유도장해 최대, 안정도가 나쁘다.

Q 458

3상 3선식 3각형 배치의 송전선로에 있어서 각 선의 대지 정전 용량이 0.5038μF이고, 선간 정전용량이 0.1237μF일 때 1선의 작용 정전 용량은 몇 μF인가?

① 0.6275 ② 0.8749
③ 0.9164 ④ 0.9755

풀이

$$C=C_s+3C_m=0.5038+3\times0.1237=0.8749\mu\text{F}$$

Q 459

송전계통의 중성점을 직접접지하는 목적과 관계없는 것은?

① 고장전류 크기의 억제
② 이상전압 발생의 방지
③ 보호계전기의 신속 정확한 동작
④ 전선로 및 기기의 절연레벨을 경감

풀이

중성점 접지의 목적
- 이상전압의 경감 및 방지
- 보호계전기의 신속 확실한 동작
- 선로 및 기기의 절연 비용 경감

Q 460

3000kW, 역률 80%(뒤짐)의 부하에 전력을 공급하고 있는 변전소에 전력용콘덴서를 설치하여 변전소에서의 역률을 90%로 향상시키는데 필요한 전력용콘덴서의 용량은 약 몇 kVA인가?

① 600 ② 700
③ 800 ④ 900

풀이

$$Q_0=P\left(\frac{\sin\theta_1}{\cos\theta_1}-\frac{\sin\theta_2}{\cos\theta_2}\right)$$
$$=3000\left(\frac{0.6}{0.8}-\frac{\sqrt{1-0.9^2}}{0.9}\right)\fallingdotseq800\text{ kVA}$$

정답 455 ④ 456 ② 457 ③ 458 ② 459 ① 460 ③

Q 461

송전선로에서 코로나 임계전압이 높아지는 경우는 다음 중 어느 것인가?

① 기압이 낮은 경우
② 전선의 직경이 큰 경우
③ 상대 공기밀도가 작을 경우
④ 온도가 높아지는 경우

풀이

임계전압 $E_0 = 24.3 m_0 m_1 \delta d \log_{10}\frac{D}{r}$ (m_0 : 전선표면계수, m_1 : 날씨계수, δ : 상대공기밀도, d: 전선직경)

Q 462

수전단 전압이 송전단 전압보다 높아지는 현상을 무엇이라 하는가?

① 옵티마 현상
② 자기 여자 현상
③ 페란티 현상
④ 동기화 현상

풀이

페란티 현상 : 경·무부하시 선로의 정전용량에 의해 송전단보다 수전단 전압이 높아지는 현상

* 방지책 : 분로(병렬) 리액터 설치

Q 463

다음 중 배전 선로에 사용되는 개폐기의 종류와 그 특성의 연결이 바르지 못한 것은?

① 컷아웃 스위치(COS) : 주된 용도로는 주상변압기의 고장이 배전선로에 파급되는 것을 방지하고 변압기의 과부하 소손을 예방하고자 사용한다.
② 부하 개폐기 : 고장 전류와 같은 대전류는 차단할 수 없지만 평상 운전시의 부하전류는 개폐할 수 있다.
③ 리클로저(recloser) : 선로에 고장이 발생하였을 때 고장 전류를 검출하여 지정된 시간내에 고속 차단하고 자동 재폐로 동작을 수행하여 고장 구간을 분리하거나 재송전하는 장치이다.
④ 섹셔널라이저(sectionalizer) : 고장 발생 시 신속히 고장 전류를 차단하여 사고를 국부적으로 분리시키는 것으로 후비 보호 장치와 직렬로 설치하여야 한다.

풀이

리클로저는 차단기의 일종이며 섹셔너라이저는 유중에서 동작하는 주접촉자와 사고전류가 흐르는 것을 계산하는 카운터로 구성되어 있으며, 리클로저는 변전소측, 섹셔너라이저는 부하측에 설치한다.

Q 464

송전계통의 절연협조에 있어 절연 레벨을 가장 낮게 잡고 있는 것은?

① 피뢰기
② 단로기
③ 변압기
④ 차단기

풀이

피뢰기 : 절연협조 기준

Q 465

피뢰기의 제한전압이란?

① 피뢰기동작 중 단자전압의 파고치
② 피뢰기의 정격전압
③ 속류의 차단이 되는 최고의 교류전압
④ 상용주파수의 방전개시전압

풀이

제한전압 : 뇌전류를 방전시키고 있을 때 피뢰기 단자사이 나타나는 전압(절연협조기준 전압)

Q 466

3상용 차단기의 정격 차단 용량은?

① 정격 전압 × $\frac{1}{\sqrt{3}}$ × 정격 차단 전류
② $\sqrt{3}$ × 정격 전압 × 정격 전류
③ $\sqrt{3}$ × 정격 전압 × $\sqrt{3}$ 정격 차단 전류
④ $\sqrt{3}$ × 정격 전압 × 정격 차단 전류

풀이

정격차단용량 = $\sqrt{3}$(상계수) × 정격전압(회복전압) × 정격차단전류

정답 461 ② 462 ③ 463 ④ 464 ① 465 ① 466 ④

부록 B

Q 467

전력 원선도에서 알 수 없는 것은?

① 전력 ② 손실
③ 역률 ④ 코로나 손실

풀이

유효·무효 피상전력, 역률, 전력손실, 조상설비용량을 구할 수 있다.

Q 468

수전단 전압이 송전단 전압보다 높아지는 현상을 무엇이라 하는가?

① 페란티 효과 ② 표피 효과
③ 근접 효과 ④ 도플러 효과

풀이

페란티 현상 : 경·무부하시 송전단 전압 < 수전단 전압 (방지 – 분로리액터)

Q 469

발전기나 변압기의 내부 고장검출에 주로 사용되는 계전기는?

① 계자상실계전기 ② 과전압계전기
③ 비율차동계전기 ④ 선택계전기

풀이

발전기·변압기 내부고장 검출용 : 차동계전기, 비율차동계전기, 부흐홀쯔 계전기

Q 470

동일한 전압에서 동일한 전력을 송전할 때 역률을 0.8에서 0.9로 개선하면 전력손실은 약 몇 % 감소하는가?

① 5 ② 10
③ 21 ④ 40

풀이

$P_l \propto \dfrac{1}{\cos^2\theta}$ 이므로 $P_l = \dfrac{\frac{1}{0.9^2}}{\frac{1}{0.8^2}} = \left(\dfrac{0.8}{0.9}\right)^2 = 0.79$

$\therefore\ P_l' = (1-0.79) \times 100\% = 21\%$

Q 471

경간 200m의 지지점이 수평인 가공전선로가 있다. 전선 1m의 하중은 2kgf, 풍압하중은 없는 것으로 하고, 전선의 전단 인장하중이 4000kgf, 안전율을 2.2로 하면 이도는 몇 m인가?

① 4.7 ② 5.0
③ 5.5 ④ 6.0

풀이

$$D = \frac{WS^2}{8T} = \frac{2 \times 200^2}{8 \times \frac{4000}{2.2}} = 5.5\text{m}$$

Q 472

송전선로에서 역섬락을 방지하려면 어떻게 하는 것이 가장 좋은가?

① 가공지선을 설치한다.
② 피뢰기를 설치한다.
③ 철탑 탑각 접지저항을 작게 한다.
④ 소호각을 설치한다.

풀이

매설지선 : 철탑의 접지저항을 감소시켜 역섬락을 방지한다.(뇌해방지)

Q 473

다음 중 송전선로에서 초호환(arcing ring) 의 역할로 가장 알맞은 것은?

① 전력손실 감소
② 송전전력 증대
③ 선로의 섬락시 애자 보호
④ 누설전류에 의한 편열 방지

풀이

초호환(소호환) : 섬락으로부터 애자련 보호, 애자련의 전압 분담 균등화

정답 467 ④ 468 ① 469 ③ 470 ③ 471 ③ 472 ③ 473 ③

Q 474

가공전선을 단도체식으로 하는 것보다 같은 단면적의 복도체식으로 하였을 경우 옳지 않은 것은?

① 전선의 인덕턴스가 감소된다.
② 전선의 정전용량이 감소된다.
③ 코로나 손실이 적어진다.
④ 송전용량이 증가한다.

풀이

복도체 특징
- 송전용량 증가 : 이유 → L감소, C증가
- 코로나 방지(주목적) : 전위경도 감소, 임계전압 증가
- 소도체간 흡인력에 의한 충돌 : 방지책 → 스페이서 설치

Q 475

다음 중 경제적인 송전선의 전선굵기의 결정과 관계가 있는 것은?

① 캘빈(Kelvin)의 법칙　② 스틸(Still)의 식
③ 용량계수법　④ 고유부하법

풀이

- 경제적인 전선 굵기 : 캘빈의 법칙
- 경제적인 전선 굵기 선정요소 : 허용전류(가장 중요), 전압강하, 기계적 강도

Q 476

가공지선에 대한 설명으로 옳지 않은 것은?

① 직격뢰에 대해서는 특히 유효하며, 탑 상부에 시설하므로 뇌는 주로 가공지선에 내습한다.
② 가공지선 때문에 송전선로의 대지용량이 감소하므로 대지와의 사이에 방전할 때 유도전압이 특히 커서 차폐효과가 좋다.
③ 가공지선을 가설하는 목적은 유도뢰에 대한 정전차폐 효과 및 직격뢰에 대한 차폐효과이다.
④ 1선지락사고 때 지락전류의 일부가 가공지선을 통하므로 부근의 통신선에 미치는 전자유도장해를 경감시킬 수 있다.

풀이

가공지선
- 직격뇌, 유도뇌 차폐, 통신선 유도장해 경감.
- 차폐각(θ=30°~45°)이 작을수록 효과 크고 시설비 고가.

Q 477

정격용량 500kVA의 변압기에서 늦은 역률 80%의 부하에 500kVA를 공급하고 있다. 합성 역률을 90%로 개선하여 이 변압기의 전 용량으로 공급할 때 증가시킬 수 있는 부하(역률은 지상 90%)는 몇 kW인가?

① 50　② 60
③ 70　④ 80

풀이

증가시킬 수 있는 부하
= 역률개선 후 용량 − 역률개선 전 용량
$= 500 \times 0.9 - 500 \times 0.8 = 50\text{kW}$

Q 478

송전계통에서 절연협조의 기본이 되는 것은?

① 피뢰기의 제한전압
② 애자의 섬락전압
③ 변압기의 붓싱의 섬락전압
④ 권선의 절연내력

풀이

절연협조 순서 : LA(피뢰기) → TR(변압기) → 결합 콘덴서 → 선로 애자

Q 479

66kV, 3상 1회선 송전선로의 1선의 리액턴스가 20Ω, 전류가 350A일 때 % 리액턴스는 약 얼마인가?

① 18.4　② 19.7
③ 23.2　④ 26.7

풀이

$$\%X = \frac{I \cdot X}{E} \times 100\% = \frac{350 \times 20}{\frac{66000}{\sqrt{3}}} \times 100\% = 18.37\%$$

정답 474 ②　475 ①　476 ②　477 ①　478 ①　479 ①

Q 480

전력용 퓨즈의 장점으로 옳지 않은 것은?

① 소형으로 큰 차단용량을 갖는다.
② 밀폐형 퓨즈는 차단시에 소음이 없다.
③ 가격이 싸고 유지 보수가 간단하다.
④ 과도 전류에 의해 쉽게 용단되지 않는다.

풀이

전력용 퓨즈(P.F) : 배전선로 보호 차단기 대용으로 사용
(1) 장점
- 소형 경량이며 경제적
- 고속차단, 차단용량이 크다.

(2) 단점
- 재투입이 불가능
- 과도 전류에 용단되기 쉽다.

Q 481

설비 용량의 합계가 3kW인 주택에서 최대 수요 전력이 1.8kW일 때의 수용률은 몇 %인가?

① 40　　② 50
③ 60　　④ 70

풀이

$$\text{수용률} = \frac{\text{최대수요전력}}{\text{설비용량}} \times 100\% = \frac{1.8}{3} \times 100\% = 60\%$$

Q 482

피뢰기의 정격전압에 대한 설명으로 가장 알맞은 것은?

① 뇌전압의 평균값
② 뇌전압의 파고값
③ 속류를 차단할 수 있는 최고의 교류전압
④ 피뢰기가 동작되고 있을 때의 단자전압

풀이

④번은 피뢰기 제한전압이다.

Q 483

다음 중 전력계통의 안정도 향상대책으로 볼 수 없는 것은?

① 직렬콘덴서 설치
② 병렬콘덴서 설치
③ 중간 개폐소 설치
④ 고속차단, 재폐로방식 채용

풀이

병렬콘덴서는 역률개선이며 안정도와 관계없다.

Q 484

공기의 파열 극한 전위경도는 정현파 교류의 실효치로 약 몇 kV/cm인가?

① 21kV/cm　　② 25kV/cm
③ 30kV/cm　　④ 33kV/cm

풀이

공기절연파괴 극한전압
- 교류 : 21kV/cm
- 직류 : 30kV/cm

Q 485

전선의 장력이 1500kgf일 때, 지선에 걸리는 장력은 몇 kgf인가?

① 750kgf
② $750\sqrt{3}$ kgf
③ 3000kgf
④ $\frac{3000}{\sqrt{3}}$ kgf

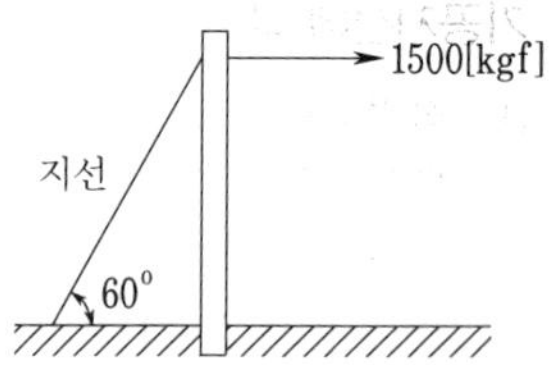

풀이

$$T_0 = \frac{T}{\cos\theta} = \frac{1500}{\cos 60°} = 3000$$

정답 480 ④　481 ③　482 ④　483 ②　484 ①　485 ③

Q 486

30일간의 최대수용전력이 200kW, 소비전력량이 72000kWh일 때 월부하율은 몇 %인가?

① 30% ② 40%
③ 50% ④ 60%

풀이

$$월부하율 = \frac{72000}{24 \times 30 \times 200} \times 100 = 50\%$$

Q 487

다음 중 원방감시제어(SCADA)의 기능과 관계가 먼 것은?

① 원격 제어 기능 ② 원격 측정 기능
③ 부하 조정 기능 ④ 자동 기록 기능

풀이

- 집중 원격감시 제어시스템 또는 감시제어 데이터 수집시스템이라고도 하며, 통신경로상의 아날로그 또는 디지털 신호를 사용하여 원격장치의 상태정보 데이터를 원격장치로 수집, 수신, 기록, 표시하여 중앙제어 시스템이 원격장치를 감시제어하는 시스템을 말한다.
- 주요 기능 : 원방감시기능, 원방측정기능, 원방제어기능, 보고서 작성기능, 경보발생보고기능

Q 488

송전선로의 중성점을 접지하는 주된 목적은?

① 동량의 절약 ② 송전용량의 증가
③ 전압강하의 감소 ④ 이상전압의 억제

풀이

중성점 접지목적 : 1선 지락시 건전상의 전위상승을 억제하여 기계기구 절연보호

Q 489

전력용 퓨즈는 주로 어떤 전류의 차단을 목적으로 사용하는가?

① 충전전류 ② 부하전류
③ 단락전류 ④ 지락전류

풀이

전력용 퓨즈는 차단기 대용으로 사용되며 단락전류 차단을 목적으로 사용된다.

Q 490

그림에서 계기 Ⓜ이 지시하는 것은 ?

① 정상전류
② 영상전압
③ 역상전압
④ 정상전압

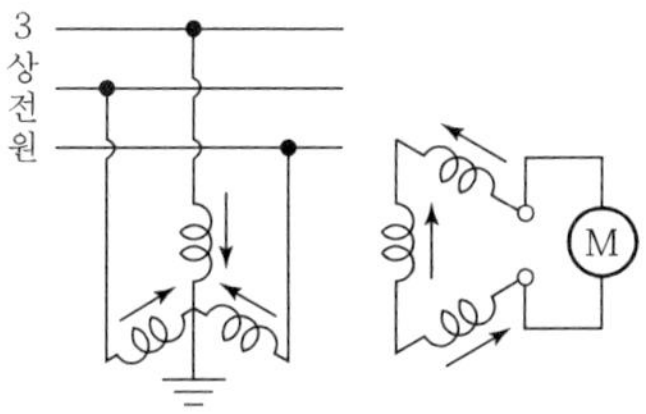

풀이

GPT(계기용 접지 변압기) : 영상전압검출

Q 491

송전선로를 연가하는 주된 목적은 ?

① 페란티 효과의 방지
② 직격뢰의 방지
③ 선로정수의 평형
④ 유도뢰의 방지

풀이

- 연가 주목적 : 선로정수평형
- 연가 효과 : 유도장해방지, 직렬공진에 의한 이상전압방지

정답 486 ③ 487 ③ 488 ④ 489 ③ 490 ② 491 ③

Q 492

전압 66000V, 주파수 60Hz, 길이 7km, 1회선의 3상 지중 전선로에서 3상 무부하 충전용량은 약 몇 kVA인가? (단, 케이블의 심선 1선 1km의 정전용량은 0.4μF/km라 한다.)

① 2560kVA ② 4600kVA
③ 7970kVA ④ 13800kVA

풀이

$$Q_c = 3\omega CE^2 \cdot \ell$$
$$= 3\times2\pi\times60\times0.4\times10^{-6}\times7\times\left(\frac{66000}{\sqrt{3}}\right)^2\times10^{-3}$$
$$\fallingdotseq 4600\text{kVA}$$

Q 493

다음 중 보호계전기가 구비하여야 할 조건으로 거리가 먼 것은?

① 동작이 정확하고 감도가 예민할 것
② 열적, 기계적 강도가 클 것
③ 조정 범위가 좁고 조정이 쉬울 것
④ 고장 상태를 신속하게 선택할 것

풀이

보호계전기 구비조건
- 고장의 정도 및 위치를 정확히 파악할 것
- 고장 개소를 정확히 선택할 것
- 동작이 예민하고 오동작이 없을 것
- 소비전력이 적고, 경제적일 것
- 후비 보호능력이 있을 것

Q 494

가공 전선로의 전선 진동을 방지하기 위한 방법으로 옳지 않은 것은 ?

① 토쇼널 댐퍼(torsional damper) 의 설치
② 스프링 피스톤 댐퍼와 같은 진동 제지권을 설치
③ 경동선을 ACSR로 교환
④ 클램프나 전선 접촉기 등을 가벼운 것으로 바꾸고 클램프 부근에 적당히 전선을 첨가

풀이

진동방지
- 아머로드 및 댐퍼를 설치한다.
- 가벼운 전선으로 바꾸면 오히려 진동이 발생한다.

Q 495

배전 전압을 $\sqrt{3}$배로 하면 동일한 전력 손실률로 보낼 수 있는 전력은 몇 배가 되는가?

① $\sqrt{3}$ ② $\frac{3}{2}$
③ 3 ④ $2\sqrt{3}$

풀이

$P\propto V^2$이므로 $P=\sqrt{3}^2=3$

Q 496

송전선로에서 4단자정수 A, B, C, D사이의 관계는?

① BC−AD=1 ② AC−BD=1
③ AB−CD=1 ④ AD−BC=1

풀이

4단자 정수 성질 : A=D, AD−BC=1

Q 497

초고압용 차단기에 사용되는 개폐저항기의 목적은?

① 차단속도 증진
② 개폐서지 이상전압 억제
③ 차단전류 감소
④ 차단전류의 역률 개선

풀이

개폐서지 억제 : 차단기 내 개폐저항기를 설치

정답 492 ② 493 ③ 494 ③ 495 ③ 496 ④ 497 ②

Q 498

그림과 같이 임피던스 Z_1, Z_2 및 Z_3인 송전선이 접속된 선로의 A쪽에서 전압파 E가 진행해 왔을 때 접속점 B에서 무반사로 되기 위한 조건은?

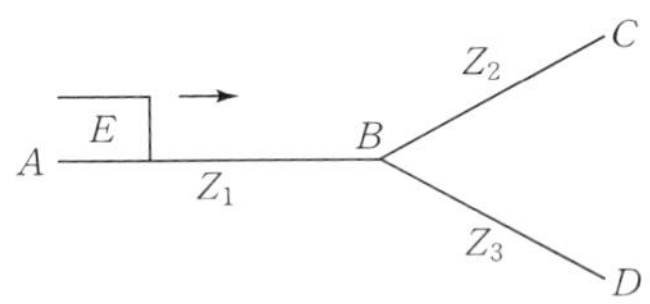

① $Z_1 = Z_2 \times Z_3$　② $Z_1 = Z_2 + Z_3$

③ $\frac{1}{Z_1} = \frac{1}{Z_2} \times \frac{1}{Z_3}$　④ $\frac{1}{Z_1} = \frac{1}{Z_2} + \frac{1}{Z_3}$

풀이

무반사 조건 : B점(변이점)을 기준으로 양쪽의 임피던스 또는 어드미턴스가 같으면 된다.

따라서 $\frac{1}{Z_1} = \frac{1}{Z_2} + \frac{1}{Z_3}$ 이다.

Q 499

송전계통에서 이상전압의 방지대책으로 볼 수 없는 것은?

① 철탑 접지저항의 저감

② 가공 송전선로의 피뢰용으로서의 가공지선에 의한 뇌차폐

③ 기기 보호용으로서의 피뢰기 설치

④ 복도체 방식 채택

풀이

복도체 방식 : 코로나를 방지하고 인덕턴스를 감소시켜 송전용량을 증가시킨다.

Q 500

용량 25000kVA, 임피던스 10%인 3상 변압기가 2차측에서 3상 단락되었을 때 단락용량은 몇 MVA인가?

① 225MVA　② 250MVA

③ 275MVA　④ 433MVA

풀이

$P_s = \frac{100}{10} \times 25000 \times 10^{-3} = 250$

Q 501

전력이 같고, 단면적과 긍장이 같을 때 전압변동률(%)은?

① 전압에 비례한다.

② 전압의 제곱에 비례한다.

③ 전압에 반비례한다.

④ 전압의 제곱에 반비례한다.

Q 502

변압기의 기계적 보호계전기인 부흐홀쯔계전기(Buchholtzrelay)의 설치위치로 알맞은 것은?

① 유면 위의 탱크 내

② 컨서베이터 내부

③ 변압기의 고압측 부싱

④ 주탱크와 컨서베이터를 연결하는 파이프의 관중

풀이

부흐홀쯔계전기 : 변압기 내부고장검출용으로 변압기 주탱크와 콘서베이터를 연결하는 파이프 도중에 위치

Q 503

일반적으로 전선 1가닥의 단위길이당의 작용 정전 용량 $Cn[\mu F/km]$이 $Cn = \frac{0.02413\,\epsilon_s}{\log_{10}\frac{D}{r}}$ $[\mu F/km]$로 표시되는 경우 여기서 D는 무엇을 나타내는가?

① 전선 반지름[m]　② 선간 거리[m]

③ 전선 지름[m]　④ 선간 거리$\times\frac{1}{2}$[m]

풀이

r : 도체반지름, D : 등가선간거리

정답 498 ④ 499 ④ 500 ② 501 ④ 502 ④ 503 ②

Q 504

임피던스 Z_1, Z_2 및 Z_3을 그림과 같이 접속한 선로의 A쪽에서 전압파 E가 진행해 왔을 때 접속점 B에서 무반사로 되기 위한 조건은 ?

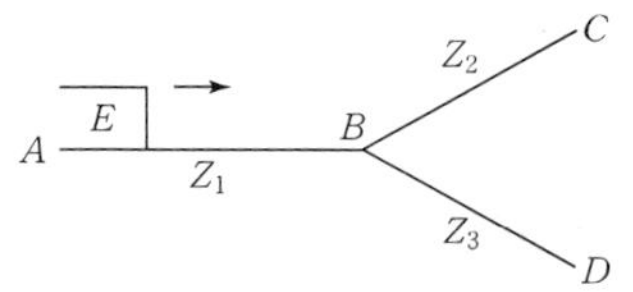

① $Z_1 = Z_2 + Z_3$　　② $\frac{1}{Z_1} = \frac{1}{Z_3} - \frac{1}{Z_2}$

③ $\frac{1}{Z_1} = \frac{1}{Z_2} + \frac{1}{Z_3}$　　④ $\frac{1}{Z_1} = -\frac{1}{Z_2} - \frac{1}{Z_3}$

풀이

무반사 조건 : B점(변이점)을 기준으로 양쪽의 임피던스 또는 어드미턴스가 같으면 된다.

따라서 $\frac{1}{Z_1} = \frac{1}{Z_2} + \frac{1}{Z_3}$ 이다.

Q 505

6600V로 수전하는 자가용 전기 설비가 있다. 수전점에서 계산한 3상 단락 용량은 90MVA인데 이곳에 시설한 차단기의 최소정격차단전류(kA)로 가장 적당한 것은?

① 2kA　　② 8kA

③ 12kA　　④ 14kA

풀이

차단기용량 $P_s = \sqrt{3} \times 6600 \times I_s$ 에서

$$I_s = \frac{90 \times 10^6}{\sqrt{3} \times 6600} \times 10^{-3} = 7.83 \text{ kA}$$

Q 506

정사각형으로 배치된 4도체 송전선이 있다. 소도체의 반지름이 1cm이고, 한 변의 길이가 32cm일 때, 소도체간의 기하학적 평균거리는 몇 cm인가?

① $32 \times 2^{\frac{1}{3}}$　　② $32 \times 2^{\frac{1}{4}}$

③ $32 \times 2^{\frac{1}{5}}$　　④ $32 \times 2^{\frac{1}{6}}$

풀이

- 등가선간거리 $= \sqrt[n]{D_1 \cdot D_2 \cdot D_3 \cdots D_n}$
- 4 도체방식=한 변 길이$\times \sqrt[6]{2}$

Q 507

전력계통의 안정도 향상대책으로 옳지 않은 것은?

① 계통의 직렬 리액턴스를 낮게 한다.

② 고속도 재폐로방식을 채용한다.

③ 지락전류를 크게 하기 위하여 직접접지방식을 채용한다.

④ 고속도 차단방식을 채용한다.

풀이

안전도 증진대책 : 지락전류를 작게 하기 위해 소호리액터 접지방식 채용(과도안정도 증진)

Q 508

발전기의 단락비가 적어질 경우에 일어나는 현상 중 옳은 것은 ?

① 발전기가 대형으로 된다.

② 관성정수가 커진다.

③ 전압변동률이 커진다.

④ 안정도가 향상된다.

풀이

단락비가 작다 : 퍼센트임피던스가 크며 전기자반작용이 크므로 전압변동률이 크다.

정답 504 ③ 505 ② 506 ④ 507 ③ 508 ③

Q 509

역률(늦음) 80%, 10kVA의 부하를 가지는 주상변압기의 2차측 2kVA의 전력용 콘덴서를 접속하면 주상변압기에 걸리는 부하는 약 몇 kVA가 되겠는가?

① 8kVA ② 8.5kVA
③ 9kVA ④ 9.5kVA

풀이

개선 후 $\cos\theta_2 = \dfrac{8}{\sqrt{8^2+(6-2)^2}} \fallingdotseq 0.9$

개선 후 $P = 10 \times 0.9 = 9$

Q 510

정격용량 20000kVA, 임피던스 8%인 3상 변압기가 2차측에서 3상 단락되었을 때 단락용량은 몇 MVA인가?

① 160MVA ② 200MVA
③ 250MVA ④ 320MVA

풀이

$P_s = \dfrac{100}{8} \times 20000 \times 10^{-3} = 250\text{MVA}$

Q 511

변류기 개방시 2차측을 단락하는 이유는?

① 2차측 절연 보호 ② 2차측 과전류 보호
③ 측정오차 방지 ④ 1차측 과전류 방지

풀이

변류기 개방시 2차측 단락 : 2차측 절연보호

Q 512

송전선로의 안정도 향상 대책이 아닌 것은?

① 병행 다회선이나 복도체방식 채용
② 속응여자방식 채용
③ 계통의 직렬리액턴스 증가
④ 고속도 차단기 이용

풀이

안정도 향상대책 : 직렬 리액턴스를 감소

Q 513

일반적인 경우 그 값이 1 이상인 것은?

① 수용률 ② 전압강하율
③ 부하율 ④ 부등률

풀이

부등률 : 전력 소비기기를 동시에 사용하는 정도를 나타내며 그 값이 항상 1 이상이다.

Q 514

중성점접지방식 중 비접지방식을 직접접지방식과 비교한 것으로 옳지 않은 것은?

① 지락전류가 적다.
② 보호계전기 동작이 확실하다.
③ 1선지락시 통신선 유도장해가 적다.
④ 과도안정도가 크다.

풀이

보호계전기 동작이 확실 : 직접 접지방식의 특징

Q 515

수전 설비의 운영에 있어서 인터록(interlock)의 설명으로 옳은 것은?

① 차단기가 열려 있어야만 단로기를 닫을 수 있다.
② 차단기가 닫혀 있어야만 단로기를 닫을 수 있다.
③ 차단기가 열려 있으면 단로기가 닫히고, 단로기가 열려 있으면 차단기가 닫힌다.
④ 차단기의 접점과 단로기의 접점이 기계적으로 연결되어 있다.

풀이

인터록 : 차단기가 열려있어야 단로기를 조작할 수 있다.

정답 509 ③ 510 ③ 511 ① 512 ③ 513 ④ 514 ② 515 ①

Q 516

불평형 부하에서 역률은 어떻게 표현되는가?

① $\dfrac{\text{유효전력}}{\text{각 상의 피상전력의 산술 합}}$

② $\dfrac{\text{유효전력}}{\text{각 상의 피상전력의 벡터 합}}$

③ $\dfrac{\text{무효전력}}{\text{각 상의 피상전력의 산술 합}}$

④ $\dfrac{\text{무효전력}}{\text{각 상의 피상전력의 벡터 합}}$

풀이

$$\cos\theta = \frac{P}{P_a} = \frac{P}{\sqrt{P^2 + P_r^{\ 2}}}$$

Q 517

중성점이 직접접지된 6600V, 3상 발전기의 1 단자가 접지 되었을 경우 예상되는 지락전류의 크기는 약 몇 A인가? (단, 발전기의 임피던스는 $Z_0 = 0.2 + j0.6[\Omega]$, $Z_1 = 0.1 + j4.5[\Omega]$, $Z_2 = 0.5 + j1.4[\Omega]$이다.)

① 1578A　　② 1678A
③ 1745A　　④ 3023A

풀이

$$I_g = \frac{3E_a}{Z_0 + Z_1 + Z_2}$$

$$= \frac{3 \times \dfrac{6600}{\sqrt{3}}}{(0.2 + j0.6 + 0.1 + j4.5 + 0.5 + j1.4)}$$

$$= \frac{6600\sqrt{3}}{0.8 + j6.5} = \frac{6600\sqrt{3}}{\sqrt{0.8^2 + 6.5^2}} = 1745\ \text{A}$$

Q 518

다음 중 지락전류의 크기가 최소인 중성점 접지방식은?

① 비접지　　② 소호리액터접지
③ 직접접지　　④ 고저항접지

풀이

소호리액터 접지방식 : 지락전류 최소($L-C$ 병렬공진 이용)

Q 519

화력발전소에서 재열기의 목적은?

① 공기의 예열　　② 급수의 재열
③ 증기의 재열　　④ 배출가스의 재열

풀이

재열기 : 증기를 재가열한다.

Q 520

코로나의 방지대책으로 적당하지 않은 것은?

① 복도체를 사용한다.
② 가선금구를 개량한다.
③ 전선의 바깥지름을 크게 한다.
④ 선간거리를 감소시킨다.

풀이

코로나 방지대책 : 임계전압을 높게(전선 직경 크게), 복도체 방식, 중공연선채용, 가선금구 개량

Q 521

최근 GIS 설비에서 사용되고 있는 소호능력과 차단능력이 우수한 SF_6 가스를 이용한 차단기는?

① 공기차단기　　② 자기차단기
③ 가스차단기　　④ 진공차단기

풀이

가스차단기(GCB) : SF_6 가스를 이용(무색, 무취, 무해, 불연성 특성)

정답 516 ② 517 ③ 518 ② 519 ③ 520 ④ 521 ③

Q 522

철탑으로부터의 전선의 오프셋을 주는 이유로 가장 알맞은 것은?

① 불평형 전압의 유도방지
② 지락사고 방지
③ 전선의 진동방지
④ 상하 전선의 접촉방지

풀이
오프셋 : 상하선간의 절연간격을 유지하여 상하선간 혼촉(단락)사고를 방지한다.

Q 523

전력계통에서의 안정도란 주어진 운전 조건하에서 계통이 안정하게 운전을 계속할 수 있는가의 능력을 말한다. 다음 중 안정도의 구분에 포함되지 않는 것은?

① 동태안정도
② 과도안정도
③ 정태안정도
④ 동기안정도

풀이
안정도의 종류 : 정태안정도, 과도안정도, 동태안정도

Q 524

전선로에 댐퍼(damper)를 사용하는 목적은?

① 전선의 진동방지
② 전력손실 격감
③ 낙뢰의 내습방지
④ 많은 전력을 보내기 위하여

풀이
댐퍼, 아머로드 : 전선의 진동방지

Q 525

중성점 접지방식 중 소호리액터 접지방식에서 공진조건 $\omega L = \frac{1}{3\omega C} - \frac{x_t}{3}$ 에서 x_t는?

① 선로 임피던스
② 변압기 임피던스
③ 발전기 임피던스
④ 부하설비 임피던스

풀이
x_t : 변압기의 내부 임피던스를 의미한다.

Q 526

다음 중 송전계통의 안정도를 증진시키는 방법으로 볼 수 없는 것은?

① 전압변동을 적게 한다.
② 직렬리액턴스를 크게 한다.
③ 제동저항기를 설치한다.
④ 고속 재폐로 방식을 채용한다.

풀이
안정도 향상대책
- 계통의 직렬리액턴스를 작게 한다.
- 전압 변동을 작게 한다.
- 계통에 주는 충격을 작게 한다.
- 고장시 발전기의 입·출력 불평형을 방지한다.

Q 527

다음 중 고압 수전 설비를 구성하는 기기로 볼 수 없는 것은?

① 변압기
② 배전용 차단기
③ 과전류계전기
④ 복수기

풀이
복수기 : 터빈에서 분출된 증기를 냉각시킨다.

정답 522 ④ 523 ④ 524 ① 525 ② 526 ② 527 ④

Q 528

가공전선로에 사용하는 현수애자련이 10개라고 할 때 다음 중 전압 부담이 최소인 것은?

① 전선에서 8번째 애자
② 전선에서 5번째 애자
③ 전선에서 3번째 애자
④ 전선에서 1번째 애자

풀이

- 전압분담 최대 : 전선로에 가장 가까운 애자
- 전압분담 최소 : 철탑으로부터 3번째, 전선으로부터 8번째 애자

Q 529

일반적으로 수용가 상호간, 배전 변압기 상호간, 급전선 상호간 또는 변전소 상호간에서 각개의 최대부하는 그 발생 시각이 약간씩 다르다. 따라서 각개의 최대 수요전력의 합계는 그 군의 종합 최대 수요 전력보다도 큰 것이 보통이다. 이 최대 전력의 발생 시각 또는 발생 시기의 분산을 나타내는 지표는?

① 전일효율　② 부등률
③ 부하율　④ 수용률

풀이

$$\text{부등률} = \frac{\text{개별 최대수용전력의 합}}{\text{합성최대전력}} \geq 1 \text{이며}$$

전력소비기기를 동시에 사용하는 정도를 말한다.

Q 530

전력계통에서 변압기의 유기기전력이 발생할 때 나타나는 고조파 중 제 3 고조파 및 제 5 고조파를 각각 제거시키는 방법으로 다음 중 가장 적절한 것은?

① 제 3 고조파 및 제 5 고조파 모두 직렬리액터를 설치하여 제거할 수 있다.
② 변압기 결선 방식으로는 고조파를 제거할 수는 없다.
③ 제 3 고조파는 전력용 콘덴서를 설치하여 제거하고 제 5 고조파는 직렬리액터를 설치하여 제거한다.
④ 변압기 △ 결선 방식으로 제 3 고조파를 제거하고, 제 5 고조파는 직렬리액터를 설치하여 제거한다.

풀이

- 변압기 △결선 : 제3고조파 제거
- 직렬 리액터 : 제5고조파 제거

Q 531

그림과 같은 송전선이 4도체인 경우 소선 상호간의 기하학적 평균 거리는?

① $\sqrt[3]{2}\,D$
② $\sqrt[4]{2}\,D$
③ $\sqrt[6]{2}\,D$
④ $\sqrt[8]{2}\,D$

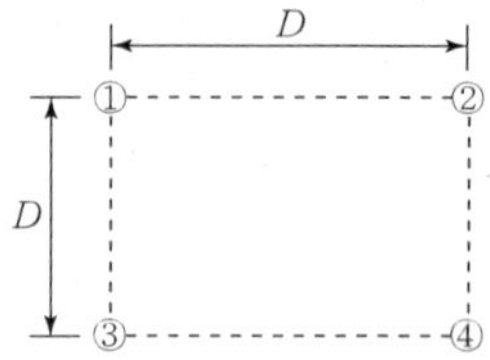

풀이

- 등가선간거리 $= \sqrt[n]{D_1 \cdot D_2 \cdot D_3 \cdots D_n}$
- 4도체방식 =한 변 길이 $\times \sqrt[6]{2}$

Q 532

다음 중 연가(transposition)의 효과로 거리가 먼 것은?

① 직렬공진의 방지
② 선로정수의 평형
③ 대지정전용량의 감소
④ 통신선의 유도장해의 감소

풀이

- 연가 주목적 : 선로정수평형
- 연가 효과 : 유도장해방지, 직렬공진에 의한 이상전압 방지

정답 528 ① 529 ② 530 ④ 531 ③ 532 ③

Q 533

역률 80%, 5000kVA의 부하를 역률 90%로 개선하고자 한다. 이 경우 필요한 콘덴서의 용량은?

① 820kVA ② 1080kVA
③ 1350kVA ④ 2160kVA

풀이

$Q_c = 5000 \times 0.8\left(\frac{0.6}{0.8} - \frac{\sqrt{1-0.9^2}}{0.9}\right) \fallingdotseq 1080\text{kVA}$

Q 534

어느 변전소에서 합성 임피던스가 0.4%(10000 kVA 기준)인 곳에 시설할 차단기의 소요차단 용량은?

① 250MVA ② 400MVA
③ 2500MVA ④ 4000MVA

풀이

$P_s = \frac{100}{\%Z} \cdot P = \frac{100}{0.4} \times 10000 \times 10^{-3} = 2500\text{MVA}$

Q 535

다음 중 열사이클의 효율을 올리는 방법과 거리가 먼 것은?

① 과열증기 사용 ② 저압저온 이용
③ 진공도 향상 ④ 재생사이클 채용

풀이

열사이클의 효율을 올리는 방법 : 과열증기 사용, 진공도 향상, 재생사이클 채용

Q 536

설비용량이 각각 75kW, 80kW, 85kW의 부하설비가 있다. 수용률이 60%라면 최대 수요전력은?

① 96kW ② 144kW
③ 240kW ④ 400kW

풀이

최대수요전력 $= (75+80+85) \times 0.6 = 144\text{kW}$

Q 537

그림과 같이 정수가 서로 같은 평행 2회선에서 일반회로 정수 C_0는 얼마인가? (단, 그림에서 좌측은 송전단, 우측은 수전단이다.)

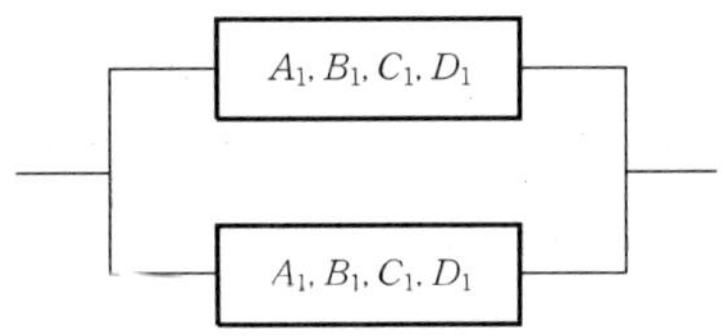

① $\frac{C_1}{4}$ ② $\frac{C_1}{2}$
③ $2C_1$ ④ $4C_1$

풀이

2회선인 경우 : $B_1 \rightarrow \frac{1}{2}B_1$, $C_1 \rightarrow 2C_1$

Q 538

전극의 어느 일부분의 전위경도가 커져서 공기와의 절연이 파괴되어 생기는 현상은?

① 페란티 현상 ② 코로나 현상
③ 카르노 현상 ④ 보어 현상

풀이

코로나 현상 : 공기절연이 부분 파괴되어 빛과 노이즈를 수반한다.

부록 B

정답 533 ② 534 ③ 535 ② 536 ② 537 ③ 538 ②

Q 539

변전소로부터 특별고압 3상 3선식의 가공전선로로 수전하고 있는 공장이 있다. 이 공장의 부하전력은 40000kW이고 뒤진 역률 90%, 수전전압은 70000V라 한다. 부하전류는 약 몇 A인가?

① 323A ② 367A
③ 397A ④ 423A

풀이

$P=\sqrt{3}\,VI\cos\theta$에서

$$I=\frac{P}{\sqrt{3}\times V\times\cos\theta}=\frac{40{,}000\times10^3}{\sqrt{3}\times70000\times0.9}=366.5\text{A}$$

Q 540

3상 3선식 1회선의 가공 송전선로에서 D를 등가 선간거리, r을 전선의 반지름이라고 하면 1선당 작용 정전용량은?

① $\log\dfrac{D}{r}$에 비례한다.

② $\log\dfrac{D}{r}$에 반비례한다.

③ $\dfrac{D}{r}$에 비례한다.

④ $\dfrac{D}{r}$에 반비례한다.

풀이

$C=\dfrac{0.02413}{\log_{10}\dfrac{D}{r}}$ [μF/km]이므로 반비례 관계이다.

Q 541

다음 중 피뢰기를 가장 적절하게 설명한 것은?

① 동요전압의 파두, 파미의 파형의 준도를 저감하는 것
② 이상전압이 내습하였을 때 방전에 의해 이상전압을 경감 시키는 것
③ 뇌동요 전압의 파고를 저감하는 것
④ 1선이 지락되었을 때 아크를 소멸시키는 것

풀이

피뢰기 : 이상전압 내습 시 뇌전류를 대지로 방전하고 속류를 차단하며 피뢰기 단자전압을 제한하여 기계기구의 절연을 보호한다.

Q 542

전력용 콘덴서 회로에 방전코일을 설치하는 주된 목적은?

① 합성 역률의 개선
② 전원개방시 잔류 전하를 방전시켜 인체의 위험방지
③ 콘덴서의 등가용량 증대
④ 전압의 파형개선

풀이

방전코일 : 잔류전하를 방전하여 인체 감전사고를 방지한다.

Q 543

다음 중 직격뢰에 대한 차폐효과가 가장 큰 것은?

① 가공지선 ② 매설지선
③ 서지흡수기 ④ 정전방전기

풀이

- 가공지선 : 직격뇌, 유도뢰 차폐 및 통신선의 유도장해 경감
- 매설지선 : 철탑의 탑각 접지저항을 감소시켜 역섬락방지
- 서지흡수기 : 낙뢰 때문에 발생한 순간적인 전압파를 흡수하기 위해 콘덴서를 피뢰기에 조합시켜서 사용
- 정전 방전기 : 이상전압 내습 시 방전을 하는 것으로 변압기 2차측 1상에 설치한다.(변압기 보호)

정답 539 ② 540 ② 541 ② 542 ② 543 ①

Q 544

SF_6 가스차단기를 공기차단기와 비교할 때 옳은 것은?

① 개폐시의 소음이 작다.
② 고속조작이 유리하다.
③ 압축공기로 투입한다.
④ 지지애자를 사용한다.

풀이
SF_6 가스차단기 특징 : 절연성능 및 소호능력이 우수하고 소음이 작다(무색, 무취, 무해, 불연성 특성).

Q 545

보호계전기의 구비 조건으로 틀린 것은?

① 접점의 소모가 크고, 열적 기계적 강도가 클 것
② 보호동작이 정확하고 감도가 예민할 것
③ 고장 상태를 신속하게 선택할 것
④ 조정 범위가 넓고 조정이 쉬울 것

풀이
접점의 소모가 작을수록 좋다.

Q 546

154kV 송전선로에서 송전거리가 77km이라고 할 때, 송전 용량 계수법에 의한 송전용량은? (단, 송전용량계수는 1200이라고 한다.)

① 2.4MW ② 4.16MW
③ 152.2MW ④ 369.6MW

풀이

$$P_r = k\frac{V_r^2}{\ell} = 1200 \times \frac{154^2}{77} \times 10^{-3} = 369.6\text{MW}$$

Q 547

다음 중 동일 송전선로에 있어서 1선 지락의 경우 지락전류가 가장 적은 중성점 접지방식은?

① 비접지방식 ② 직접접지방식
③ 저항접지방식 ④ 소호리액터 접지방식

풀이
소호리액터 접지 : 지락시 지락전류가 최소($L-C$ 병렬공진), 단선시 전위상승최대($L-C$ 직렬 공진)

Q 548

다음 중 송배전 선로에서 내부 이상 전압에 속하지 않는 것은?

① 유도뢰에 의한 이상 전압
② 개폐 이상 전압
③ 사고시의 과도 이상 전압
④ 계통 조작과 고장시의 지속 이상 전압

풀이
외부 이상전압 종류 : 직격뢰, 유도뢰에 의한 이상전압

Q 549

다음 중 부하전류의 차단능력이 없는 것은?

① 부하개폐기(LBS) ② 유입차단기(OCB)
③ 진공차단기(VCB) ④ 단로기(DS)

풀이
단로기 : 무부하 전류만 개폐가능

Q 550

다음 중 코로나 방지대책으로 적당하지 않은 것은?

① 전선의 외경을 크게 한다.
② 선간거리를 감소시킨다.
③ 복도체를 사용한다.
④ 가선 금구를 개량한다.

풀이
코로나 방지책으로 선간거리는 관계없다.

정답 544 ① 545 ① 546 ④ 547 ④ 548 ① 549 ④ 550 ②

Q 551

어느 수용가에 5000kVA 변압기가 있다. 이 변압기 손실은 80% 부하율일 때 53.4kW이고 60% 부하율일 때 36.6kW이다. 이 변압기의 40% 부하율 일 때의 손실(kW)은?

① 16.8kW ② 19.8kW
③ 24.6kW ④ 33.6kW

풀이

- 80% 부하율일 때 손실
  $P_i + 0.8^2 \cdot P_c = 53.4\text{kW}$
  $P_i = 53.4 - 0.64P_c$
- 60% 부하율일 때 손실
  $P_i + 0.6^2 \cdot P_c = 36.6\text{kW}$
  $P_i = 36.6 - 0.36P_c$
- 철손(무부하손)은 부하크기와 관계없이 일정하므로
  $53.4 - 0.64P_c = 36.6 - 0.36P_c$
  $0.28P_c = 16.8$
  $\therefore\ P_c = 60$
  $P_i = 53.4 - 0.64 \times 60 = 15$
  ∴ 부하율 40%일 때 손실
  $= 15 + 0.4^2 \times 60 = 24.6\text{kW}$

Q 552

3300V 배전선로의 전압을 6600V로 승압하고 같은 손실율로 송전하는 경우 송전전력은 승압 전의 몇 배 인가?

① $\sqrt{2}$ 배 ② $\sqrt{3}$ 배
③ 4배 ④ 9배

풀이

$P = V^2$이므로 $P = \left(\frac{6600}{3300}\right)^2 = 4$

Q 553

차단기의 정격차단 시간으로 알맞은 것은 ?

① 고장발생부터 소호까지의 시간
② 가동접촉자 시동부처 소호까지의 시간
③ 트립코일 여자부터 가동접촉자 시동까지의 시간
④ 트립코일 여자부터 아크 소호까지의 시간

풀이

정격 차단 시간 : 트립코일 여자부터 아크 소호까지 시간으로 3~8Hz이다.

Q 554

다음 중 배전선로의 부하율이 F일 때 손실계수 H와의 관계로 옳은 것은 ?

① $H = F$
② $H = \frac{1}{F}$
③ $0 \le F^2 \le H \le F \le 1$
④ $H = F^3$

풀이

손실계수는 부하율과 부하율 제곱 사이에 존재한다.

Q 555

다음 보호 계전기 중 어느 일정 방향으로 일정값 이상의 단락 전류가 흘렀을 때 동작하는 계전기로서 역전력 계전기라고도 하는 계전기는?

① 거리 계전기 ② 방향 거리 계전기
③ 단락 방향 계전기 ④ 선택 단락 계전기

풀이

단락방향 계전기 : 어느 일정 방향으로 일정값 이상의 단락 전류가 흘렀을 때 동작(단락전류의 방향이 이미 정하여진 방향일 때 동작)

정답 551 ③ 552 ③ 553 ④ 554 ③ 555 ③

참고문헌

1. 한국산업인력공단, http://www.hrdkorea.or.kr/
2. 『웹을 이용한 대학 시설물관리 시스템 개발』, 연세대학교 석사학위, 2003.02
3. 『사선형 메쉬접지』, 한국조명·전기설비학회, 최병숙 외 7인, 2009
4. 『전기설비 엔지니어링 표준품셈 개정』, 국엔지니어링진흥협회, 2009.05
5. 『전국 하수슬러지 전력계통』, (주)새한기술그룹, 2007
6. 『대구광역시 공동주택단지의 세대전력 분석』, (주)서한컨설턴트, 2005
7. 『비상발전전원공급체계개선 연구용역』, 인천국제공항공사, 2004
8. 『공항여객터미널전력시설개선에 관한 연구』, (주)대우엔지니어링, 2004
9. 『국제표준화를 통한 단가계약(배전반) 확대』, 조달청, 2004.12
10. 『대형 유통시설의 에너지 절약에 관한 연구』, (주)다산전기기술사사무소, 2004.08
11. 『접지도체 간격에 관한 연구』, 대한전기학회, 2004.05
12. 『축구 경기장의 조명타워 위치에 따른 조도분포 해석』, 한국조명·전기설비학회, 최병숙 외 2인, 2004.01
13. 『Pattern Search법을 이용한 축구 전용 경기장의 조명기구 배치에 따른 조도분포 분석』, 한국조명·전기설비학회, 최병숙 외 2인, 2003.11
14. 『접지선 굵기에 관한 연구』, 한국조명·전기설비학회, 2003.11
15. 『공항 수배전설비 사고예방 및 표준화 연구』, 건설교통부, 2003.09
16. 『전기설비에서 수동 능동필터를 이용한 고조파 저감대책에 관한 연구』, (주)나라기술단, 2003.08
17. 『경기장 등기구 배치에 따른 조도분포 해석』, (주)새한기술그룹, 2003.03
18. 『전기설비 표준품셈 제정 연구』, 한국엔지니어링진흥협회, 2003.02
19. 『유도전동기의 동특성 개선을 위한 퍼지 제어기 설계』, 한국조명·전기설비학회, 2002.09
20. 『온도특성을 고려한 저압간선의 경제적인 설계 기법에 관한 연구』, (주)풍림산업, 2002.06
21. 『전력사용시설물의 Pattern Search법을 이용한 최적 접지 설계에 관한 연구』, 한국조명·전기설비학회, 최병숙 외 1인, 2002.01
22. 『광속법에 의한 조도계산에 있어서 실지수 0.6 이하에서의 조명률 적용에 관한 연구』, 한국조명·전기설비학회, 2001.11
23. 『HVDC 연계 시스템의 전력계통 안정화 장치의 적정 파라메터 선정에 관한 연구』, 한국조명·전기설비학회, 최병숙 외 4인, 2001.09
24. 『곱셈기가 없는 필터를 사용한 웨이브렛 영상코딩 연구』, 정보통신부, 2001.03
25. 『학교강의실 조명에 대한 에너지 절약과 균제도에 관한 연구』, 한국조명·전기설비학회,

2000.11
26. 『광속법을 이용한 등배치 설계에 관한 연구』, 한국조명·전기설비학회, 최병숙 외 3인, 1999.11
27. 『백화점 조명제어 시스템 기술개발』, (주) 서한컨설턴트, 1998.03
28. Social networking-based simulations for nuclear security: Strategy assessment following nuclear cyber terror on South Korean nuclear power plants (NPPs), Annals of Nuclear Energy, 2인 공동, 2015.03
29. Experimental setup and the system performance for single-grid-based phase-contrast x-ray imaging (PCXI) with a microfocus x-ray tube, Optics Communications, 공동, 2015.03
30. Social impact theory based modeling for security analysis in the nuclear fuel cycle, KERNTECHNIK -BILINGUAL EDITION-, 단독, 2015.03
31. Conceptual design of nano-robotics for carrying the radioisotope material in nuclear industry, Annals of Nuclear Energy, 2인 공동, 2015.02
32. Safety Assessment for Power Uprate in the Nuclear Power Plant Using a System Dynamics (SD) Method by Monte Carlo Software, ENERGY SOURCES PART A-RECOVERY UTILIZATION AND ENVIRONMENTAL EFFECTS, 단독, 2015.02
33. Feasibility study for image reconstruction in circular digital tomosynthesis (CDTS) from limited-scan angle data based on compressed-sensing theory, Nuclear Instruments and Methods in Physics Research Section A, 공동, 2015.01
34. Simulation and experimental studies of three-dimensional (3D) image reconstruction from insufficient sampling data based on compressed-sensing theory for potential applications to dental cone-beam CT, Nuclear Instruments and Methods in Physics Research Section, 공동, 2014.12
35. A Fuzzy Set Safety Assessment for a Core Falling Failure Accident (CFFA) in a Spherical Isotropic Power Reactor (SIPR), ENERGY SOURCES PART A RECOVERY UTILIZATION AND ENVIRONMENTAL EFFECTS, 공동, 2014.09
36. Nuclear Safeguard Protocol (NSP) Construction of Energy Policy in Nuclear Power Plants (NPPs) for Secure Power Production, Annals of Nuclear Energy, 단독, 2014.08
37. Modified fuzzy algorithm based safety analysis of nuclear energy for sustainable hydrogen production in climate change prevention, International journal of electrical power energy systems, 단독, 2014.04
38. Characteristics of Nuclear Spacecraft in Nano-Gravity for the Deep Space Explorer, Journal of Aerospace Engineering, 2인 공동, 2014.01
39. Radiation protection protocol for environmental defense using nano-scopic water spray in nuclear accident, Annals of Nuclear Energy, 단독, 2013.11

40. The Financial Modeling of Nanotechnology (NT) for the Energy Industry Using Systems Thinking Decision Making, ENERGY SOURCES PART B ECONOMICS PLANNING AND POLICY, 2인 공동, 2013.09
41. Analytic study for physical protection system (PPS) in nuclear power plants (NPPs), Nuclear Engineering and Design, 단독, 2013.09
42. Systems Thinking Safety Analysis: Nuclear Security Assessment of Physical Protection System in Nuclear Power Plants, Science and Technology of Nuclear Installations, 단독, 2013.09
43. Real time analysis for atmospheric dispersions for Fukushima nuclear accident: Mobile phone based cloud computing assessment, Annals of Nuclear Energy, 단독, 2013.08
44. Safety Assessment for Electricity Generation Failure Accident of Gas Cooled Nuclear Power Plant Using System Dynamics (SD) Method, ATW -DUSSELDORF-, 단독, 2013.04
45. Dynamical safety assessment of hydrogen production nuclear power plants using system dynamics method, INTERNATIONAL JOURNAL OF NUCLEAR HYDROGEN PRODUCTION AND APPLICATIONS, 2인공동, 2013.02
46. Dynamic assessment for life extension of nuclear power plants (NPPs) using system dynamics (SD) method, KERNTECHNIK -BILINGUAL EDITION-, 단독, 2012.12
47. Atmospheric modeling of radioactive material dispersion and health risk in Fukushima Daiichi nuclear power plants accident, Annals of Nuclear Energy, 단독, 2012.11
48. Implementation of an Intelligent Service Platform using User Location Prediction Algorithms, an Auto-configuration Method and a Hierarchical Treelike Data Structure, 연세대학교 박사학위, 2011.08
49. HFC 망에서의 고속 멀티미디어 전송 시스템 개발, 신호처리 시스템 학회, 손병희 외 2인, 2011.04
50. Extracting the Emotion using the Respiratory Flow(Accepted for International Journal of Electronics, Electrical and Communication Engineering), xIJEECE, 2011.03
51. An Auto-configuration Method and a Hierarchical Treelike Data Structure for a Home Server(Accepted for IJIPM (International Journal of Information Processing and Management), IJIPM, 손병희 외 1인, 2010.10

찾아보기

ㅇ

ㅈ

ㅊ

ㅋ

알기 쉬운 전력공학

인　　쇄　2017년　8월 15일　　　정가 20,000원
발　　행　2017년　9월　1일

지 은 이　김수용
펴 낸 이　정병국

펴 낸 곳　웅보출판사
주　　소　서울시 강서구 양천로 551-17 한화비즈메트로 1차 413호
전　　화　(02) 326-1497
팩　　스　(02) 326-1843

신고번호　제315-2013-000072호
등 록 일　1991년 5월 30일

홈페이지　www.woongbo.co.kr
I S B N　978-89-8462-432-0　　93560